"十四五"职业教育国家规划教材

"十三五"卫生高等职业教育校院合作"双元"规划教材

供护理、助产及相关专业用

正常人体结构

主　编

董　博　孟繁伟

副主编

甘功友　刘　军　尹史帝　王纯尧　黄建斌

编　者（按姓名汉语拼音排序）

白　云（唐山职业技术学院）　　　　王纯尧（毕节医学高等专科学校）

董　博（四川护理职业学院）　　　　王　强（铁岭卫生职业学院）

甘功友（湖南环境生物职业技术学院）　王友良（湖南环境生物职业技术学院）

黄建斌（漳州卫生职业学院）　　　　徐杨超（江西医学高等专科学校）

接琳琳（山东中医药高等专科学校）　严会文（贵阳护理职业学院）

刘　军（唐山职业技术学院）　　　　杨　青（遵义医药高等专科学校）

马江伟（大理护理职业学院）　　　　姚　云（毕节医学高等专科学校）

孟繁伟（山东中医药高等专科学校）　尹史帝（宜春职业技术学院）

彭海峰（宜春职业技术学院）　　　　袁　鹏（天津医学高等专科学校）

唐　利（四川护理职业学院）　　　　张争辉（菏泽医学专科学校）

北京大学医学出版社

ZHENGCHANG RENTI JIEGOU

图书在版编目（CIP）数据

正常人体结构 / 董博，孟繁伟主编 .—北京：北京大学医学出版社，2019.7（2024.8 重印）

ISBN 978-7-5659-1989-3

Ⅰ.①正⋯ Ⅱ.①董⋯ ②孟⋯ Ⅲ.①人体结构 – 高等职业教育 – 教材 Ⅳ.① Q983

中国版本图书馆 CIP 数据核字（2019）第 081865 号

正常人体结构

主　　编：董　博　孟繁伟

出版发行：北京大学医学出版社

地　　址：（100191）北京市海淀区学院路 38 号　北京大学医学部院内

电　　话：发行部 010-82802230；图书邮购 010-82802495

网　　址：http://www.pumpress.com.cn

E - m a i l：booksale@bjmu.edu.cn

印　　刷：北京金康利印刷有限公司

经　　销：新华书店

责任编辑：袁朝阳　　责任校对：靳新强　　责任印制：李　啸

开　　本：850 mm × 1168 mm　1/16　印张：22　字数：630 千字

版　　次：2019 年 7 月第 1 版　2024 年 8 月第 6 次印刷

书　　号：ISBN 978-7-5659-1989-3

定　　价：85.00 元

《国务院办公厅关于深化医教协同进一步推进医学教育改革与发展的意见》要求加快构建标准化、规范化医学人才培养体系，全面提升人才培养质量。明确指出要调整优化护理职业教育结构，大力发展高职护理教育。《国家职业教育改革实施方案》指出要促进产教融合育人，建设一大批校企"双元"合作开发的国家规划教材。新时期的护理职业教育面临前所未有的发展机遇和挑战。

高质量的教材是实施教育改革、提升人才培养质量的重要支撑。为深入贯彻《国家职业教育改革实施方案》，服务于新时期高职护理人才培养改革发展需求，北京大学医学出版社在教育部、国家卫生健康委员会相关机构和职业教育教学指导委员会的指导下，经过前期广泛调研、系统规划，启动了这套"双元"数字融合高职护理教材建设。指导思想是：坚持"三基、五性"，符合最新的国家高职护理类专业教学标准，结合高职教学诊改和专业评估精神，突出职业教育特色和专业特色，与护士执业资格考试大纲要求、岗位需求对接。体现以人为本、以患者为中心的整体护理理念，强化技能训练，既满足多数院校教学实际，又适度引领教学。实践产教融合、校院合作，打造深度数字融合的精品教材。

教材的主要特点如下：

1. 全国专家荟萃

遴选全国近 40 所院校具有丰富教学经验的骨干教师参与建设，力求使教材的内容和深浅度具有全国普适性。

2. 产教融合共建

吸纳附属医院或教学医院的临床护理双师型教师参与教材编写、审稿，学校教师与行业专家"双元"共建，保证教材内容符合行业发展、符合多数医院护理实际和人才培养需求。

3. 双重专家审定

聘请知名护理专家审定教材内容，保证教材的科学性、先进性；聘请知名职教专家审定教材的职教特色和规范。

4. 教材体系完备

针对各地院校课程设置的差异，部分教材实行"双轨制"。如既有《正常人体结构》，又有《人体解剖学》《组织学与胚胎学》；既有《护理学基础》，又有《护理学导论》《基础护理学》，便于各地院校灵活选用。

5. 职教特色鲜明

结合护士执业资格考试大纲，教材内容"必需、够用，图文并茂"。以职业技能和岗位胜任力培养为根本，以学生为中心，贴近高职学生认知，采用布鲁姆学习目标，加入"案例/情景""知识链接""小结""实训""自测题"等模块，提炼"思维导图"。

6. 纸质数字融合

将纸质教材与二维码技术相结合，融PPT、图片、微课、动画、护理技能视频、模拟考试、护考考点解析音频等于一体，实现了以纸质教材为核心、配套数字教学资源的融媒体教材建设。

7. 课程思政融入

全面贯彻党的教育方针，落实立德树人根本任务，将课程思政全面融入教材。坚持中国化时代化马克思主义人民至上的立场，运用系统观念，守正创新，传承精华，守护人民生命健康安全，建设中国特色高质量医药卫生类职业教育教材体系。

本套教材的组织、编写得到了多方面大力支持。很多院校教学管理部门提出了很好的建议，职教专家对编写过程精心指导、把关，行业医院的临床护理专家热心审稿，为锤炼精品教材、服务教学改革、提高人才培养质量而无私奉献。在此一并致以衷心的感谢！

本套教材出版后，出版社及时收集使用教材院校师生的质量反馈，响应《关于推动现代职业教育高质量发展的意见》，按职业教育"岗课赛证"融通教材建设理念及时更新教材内容；对照《高等学校课程思政建设指导纲要》《职业教育教材管理办法》等精神要求，自查自纠，在修订时深入贯彻党的二十大精神，更新数字教学资源；力争打造培根铸魂、启智增慧，适应新时代要求的精品卫生职业教育教材。

希望广大师生多提宝贵意见，反馈使用信息，以臻完善教材内容，为新时期我国高职护理教育发展和人才培养做出贡献！

湛蓝天空映衬昆明湖碧波粼粼，湖畔长廊蜿蜒诉说历史蹉跎，万寿山风清气爽，昂首托起那富贵琉璃的智慧海、吉祥云。护理融有科学、技术、人文及艺术特质，其基本任务是帮助人维持健康、恢复健康和提升健康水平。护士被誉为佑护健康与生命的天使。在承载这崇高使命的教育殿堂，老师和学生们敬畏生命、善良真诚、严谨求实、德厚技精。

再览善存之竖版护理教材——《护病新编》（1919年，车以轮等译，中国博医会发行），回想我国护理教育发展历程，尤其20世纪80年代以来，在护理和教育两个领域的研究与实践交汇融合中，护理教育经历了"医疗各科知识+护理、各科医学及护理、临床分科护理学或生命周期分阶段护理"等三个阶段。1985年首开英护班，1991年在卫生部相关部门支持下，成立全国英护教育协作会，从研究涉外护理入手，进行护理教育改革；1989年始推广目标教学，建立知识、技能、态度的分类目标，使用行为动词表述，引导相应教学方法的改革；1994年开始推进系统化整体护理；1997年卫生部颁布护理专业教学计划和教学大纲，建构临床分科护理学课程体系，新开设精神科护理、护士礼仪等六门课程。2000年行业部委院校统一划转教育部管理，为中高职护理教育注入了现代职业教育的新鲜"血液"。教育部组织行业专家制定了专业目录，将护理专业确定为83个重点建设专业之一，并于2003年列入教育部技能型紧缺人才培养培训工程的4个专业之一，在国内首次采用了生命周期模式，开始推进行动导向教学；2018年高职护理专业教学标准（征求意见稿）再次采纳了生命周期模式。客观地看，在一个历史阶段，因为教育理念和教学资源等差异，院校可能选择不相同的课程模式。

当前，全国正在落实《"健康中国2030"规划纲要》和《国家职业教育改革实施方案》，在人民群众对美好生活的向往和护理、职业教育极大发展的背景下，护理教育教学及教材的改革创新迫在眉睫。北京大学医学部是百余年前中国政府依靠自己的力量开办的第一所专门传授现代医学的国立学校，历经沧桑，文化厚重，对中国医学事业发展有着卓越贡献。北京大学医学出版社积极应对新时期、新任务和新要求，组织全国富有教学与实践经验的资深教师和临床专家，共同编写了本套高职护理专业教材，为院校教改与创新提供了重要保障。

教材支撑教学，辅助教学，引导学习。教学过程中，教师需要根据自己的教学设计对教材进行二次开发。现代职业教育不是学科化课程简版，不应盲目追求技术操作，不停留在零散碎片的基本知识或基本技能的"名义能力"层面，而是从工作领域典型工作任务引导学习领域课程搭建，以工作过程为导向，将知识和操作融于工作过程，通过产教融合和理实一体，系统地从工作过程出发，延伸到工作情境、劳动组织结构、经济、使用价值、质量保证、社会与文化、环境保护、可持续发展及创新等方面，培养学生从整体角度运用相对最佳的方法技术完成工作任务。这些职业教育需达成的基本能力维度与护理有着相近的承载空间，现代职教理念和方法对引导我国护理教育深化与拓展具有较大的意义。

本套教材主编、编者和出版社老师们对课程体系科学建构，教学内容合理组织，字里行间精心雕琢，信息技术恰当完善。本套教材可与情境教学、项目教学、PBL、模块教学、任务驱动教学等配合使用。新技术的运用丰富了教学内容，拓展了学生视野，强化了教学重点，化解了教学难点，提示了护考要点，将增强学生专业信心，提高学生学习兴趣。

教材与教学改革相互支撑，相辅相成，它们被人类社会进步不断涌现的新需求、新观念、新理论、新方法、新技术引导与推动，永远不会停步。它是朝阳，充满希望；是常青树，带给耕耘者硕果累累。

前　言

　　为贯彻《国家中长期教育改革和发展规划纲要（2010—2020年）》《关于全面提高高等职业教育教学质量的若干意见》文件精神，落实《国家职业教育改革实施方案》，深化教学改革，需要编写更实用、更好用的高职护理教材。北京大学医学出版社在教育部、国家卫生健康委员会有关部门的支持下，于2018年6月在北京召开了"全国护理高等职业教育论坛"暨教材建设评审委员会议和主编人会议，启动了高职护理数字融合规划教材的建设工作；会议指出，高职护理数字融合规划教材建设以职业活动为导向，按照人才培养目标和规格设计教学内容，以护士执业资格考试大纲为底线，适合学生的学习能力，体现高职教育特色，注重理论与实践相结合，以此我们编写了本教材。

　　本教材在编写过程中，强调职业教育的目标与特性，突出了以下特点：一是案例教学，突出理论与实践的结合，每章都精选了案例分析、知识链接等内容，同时也激发学生的学习兴趣，培养学生分析问题和解决问题的能力；二是内容精练，突出重点难点，努力实现图文并茂、易读易懂；三是融通平台，教材紧密融合移动数字化互动教学平台，相关重点、难点和考点附有二维码，为学生自主学习提供便捷；四是规范严谨，人体解剖学名词均以全国科学技术名词审定委员会公布的名词为准。

　　本教材内容主要包括绪论、基本组织、运动系统、消化系统、呼吸系统、泌尿系统、生殖系统、循环系统、感觉器官、神经系统、内分泌系统和人体胚胎早期发育等章节。每章末附有习题。

　　本教材参编学校推荐了具有丰富的解剖教学经验的老师担任编写人员，我们还听取了临床护理专家的意见。本教材不仅供卫生高等职业教育护理、助产专业及相关专业使用，还供在职医护人员自学参考。

本教材在编写过程中，参考了相关教材，在此向其作者表示诚挚感谢！对各参编学校的大力支持表示谢意！

由于编写时间仓促，加之编写水平有限，书中疏漏之处在所难免，敬请使用本教材的同仁提出宝贵意见，以便今后进一步修订改正。

董　博　孟繁伟

二维码资源索引

目 录

绪　　论

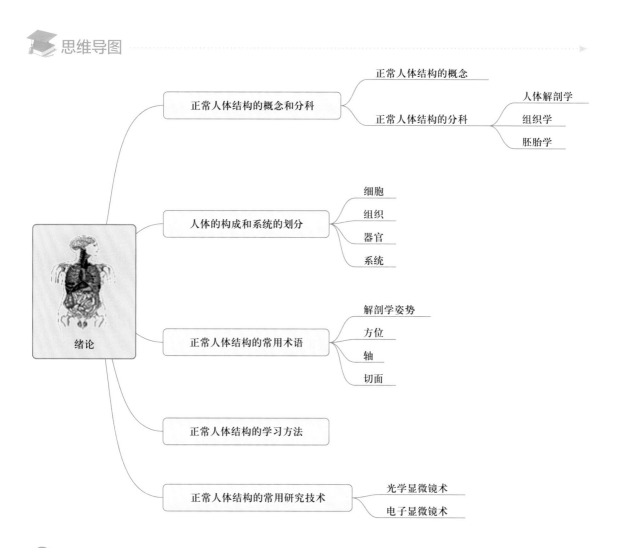

1. 掌握正常人体结构的概念，正常人体结构的常用术语。
2. 熟悉人体器官的构成和系统的划分，正常人体结构的常用研究技术。
3. 了解正常人体结构的学习方法。
4. 运用：运用所学知识，深刻理解崇尚医学，生命至上的思想内涵。

思政之光

一、正常人体结构的概念及本学科在医学中的地位

正常人体结构（normal human structure）是研究正常人体的形态结构、发生发育规律及其功能关系的科学，是一门重要的医学基础课程。正常人体结构研究的内容包括大体解剖学、组织学和胚胎学等。医学名词中有 1/3 以上来源于正常人体结构，因此与其他医学学科的关系密切。

正常人体结构作为医学专业的一门重要基础课程，主要任务是探讨和阐明人体各正常器官组织的形态结构特征、位置毗邻、发生发育规律及其功能意义等。只有充分认识了正常人体结构，才能正确把握人体的生理功能和病理变化，才能正确判断人体的正常与异常，从而对疾病作出正确的判断和治疗。学生通过本课程获得的知识必将为学习其他基础医学和临床医学课程奠定坚实的形态学基础。

（一）大体解剖学

大体解剖学（human anatomy）是用肉眼观察的方法，研究正常人体的形态结构、各器官的位置及其毗邻关系的科学。根据研究方法的不同可分为系统解剖学、局部解剖学、断层解剖学、临床应用解剖学等。

系统解剖学（systematic anatomy）是按人体的功能系统研究器官形态结构的科学。

局部解剖学（topographic anatomy）是在系统解剖学的基础上，研究人体各局部由浅入深的结构、层次及毗邻关系的科学。

断层解剖学（sectional anatomy）是为适应 X 线计算机断层成像（CT）、超声诊断（USG）和磁共振成像（MRI）等的应用，研究人体不同层面上各器官形态结构及其毗邻关系的科学。

临床应用解剖学（clinical applied anatomy）是根据临床实际需要，以临床各学科应用为目的进行人体解剖学研究的科学。

（二）组织学

组织学（histology）是用显微镜观察和切片技术的方法，研究人体微细结构及其相关功能的科学。

组织学与生物化学、免疫学、病理学等相关学科交叉渗透。现代医学中一些重大研究课题，如细胞凋亡、细胞突变、细胞识别与细胞通讯、细胞增殖、分化与衰老的调控、细胞与免疫、神经调节与体液调节等，都与组织学密切相关。

（三）胚胎学

胚胎学（embryology）是用显微镜观察和实验的方法，研究个体发生发育及其生长变化规律的科学。研究内容包括生殖细胞的发育与成熟、受精、胚胎发育、胚胎与母体的关系及先天畸形等。

胚胎学与生殖医学和优生学关系密切，利用现代胚胎学技术，如体外受精、早期胚胎培养、胚胎移植、卵质内单精子注射、配子与胚胎冷冻等，可望获得人们期望的新生个体。试管婴儿和克隆动物是现代胚胎学最著名的成就。

二、人体器官的构成和系统的划分

细胞（cell）是人体结构和功能的基本单位。其数量众多，形态多种多样，每种细胞具有各自的形态结构特征、代谢特点和功能活动。

组织（tissue）是由许多形态功能相同或相近的细胞借细胞间质有机地结合在一起构成的。细胞间质由细胞产生，构成细胞生存的微环境，对细胞起支持、保护、联络和营养等作用，对细胞增殖、分化、运动和信息传递有重大影响。人体有 4 种基本组织，即上皮组织、结缔组织、肌组织和神经组织。

器官（organ）是由几种不同的组织结合成具有一定形态并能完成一定功能的结构，如心、

肝、脾、肺、肾、脑等。

　　系统（system）是在功能上有密切联系的各个器官结合在一起，并能完成一系列生理功能的结构。人体有九大系统，包括运动系统、消化系统、呼吸系统、泌尿系统、生殖系统、循环系统、感觉器官、神经系统和内分泌系统。各系统在神经系统和内分泌系统调节下，彼此联系，相互影响和协调，共同构成一个统一的人体。

　　内脏（viscera）是指消化、呼吸、泌尿、生殖系统的大部分器官位于胸腔、腹腔和盆腔内，而且借一定的管道直接或间接与外界相通。

　　人体从外形上可分为头、颈、躯干和四肢4部分。躯干包括胸部、腹部、背部、盆部和会阴部。四肢分为上肢和下肢，上肢包括肩、上臂、前臂和手；下肢包括臀、大腿、小腿和足。

三、正常人体结构的常用术语

　　为了正确描述人体各器官的形态结构、位置及它们之间的相互关系，以便统一认识，国际上规定了统一的解剖学姿势、方位、轴和切面。这些标准和术语是每一个医学生学习正常人体结构必须遵循的基本原则。

（一）解剖学姿势

　　解剖学姿势（anatomical position）是为了说明人体局部或器官及其结构的位置关系而规定的一种标准姿势，即身体直立，两眼平视正前方，上肢自然下垂于身体两侧，掌心向前，下肢并拢，足尖向前（图0-1）。

　　在描述人体某一部位或器官的位置关系时，无论人体处于何种体位，均应以解剖学姿势为准进行描述。

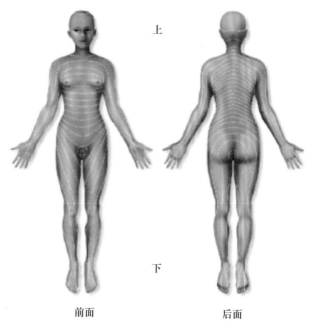

上

下

前面　　　　　　　　　后面

图 0-1　解剖学姿势

（二）方位

　　根据解剖学姿势的规定，表示方位的名词可以正确地描述各器官或结构的位置关系，这些名词均有对应的关系。

　　1. **上和下**　是描述器官或结构距离头顶或足底相对距离的名词。近头顶者为上，近足底者为下。如眼位于鼻的左、右上方，而口位于鼻下方。

　　2. **前和后**　是指距离身体前、后面相对远近关系的名词。近胸腹面者为前，又称腹侧；

近背腰面者为后，又称背侧。

3. 内侧和外侧 是描述人体各局部或器官结构与正中矢状面相对距离关系的名词。距正中矢状面较近者为内侧，较远者为外侧。如鼻位于眼内侧，耳位于眼外侧。描述四肢时，前臂内侧又称尺侧，外侧又称桡侧；小腿内侧又称胫侧，外侧又称腓侧。

4. 内和外 是用来描述某些空腔器官的内腔位置关系。近内腔者为内，远内腔者为外。

5. 浅和深 是以身体表面或器官表面为准的相对距离关系。离表面近者为浅，离表面远而距人体中心近者为深。

6. 近侧和远侧 在四肢，距肢体根部近者，称为近侧，距肢体根部远者，称为远侧。

（三）轴

为了描述关节的运动形式，根据解剖学姿势的规定，将人体设为 3 条相互垂直的轴（图 0-2）。

1. 垂直轴 为上、下方向的垂直线，与身体长轴平行，与地平面垂直。

2. 矢状轴 为前、后方向的水平线，与垂直轴和冠状轴相互垂直。

3. 冠状轴 为左、右方向的水平线，与垂直轴和矢状轴相互垂直。

（四）切面

根据解剖学姿势的规定，将人体设为 3 个相互垂直的切面（图 0-2）。

1. 矢状面 沿前、后方向将人体垂直纵切为左、右两部分的切面。通过人体正中，将人体分为相等左、右两半的矢状面，称为正中矢状面。

2. 冠状面 沿左、右方向将人体垂直纵切为前、后两部分的切面。

3. 水平面 沿水平方向将人体横切为上、下两部分的切面。

此外，描述器官的切面时，一般以器官本身的长轴为准，与器官长轴平行的切面，称为纵切面，与器官长轴垂直的切面，称为横切面。

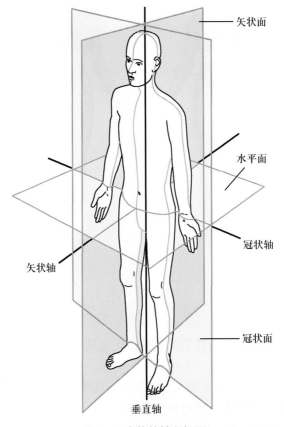

图 0-2 人体的轴和切面

四、正常人体结构的学习方法

在学习正常人体结构时，一定要从医学专业的实际需要出发。在学习中，学会将教材、标本、模型、信息化教学平台等有机地结合起来，以达到全面正确地认识和记忆人体的形态结构，学好正常人体结构的目的。

（一）形态与功能相互联系的观点

人体每个器官都有一定的形态并能完成其特定的功能，器官形态结构是功能的物质基础。功能变化影响器官形态结构的改变，形态结构变化也将导致功能变化。学习中要以形态联系功能，以功能来联想形态。如加强体育锻炼，可使肌肉发达；长期卧床，可致骨骼肌萎缩。这种形态结构与功能相联系的学习方法，要贯穿于本课程的全部学习过程中。

（二）局部与整体相统一的观点

人体是一个完整的有机统一体，各器官系统都是整体不可分割的一部分，不能离开整体而单独存在。它们相互联系、相互依存、相互制约、有机配合和协调一致。内环境既要求稳态，又要不断更新；功能上既有神经体液的全身性调节，又有局部的旁分泌调节；局部损伤不仅可影响邻近部位，而且还影响到整体。要建立动态变化与立体的概念，观察的标本或切片是某一瞬间静止图像，而机体的组织细胞一直处于动态变化中。学习时既要始终注意各器官与系统之间的相互联系和相互影响，了解它们在整体中的地位和作用，又要从整体的角度去认识器官和系统的形态结构。

（三）理论与实践相结合的观点

正常人体结构是一门实践性很强的学科，结构复杂、名词繁多、不易记忆。如果死记硬背，则如同嚼蜡，索然无味。因此，学习时必须重视人体形态结构的基本特征，必须注意与生命活动密切相关的形态结构和功能特点，必须掌握与诊治疾病有关的器官形态结构特点。必须做到图文结合、理论学习与实物观察相结合、与临床应用和信息化教学平台相结合。这样才能调动学生的学习积极性，激发学生的学习兴趣，提高对某些器官结构重要性的认识。

（四）进化与发展相一致的观点

人类是由动物长期进化发展而来的，是种系发生的结果。人和动物有着本质的区别，如人有思维能力，有表达情感思维活动的语言和进行生产劳动的双手，从而使人类成为世界的主宰者，但人体形态结构至今仍保留了许多与动物，尤其是与哺乳类动物相似的特征。如皮肤上长有毛发，以乳汁哺育幼儿，两侧对称的身体，体腔分为胸腔、腹腔和盆腔等。现代人的形态结构仍然处于不断变化和发展中。人出生以后，不同年龄及不同自然因素、社会环境和劳动条件等，均可影响人体形态结构的发展。因此，只有用进化发展的观点来学习正常人体结构，才能正确全面地认识人体、理解人体出现的变异和畸形。

音频：
正常人体结构的
发展史

五、正常人体结构的常用研究技术

正常人体结构常用的研究技术和方法很多，现将几种主要的研究技术和方法作简要介绍。

（一）普通光学显微镜术

应用普通光学显微镜（简称光镜）观察组织切片是组织学研究的主要技术。光镜的分辨率约 0.2 μm，可将物体放大 1500 倍。借助光学显微镜能观察到的组织细胞结构，称为微细结构或光镜结构。在应用光镜技术时，需把组织制成薄片，最常用的薄片是石蜡切片。石蜡切片术（paraffin sectioning）是最经典而常用的技术，其基本程序主要包括取材、固定、脱水、透明、包埋、切片、染色等步骤。

除石蜡切片外，还有冰冻切片、涂片、铺片和磨片等。

组织学最常用的染色法是苏木精 – 伊红染色法（hematoxylin-eosin staining），简称 HE 染色法。苏木精为碱性染料，可使酸性物质染成紫蓝色，如细胞核内的染色质及细胞质内的核糖体等；伊红为酸性染料，能使碱性成分染成红色，如细胞质和细胞间质。凡组织结构与碱性染料亲和力强、易被染成紫蓝色的特性称为嗜碱性；凡组织结构与酸性染料亲和力强、易被染成红色的特性称为嗜酸性；若与碱性和酸性染料的亲和力都不强者，则称为中性。

除 HE 染色法外，还有多种特殊的染色方法，用来特异性地显示某些组织结构。如用硝酸银将神经细胞染成黑色（镀银染色法），此性质称为嗜银性。用蓝色染料甲苯胺蓝将弹性纤维和肥大细胞的分泌颗粒染成紫红色，这种染色特性称为异染性。

（二）电子显微镜术

电子显微镜（electron microscopy，EM）简称电镜，是用电子束代替光线，用电磁透镜代替光学透镜，用荧光屏将肉眼不可见的电子束成像。电镜下观察到的结构，称为超微结构或电镜结构，可放大倍率从数千倍到数十万倍，其分辨率则提高到 0.2 nm，常用的有透射电镜和扫描电镜。透射电镜术主要用于观察细胞内部和细胞间质的超微结构，扫描电镜术主要用于观察组织表面的立体结构。

除上述方法外，组织学的研究方法还包括组织化学和细胞化学术、放射自显影术、图像分析术、细胞培养术和组织工程等。

（董　博）

练习题

单项选择题

1. 以人体正中矢状面为准的方位术语是
   A. 头侧和尾侧　　　　　　　B. 内侧和外侧　　　　　　　C. 腹侧和背侧
   D. 内和外　　　　　　　　　E. 近侧和远侧

2. 组成人体的基本结构和功能单位是
   A. 分子　　　B. 细胞　　　C. 组织　　　D. 器官　　　E. 系统

3. 关于细胞间质的叙述，错误的是
   A. 是细胞产生的基质和纤维
   B. 血浆、淋巴、组织液等体液不属于细胞间质
   C. 不同组织的细胞间质成分和含量不同
   D. 细胞间质具有支持、联系、保护和营养细胞的作用
   E. 细胞间质对细胞的增殖、分化、运动和信息传递有重大影响

4. 组织标本常用的制作方法是
   A. 石蜡切片　　　　　　　　B. 火棉胶切片　　　　　　　C. 冰冻切片
   D. 组织压片　　　　　　　　E. 超薄切片

5. 对苏木精亲和力强、被染成紫蓝色的结构是
   A. 细胞膜　　　B. 细胞质　　　C. 细胞核　　　D. 脂滴　　　E. 细胞器

6. 细胞内的物质被伊红染成红色，称其具有
   A. 嗜银性　　　B. 中性　　　C. 嗜酸性　　　D. 嗜碱性　　　E. 异染性

7. 血细胞、分离细胞或脱落细胞直接涂在玻片上，制成
   A. 磨片　　　B. 涂片　　　C. 超薄切片　　　D. 铺片　　　E. 冷冻切片

8. 光学显微镜最高分辨率可达

    A. 2 nm　　　　B. 0.2 nm　　　　C. 0.2 μm　　　　D. 2 μm　　　　E. 5 μm

9. 组织异染性的含义是

    A. 染色快速

    B. 染色困难

    C. 染色鲜明

    D. 染色需加还原剂

    E. 结构染色后其呈现的颜色与所用染料的颜色不同

10. 观察细胞器的形态结构可用

    A. 光镜技术　　　　B. 扫描电镜技术　　　　C. 透射电镜技术

    D. 组织化学技术　　　E. 细胞培养技术

第一章

基本组织

思维导图

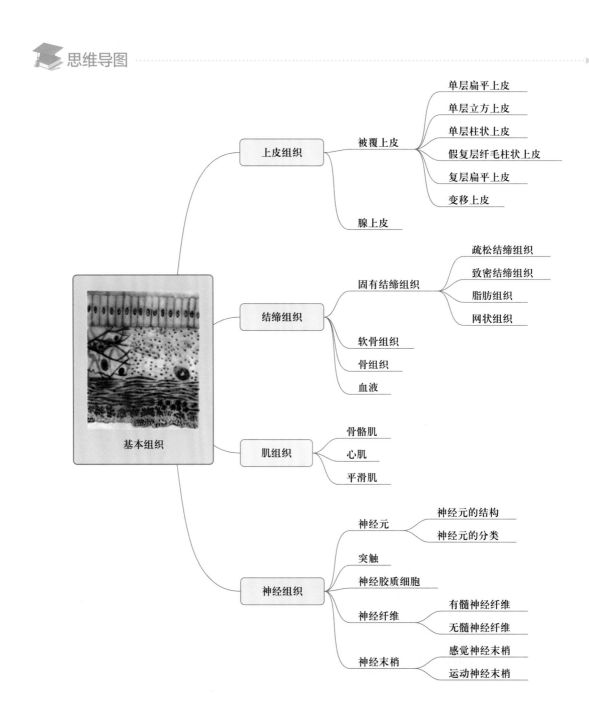

基本组织

- 上皮组织
  - 被覆上皮
    - 单层扁平上皮
    - 单层立方上皮
    - 单层柱状上皮
    - 假复层纤毛柱状上皮
    - 复层扁平上皮
    - 变移上皮
  - 腺上皮
- 结缔组织
  - 固有结缔组织
    - 疏松结缔组织
    - 致密结缔组织
    - 脂肪组织
    - 网状组织
  - 软骨组织
  - 骨组织
  - 血液
- 肌组织
  - 骨骼肌
  - 心肌
  - 平滑肌
- 神经组织
  - 神经元
    - 神经元的结构
    - 神经元的分类
  - 突触
  - 神经胶质细胞
  - 神经纤维
    - 有髓神经纤维
    - 无髓神经纤维
  - 神经末梢
    - 感觉神经末梢
    - 运动神经末梢

学习目标

1. 掌握上皮组织的一般特点、分类，各种被覆上皮的结构特点、分布；疏松结缔组织中主要细胞的名称和功能；各种血细胞的正常值和功能；3种肌组织的光镜结构特点；神经元的形态结构特点。

2. 熟悉腺上皮和腺的概念，外分泌腺的结构；疏松结缔组织中3种纤维的主要特性，软骨的分类，骨组织的结构，各种血细胞的形态结构特点；骨骼肌的超微结构；化学突触的超微结构和功能，各类感受器与效应器的结构。

3. 了解上皮组织的特殊结构及功能；致密结缔组织、脂肪组织、网状组织、软骨组织的结构特点；神经纤维的结构、类型，神经胶质细胞的类型。

4. 运用所学知识，以系统的观点构建正确的生命观和世界观。

思政之光

病例 1-1

患者，女，30岁。反复性上腹疼痛6个月，伴有恶心、呕吐、反酸。半年前感觉饭后上腹部不适，未经治疗也能缓解，未引起重视，近3个月来感觉疼痛加重，并出现恶心、反酸，且逐渐加重，1天前出现呕吐，呕吐物呈咖啡色而就诊。胃镜检查发现胃黏膜糜烂，诊断为胃溃疡并发出血。

问：机体的基本组织有哪几类？被覆上皮分为哪几类？各分布于何处？分布于胃表面的是哪类上皮？结缔组织分为哪几类？血液由哪几部分组成？血细胞分为哪几种？

基本组织（fundamental tissue）是构成机体器官的基本成分。根据组织的形态结构和功能不同，将其分为上皮组织、结缔组织、肌组织和神经组织4种。

第一节 上皮组织

上皮组织（epithelia tissue），简称上皮，由大量紧密排列的细胞和少量的细胞间质构成。上皮组织具有下列结构特点。

1. 细胞多，排列紧密，细胞间质少。

2. 上皮细胞有明显的极性，即有朝向身体表面或有腔器官腔面的一面为游离面，与游离面相对并借基膜与深层结缔组织相连的一面为基底面，而上皮细胞之间的连接面为侧面。

3. 上皮组织内一般无血管和淋巴管。其所需的营养物质由深部结缔组织内的血管透过基膜供给。

4. 上皮组织内有丰富的感觉神经末梢，能感受多种刺激。

上皮组织依据其功能可分为被覆上皮和腺上皮，具有保护、吸收、分泌、排泄等功能。

一、被覆上皮

被覆上皮（covering epithelium）覆盖于身体表面和衬贴于体内空腔器官的腔面，具有保护和吸收等功能。根据细胞的形态和层数不同，将其分为以下几种类型（图1-1）。

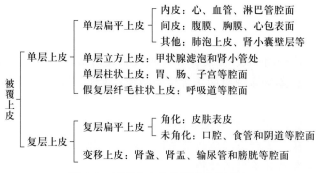

图 1-1　被覆上皮的分类和主要分布

（一）单层扁平上皮

单层扁平上皮（simple squamous epithelium），又称单层鳞状上皮，由一层扁平状细胞组成。从表面观察，细胞呈多边形，边缘呈锯齿状或波纹状，相互嵌合，核呈椭圆形，位于细胞中央；从侧切面观察，胞质很薄，含核部分略厚，可见扁平的细胞核，位于细胞中央。分布于心、血管和淋巴管内表面的单层扁平上皮，称为内皮（endothelium）。其游离面光滑，有利于血液和淋巴的流动，内皮还能分泌多种生物活性物质；分布于胸膜、腹膜和心包的单层扁平上皮，称为间皮（mesothelium）。间皮能分泌少量浆液，使游离面润滑，便于内脏器官的活动（图 1-2）。

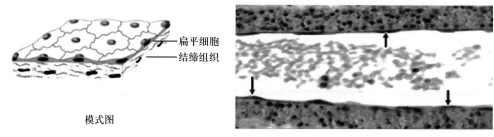

扁平细胞
结缔组织

模式图

图 1-2　单层扁平上皮

（二）单层立方上皮

单层立方上皮（simple cuboidal epithelium）由一层近似立方形的细胞组成。从表面观察，细胞呈多边形；从侧切面观察，细胞呈立方形，细胞核圆形，位于细胞中央。单层立方上皮主要分布于肾小管、甲状腺滤泡等处，具有分泌和吸收等功能（图 1-3）。

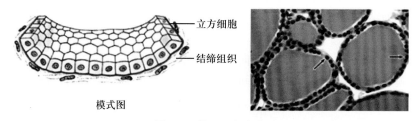

立方细胞
结缔组织

模式图

图 1-3　单层立方上皮

（三）单层柱状上皮

单层柱状上皮（simple columnar epithelium）由一层棱柱形细胞组成。从表面观察，细胞呈多边形；从侧切面观察，细胞呈长方形，细胞核椭圆形，常位于细胞近基底部。单层柱状上皮主要分布于胃、肠、子宫和胆囊等腔面，大多数有吸收和分泌功能。其中分布于肠腔面的柱状细胞之间还散在有杯状细胞，杯状细胞形似高脚酒杯，底部狭窄，细胞核呈扁形或三角形，位于杯底，顶部膨大，充满分泌颗粒，能分泌黏液，有润滑和保护等功能（图 1-4）。

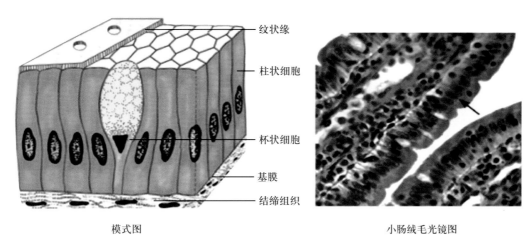

图 1-4　单层柱状上皮

（四）假复层纤毛柱状上皮

假复层纤毛柱状上皮（pseudostratified ciliated columnar epithelium）由柱状细胞、梭形细胞、锥形细胞和杯状细胞组成。柱状细胞最多，游离面有大量纤毛。由于上述几种细胞形态不同，高低不一，细胞核大小不等、位置排列也不在同一平面，但每个细胞的基底部都附于基膜上，所以在垂直切面观察，貌似有多层，但实为一层，上皮内杯状细胞较多。假复层纤毛柱状上皮主要分布于呼吸道黏膜，具有分泌和保护等功能（图 1-5）。

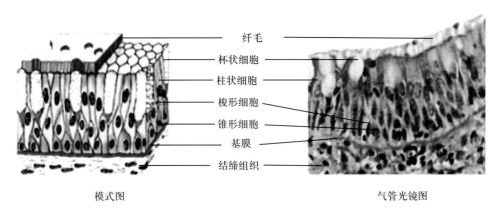

图 1-5　假复层纤毛柱状上皮

（五）复层扁平上皮

复层扁平上皮（stratified squamous epithelium）由多层细胞组成。从垂直切面观察，表层为数层扁平鳞片状细胞，故又称复层鳞状上皮，中间层由浅至深为梭形细胞和多边形细胞，基底层为一层矮柱状或立方形的基底细胞，较幼稚，具有旺盛的分裂和增殖能力，不断补充表层衰老脱落的细胞。上皮与深部结缔组织的连接面凹凸不平。

分布于皮肤表皮的复层扁平上皮，浅层细胞的细胞质内充满角质蛋白，故称角化的复层扁平上皮；分布于口腔、食管、阴道黏膜的复层扁平上皮，其浅层细胞的细胞质内含角质蛋白少，故称未角化的复层扁平上皮。复层扁平上皮具有很强的机械性保护功能，受损伤后有很强的再生修复能力（图 1-6）。

（六）变移上皮

变移上皮（transitional epithelium）又称移行上皮，由多层细胞组成。从垂直切面观察，表层为盖细胞，大而肥厚，部分细胞含有两个细胞核，中间层为梭形细胞，基底层为锥形细胞。变移上皮的细胞形状、层数可随着该器官容积的改变而改变。如膀胱空虚时，上皮变厚，细胞

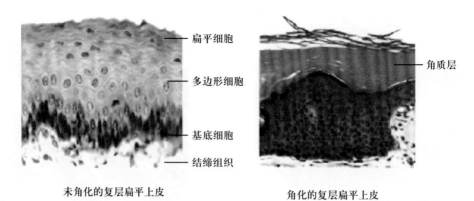

未角化的复层扁平上皮   角化的复层扁平上皮

图 1-6 复层扁平上皮

扁平细胞
多边形细胞
基底细胞
结缔组织
角质层

层数增多，细胞呈大的立方形；膀胱充盈时，上皮变薄，细胞层数减少，细胞呈扁梭形。变移上皮主要分布于肾盂、输尿管和膀胱等处，具有保护功能（图 1-7）。

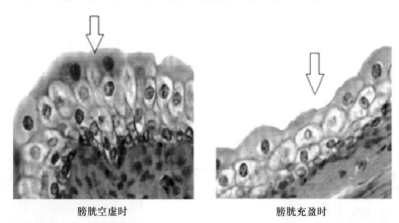

膀胱空虚时   膀胱充盈时

图 1-7 变移上皮

二、腺上皮和腺

腺上皮（glandular epithelium）是以分泌功能为主的上皮。

腺（gland）是以腺上皮为主要成分构成的器官。根据分泌物排出的方式不同，腺可分为外分泌腺和内分泌腺。

（一）外分泌腺

外分泌腺（exocrine gland）又称有管腺，其分泌物经导管排至体表或器官腔内，如汗腺、唾液腺等。

外分泌腺按腺细胞的数目分为单细胞腺和多细胞腺。杯状细胞属于单细胞腺。人体绝大多数外分泌腺属于多细胞腺，多细胞腺一般由分泌部和导管部两部分组成。

1. **分泌部** 也称腺泡，一般由单层腺细胞围成，中央为腺泡腔，与导管相通，具有分泌功能。根据分泌部的形态，外分泌腺可分为管状腺、泡状腺和管泡状腺。根据腺细胞分泌物的性质，外分泌腺又可分为黏液性腺、浆液性腺和混合性腺（图 1-8）。

2. **导管** 与腺泡连通，由单层或复层上皮构成，除具有输送分泌物的功能以外，有的导管上皮兼有分泌和吸收功能。

（二）内分泌腺

内分泌腺（endocrine gland）也称无管腺，其分泌物（主要是激素）直接释放入周围的血管和淋巴管中，随血液和淋巴输送到全身，作用于相应的靶器官，如甲状腺、肾上腺等。

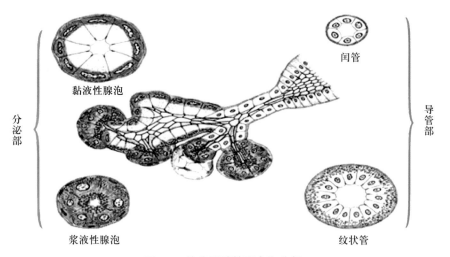

图 1-8　外分泌腺的形态和分部

三、上皮细胞的特殊结构

由于功能的需要，在上皮细胞的游离面、基底面和侧面，均有与功能相适应的特殊结构。

（一）上皮细胞的游离面

上皮细胞的游离面主要有微绒毛和纤毛两种特殊结构（图 1-9）。

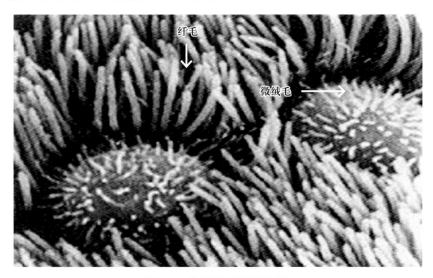

图 1-9　微绒毛和纤毛模式图

1. **微绒毛（microvillus）**　是上皮细胞的细胞膜和部分细胞质向游离面伸出的细小指状突起，其内含有纵行排列的微丝，一般在电镜下才能清楚辨认（图 1-9）。微绒毛的作用是扩大细胞的表面积，有利于细胞对物质的吸收。在吸收功能活跃的上皮细胞，游离面有密集排列的微绒毛，在高倍镜下呈纵纹状，称为纹状缘（刷状缘）。主要分布于小肠、肾近曲小管等。

2. **纤毛（cilium）**　是上皮细胞的细胞膜和部分细胞质向游离面伸出的粗长指状突起，光镜下清晰可见。胞质内含有纵行排列的微管。纤毛具有节律性定向摆动的能力，把上皮表面的黏液及其黏附的物质定向推送。呼吸道的假复层纤毛柱状上皮即以此方式，把吸入的灰尘和细菌等异物推送至咽部形成痰液排出体外，输卵管上皮细胞表面的纤毛定向摆动有助于卵子或受精卵的运输。

（二）上皮细胞的侧面

在相邻上皮细胞的侧面上，由局部特化的细胞膜、细胞质和细胞间隙形成特殊构造的细胞连接。常见的细胞连接有以下几种类型（图 1-10）。

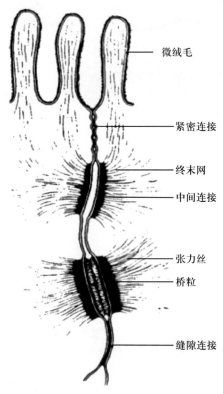

图 1-10　上皮细胞侧面的细胞连接

1. **紧密连接（tight junction）**　又称闭锁小带，呈箍状，环绕于相邻细胞间隙的顶端侧面，细胞间隙消失。紧密连接除有机械连接作用外，更重要的是，封闭细胞顶部的细胞间隙，阻挡细胞外的大分子物质经细胞间隙进入组织内，从而保持机体内环境稳定。常见于单层柱状上皮、单层立方上皮的连接。

2. **中间连接（intermediate junction）**　又称黏着小带，多为长短不等的带状，位于紧密连接下方，环绕上皮细胞顶部。相邻细胞的间隙中有较致密的丝状物，连接相邻的细胞膜。胞质面附着薄层致密物质和细丝。此种连接具有黏着、保持细胞形状和传递细胞收缩力的功能。常见于上皮细胞间、心肌细胞间的连接。

3. **桥粒（desmosome）**　又称黏着斑，主要存在于上皮细胞间，呈斑状连接，大小不等，位于中间连接的深部。连接区的细胞间隙内含有低密度的丝状物，在中央有一条致密的中间线。胞质面有较厚的致密物质构成的附着板，有角蛋白丝（张力丝）附着于板上，并常折成襻状返回胞质。桥粒是一种很牢固的细胞连接，起固定和支持作用，在易受机械性刺激和摩擦的复层扁平上皮中多见。

半桥粒：在某些上皮细胞的基底面形成桥粒一半的结构，将上皮细胞固着在基膜上。

4. **缝隙连接（gap junction）**　又称通讯连接，呈斑状，位于柱状上皮深部。相邻两细胞的细胞膜中有许多排布规律的柱状颗粒，颗粒中央有直径约 2 nm 的管腔。相邻两细胞的间隙很窄，其内有相邻细胞膜中的颗粒彼此相接，管腔也通连，成为细胞间直接相通的管道，借以传递化学信息。广泛存在于胚胎和成体的多种细胞间。在心肌细胞之间、平滑肌细胞之间和神经细胞之间，可经此处传递电冲动。

以上 4 种细胞连接，只要有两个或两个以上紧邻存在，则称为连接复合体。

（三）上皮细胞的基底面

1. **基膜（basement membrane）** 是上皮基底面与深部结缔组织间的薄膜，又称基底膜（图 1-11）。为特殊细胞间质，厚薄不一。由Ⅳ型胶原蛋白、层粘连蛋白、硫酸乙酰肝素蛋白多糖构成。除有支持和连接作用外，还具有半透膜性质，有利于上皮细胞与深部结缔组织进行物质交换。基膜还能引导上皮细胞移动并影响细胞的分化。

2. **质膜内褶（plasma membrane infolding）** 是上皮细胞基底面的细胞膜折向胞质所形成的皱褶（图 1-11），从而扩大细胞基底部的表面积，有利于水和电解质的迅速转运。由于转运过程中需要消耗能量，故在质膜内褶附近的胞质内含有许多纵行排列的线粒体。

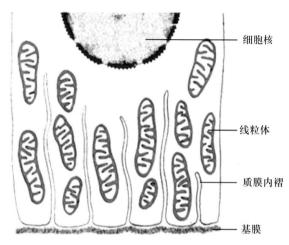

图 1-11　基膜和质膜内褶模式图

第二节　结缔组织

结缔组织（connective tissue）由多种细胞和大量细胞间质构成。其结构特点如下：

（1）细胞少，种类多，功能复杂，细胞无极性。

（2）细胞间质多，包括细丝状的纤维和无定形的基质两部分。

（3）结缔组织内有丰富的血管、淋巴管和神经分布。

（4）分布广泛且形式多样。

结缔组织均起源于胚胎时期的间充质，具有连接、支持、营养、保护、修复等功能。广义的结缔组织分为以下几类（图 1-12）。

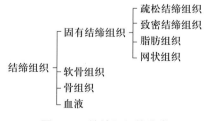

图 1-12　结缔组织的分类

一、固有结缔组织

固有结缔组织（connective tissue proper）即通常所说的结缔组织（狭义的结缔组织），包括疏松结缔组织、致密结缔组织、脂肪组织和网状组织等。

（一）疏松结缔组织

疏松结缔组织（loose connective tissue）又称蜂窝组织（areolar tissue）。其特点是细胞种类多、纤维数量少，排列疏松，血管丰富（图1-13）。分布广泛，位于器官之间、组织之间及细胞之间，具有连接、支持、保护、营养和修复等功能。

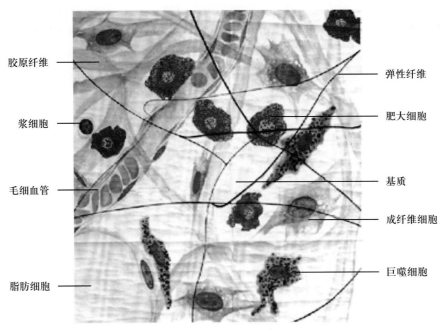

图1-13 疏松结缔组织铺片

1. **细胞** 疏松结缔组织的细胞种类较多，其中包括成纤维细胞、巨噬细胞、浆细胞、肥大细胞、脂肪细胞、未分化的间充质细胞等。此外，血液中的白细胞，如嗜酸性粒细胞、淋巴细胞等在炎症反应时也可游走到疏松结缔组织内。各类细胞的数量和分布随疏松结缔组织存在的部位和功能状态而不同。

（1）成纤维细胞（fibroblast）：是疏松结缔组织中的主要细胞，数量多。细胞呈扁平星状，多突起；胞质丰富，呈弱嗜碱性；细胞核大，呈卵圆形，着色浅，核仁明显。在电镜下，胞质内含有丰富的粗面内质网、游离核糖体和发达的高尔基复合体。成纤维细胞能合成和分泌胶原蛋白、弹性蛋白。生成纤维和基质，在创伤修复中起重要作用。

纤维细胞（fibrocyte）是功能不活跃、处于静止状态的成纤维细胞。细胞变小，呈长梭形，胞核小，着色深，胞质内粗面内质网少、高尔基复合体不发达。在特定条件刺激下（如创伤），纤维细胞又可再转变为成纤维细胞参与修复功能。

（2）巨噬细胞（macrophage）：是血液中的单核细胞进入结缔组织后分化形成，形态多样，随功能状态而改变，分布广泛。有两种状态：一种是功能活跃游走的巨噬细胞，常伸出较长的伪足而形态不规则；另一种是在疏松结缔组织内的巨噬细胞，又称组织细胞（histiocyte），常沿纤维散在分布，在炎症和异物等刺激下活化成游走的巨噬细胞。

巨噬细胞的胞核较小，呈卵圆形或肾形，多为偏心位，着色深，核仁不明显，胞质丰富，多呈嗜酸性，含空泡和异物颗粒。电镜下，细胞表面有许多皱褶、小泡和微绒毛，胞质内含有大量初级溶酶体、次级溶酶体、吞噬体、吞饮小泡和残余体。巨噬细胞具有趋化性定向运动和强大的吞噬异物、细菌、衰老死亡细胞的功能；能捕获、处理和呈递抗原，参与和调节免疫应答；分泌溶菌酶、补体和细胞因子等多种生物活性物质。

（3）浆细胞（plasma cell）：来源于血液中的B淋巴细胞。通常在疏松结缔组织内较少，而在病原菌或异性蛋白易于入侵的部位（如消化道、呼吸道固有层结缔组织内及慢性炎症部位）较多。光镜下呈圆形或椭圆形；细胞核呈圆形，位于细胞一侧，染色质呈粗块状，以核为中心呈放射状排列，形似车轮；胞质丰富，呈嗜碱性。电镜下胞质内含有大量平行排列的粗面内质网和游离核糖体；核旁浅染区内有发达的高尔基复合体和中心体。浆细胞具有合成和分泌免疫球蛋白（即抗体）的功能。

（4）肥大细胞（mast cell）：起源于骨髓，分布在小血管和小淋巴管周围。细胞呈圆形或卵圆形，较大；细胞核小，位于细胞中央，染色深；胞质内充满粗大的嗜碱性颗粒，颗粒具有水溶性和异染性，颗粒内含有肝素、组胺、白三烯和嗜酸性粒细胞趋化因子等。其中肝素有抗凝血作用；组胺和白三烯能使细支气管平滑肌收缩，使微静脉和毛细血管扩张，通透性增加，渗出增加，导致组织水肿；嗜酸性粒细胞趋化因子能吸引嗜酸性粒细胞到变态反应的部位。故肥大细胞与过敏反应的发生有关。

（5）脂肪细胞（fat cell）：单个或成群存在。细胞较大，呈圆形、椭圆形或多边形；胞质内充满脂滴；核呈扁圆形，连同部分胞质被挤压到细胞的一侧，呈新月形。在 HE 染色标本中，脂滴被溶解，细胞呈空泡状。脂肪细胞具有合成、贮存脂肪，并参与脂类代谢的功能。

（6）未分化的间充质细胞（undifferentiated mesenchymal cell）：数量极少，分化程度较低，形态与成纤维细胞相似，在 HE 染色标本上不易辨认。是保留在成体结缔组织内具有分化潜能的干细胞，在炎症和创伤时可增殖分化为成纤维细胞、脂肪细胞。未分化的间充质细胞常分布在小血管尤其是毛细血管周围，并能分化为血管壁的平滑肌细胞和内皮细胞。

2. **纤维（fiber）** 位于基质内，有胶原纤维、弹性纤维、网状纤维 3 种（图 1-13）。

（1）胶原纤维（collagenous fiber）：数量最多，新鲜时呈白色，有光泽，故又称白纤维。在 HE 染色标本中呈嗜酸性，浅红色。纤维粗细不等，呈波浪形，并互相交织。胶原纤维韧性较大，抗拉力强。

（2）弹性纤维（elastic fiber）：新鲜时呈黄色，故又称黄纤维。在 HE 染色标本中呈弱嗜酸性，着色浅，不易与胶原纤维区分；但醛复红或地衣红能将弹性纤维染成紫色或棕褐色。弹性纤维较细，其分支交织成网。弹性纤维富于弹性，但韧性差、易断，断端常卷曲。

（3）网状纤维（reticular fiber）：较细短，分支多，交织成网。在镀银染色时呈黑褐色，故又称嗜银纤维。网状纤维主要分布于网状组织，在造血器官和内分泌腺的网状纤维，则构成其支架。

3. **基质（ground substance）** 是由蛋白多糖和糖蛋白等生物大分子构成的无定形胶状物质，有一定黏稠性，分布于毛细血管与细胞和纤维之间，其内含有组织液。主要成分是蛋白多糖和水。

蛋白多糖是由蛋白质与大量多糖结合成的大分子复合物，其中多糖主要是透明质酸。蛋白多糖复合物的立体构型形成有许多微孔隙的分子筛，小于孔隙的水和溶于水的营养物、代谢产物、激素、气体分子等可以通过，便于血液与细胞之间进行物质交换。大于孔隙的大分子物质，如细菌等不能通过，使基质成为限制细菌扩散的防御屏障。但溶血性链球菌、肿瘤细胞和蛇毒等能产生透明质酸酶，破坏基质的防御屏障，致使感染和肿瘤浸润扩散。

组织液（tissue fluid）是从毛细血管动脉端渗入基质内的液体，经毛细血管静脉端和毛细淋巴管回流入血液或淋巴，组织液不断更新，有利于血液与细胞进行物质交换，成为组织和细胞赖以生存的内环境。当组织液的渗出、回流或机体水、电解质、蛋白质代谢发生障碍时，基质中的组织液含量可增多或减少，导致组织水肿或脱水。

（二）致密结缔组织

致密结缔组织（dense connective tissue）是一种以纤维为主要成分的固有结缔组织，纤维粗大，排列致密，细胞和基质少，主要功能为支持和连接。根据纤维的性质和排列方式，可区分为以下几种类型（图 1-14）。

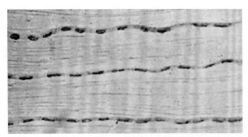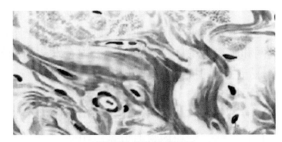

规则的致密结缔组织   不规则的致密结缔组织

图 1-14　致密结缔组织（肌腱与腱细胞）

1. 规则的致密结缔组织　主要构成肌腱和腱膜。大量密集的胶原纤维顺着受力方向平行排列成束，基质和细胞很少，位于纤维之间。细胞成分主要是腱细胞，它是一种形态特殊的成纤维细胞，胞体伸出多个薄翼状突起插入纤维束之间，胞核扁椭圆形，着色深。

2. 不规则的致密结缔组织　见于真皮、硬脑膜、巩膜和许多器官的被膜等，其特点是方向不一，粗大的胶原纤维彼此交织成致密的板层结构，纤维之间含少量基质和成纤维细胞。

3. 弹性组织　以弹性纤维为主，粗大的弹性纤维平行排列成束，如项韧带和黄韧带，以适应脊柱的运动；或编织成膜状，如弹性动脉的中膜，以缓冲血流压力。

（三）脂肪组织

脂肪组织（adipose tissue）主要由大量群集的脂肪细胞构成，被疏松结缔组织分隔成小叶（图 1-15）。主要分布于皮下、网膜和系膜等处。脂肪组织具有贮存脂肪、缓冲保护、参与体温调节和脂肪代谢等作用。

（四）网状组织

网状组织（reticular tissue）是造血器官和淋巴器官的基本组织成分，由网状细胞、网状纤维和基质构成（图 1-16）。网状细胞是有突起的星形细胞，相邻细胞的突起连接成网；胞核较大，呈圆形或卵圆形，着色浅，常可见 1 ~ 2 个核仁；胞质较多，粗面内质网较发达。网状纤维由网状细胞产生，交织成网，成为网状细胞依附的支架。网状组织主要分布于造血器官和淋巴器官，为血细胞的发生和淋巴细胞发育提供适宜的微环境。

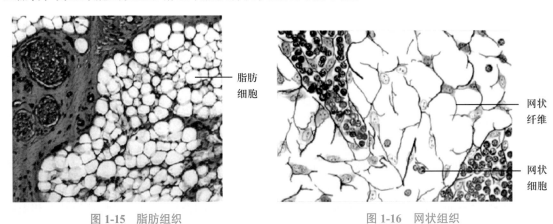

脂肪细胞

网状纤维

网状细胞

图 1-15　脂肪组织   图 1-16　网状组织

二、软骨组织和软骨

软骨（cartilage）是由软骨组织及其周围的软骨膜构成的器官。软骨组织是固态的结缔组织，略有弹性，能承受压力和耐摩擦，有一定的支持和保护作用。胎儿早期的躯干和四肢支架主要为软骨，至成体，软骨仅分布于关节面、椎间盘、某些骨连接、呼吸道及耳郭等处。

（一）软骨组织

软骨组织（cartilage tissue）为固态的结缔组织，由软骨细胞、基质和纤维构成（图 1-17）。

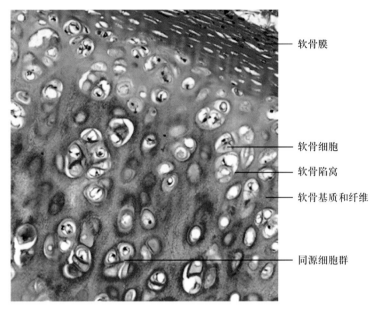

图 1-17　软骨组织和软骨细胞

1. **软骨细胞**　来源于软骨膜内的软骨祖细胞，其形态随发育程度不同而有差异。靠近软骨膜的软骨细胞较幼稚，小而扁平，单个分布，具有旺盛的分裂增殖能力；愈邻近中央部的软骨细胞愈成熟，胞体逐渐增大，呈圆形或卵圆形，胞质丰富，弱嗜碱性，常成群分布，多为 2 ~ 8 个聚集在一起，它们均由一个幼稚的软骨细胞分化而来，故称同源细胞群（isogenous group）。软骨细胞在基质中所占据的空间，称为软骨陷窝。而陷窝周围的基质因含硫酸软骨素较多，呈强嗜碱性而染色深，称为软骨囊，容纳软骨细胞。软骨细胞具有合成纤维和基质的功能。

2. **软骨基质**　即软骨细胞分泌的细胞间质，由基质和纤维组成。基质包括水和软骨黏蛋白两种成分，呈凝胶状，渗透性好。基质内包埋有胶原纤维和弹性纤维，使软骨具有韧性和弹性；纤维成分的种类因软骨类型而异。

（二）软骨膜

软骨膜（perichondrium）是覆盖于软骨表面的薄层致密结缔组织。外层的胶原纤维多，起保护作用；内层有较多梭形的软骨祖细胞，可增殖分化为成软骨细胞。软骨膜对软骨有营养、生长和修复等作用。

（三）软骨的分类

根据软骨组织所含纤维的不同，可将软骨分为透明软骨、纤维软骨和弹性软骨 3 种（图 1-18）。

1. **透明软骨**（hyaline cartilage）　基质中的纤维成分主要是交织排列的胶原原纤维，因纤维细小，染色、折光率与基质一致，在 HE 染色标本中不能分辨，加之基质较丰富，含水量较多，使其新鲜时呈半透明状。透明软骨主要分布于鼻、喉、气管、支气管、肋软骨、关节软骨等部位。具有支持作用，有一定的弹性和韧性，抗压性强。

2. **弹性软骨**（elastic cartilage）　基质中含有大量交织成网的弹性纤维，有较强的弹性。弹性软骨分布于耳郭和会厌等处。

3. **纤维软骨**（fibrous cartilage）　基质中含有大量平行或交叉排列的胶原纤维束；软骨细胞小而少，成行分布于胶原纤维束之间。纤维软骨分布于椎间盘、耻骨联合和关节盘等处。具有牢固的连接作用，韧性强，伸展性好。

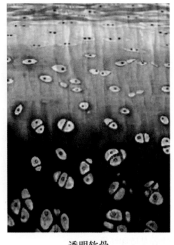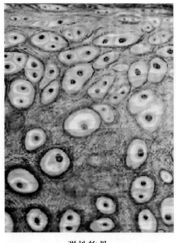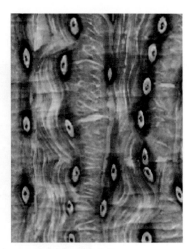

透明软骨　　　　　　　　　弹性软骨　　　　　　　　　纤维软骨

图 1-18　各类软骨的光镜图

三、骨组织和骨

骨主要由骨组织、骨膜和骨髓构成。

（一）骨组织

骨组织（osseous tissue）由细胞和钙化的骨基质构成，是一种既坚硬又有一定韧性的结缔组织。骨组织是骨的主要成分，体内的钙约 99% 以钙盐形式沉着在骨组织内，故骨组织是人体最大的钙磷库。骨具有支持、保护作用，是血细胞发生部位。

1. 骨基质（bone matrix）　亦称骨质，由有机成分、无机成分和极少量的水组成。有机成分包括大量的胶原纤维（90%）和少量的无定形基质（10%），无定形基质主要成分为蛋白多糖及其复合物，具有黏合胶原纤维的作用，对钙离子和羟基磷灰石有很强的亲和性，促进无机成分在骨组织中沉淀，形成骨盐。无机成分又称骨盐，主要成分为羟基磷灰石结晶，约占骨组织重量的 65%。骨盐沉着于板层状排列的胶原纤维上，形成坚硬的骨板（bone lamella），为骨组织的特征性结构。同层骨板内的纤维相互平行，相邻骨板的纤维相互垂直，有效地增加了骨的强度和支持力。

2. 细胞　骨组织的细胞有骨祖细胞、成骨细胞、骨细胞和破骨细胞等（图 1-19）。

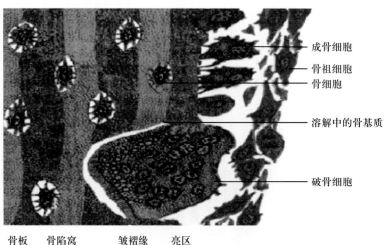

骨板　　骨陷窝　　　　皱褶缘　　亮区

图 1-19　骨组织的各种细胞

（1）骨祖细胞（osteoprogenitor cell）：又称骨原细胞，胞体小，呈梭形，胞质呈弱嗜酸性。

位于骨外膜与骨内膜贴近骨质处，为干细胞，可增殖分化为成骨细胞。促进骨组织的生长和改建。

（2）成骨细胞（osteoblast）：分布于骨组织表面。胞体较大，呈立方形或矮柱状，核大而圆，胞质呈嗜碱性。电镜下胞质内含有大量的粗面内质网和高尔基复合体。成骨细胞产生的胶原纤维和基质，形成类骨质（osteoid），钙化后成为坚硬的骨基质。成骨细胞被包埋于骨基质中，转变为骨细胞。

（3）骨细胞（osteocyte）：单个分布于骨板内或骨板间。胞体小，呈扁椭圆形，有许多细长突起。胞体所在腔隙，称为骨陷窝（bone lacuna）；突起所在腔隙，称为骨小管（bone canaliculus）。骨小管彼此通连，相邻骨细胞突起之间有缝隙连接，骨陷窝和骨小管内含组织液，能营养骨细胞并输送代谢产物。

（4）破骨细胞（osteoclast）：散在分布于骨组织表面，为多个核细胞融合形成。细胞数量少，体积大，胞核量多，胞质呈嗜酸性。电镜下细胞贴骨质一侧有皱褶缘（微绒毛），皱褶缘侧多突起，皱褶缘深面有许多吞噬泡；胞质中溶酶体和线粒体发达。破骨细胞释放多种水解酶和有机酸，具有溶解和吸收骨基质，释放钙离子的作用。

破骨细胞和成骨细胞相辅相成，共同完成骨的生长和改建过程，并参与血钙浓度的调节。

（二）长骨的结构

长骨由骨松质、骨密质、骨膜、关节软骨及血管和神经等构成。

1. **骨松质**（spongy bone）　分布于长骨骺部，是由大量针状或片状的骨小梁相互交织形成的多孔隙网架结构，网眼中充满红骨髓。

2. **骨密质**（compact bone）　主要分布于长骨的骨干，由骨板构成。根据骨板排列方式的不同，分为4种骨板（图1-20）。

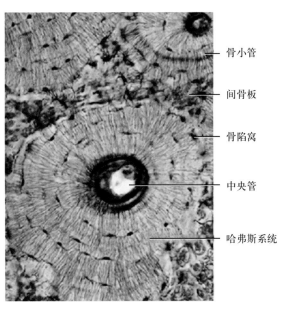

图 1-20　长骨的骨干结构模式图

（1）外环骨板（outer circumferential lamella）：环形排列于骨干的外周面，为厚而规则的骨板，有 10～20 层。

（2）内环骨板（internal circumferential lamella）：环形排列于骨干的骨髓腔面，为薄而不规则的骨板。

内、外环骨板内有横向穿行沟通骨髓腔和骨表面的穿通管，是血管、淋巴管和神经进出的通道，在骨表面形成滋养孔。

（3）骨单位（osteon）：又称哈弗斯系统（Haversian system），在内、外环骨板之间，由骨板围绕中央管呈同心圆排列而成的长柱状结构，是骨密质的基本结构单位。骨单位的中央是纵行的中央管，又称哈弗斯管。中央管周围是 10 ~ 20 层呈同心圆排列的骨板，又称哈弗斯骨板。中央管与穿通管相通，是血管和神经的通道。

（4）间骨板（interstitial lamella）：是充填于骨单位间或骨单位与环骨板间的不规则骨板。是骨生长和改建过程中骨单位或环骨板未被吸收的残留骨板。

3. 骨膜（periosteum） 是除关节面外，在骨的内、外表面被覆的纤维结缔组织，含有丰富的血管和神经，对骨的营养、生长和修复有重要作用。位于骨外表面的骨膜，称为骨外膜（periosteum），可分为内、外两层，外层致密，有许多胶原纤维束穿入骨质，使之固着于骨面。内层疏松，有成骨细胞和破骨细胞，具有产生新骨质、破坏原骨质和重塑骨的功能，幼年期骨细胞功能活跃，促进骨的生长；成年时处于相对静止状态。但当骨发生损伤，如骨折时，骨膜又重新启动成骨功能，促进骨折的修复愈合。如骨外膜剥离太多或损伤过大，则骨折愈合困难。

衬在骨髓腔内面和骨松质间隙内的骨膜，称为骨内膜（endosteum），是一层菲薄的结缔组织，也含有成骨细胞和破骨细胞，有造骨和破骨的功能。

四、血液

血液（blood）是在心血管内流动着的红色液体，约占体重的 7%。成人的循环血容量约为 5 L。

血液由血浆和血细胞组成。抗凝后的血液经自然沉降或离心沉淀后，在垂直试管中被分为 3 层：上层为淡黄色的血浆，中间的薄层为白细胞和血小板，下层为红细胞（图 1-21）。

血浆（plasma）相当于结缔组织的细胞间质，约占血液容积的 55%，其中 90% 是水，其余 10% 为血浆蛋白（白蛋白、球蛋白、纤维蛋白原）、脂蛋白、脂滴、无机盐、酶、激素、维生素和各种代谢产物。血液流出血管后，溶解状态的纤维蛋白原转变为不溶解状态的纤维蛋白，与血细胞共同凝固成血块。

血清（serum）是血液凝固后所析出的淡黄色清亮液体。

血细胞（blood cell）约占血液容积的 45%，包括红细胞、白细胞和血小板。在正常生理情况下，血细胞有一定的形态结构，并有相对稳定的数量。

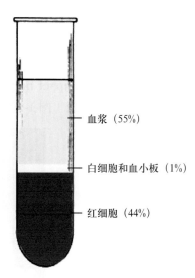

血浆（55%）

白细胞和血小板（1%）

红细胞（44%）

图 1-21　血浆和血细胞比容

血常规是血细胞的形态、数量、百分比和血红蛋白的测定结果（图 1-22）。光镜下观察血细胞的形态，最常用的方法是用 Wright 染血涂片（图 1-23）。

血细胞 {
红细胞　成年男性：(4.0 ~ 5.5)×10^{12}/L；成年女性：(3.5 ~ 5.0)×10^{12}/L
（血红蛋白 成年男性：120 ~ 160 g/L；成年女性：110 ~ 150 g/L）

白细胞 (4.0 ~ 10)×10^9/L {
有粒白细胞 {
中性粒细胞　50% ~ 70%
嗜酸性粒细胞　0.5% ~ 3%
嗜碱性粒细胞　0% ~ 1%
}
无粒白细胞 {
淋巴细胞　20% ~ 30%
单核细胞　3% ~ 8%
}
}

血小板 (100 ~ 300)×10^9/L
}

图 1-22　血细胞分类和计数的正常值

（一）红细胞

红细胞（red blood cell，RBC）直径为 7 ~ 8.5 μm，呈双凹圆盘状，中央较薄，周缘较厚，故在血涂片标本中中央染色较浅、周缘染色较深（图 1-23）。红细胞的这种形态使它具有较大的表面积，从而能最大限度地适应其功能（携 O_2 和 CO_2）。新鲜单个红细胞为黄绿色，大量红细胞使血液呈猩红色，而且多个红细胞常叠连在一起呈串钱状。

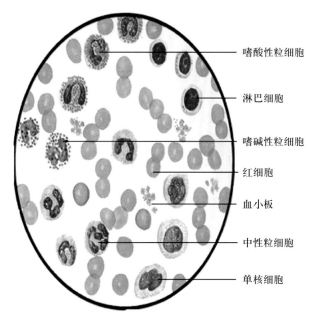

图 1-23　血细胞（Wright 染色）

成熟红细胞无细胞核和细胞器，胞质内充满血红蛋白（hemoglobin，Hb）。正常成人血液中血红蛋白含量相对稳定，血红蛋白具有结合与运输 O_2 和 CO_2 的功能。红细胞的形态和数目的改变，以及血红蛋白的质和量的改变超出正常范围，则表现为病理现象。

一般认为，血红蛋白低于正常值的下限，则称为贫血（anemia）。红细胞膜上有血型抗原 A 和（或）血型抗原 B，构成人类的 ABO 血型抗原系统，在临床输血中具有重要意义。

当血浆渗透压降低、异型输血及其他因素损害红细胞时，可导致红细胞膜破裂，血红蛋白逸出，称为溶血（hemolysis）。

外周血中有少量未完全成熟的红细胞，称为网织红细胞（reticulocyte）。胞质内残留少量核糖体，用煌焦蓝染色后，呈蓝色细网状或颗粒状。核糖体的存在，表明网织红细胞仍有一些合成血红蛋白的功能，红细胞完全成熟时，核糖体消失，血红蛋白的含量即不再增加。成人网织红细胞为红细胞总数的 0.5% ~ 1.5%，新生儿较多，可达 3% ~ 6%。临床上网织红细胞计数常作为衡量骨髓造血能力的一项指标。

红细胞的平均寿命约为 120 天。衰老的红细胞多在肝、脾和骨髓等处被巨噬细胞吞噬，同时由红骨髓生成和释放同等数量的红细胞进入外周血液，维持红细胞数的相对恒定。

（二）白细胞

白细胞（white blood cell，WBC）为无色有核的球形细胞，体积比红细胞大，能变形穿过毛细血管进入其他组织，具有防御和免疫功能。血液中白细胞的数量可受各种生理因素的影响，如劳动、运动、饮食及妇女月经期，均略有增多。在疾病状态下，白细胞总数及各种白细胞的百分比值皆可发生改变。

光镜下，根据白细胞的细胞质内有无特殊颗粒，可将其分为有粒白细胞和无粒白细胞两类。有粒白细胞又根据颗粒的嗜色性，分为中性粒细胞、嗜酸性粒细胞和嗜碱性粒细胞。无粒白细胞有单核细胞和淋巴细胞两种。

1. **中性粒细胞**（neutrophilic granulocyte）　数量最多，占白细胞总数的 50% ~ 70%，细

胞呈球形，直径 10 ~ 12 μm，核染色质呈团块状。核的形态多样，有的呈杆状或分叶状，叶间有细丝相连。细胞核一般为 2 ~ 5 叶，正常人以 2 ~ 3 叶者居多（图 1-23）。核分叶越多，表明细胞越接近衰老。在某些疾病情况下，呈杆状核的细胞百分率增多，称为核左移；4 ~ 5 叶核的细胞增多，称为核右移。胞质丰富，内含许多细小、分布均匀的淡紫色或淡红色颗粒，电镜下颗粒分为两种：①嗜天青颗粒，较大，着色略深，呈紫色，约占颗粒总数的 20%，是一种含有酸性磷酸酶和过氧化物酶的溶酶体，能消化分解吞噬的异物；②特殊颗粒，呈哑铃形或椭圆形，较小，呈淡红色，约占颗粒总数的 80%，内含碱性磷酸酶、吞噬素、溶菌酶等，吞噬素具有杀菌作用，溶菌酶能溶解细菌表面的糖蛋白。

中性粒细胞具有很强的趋化性、变形运动和吞噬等功能。在吞噬、处理细菌的过程中，自身也常变性坏死，成为脓细胞，与坏死组织和细菌一起成为脓液。

2. **嗜酸性粒细胞**（eosinophilic granulocyte） 占白细胞总数的 0.5% ~ 3%，直径为 10 ~ 15 μm。核常为 2 叶，胞质内充满粗大、分布均匀的橘红色嗜酸性颗粒。电镜下颗粒多呈椭圆形，内含颗粒状基质和方形或长方形晶体，并含有酸性磷酸酶、芳基硫酸酯酶、过氧化物酶和组胺酶等。嗜酸性粒细胞具有趋化性，也能作变形运动。它能吞噬抗原抗体复合物，释放组胺酶灭活组胺，从而减弱过敏反应。嗜酸性粒细胞还能借助抗体与某些寄生虫表面结合，释放颗粒内物质，杀灭寄生虫。故在过敏性疾病或寄生虫病时，血液中嗜酸性粒细胞增多。

3. **嗜碱性粒细胞**（basophilic granulocyte） 数量最少，占白细胞总数的 0 ~ 1%，细胞呈球形，直径为 10 ~ 12 μm。细胞核呈"S"形或不规则，细胞质中含有大小不等、分布不均的紫蓝色嗜碱性颗粒。颗粒内含组胺和肝素，可快速释放；而白三烯则存在于细胞基质内，释放缓慢。组胺和白三烯参与过敏反应，肝素具有抗凝血作用。嗜碱性粒细胞的功能与肥大细胞相似。

4. **淋巴细胞**（lymphocyte） 占白细胞总数的 20% ~ 30%，呈圆形或椭圆形，大小不等。直径 6 ~ 8 μm 的为小淋巴细胞，9 ~ 12 μm 的为中淋巴细胞，13 ~ 16 μm 的为大淋巴细胞。外周血中小淋巴细胞数量最多，细胞核呈圆形，一侧常有小凹陷，染色质致密，呈块状，着色深，核占细胞的大部，胞质很少，在核周成一窄缘，嗜碱性，染成蔚蓝色，含少量嗜天青颗粒。少数大、中淋巴细胞的核呈肾形，胞质内含有较多的大嗜天青颗粒，称为大颗粒淋巴细胞。电镜下，淋巴细胞的胞质内主要是大量的游离核糖体，其他细胞器均不发达。

根据它们的发生部位、表面特征、寿命长短和免疫功能的不同，至少可分为 T 淋巴细胞、B 淋巴细胞、杀伤（K）性淋巴细胞和自然杀伤（NK）性淋巴细胞 4 类，其中 T 淋巴细胞参与细胞免疫反应，B 淋巴细胞受抗原刺激后增殖分化为浆细胞，产生抗体，参与体液免疫反应。

5. **单核细胞**（monocyte） 占白细胞总数的 3% ~ 8%，是白细胞中体积最大的细胞。细胞呈圆形或椭圆形，直径为 14 ~ 20 μm；细胞核形态多样，呈卵圆形、肾形、马蹄铁形或不规则形等，常偏心，因染色质颗粒细而松散，故着色较浅；细胞质较多，呈弱嗜碱性，含有许多细小的嗜天青颗粒，使细胞质染成深浅不匀的灰蓝色。颗粒内含有过氧化物酶、酸性磷酸酶、非特异性酯酶和溶菌酶。电镜下，细胞表面有皱褶和微绒毛，细胞质内有许多吞噬泡、线粒体和粗面内质网，颗粒具溶酶体样结构。

单核细胞具有活跃的变形运动、明显的趋化性和一定的吞噬功能。单核细胞是巨噬细胞的前身，它在血流中停留 1 ~ 2 天后，穿出血管进入组织和体腔，分化为巨噬细胞。单核细胞和巨噬细胞都能消灭侵入机体的细菌，吞噬异物颗粒，消除体内衰老损伤的细胞，并参与免疫反应，但其功能不及巨噬细胞强。

（三）血小板

血小板（blood platelet，PLT），或称血栓细胞，由骨髓中巨核细胞的细胞质脱落下来的碎片形成，呈双凸圆盘状，无核，有完整的细胞膜，直径为 2 ~ 4 μm；当受到机械或化学刺激时，则伸出突起，呈不规则形。在血涂片中，血小板常呈多角形，聚集成群。血小板周边部呈均质浅蓝色，称为透明区；中央部分有着蓝紫色的颗粒，称为颗粒区。颗粒内含有血小板凝血因子，血小板在止血和凝血过程中起重要作用。

血常规指标的判读

红细胞计数（RBC）：高值时可能患红细胞增多症；低值时可能为贫血。

血红蛋白测定（Hb）：高值时可能为红细胞增多症，心排血量减少；低值时可能为低血色素性贫血或缺铁性贫血。

血细胞比容（HCT）：高值时可能有脱水症或红细胞增多症；低值时则可能有贫血。

平均红细胞体积（MCV）：高值时表示红细胞过大，见于缺乏维生素 B_{12} 和叶酸的贫血、巨红细胞症、长期口服避孕药、停经妇女及老年人；低值时表示红细胞较小，见于缺铁性贫血、地中海型贫血及慢性疾病造成的贫血。

平均红细胞血红蛋白浓度（MCHC）：除了遗传性球形红细胞症外，MCHC 不大于 36 g/L；MCHC 降低则见于缺铁性贫血和地中海型贫血。

红细胞体积分布宽度（RDW）：当红细胞大小相差较大时，RDW 会上升，可作为诊断贫血的参考。

白细胞计数（WBC）：高值时可能为身体部位发炎、白血病、组织坏死等；但孕妇、新生儿及激烈运动过后亦会偏高。低值时可能为病毒感染、再生障碍性贫血及自体免疫性疾病。

（1）中性粒细胞：偏高，可能是细菌感染、炎症或骨髓增殖症；偏低，可能有再生障碍性贫血或某些药物的不良反应。

（2）嗜酸性粒细胞增多：可能有过敏、寄生虫感染、各种皮肤病、恶性肿瘤或白血病。

（3）嗜碱性粒细胞增多：可能有慢性粒细胞性白血病、骨髓增殖性疾病。

（4）单核细胞增多：可能在急性细菌感染的恢复期、单核细胞性白血病。

（5）淋巴细胞：增多，可能感染滤过性病毒或结核分枝杆菌；减少，可能有免疫缺陷病、再生障碍性贫血。在急性感染症的初期，中性粒细胞增加时，淋巴细胞百分比会相对减少。

血小板计数（PLT）：高值时可能与红细胞增多症、慢性骨髓性白血病、骨髓纤维化、脾切除、慢性感染症或急性感染恢复期有关。血小板值过低时可能有出血倾向、凝血不良的再生障碍性贫血。

音频：
血液的有形成分

第三节　肌组织

肌组织（muscle tissue）主要由具有收缩功能的肌细胞组成，其间有少量结缔组织、血管和神经。肌细胞因呈细长纤维状，故又称肌纤维（muscle fiber）。肌细胞膜称为肌膜，肌细胞质称为肌质。

肌组织分为 3 类：骨骼肌、心肌、平滑肌。

一、骨骼肌

骨骼肌（skeletal muscle）主要分布于躯干和四肢，借肌腱附着于骨表面，收缩受意识支配，为随意肌。骨骼肌收缩迅速而有力，但容易疲劳。

每块骨骼肌由平行排列的骨骼肌纤维组成，其周围有结缔组织包裹。致密结缔组织包裹在整块肌外面，形成肌外膜；肌外膜的结缔组织伸入肌内，将其分割形成肌束，包裹肌束的结缔组织，称为肌束膜；包绕在每一条肌纤维周围的结缔组织称为肌内膜。结缔组织内有血管、神经分布，对骨骼肌有支持、连接、营养、保护和功能调整的作用。除骨骼肌纤维外，骨骼肌内还有扁平有突起的肌卫星细胞，附着于肌纤维表面，肌纤维受损后，肌卫星细胞可增殖分化，参与修复，具有干细胞的性质。

（一）骨骼肌纤维的光镜结构

骨骼肌纤维呈细长圆柱状，直径为 10 ~ 100 μm，长短不一，一般为 1 ~ 40 mm，长者可达 10 cm 以上（图 1-24）；骨骼肌纤维是多核细胞，一条肌纤维内可含有几十个至几百个呈扁椭圆形的核，位于肌膜下方。肌质丰富，内有沿肌纤维长轴平行排列的肌原纤维（myofibril），呈细丝样，直径为 1 ~ 2 μm；每条肌原纤维上都有明暗相间的带，且准确地排列在同一平面上，构成了骨骼肌纤维明暗相间的周期性横纹（cross striation），骨骼肌属于横纹肌。明带又称 I 带，暗带又称 A 带。用油镜观察，暗带中央有一条窄带，着色浅，称为 H 带，H 带中央有一条深色的 M 线。明带中央有一条深色的 Z 线（图 1-25）。

纵切面

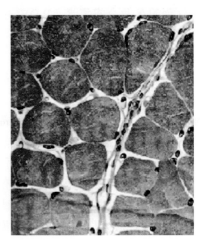
横切面

图 1-24　骨骼肌纤维的光镜结构

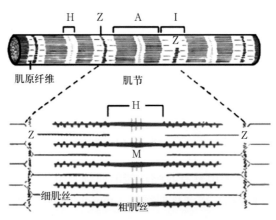

图 1-25　骨骼肌的肌原纤维超微结构

相邻两条 Z 线之间的一段肌原纤维，称为肌节（sarcomere）。每个肌节由 1/2 I 带 + A 带 + 1/2 I 带构成。肌节依次排列构成肌原纤维，是骨骼肌纤维结构和功能的基本单位。暗带长度较恒定，约为 1.5 μm；明带的长度随骨骼肌纤维的舒缩而异，最长达 2 μm；肌节的长度为 1.5 ~ 3.5 μm，安静状态下一般为 2 μm。

（二）骨骼肌纤维的超微结构

1. **肌原纤维** 由粗、细 2 种肌丝有规律地沿肌原纤维长轴排列构成（图 1-26）。明带只有细肌丝，Z 线是细肌丝的附着点。暗带由粗肌丝和细肌丝共同构成，其中 H 带只有粗肌丝；肌原纤维之间有大量线粒体、糖原和少量脂滴。

（1）粗肌丝：位于肌节中部 A 带内，中央固定于 M 线，两端游离，由肌球蛋白组成。肌球蛋白呈豆芽状，头部似豆瓣，露于粗肌丝表面，称为横桥（cross bridge），有 ATP 酶活性，能与 ATP 结合；当其与肌动蛋白接触时，ATP 酶激活，分解 ATP 释放能量，横桥发生屈伸运动。

（2）细肌丝：一端固定于 Z 线，另一端伸入粗肌丝之间，止于 H 带外侧。细肌丝由肌动蛋白、原肌球蛋白、肌钙蛋白组成。肌动蛋白分子单体呈球形，许多单体相互串联成串珠状双螺旋链。每个单体上有一个与肌球蛋白头部横桥结合的位点。原肌球蛋白是由嵌于肌动蛋白双股螺旋链浅沟上的两条多肽链首尾相连组成的，呈条索状。肌钙蛋白由 3 个球形亚单位 TnT、TnI 和 TnC 构成，肌钙蛋白借 TnT 附着于原肌球蛋白上，TnC 能与钙离子结合，TnI 能抑制肌动蛋白和肌球蛋白。

2. **横小管** 是肌膜垂直于肌纤维长轴并向肌质内凹陷形成的管状结构，简称 T 小管（图 1-26），位于明带与暗带交界处。同一平面上的横小管在细胞内分支吻合，环绕在每条肌原纤维周围，将肌膜的兴奋快速传到细胞内，引起同一条肌纤维上的肌节同步收缩。

3. **肌质网** 是肌纤维中特化的滑面内质网，位于相邻两个横小管之间（图 1-26）。中部纵行包绕一段肌原纤维，称为纵小管。两端扩大呈囊状，并相互通连形成终池。每条横小管与两侧的终池组成三联体（triad），在此将兴奋从肌膜传递到肌质网。肌浆网上有钙泵和钙通道。钙泵能逆浓度差把肌质中的 Ca^{2+} 泵入肌质网内储存，调节肌质中 Ca^{2+} 的浓度。

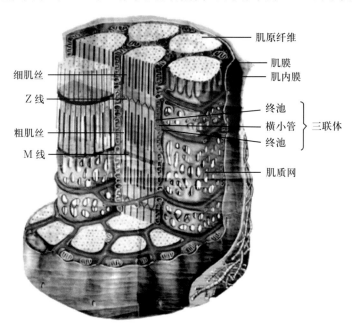

图 1-26 骨骼肌纤维超微结构立体模式图

（三）骨骼肌纤维的收缩原理

现阶段认为骨骼肌纤维的收缩机制为肌丝滑行学说。其主要过程为：①运动神经末梢将神经冲动传递给肌膜；②肌膜的兴奋经横小管传递给肌质网，大量 Ca^{2+} 涌入肌质，肌质内 Ca^{2+} 浓度升高；③ Ca^{2+} 与肌钙蛋白结合，暴露出肌动蛋白上与肌球蛋白头部的结合位点，两者迅速结合；④横桥 ATP 酶被激活，分解 ATP 并释放能量，肌球蛋白的头和杆发生转动，将细肌丝牵引向 M 线方向；⑤细肌丝在粗肌丝之间向 M 线移动，明带（I 带）缩短，肌节缩短，肌纤维收缩，H 带也变短，但暗带（A 带）长度不变；⑥肌纤维收缩结束后，肌质中的 Ca^{2+} 被迅速转运回肌质网，肌质中 Ca^{2+} 浓度下降，肌动蛋白和原肌球蛋白构型恢复原状，横桥与肌动蛋白分离，使另一个 ATP 结合到肌球蛋白头部，肌节恢复原来的长度，肌纤维舒张。

二、心肌

心肌（cardiac muscle）分布于心壁及邻近心的大血管壁上，心肌收缩具有自动节律性，不易疲劳，属于不随意肌。

（一）心肌纤维的光镜结构

心肌纤维呈不规则短圆柱状，多数有分支，并互相连接成网。心肌纤维连接处在 HE 染色标本中呈染色较深的横行或阶梯状粗线，称为闰盘（intercalated disk）。多数心肌纤维只有一个细胞核，少数有 2 个，位于细胞中央，呈卵圆形。心肌纤维也有明暗相间的周期性横纹，但不如骨骼肌纤维明显；心肌纤维的肌质较丰富，多聚集在核的两端，含有线粒体、脂滴、脂褐素，核周围胞质内的脂褐素随年龄增长而增多（图 1-27）。一般认为，心肌细胞没有再生能力，损伤后由瘢痕组织代替。

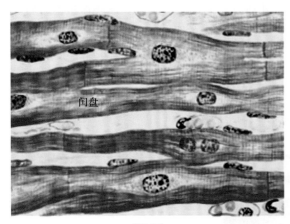

纵切面　　　　　　　　　　　　　　　横切面

图 1-27　心肌纤维光镜图

（二）心肌纤维的超微结构

心肌纤维的超微结构与骨骼肌相似，也含有粗、细两种肌丝及由其组成的肌节。心肌纤维超微结构特点：①肌原纤维粗细不等、横纹不明显，肌原纤维间有丰富的线粒体；②横小管较粗，位于 Z 线水平；③肌质网内纵小管稀疏，终池扁小，横小管与一侧终池紧贴形成二联体，故心肌纤维的贮钙能力低，收缩前需要从细胞外摄取 Ca^{2+}；④闰盘的横向部分位于 Z 线水平，有黏合带和桥粒，使心肌纤维连接牢固，闰盘纵向部分有缝隙连接，便于细胞间化学信息传递和电冲动传导，使心房肌和心室肌整体的收缩和舒张同步化；⑤心房肌纤维还具有分泌功能，可分泌心房钠尿肽（又称心钠素），具有排钠利尿、扩血管和降低血压的作用。

三、平滑肌

平滑肌（smooth muscle）广泛分布于内脏、血管等中空性器官的管壁上，为不随意肌，收缩缓慢而持久。

光镜下，平滑肌纤维呈长梭形，无横纹。细胞核呈椭圆形，位于细胞中央。肌纤维排列成层。在同一层内，相邻肌纤维平行排列，互相嵌合，相邻肌层内平滑肌的排列方向不同，肌纤维间有少量结缔组织（图 1-28）。

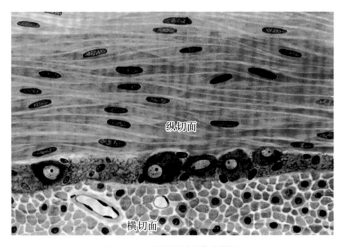

图 1-28 平滑肌纤维光镜图

电镜下，相邻平滑肌纤维间有缝隙连接，以至于平滑肌兴奋时，神经冲动可以迅速地从一个细胞扩散到另一个细胞，使成束、成层的平滑肌纤维同步收缩，能很好地完成其生理功能。

第四节 神经组织

神经组织（nervous tissue）由神经细胞和神经胶质细胞组成（图 1-29），是神经系统中最主要的组织成分。

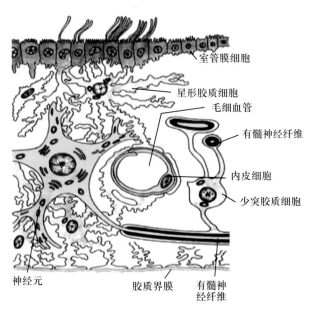

图 1-29 神经组织模式图

神经细胞又称神经元，约有 10^{12} 个，是神经系统结构和功能的基本单位。每个神经元都具有接受刺激、整合信息和传导冲动的能力，通过神经元之间的联系，把接受的信息进行分析和贮存，并将信息传递给各种肌细胞、腺细胞等效应细胞，以产生效应；同时，神经元也是人体记忆、意识、思维和行为调节的基础。

神经胶质细胞的数量是神经元的 10 ~ 15 倍，对神经元起支持、营养、保护和绝缘等作用，也参与神经递质和活性物质的代谢。

一、神经元

神经元（neuron）的形态多种多样，根据其结构可分为胞体和突起两部分（图 1-30）。

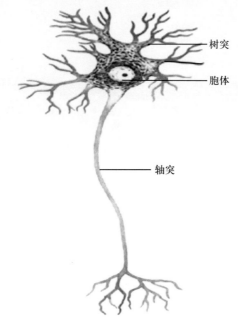

树突
胞体
轴突

图 1-30　神经元的结构

（一）神经元的结构

1. **胞体**　是神经元营养和代谢中心。神经元胞体大小差异很大，小的直径仅为 4～5 μm，大者直径可达 150 μm。主要位于大脑和小脑皮质、脑干和脊髓灰质及神经节内，有圆形、锥体形和星形；均由细胞膜、细胞质和细胞核构成。

（1）细胞核：位于胞体中央，大而圆，核膜清晰，常染色质多，着色浅，核仁明显，大而圆。

（2）细胞质：光镜下，其特征性结构为尼氏体和神经原纤维。

①尼氏体（Nissl body）：均匀分布，呈强嗜碱性（图 1-31）。在大神经元呈粗大的斑块状，如脊髓运动神经元；在小神经元呈细颗粒状，如神经节内的神经元。电镜下，尼氏体由许多平行排列的粗面内质网和游离核糖体构成，表明其具有活跃的蛋白质合成功能，主要合成和更新细胞器所需的结构蛋白、合成神经递质所需的酶类。

神经递质（neurotransmitter）是神经元向其他神经元或效应细胞传递信息的化学载体，通常为小分子物质，主要在胞体合成后以小泡的形式贮存在神经元的轴突末梢。

②神经原纤维（neurofibril）：在 HE 染色标本中无法辨认。在镀银染色标本中，呈棕黑色细丝，交错排列成网，并伸入树突和轴突内（图 1-31）。电镜下，由微丝、微管和神经丝构成。

神经丝是由神经丝蛋白构成的一种中间丝。它们除了构成神经元的细胞骨架外，微管还参与物质运输。

胞质内还含有线粒体、高尔基复合体、溶酶体等细胞器。此外，还含有随着年龄增长而增多的脂褐素。

（3）细胞膜：属于可兴奋膜，具有接受刺激、处理信息、产生和传导神经冲动的功能。其性质取决于膜蛋白，其中有些是离子通道，如 Na^+ 通道、K^+ 通道、Ca^{2+} 通道、Cl^- 通道等；有些膜蛋白是受体，与相应的神经递质结合后，使某种离子通道开放。

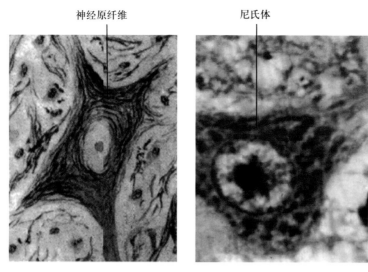

神经原纤维　　　　　　尼氏体

图 1-31　尼氏体和神经原纤维

2. **突起**　分为树突和轴突两种。

（1）树突：每个神经元有一个至多个树突，多呈树枝状（图 1-30），在分支上可见大量短小突起，称为树突棘（dendritic spine）。树突的功能主要是接受刺激。树突和树突棘极大地扩大了神经元接受刺激的表面积，故神经元接受刺激和整合信息的能力与其树突的分支程度及树突棘数量的多少密切相关。

（2）轴突：每个神经元只有一个轴突，通常由胞体发出，短者仅有数微米，长者可达 1 m以上。在光镜下胞体发出轴突的部位呈圆锥形，称为轴丘（axon hillock），此处无尼氏体，故染色较浅。轴突一般较树突细，直径较均一，有侧支呈直角分出（图 1-30）。轴突末端分支较多，形成轴突终末。轴突表面的细胞膜称为轴膜，其内的胞质称为轴质。轴质内有大量微管和神经丝，还有滑面内质网、线粒体、微丝和小泡。微管、神经丝和微丝之间有横桥连接，构成轴质中的网架。轴突内无粗面内质网、游离核糖体，故不能合成蛋白质，轴突成分的更新以及神经递质合成所需的酶和蛋白质，是在胞体内合成后输送到轴突及其终末的。

轴突起始段轴膜较厚，膜下有电子密度高的致密层，此段轴膜易引起电兴奋，是神经元产生神经冲动的起始部位。神经冲动形成后沿轴膜传向终末，故轴突的主要功能是将神经冲动沿轴膜表面传向轴突终末，再传导至其他神经元或效应器。

（二）神经元的分类

1. **按神经元突起的多少分类**　可分为 3 类（图 1-32）。

（1）多级神经元（multipolar neuron）：有一个轴突和多个树突。

（2）双极神经元（bipolar neuron）：有一个轴突和一个树突。

（3）假单极神经元（pseudounipolar neuron）：从胞体发出一个突起，在距胞体不远处呈 T形分为两支，一支进入中枢神经系统，称为中枢突；另一支进入周围其他器官，称为周围突。

2. **按神经元功能分类**　可分为 3 类（图 1-32）。

（1）感觉神经元（sensory neuron）：又称传入神经元，多为假单极神经元，胞体主要位于脑和脊神经节内，周围突的末梢分布到肌肉、皮肤等处，可接受机体内外的化学性或物理性刺激，并将信息传向中枢。

（2）运动神经元（motor neuron）：又称传出神经元，通常为多极神经元，胞体主要位于脑、脊髓和自主神经节内，将神经冲动传递给肌或腺体，产生效应。

（3）中间神经元（interneuron）：又称联络神经元，主要为多极神经元，位于前两种神经元之间，起信息加工和传递作用。

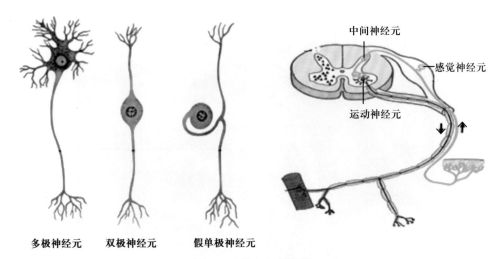

多极神经元　　双极神经元　　假单极神经元

图 1-32　神经元的分类

机体对来自内外环境的刺激所作出的反应（亦称反射）均需这 3 类神经元的参与，它们与感受器、效应器共同构成反射弧。动物越进化，其中间神经元越多。人的中间神经元占总神经元的 99% 以上，在中枢神经系统内构成复杂的神经元网络，是学习、记忆和思维的基础。

3. 按神经元释放的神经递质分类

（1）胆碱能神经元：释放乙酰胆碱。

（2）去甲肾上腺素能神经元：释放去甲肾上腺素。

（3）胺能神经元：释放多巴胺、5- 羟色胺等。

（4）氨基酸能神经元：释放 γ- 氨基丁酸、甘氨酸和谷氨酸。

（5）肽能神经元：释放脑啡肽、P 物质和神经降压素，统称神经肽。一般一个神经元只释放一种神经递质。

二、突触

突触（synapse）是神经元与神经元之间，或神经元与效应细胞之间传递信息的连接结构。根据细胞连接的方式，最常见的突触是轴 – 树突触、轴 – 棘突触或轴 – 体突触。按传递信息的方式不同，突触可分为电突触和化学突触两类。

电突触较少，是神经元之间的缝隙连接，以电流作为信息载体。

化学突触是以神经递质作为传递信息的媒介，是突触中最多的一种。电镜下，化学突触由突触前部、突触间隙、突触后部 3 部分构成（图 1-33）。突触前、后部彼此相对的胞膜，分别称为突触前膜和突触后膜，两者之间有 15 ~ 30 nm 的突触间隙。

突触前部内含有许多突触小泡，此外，还有线粒体、微丝和微管等。突触小泡内含神经递质。含乙酰胆碱的突触小泡是多呈圆形的清亮小泡；含单胺类递质的则是小颗粒型小泡；含氨基酸类递质的是多呈扁平的清亮小泡；含神经肽的是大颗粒型小泡。突触小泡表面有一种蛋白质，称为突触素，将小泡连接于细胞骨架。突触前膜和突触后膜有致密物质附着。突触前膜胞质面还有排列规则的致密突起，突起间的间隙可容纳突触小泡。突触后膜中有接受特异性神经递质的受体及离子通道。

当神经冲动沿轴膜传导至轴突终末，引起突触前膜内 Ca^{2+} 离子通道开放，Ca^{2+} 从细胞外进入突触前部，在 ATP 作用下突触素发生磷酸化。突触小泡脱离细胞骨架，移至突触前膜通过出胞作用释放小泡内容物至突触间隙。突触后膜中的受体与特异性神经递质结合，膜内离子通道开放，突触后膜两侧离子浓度发生改变，使突触后神经元（或效应细胞）出现兴奋性或抑制性突触后电位。

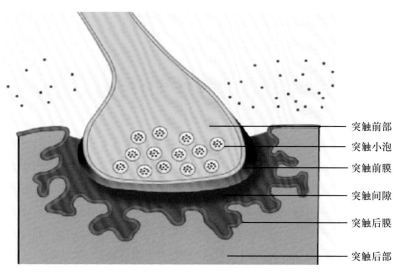

突触前部

突触小泡

突触前膜

突触间隙

突触后膜

突触后部

图 1-33　化学突触超微结构模式图

三、神经胶质细胞

在神经元与神经元之间、神经元与非神经细胞之间，除突触部位外，一般都被神经胶质细胞分隔、绝缘，以保证信息传递的专一性和不受干扰（图 1-29）。

（一）中枢神经系统的神经胶质细胞

脑和脊髓的神经胶质细胞有 4 种，在 HE 染色标本中，除室管膜细胞不易区分外，用不同的镀银染色则能显示各种细胞的全貌。

1. **星形胶质细胞（astrocyte，AS）** 是最大的一种神经胶质细胞，胞体呈星形，核圆形或椭圆形，较大，染色较浅。胞质内含有胶质丝，参与细胞骨架的组成，是由胶原纤维酸性蛋白构成的一种中间丝。从胞体发出的突起伸展填充在神经元胞体与突起之间，起支持和绝缘作用。有些突起末端扩大形成脚板，在脑和脊髓表面形成胶质膜，或贴附在毛细血管壁上，构成血-脑屏障的神经胶质膜。星形胶质细胞能分泌神经营养因子和多种生长因子，对神经元分化、功能的维持以及损伤后神经元的可塑性变化有重要影响。在脑和脊髓损伤时，星形胶质细胞可增殖，形成胶质瘢痕填补缺损。其可分为两种类型：①纤维性星形胶质细胞，多分布于脑和脊髓的白质，突起长而直，分支较少，胶质丝丰富；②原浆性星形胶质细胞，多分布于脑和脊髓的灰质，突起粗而短，分支多，胶质丝较少。

2. **少突胶质细胞（oligodendrocyte）** 分布于神经元胞体附近及轴突周围。胞体较星形胶质细胞小，核卵圆形、染色质致密。少突胶质细胞在镀银染色标本中，细胞突起较少；电镜下，突起末端扩展成扁平薄膜，呈同心圆状包绕神经元轴突形成髓鞘，它是中枢神经系统的髓鞘形成细胞。

3. **小胶质细胞（microglia）** 是最小的神经胶质细胞。胞体细长或椭圆，核小，呈扁平或三角形，染色深。小胶质细胞通常从胞体上发出细而长有分支的突起，突起表面有许多棘突。小胶质细胞是血液中单核细胞迁入神经组织后演化而来，当神经系统出现损伤时，可转变为巨噬细胞，吞噬死亡细胞碎屑及退化变性的髓鞘。

4. **室管膜细胞（ependymal cell）** 衬在脑室和脊髓中央管腔面，形成单层上皮样的室管膜。室管膜细胞呈柱形或立方形，游离面有许多微绒毛，少数有纤毛，其摆动有助于脑脊液流动；部分细胞基底面有细长突起伸向深部。在脉络丛的室管膜细胞还可产生脑脊液。

（二）周围神经系统的神经胶质细胞

1. **施万细胞（Schwann cell）** 又称神经膜细胞。呈薄片状，胞质少，排列成串，参与周围神经系统中神经纤维的构成，有髓神经纤维和无髓神经纤维中施万细胞的形态和功能有所差异。施万细胞外表面有基膜，能分泌神经营养因子，促进受损伤神经元的存活及其轴突再生。

2. 卫星细胞（satellite cell） 是神经节内包裹神经元胞体的一层立方形或扁平细胞，又称被囊细胞。卫星细胞核呈卵圆形或圆形，染色质较致密。

四、神经纤维和神经

（一）神经纤维

神经纤维（nerve fiber）是由神经元的长轴突及其外包裹的神经胶质细胞构成。根据包裹轴突的神经胶质细胞是否形成完整的髓鞘，将其分为有髓神经纤维（图 1-34）和无髓神经纤维两类。

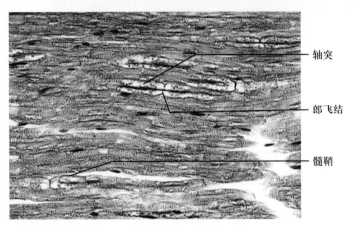

轴突

郎飞结

髓鞘

图 1-34　有髓神经纤维（纵切面）

1. 有髓神经纤维

（1）周围神经系统的有髓神经纤维：是由施万细胞呈同心圆状包绕轴突而成。施万细胞呈长卷筒状，最长可达 1500 μm。其包绕轴突形成的鞘状结构，称为髓鞘（myelin sheath），被挤压在髓鞘外的质膜及其基膜，称为神经膜。相邻两个施万细胞不完全连接的部分在神经纤维上较窄，称为郎飞结（Ranvier node），此处无髓鞘，轴膜裸露。相邻两个郎飞结之间的一段神经纤维称为结间体。髓鞘的主要成分是脂蛋白，称为髓磷脂。在 HE 染色标本，因其中的类脂被溶解，仅见残存的网状蛋白质。

（2）中枢神经系统的有髓神经纤维：其结构与周围神经系统的有髓神经纤维基本相同，但形成髓鞘的是少突胶质细胞。少突胶质细胞多个突起末端的扁平薄膜包绕多个轴突，胞体位于神经纤维之间。中枢有髓神经纤维外表面无基膜，鞘内无切迹。

2. 无髓神经纤维

（1）周围神经系统的无髓神经纤维：施万细胞为不规则长柱状，表面有数量不等、深浅不同的纵行凹沟，沟内有较细的轴突，施万细胞的膜不形成髓鞘。因此一条无髓神经纤维含有多条轴突。相邻施万细胞连接紧密，无郎飞结。

（2）中枢神经系统的无髓神经纤维：轴突外面没有特异性的神经胶质细胞包裹，轴突裸露，走行于有髓神经纤维或神经胶质细胞之间。

神经纤维的功能是传导神经冲动，这种电流的传导是在轴膜上进行的。有髓神经纤维的神经冲动从一个郎飞结跳到下一个郎飞结，呈跳跃式传导，故传导速度快。无髓神经纤维因无髓鞘和郎飞结，神经冲动只能沿轴膜连续性传导，故传导速度慢。

（二）神经

周围神经系统的若干条神经纤维集合在一起，被结缔组织、血管和淋巴管包裹，共同构成神经（nerve）。包裹在神经表面的致密结缔组织称为神经外膜。神经外膜的结缔组织伸入神经纤维束间。神经纤维束表面的几层扁平上皮样细胞形成神经束膜，这些细胞间有紧密连接，对进入神经纤维束的大分子物质有屏障作用。在神经纤维束内，每条神经纤维表面的薄层结缔组织称为神经内膜。

五、神经末梢

周围神经纤维的终末部分终止于全身各组织或器官内，形成神经末梢（nerve ending）。按其功能可分为感觉神经末梢和运动神经末梢。

（一）感觉神经末梢

感觉神经末梢（sensory nerve ending）是感觉神经元（假单极神经元）周围突的末端，它们通常与周围其他组织共同构成感受器，把接受到的内、外环境刺激转化为神经冲动，通过感觉神经纤维传至中枢，产生感觉。按其形态结构分为两类（图1-35）。

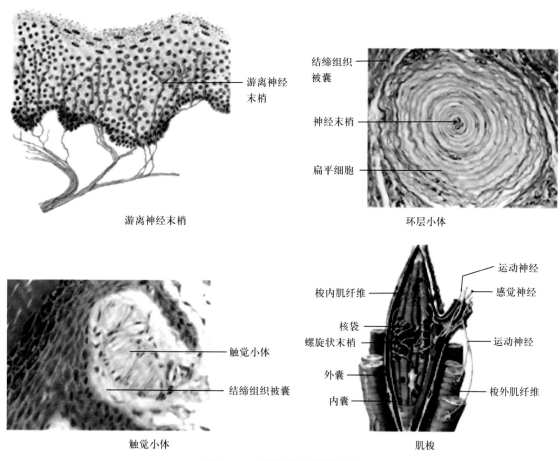

游离神经末梢

结缔组织被囊

神经末梢

扁平细胞

环层小体

触觉小体

结缔组织被囊

触觉小体

运动神经

梭内肌纤维

感觉神经

核袋

螺旋状末梢

运动神经

外囊

内囊

梭外肌纤维

肌梭

图 1-35 感觉神经末梢模式图

1. **游离神经末梢** 由较细的有髓或无髓神经纤维终末反复分支而成。其细支裸露，广泛分布于表皮、角膜、毛囊等的上皮细胞之间，或分布到各种结缔组织内，如真皮、骨膜、脑膜、血管外膜、关节囊、肌腱、韧带、筋膜和牙髓等处，感受温度、应力和某些化学物质（如高浓度 H^+ 和 K^+）的刺激，产生冷热、疼痛和轻触的感觉。

2. **有被囊神经末梢**

（1）触觉小体（tactile corpuscle）：分布在手指、足趾掌侧面皮肤真皮乳头内，随着年龄增长而递减。触觉小体呈卵圆形，外包结缔组织被囊，小体长轴与皮肤表面垂直，内有许多扁平横列的触觉细胞。有髓神经纤维在进入小体前失去髓鞘，然后盘绕在扁平细胞间，感受触觉。

（2）环层小体（lamellar corpuscle）：广泛分布于皮下组织、腹膜、肠系膜、韧带和关节囊等处。其被囊由数十层呈同心圆排列的扁平细胞构成，环层小体较大，呈圆形或卵圆形，中央有一条均质状的圆柱体，有髓神经纤维进入小体时失去髓鞘，裸露的轴突进入圆柱体内。感受压觉和振动觉。

（3）肌梭（muscle spindle）：分布于骨骼肌内的梭形结构。表面有结缔组织被囊，其内含有若干条较细的骨骼肌纤维，称为梭内肌纤维。感觉神经纤维在进入肌梭前失去髓鞘，其轴突分成多支，裸露的轴突缠绕梭内肌纤维中段。在肌梭内有运动神经末梢，分布在肌纤维两侧。肌梭感受骨骼肌纤维的伸缩、牵拉变化，调节骨骼肌纤维的张力。

（二）运动神经末梢

运动神经末梢（motor nerve ending）是运动神经元的轴突分布于肌纤维和腺细胞的终末结构，支配肌细胞的收缩，调节腺细胞的分泌；分为躯体运动神经末梢和内脏运动神经末梢两类。

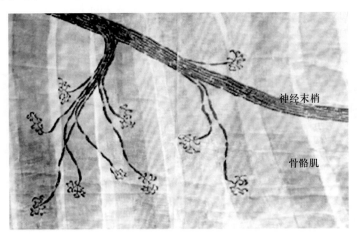

图 1-36　运动终板结构模式图

1. **躯体运动神经末梢**　分布于骨骼肌（图 1-36）。位于脊髓前角或脑干的运动神经元胞体发出的长轴突到达骨骼肌细胞时失去髓鞘，轴突反复分支，每一分支形成葡萄状终末，与骨骼肌细胞建立突触联系，呈椭圆形板状隆起，称为运动终板（motor end plate）或神经肌连接（neuromuscular junction）。一个运动神经元支配 1～2 条甚至上千条骨骼肌纤维，而一条骨骼肌纤维通常只接受一个轴突分支的支配。当神经冲动到达运动终板时，轴突释放乙酰胆碱，与突触后膜中相应受体结合，离子通道开放，肌膜两侧的离子分布发生改变而产生兴奋，引起肌细胞收缩。

2. **内脏运动神经末梢**　分布于心肌、各种内脏、血管平滑肌和腺体等处。其神经纤维较细，无髓鞘，分支末端呈串珠状样膨体，贴附于肌细胞表面或穿行于腺细胞之间，与效应细胞建立突触。

（王纯尧　姚　云）

单项选择题

1. 关于上皮组织特点的叙述，不正确的是

　A. 细胞数量多，细胞间质少　　　　　B. 细胞排列紧密

　C. 上皮细胞有极性　　　　　　　　　D. 有丰富的毛细血管

　E. 上皮细胞附着于基膜

2. 假复层纤毛柱状上皮分布于
    A. 消化管内面   B. 气管   C. 膀胱
    D. 输尿管   E. 腹膜

3. 变移上皮分布于
    A. 心脏   B. 十二指肠   C. 胆囊
    D. 膀胱和输尿管   E. 皮肤

4. 关于复层扁平上皮的叙述，错误的是
    A. 由多层细胞组成
    B. 上皮与深部结缔组织的连接面凹凸不平
    C. 未角化的复层扁平上皮分布在皮肤
    D. 表层为数层扁平鳞片状细胞
    E. 具有保护功能

5. 关于单层扁平上皮的叙述，正确的是
    A. 细胞为多边形，边缘整齐
    B. 衬贴在心血管和淋巴管腔面者称为间皮
    C. 分布在胸膜、心包膜、腹膜表面者称为内皮
    D. 细胞核的位置参差不齐
    E. 内皮细胞表面光滑，有利于血液和淋巴流动

6. 巨噬细胞来源于血液中的
    A. 中性粒细胞   B. 单核细胞   C. 淋巴细胞
    D. 嗜酸性粒细胞   E. 红细胞

7. 被称为嗜银纤维的是
    A. 胶原纤维   B. 弹性纤维   C. 网状纤维
    D. 肌原纤维   E. 肌纤维

8. 能合成基质和纤维的是
    A. 巨噬细胞   B. 成纤维细胞   C. 脂肪细胞
    D. 浆细胞   E. 肥大细胞

9. 弹性软骨主要分布于
    A. 鼻、咽、喉   B. 耳郭、会厌   C. 肋软骨、关节软骨
    D. 椎间盘   E. 关节盘

10. 骨密质的基本结构单位是
    A. 中央管   B. 骨板   C. 骨膜   D. 骨细胞   E. 骨单位

11. 红细胞在成年女性的正常值是
    A. $(4.0 \sim 5.5) \times 10^{12}/L$ B. $(3.5 \sim 5.0) \times 10^{12}/L$
    C. $(4.0 \sim 10) \times 10^{9}/L$ D. $(100 \sim 300) \times 10^{9}/L$
    E. $(4.5 \sim 5.5) \times 10^{12}/L$

12. 男性血红蛋白的正常值是
    A. $30 \sim 60$ g/L   B. $60 \sim 90$ g/L   C. $90 \sim 100$ g/L
    D. $110 \sim 150$ g/L   E. $120 \sim 160$ g/L

13. 能被煌焦油蓝染色的是
    A. 血小板   B. 单核细胞   C. 网织红细胞
    D. 淋巴细胞   E. 脂肪细胞

14. 患过敏性疾病、感染寄生虫时，数值会升高的是
    - A. 中性粒细胞
    - B. 单核细胞
    - C. 嗜酸性粒细胞
    - D. 淋巴细胞
    - E. 血小板

15. 每条肌原纤维在明带内只有
    - A. 粗肌丝
    - B. 细肌丝
    - C. M 线
    - D. H 带
    - E. 以上都不是

16. 关于心肌纤维光镜特点的叙述，错误的是
    - A. 细胞呈短柱状，有横纹，有分支
    - B. 有多个核，居细胞中央
    - C. 肌质丰富，横纹不如骨骼肌明显
    - D. 收缩原理同骨骼肌
    - E. 相邻心肌纤维连接处的结构称为闰盘

17. 关于神经元结构的描述，错误的是
    - A. 胞体不是营养代谢中心
    - B. 胞体含尼氏体和神经原纤维
    - C. 细胞核大而圆，着色浅
    - D. 突起分为树突和轴突
    - E. 神经元形态不一，但都由胞体和突起组成

18. 关于化学突触结构的叙述，错误的是
    - A. 突触小泡位于突触前部
    - B. 突触小泡内含神经递质
    - C. 化学突触前、后膜之间有缝隙连接
    - D. 受体位于突触后膜
    - E. 突触间隙狭窄

19. 神经元尼氏体分布于
    - A. 突起内
    - B. 轴丘内
    - C. 胞体和树突内
    - D. 胞体和轴突内
    - E. 树突和轴突内

20. 参与构成血 – 脑屏障的是
    - A. 星形胶质细胞
    - B. 少突胶质细胞
    - C. 小胶质细胞
    - D. 施万细胞
    - E. 以上都是

第二章

运动系统

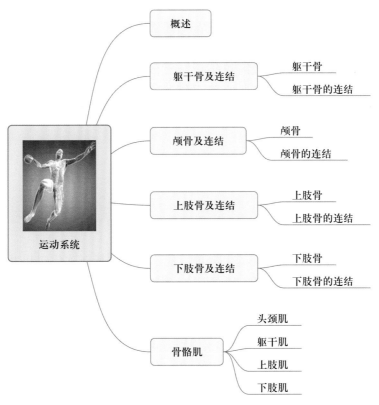

1. 掌握骨的构造，关节的基本结构；全身主要的骨性标志，椎间盘的组成，脊柱和胸廓的整体观，骨盆的构成、分部及性别差异，肩、肘、腕、髋、膝、踝关节的组成、结构特点及运动形式；膈，肋间内、外肌的位置、形态和作用，胸锁乳突肌、背阔肌、胸大肌、三角肌、肱二头肌、臀大肌、股四头肌、小腿三头肌的位置和作用，腹股沟管的位置及内容，全身的肌性标志。

2. 熟悉骨的分类；各部椎骨的特征，上、下肢骨的主要形态结构特点，椎骨的连结方式；骨骼肌的起止和作用，背肌、胸肌的名称、位置和作用，腹前外侧群各肌的名称、位置。

3. 了解肋骨的一般形态和结构，颅底主要孔裂的位置、名称及通行结构，新生儿颅的特征；骨骼肌的辅助结构，腹直肌鞘、白线的构成，前臂肌的分群及各肌群的作用，小腿肌的分群及各肌群的作用。

4. 运用所学知识，理解团结协作精神的重要性。

> **病例2-1** 患者，男，49 岁。因汽车抛锚，在推车时腰部突然剧痛，自感脊柱下部出现"弹响"后，疼痛向左大腿和小腿后面放射。左小腿外侧部、足和小趾有麻木及刺痛。体格检查：腰部有钝痛，用力和咳嗽时加重，脊柱腰曲变小，躯干歪向右侧。腰椎因疼痛而运动明显受限，左下肢上举时疼痛明显，左大腿坐骨神经行径有触痛。经影像学检查诊断为第 5 腰椎椎间盘突出。临床诊断为第 5 腰椎椎间盘突出。
>
> 问：运动系统由哪些器官组成？骨和骨骼肌按部位分为哪几部分？脊柱的连结有哪些？椎间盘由哪几部分构成？

运动系统（locomotor system）由骨、骨连结和骨骼肌组成。对人体起支持、运动和保护作用。

全身骨借骨连结构成骨骼（skeleton）。在神经系统的调控下，以骨为支架，骨连结为枢纽，骨骼肌为动力，通过骨骼肌的收缩和舒张，牵引骨而产生运动。

在体表能看到或摸到的骨和骨骼肌的突起及凹陷等，称为体表标志（包括骨性标志和肌性标志）。临床上常用这些体表标志来确定内脏器官的位置、血管神经走行及针灸取穴的部位等。

第一节 概　述

一、骨

每块骨（bone）都具有一定的形态和功能，能不断地进行新陈代谢和生长发育，并有改建、修复和再生能力及造血、储备钙、磷等能力。因此每块骨都是一个器官。

（一）骨的形态和分类

成人骨共有 206 块，约占体重的 1/5。按部位分为躯干骨、颅骨、上肢骨和下肢骨 4 部分（图 2-1）；按形态分为长骨、短骨、扁骨和不规则骨 4 类（图 2-2）。

1. **长骨**　呈长管状，多分布于四肢。可分为一体两端，体即骨干，位于长骨的中部，其内有骨髓腔，容纳骨髓；两端膨大为骺，有光滑的关节面，表面覆有关节软骨，与相邻关节面形成关节，如肱骨、股骨等。

2. **短骨**　呈立方体，成群分布于连结牢固且有一定灵活性的部位，如腕骨和跗骨等。

3. **扁骨**　呈板状，主要构成骨性腔的壁，对腔内器官起保护作用，如顶骨、胸骨和肋骨等。

4. **不规则骨**　形态不规则，如髋骨、椎骨和蝶骨等。有些不规则骨内有含气的腔，称为含气骨，如上颌骨、额骨等。

此外，还有发生于某些肌腱内的小扁圆形籽骨，如髌骨等。

（二）骨的构造

骨由骨质、骨膜和骨髓 3 部分构成，并有丰富的血管、淋巴管和神经等（图 2-3）。

1. **骨质**　主要由骨组织构成，分为骨密质和骨松质两类。骨密质位于长骨的干和其他骨的表面，质地致密；骨松质位于长骨的骺和其他骨的内部，由许多片状的骨小梁交织排列而成，呈海绵状。

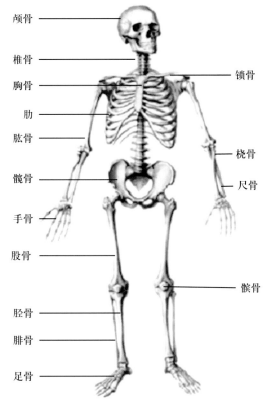

图 2-1 全身骨骼

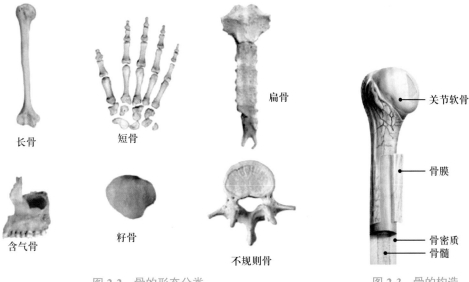

图 2-2 骨的形态分类　　　　　　图 2-3 骨的构造

2. **骨膜** 由致密结缔组织构成，被覆于除关节面以外的骨表面。骨膜内含有丰富的血管和神经，对骨的营养和感觉有重要作用。骨膜分为内、外两层，骨膜内层细胞对骨的发生、生长、改建和修复等起重要作用。

3. **骨髓** 充填于长骨的骨髓腔和骨松质的间隙内，分为红骨髓和黄骨髓两种。红骨髓具有造血能力，胎儿和婴幼儿的骨内全部为红骨髓。六七岁以后，骨髓腔内的红骨髓逐渐被脂肪组织取代成为黄骨髓，失去造血能力。当机体慢性失血或严重贫血时，黄骨髓又可转变为红骨髓，重新恢复造血能力。

（三）骨的化学成分和物理特性

成人骨主要由有机质和无机质构成。有机质使骨具有弹性和韧性，无机质使骨具有坚硬性。骨的化学成分可随年龄、营养状况等因素而发生变化。幼年时期骨的有机质比例较成人多，骨的弹性和韧性都较大，故易发生变形。因此幼年时应注意养成良好的坐立姿势，以免骨骼畸形；老年人骨则相反，无机质比例较大，骨的脆性增加，外力作用下容易发生骨折。

二、骨连结

骨与骨之间的连结装置，称为骨连结（articulation）。依据连结方式不同，可分为直接连结和间接连结两种。

（一）直接连结

直接连结是骨与骨之间借纤维结缔组织、软骨或骨相连，其间无间隙，不活动或仅有少许活动。包括纤维连结、软骨连结和骨性结合等。

（二）间接连结

间接连结又称关节（joint）或滑膜关节（synovial joint），是骨与骨之间借膜性结缔组织囊相连而成，其间有间隙，一般活动性较大。

1. **关节的基本结构**　包括关节面、关节囊和关节腔3部分（图2-4）。

（1）关节面：是参与组成关节的各相关骨的接触面，其形态通常呈一凸一凹，凸者称为关节头，凹者称为关节窝。表面被覆有光滑的关节软骨。

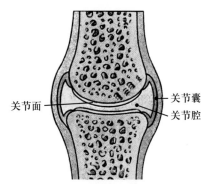

图2-4　关节的基本结构

（2）关节囊：由纤维结缔组织构成，附着于关节面周围的骨面，包围关节并封闭关节腔。可分为内、外两层。外层为纤维层，由致密结缔组织构成，附着于关节面周围的骨面，并与骨膜相连续；内层为滑膜层，由疏松结缔组织构成，薄而光滑，紧贴于纤维层内面，并附着于关节软骨周缘。

（3）关节腔：为关节软骨和关节囊的滑膜层共同围成的密闭腔隙，腔内含有少量滑液，有润滑关节、减少摩擦的作用。关节腔内呈负压，对维持关节的稳定性有一定作用。

2. **关节的辅助结构**　有些关节除具备基本结构外，还有一些辅助结构，包括韧带、关节盘和关节唇等。对增强关节的稳定性和灵活性起重要作用。

（1）韧带：是连于两骨之间的致密结缔组织束，位于关节囊内或外，分别称为囊内韧带或囊外韧带，两者都可加强关节的稳定性。

（2）关节盘：是位于两关节面之间的纤维软骨板，加深了关节面的深度，能增加关节的稳定性和灵活性，并具有一定弹性和缓冲作用。膝关节内的关节盘呈半月形，称为半月板。

（3）关节唇：是附着于关节窝周缘的纤维软骨环，有加深关节面深度、加大关节接触面、增强关节稳定性的作用。

3. **关节的运动**　关节的基本运动形式包括如下。

（1）屈和伸：是围绕冠状轴的运动，运动时两骨互相靠拢，角度变小，称为屈，反之，称为伸。踝关节足背向上，两骨靠拢，称为背屈（伸），足背向下，两骨分开，称为跖屈（屈）。

（2）内收和外展：是围绕矢状轴的运动，运动时骨向正中矢状面靠拢，称为内收，离开正中矢状面者，称为外展。

（3）旋内和旋外：是骨环绕垂直轴的运动。骨前面转向内侧，称为旋内，反之，转向外侧，称为旋外。在前臂，分别称为旋前和旋后。

（4）环转：是骨的近侧端在原位转动，远侧端做圆周运动。运动时全骨描绘成一圆锥形轨迹。

三、骨骼肌

骨骼肌（skeletal muscle）约占体重的40%，全身共有600多块（图2-5）。骨骼肌通常借肌腱附着于骨表面，少数与皮肤相连。骨骼肌是运动系统的动力部分，在神经系统的调控下，通过收缩牵引骨而产生运动。

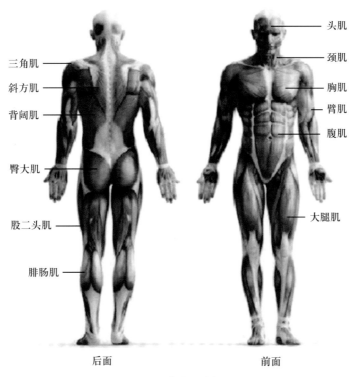

图 2-5　全身肌肉概况

（一）骨骼肌的形态分类

骨骼肌按部位可分为头肌、颈肌、躯干肌和四肢肌（图 2-5）；按形态可分为长肌、短肌、扁肌和轮匝肌（图 2-6）。

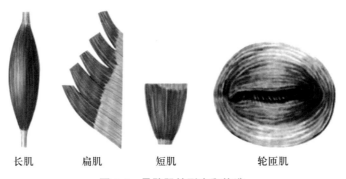

图 2-6　骨骼肌的形态和构造

1. **长肌**　多位于四肢，呈长梭形，收缩时肌显著缩短，引起较大幅度的运动。有的长肌有两个或两个以上的起始头，依其头数被称为二头肌、三头肌和四头肌。
2. **短肌**　主要分布于躯干深层，形态短小，具有节段性，收缩时运动幅度较小。
3. **扁肌**　主要分布于胸、腹壁，呈宽扁的薄片状，收缩时具有运动躯干、保护内脏的作用。

4. 轮匝肌 位于孔、裂周围，呈环形，收缩时可使孔裂缩小。

（二）骨骼肌的构造

每块骨骼肌由肌腹和肌腱两部分构成。肌腹一般位于骨骼肌的中部，主要由骨骼肌纤维构成，色红而柔软，具有收缩和舒张能力；肌腱一般位于骨骼肌的两端，主要由致密结缔组织构成，色白而坚韧，无收缩能力，主要起连接作用。扁肌的肌腱呈膜状，称为腱膜。

（三）骨骼肌的起止、配布和作用

骨骼肌通常借两端的肌腱附着于 2 块或 2 块以上的骨表面，中间跨过一个或多个关节（图 2-7）。肌收缩时，一块骨的位置相对固定，另一块骨的位置相对移动，肌在固定骨上的附着点，称为起点或定点，在移动骨上的附着点，称为止点或动点。通常将靠近身体正中矢状面或肢体近侧端的附着点规定为起点，反之为止点。在一定的功能状态下，起点和止点可以互换。

骨骼肌大多数配布于关节周围，一个关节运动轴两侧至少配布有两组作用相互对抗的肌，称为拮抗肌；而在一个关节运动轴同侧，共同完成同一种运动的肌，称为协同肌。

（四）肌的辅助结构

骨骼肌的辅助结构包括筋膜、滑膜囊和腱鞘等。

1. 筋膜（fascia） 位于骨骼肌表面，遍布全身，分为浅筋膜、深筋膜两种（图 2-8）。

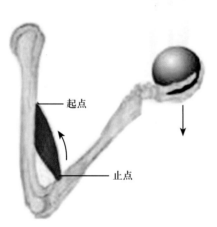

图 2-7 骨骼肌的起止和配布

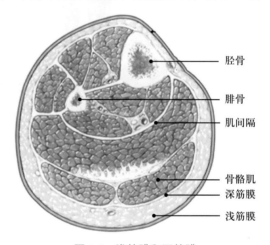

图 2-8 浅筋膜和深筋膜

（1）浅筋膜（superficial fascia）：又称皮下筋膜。位于皮下，包被全身各部，由疏松结缔组织构成，内含丰富的脂肪、浅血管、皮神经、淋巴管和淋巴结等，临床上可将药物注入此层内，称为皮下注射。浅筋膜具有保护深部结构和维持体温等作用。

（2）深筋膜（deep fascia）：又称固有筋膜。位于浅筋膜深面，由致密结缔组织构成，包裹全身并相互连续。深筋膜包被每块肌或肌群形成肌筋膜鞘、肌间隔；包被血管、神经形成血管神经鞘；在腕、踝部形成支持带，以支持和约束其深面的肌腱。

2. 滑膜囊（synovial bursa） 多位于肌或腱与骨面相接触处，为封闭的结缔组织囊，内有滑液，以减少两者之间的摩擦、保护肌和肌腱灵活运动的作用。滑膜囊炎症可引起局部疼痛或运动受限。

3. 腱鞘（sheath of tendon） 是呈双层套管状的结缔组织鞘，包裹于手、足等处长肌腱外面，分为内、外两层（图 2-9）。外层为纤维层，内层为滑膜层。滑膜层又分为脏、壁两层，分别包于肌腱表面和纤维层内面。两层相互移行，围成一密闭的腔隙，内含有少量滑液。腱鞘具有约束肌腱，减少肌腱运动时与骨面之间的摩擦等作用。

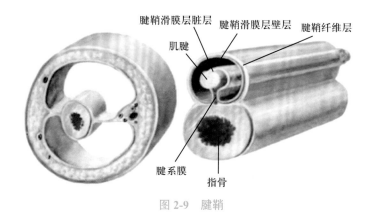

腱鞘滑膜层脏层　腱鞘滑膜层壁层　腱鞘纤维层

肌腱

腱系膜

指骨

图 2-9　腱鞘

第二节　躯干骨及其连结

一、躯干骨

躯干骨共有 51 块，包括椎骨、胸骨和肋，并借骨连结构成脊柱和胸廓。

（一）椎骨

成人椎骨（vertebrae）有 26 块。即 7 块颈椎、12 块胸椎、5 块腰椎、1 块骶骨（由 5 块骶椎融合而成）和 1 块尾骨（由 4 块尾椎融合而成）。

1. 椎骨的一般形态　椎骨属于不规则骨，由前方的椎体和后方的椎弓组成（图 2-10），椎体与椎弓共同围成椎孔，全部椎孔连成容纳脊髓的椎管。椎弓由前方的椎弓根和后方的椎弓板构成。椎弓根的上、下缘分别有椎上切迹和椎下切迹，相邻椎骨的椎上、下切迹共同围成椎间孔，有血管和脊神经根通过。椎弓板发出 7 个突起，即向上、下分别伸出一对上关节突和下关节突，向两侧伸出一对横突，向后伸出一个棘突。

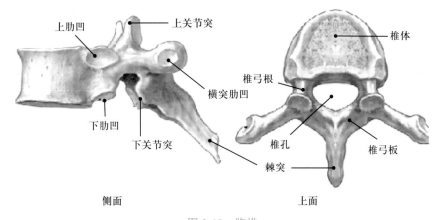

上肋凹　　　上关节突

横突肋凹

下肋凹

下关节突

椎体

椎弓根

椎孔　　椎弓板

棘突

侧面　　　　　　　　上面

图 2-10　胸椎

2. 各部位椎骨的特点

（1）颈椎（cervical vertebrae）：椎体较小，椎孔相对较大，呈三角形，横突根部有横突孔（图 2-11），有椎动、静脉通过。第 1 颈椎又称寰椎，无椎体和棘突，呈环形，由前弓、后弓和 2 个侧块构成。前弓后面正中有齿突凹，与枢椎的齿突构成寰枢关节；第 2～6 颈椎棘突短而末端分叉，第 2 颈椎又称枢椎，椎体上方有齿突；第 7 颈椎又称隆椎，棘突长，末端不分叉，是临床上计数椎骨序数的体表标志。

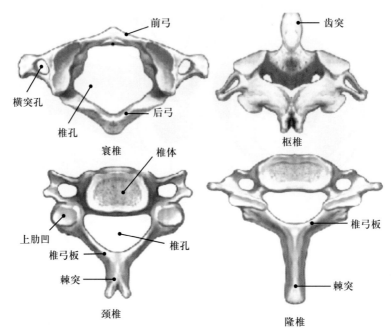

图 2-11 颈椎

（2）胸椎（thoracic vertebrae）：椎体自上而下逐渐增大，在椎体侧面后份的上、下缘和横突末端前面分别有上肋凹、下肋凹和横突肋凹（图 2-10），分别与肋头和肋结节相关节。棘突较长，呈叠瓦状伸向后下方。

（3）腰椎（lumbar vertebrae）：椎体较大，椎孔呈三角形或卵圆形，上、下关节突粗大，关节面几乎呈矢状位，棘突宽大呈板状，水平伸向后方，棘突间隙较宽（图 2-12）。

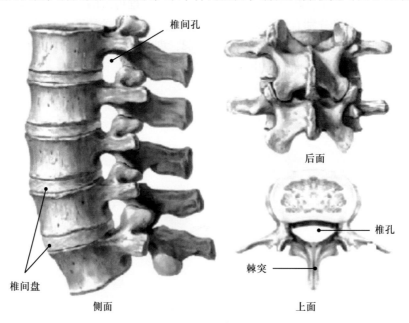

图 2-12 腰椎

（4）骶骨（sacrum）：呈倒三角形，可分为前面、后面和两侧部（图 2-13）。底前缘向前突出，称为岬，为女性骨盆测量的重要标志。前面（盆面）凹陷，有 4 对骶前孔。后面（背面）粗糙隆起，有 4 对骶后孔。骶骨侧部上份有耳状面。各骶椎的椎孔连接成骶管，向下开口形成骶管裂孔。此孔两侧有向下突出的骶角。骶角是骶管麻醉时确定骶管裂孔的重要体表标志。

（5）尾骨（coccyx）：上接骶骨，下端游离为尾骨尖（图 2-13）。

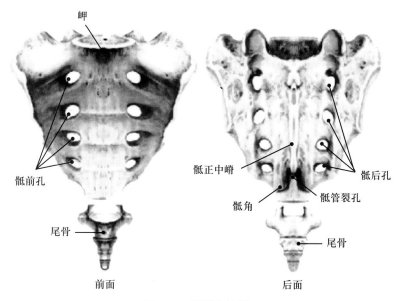

岬

骶前孔

尾骨

前面

骶正中嵴

骶角 骶管裂孔

骶后孔

尾骨

后面

图 2-13 骶骨和尾骨

（二）肋

肋（ribs）由肋骨和肋软骨构成，共 12 对（图 2-14）。第 1 ~ 7 对肋前端借肋软骨与胸骨连接，称为真肋；第 8 ~ 10 对肋前端借肋软骨依次与上位肋软骨下缘连接形成肋弓。肋弓常作为腹部触诊确定肝、脾位置的标志；第 11、12 对肋前端游离于腹壁肌层内，称为浮肋。

1. 肋骨（costal bone） 为弓形扁骨，分为前端、后端和肋体。后端有膨大的肋头和缩细的肋颈，肋颈外侧的突起为肋结节；肋体介于肋颈与前端之间，分为内、外两面和上、下两缘，内面下缘处有肋沟，肋间后血管和肋间神经由此经过，肋体后部急转弯处，称为肋角；前端稍宽，与肋软骨相接。

2. 肋软骨 位于各肋骨前端，由透明软骨构成。

（三）胸骨

胸骨（sternum）属于扁骨，位于胸前部正中皮下，自上而下分为胸骨柄、胸骨体和剑突 3 部分（图 2-14）。胸骨柄上缘中份凹陷，称为颈静脉切迹，两侧为锁切迹，与锁骨的胸骨端相关节。胸骨柄与胸骨体连接处向前微突，称为胸骨角（sternal angle），两侧连接第 2 肋软骨，是计数肋序数的重要标志，胸骨角向后平对第 4 胸椎体下缘；胸骨体外侧缘接第 2 ~ 7 肋软骨；剑突扁而细长，下端游离。

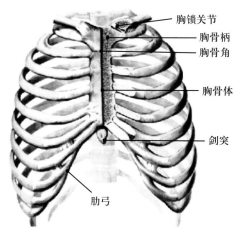

胸锁关节

胸骨柄

胸骨角

胸骨体

剑突

肋弓

图 2-14 胸廓

二、躯干骨的连结

躯干骨借骨连结主要构成脊柱和胸廓。

（一）脊柱

脊柱（vertebral column）由 24 块独立椎骨、1 块骶骨和 1 块尾骨借其间的骨连结构成（图 2-15）。

1. 椎骨间的连结　相邻椎骨之间借椎间盘、韧带和关节相连结。

（1）椎间盘（invertebral disc）：是连结相邻两个椎体的纤维软骨盘（第 1、2 颈椎之间除外）。由中央的髓核和周围的纤维环构成。椎间盘具有"弹性垫"样作用，可缓冲外力对脊柱的震荡。

音频：
椎间盘的位置、形态和功能

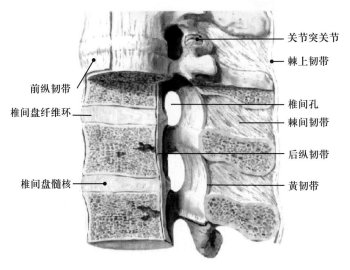

关节突关节
棘上韧带
前纵韧带
椎间盘纤维环
椎间孔
棘间韧带
后纵韧带
椎间盘髓核
黄韧带

图 2-15　椎骨间的连结

链接

椎间盘脱出症

在脊柱负重情况下，猛烈屈转身体或椎间盘过度劳损、用力不当或猝然弯腰时均可引起椎间盘的纤维环破裂，导致髓核脱出，压迫脊神经根或脊髓，出现其支配区域或损伤平面以下疼痛、麻痹等感觉、运动障碍症状，临床上称为椎间盘脱出症。脱出方向多为后外侧。这是因为纤维环后部较薄，而后方正中有后纵韧带保护的结果。此症多见于活动度较大的腰椎和颈椎等部位。

（2）韧带：脊柱的韧带如下。①前纵韧带，紧密附着于各椎体和椎间盘前面，有限制脊柱过度后伸的作用；②后纵韧带，紧密附着于各椎体和椎间盘后面，有限制脊柱过度前屈的作用；③棘上韧带，为附着于各棘突的纵行韧带，细长而坚韧，但自第 7 颈椎以上，则扩展成三角形板状弹性膜层，称为项韧带；④黄韧带，连于上、下两个相邻椎弓板之间，参与围成椎管后壁；⑤棘间韧带，连于上、下两个相邻棘突之间，棘间韧带较薄弱，前接黄韧带，后续棘上韧带。

（3）关节：脊柱的关节（图 2-15）如下。①关节突关节，由相邻椎骨的上、下关节突构成，可做轻微滑动；②寰枢关节，由寰椎和枢椎构成，可使头部做左、右旋转运动；③寰枕关节，由寰椎的上关节凹与枕髁构成，可使头做前俯、后仰和侧屈运动。

2. 脊柱的整体观和运动

（1）侧面观：脊柱侧面可见颈曲、胸曲、腰曲和骶曲 4 个生理弯曲（图 2-16）。其中颈曲和腰曲凸向前，胸曲和骶曲凸向后。脊柱的生理弯曲加大了脊柱的弹性。

（2）脊柱的运动：脊柱除支持身体、保护脊髓和内脏器官外，脊柱还具有前屈、后伸、侧屈、旋转和环转等运动形式。

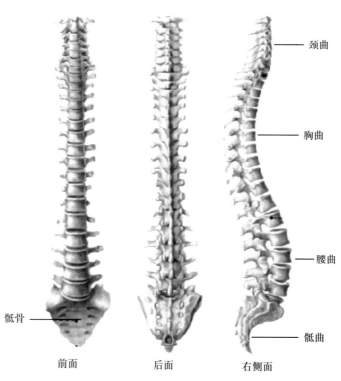

音频：
脊柱的侧面观

前面 　　　　后面 　　　　右侧面

图 2-16　脊柱全貌

（二）胸廓

胸廓（thorax）由 12 块胸椎、12 对肋、1 块胸骨借其间的骨连结构成（图 2-14）。

1. 胸廓的连结　胸廓的连结（图 2-17）如下。①肋椎关节，由肋头和肋结节分别与胸椎的上、下肋凹和横突肋凹构成；②胸肋关节，由第 2～7 对肋软骨与胸骨体相应的肋切迹构成（第 1 对肋软骨与胸骨柄直接连结）。

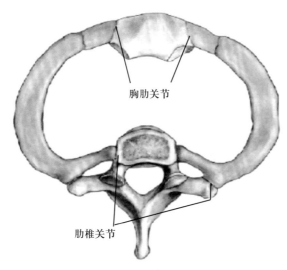

音频：
胸廓的组成、形态、功能

图 2-17　胸廓的连结

2. **胸廓的整体观** 成人胸廓近似圆锥体，上窄下宽，前后略扁，有上、下两口（图 2-14）。胸廓上口较小，由第 1 胸椎体、第 1 肋和胸骨颈静脉切迹围成；胸廓下口宽大，由第 12 胸椎体、第 12 肋、第 11 肋前端、肋弓和剑突围成。两侧肋弓之间的夹角，称为胸骨下角。相邻上、下两肋之间的间隙，称为肋间隙。

3. **胸廓的运动** 胸廓除支持和保护胸腔器官外，还参与呼吸运动。吸气时，在呼吸肌作用下肋上提，胸骨上升，胸廓的前后径和横径均加大，胸腔容积增大；呼气时，在重力和呼吸肌作用下胸廓做相反运动，使胸腔容积缩小。胸腔容积的改变，促成了肺的呼吸。

第三节 颅骨及其连结

一、颅骨

颅骨（cranial bones）共有 29 块（包括 6 块听小骨），按其所在位置分为后上部的脑颅骨和前下部的面颅骨两部分（图 2-18）。

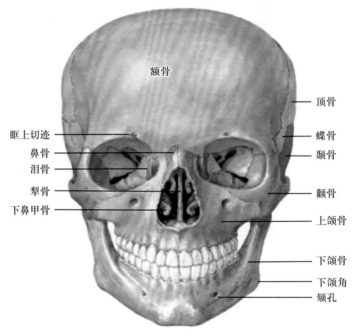

额骨

顶骨
蝶骨
颞骨

眶上切迹
鼻骨
泪骨
犁骨
下鼻甲骨

颧骨

上颌骨

下颌骨
下颌角
颏孔

图 2-18 颅的前面观

（一）脑颅骨

脑颅骨围成颅腔，容纳脑。包括成对的顶骨、颞骨和不成对的额骨、筛骨、蝶骨、枕骨，共 8 块。

（二）面颅骨

面颅骨构成面部支架，围成骨性眶、鼻腔和口腔。包括成对的颧骨、上颌骨、腭骨、鼻骨、泪骨、下鼻甲骨和不成对的下颌骨、犁骨、舌骨，共 15 块。

下颌骨位于面颅下部，呈马蹄铁形，分为一体两支（图 2-19）。下颌体上缘有容纳下颌牙根的牙槽弓，前外侧面有颏孔；下颌支为下颌体后端向上伸出的长方形骨板，其上缘有两个突起，前方的称为冠突，后方的称为髁突，两突之间的凹陷，称为下颌切迹。髁突上端膨大，称为下颌头，下端缩细为下颌颈。下颌支内面中央有下颌孔，此孔有下牙槽神经和血管通过，再经下颌管与颏孔相通。下颌骨下缘与下颌支后缘相交处，称为下颌角（angle of mandible）。

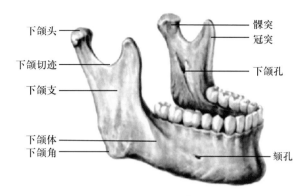

图 2-19 下颌骨

（三）颅的整体观

1. **颅的顶面观** 颅顶呈卵圆形，前窄后宽（图 2-20）。成人可见 3 条缝：额骨和两侧顶骨之间为冠状缝，左、右顶骨之间为矢状缝，顶骨与枕骨之间为人字缝。

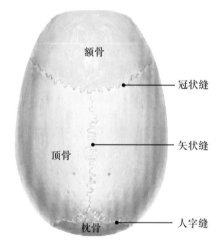

图 2-20 颅顶

2. **颅的侧面观** 颅侧面中部有外耳门，内通外耳道，外耳门前方，有一弓状突起的颧弓，后方向下的突起为乳突（图 2-21）。颧弓上方的凹陷，称为颞窝，下方的为颞下窝。在颞窝内，额、顶、颞、蝶 4 骨会合处常构成"H"形的缝，称为翼点（pterion）。此处骨质较薄，其内面有脑膜中动脉的前支通过。若此区骨折时，易伤及该动脉，导致硬膜外血肿而危及生命。

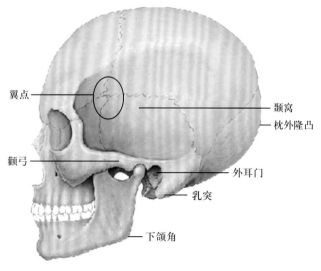

图 2-21 颅侧面观

3. 颅底内面观 颅底内面凹凸不平，由前向后有 3 个窝，分别是颅前窝、颅中窝和颅后窝（图 2-22）。窝内有很多孔裂，有血管和神经通过。

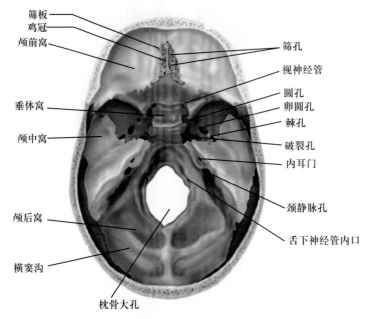

图 2-22 颅底内面观

（1）颅前窝：位置最高，正中有向上突起的鸡冠，两侧为筛板，其上的许多小孔，称为筛孔。筛板较薄，外伤时易发生骨折，导致脑脊液鼻漏。

（2）颅中窝：中央为蝶骨体，其中央凹陷处为垂体窝。两侧从前内向后外依次为圆孔、卵圆孔和棘孔，内侧有破裂孔。

（3）颅后窝：位置最低，中央有枕骨大孔，前外有舌下神经管内口。枕骨大孔后上方为"十"字形隆起的枕内隆凸。隆凸两侧有横窦沟，此沟折向前下内续乙状窦沟，向下终于颈静脉孔。前外侧壁颞骨上有内耳门，通内耳道。

4. 颅底外面观 颅底外面凹凸不平（图 2-23），前部中央为上颌骨和腭骨构成的骨腭，其前和两侧为牙槽弓，骨腭后下方有鼻后孔。后部中央有枕骨大孔，其两侧椭圆形突出的关节面，称为枕髁，枕髁根部有舌下神经管外口，前外侧有颈静脉孔。此孔前方从前向后有卵圆孔、棘孔、颈动脉管外口。颈动脉管外口后外方，有细长的茎突，茎突与乳突之间的孔，称为茎乳孔。茎乳孔前方大而深的凹陷，称为下颌窝，前方横行的隆起，称为关节结节。枕骨大孔后上方的粗糙隆起为枕外隆凸。

5. 颅的前面观 颅的前面可分为额区、眶、骨性鼻腔、骨性口腔等（图 2-19）。

（1）眶（orbit）：为底向前外，尖向后内的棱锥体形腔隙，眶有上、下、内侧和外侧 4 壁（图 2-24）。眶尖经视神经管通颅中窝，眶底上、下缘分别称为眶上缘和眶下缘，眶上缘内、中 1/3 相交处有眶上切迹或眶上孔，眶下缘中点下方有眶下孔，分别有眶上、下血管和神经通过。上壁前外侧有泪腺窝；下壁中部有眶下沟，向前通眶下孔；内侧壁前下有泪囊窝，向下经鼻泪管通鼻腔的下鼻道；外侧壁后部与上、下壁相交处的裂隙，分别称为眶上裂和眶下裂。

（2）骨性鼻腔：位于面颅中央，上方借筛板与颅前窝相隔，下方借硬腭骨板与口腔分界，两侧邻接筛窦、眶和上颌窦。骨性鼻腔被呈矢状位的骨性鼻中隔分为左、右两部分（图 2-25）。骨性鼻腔前方的开口，称为梨状孔，后方的开口，称为鼻后孔。其外侧壁自上而下有 3 个卷曲的骨片，分别称为上、中、下鼻甲。各鼻甲下方有相应的鼻道，分别称为上、中、下鼻道。

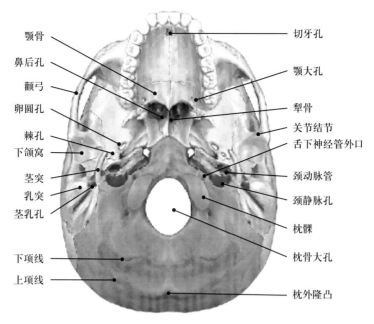

颚骨 — 切牙孔
鼻后孔 — 颚大孔
颧弓 — 犁骨
卵圆孔 — 关节结节
棘孔 — 舌下神经管外口
下颌窝 — 颈动脉管
茎突 — 颈静脉孔
乳突 — 枕髁
茎乳孔 —
下项线 — 枕骨大孔
上项线 — 枕外隆凸

图 2-23 颅底外面观

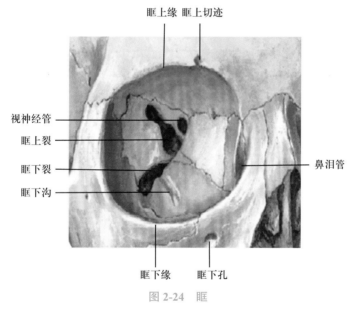

眶上缘 眶上切迹
视神经管
眶上裂
眶下裂 — 鼻泪管
眶下沟
眶下缘 眶下孔

图 2-24 眶

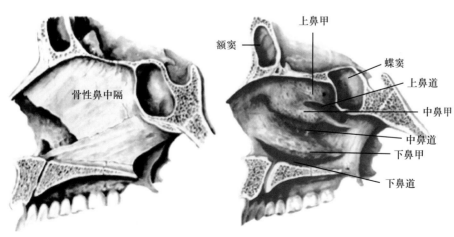

骨性鼻中隔

上鼻甲
额窦
蝶窦
上鼻道
中鼻甲
中鼻道
下鼻甲
下鼻道

图 2-25 骨性鼻腔

（3）骨性鼻旁窦（paranasal sinuses）：又称鼻窦或副鼻窦，是位于鼻腔周围同名骨内含气的空腔，都与鼻腔相通。包括额窦、蝶窦、筛窦和上颌窦各1对。

①额窦：位于眉弓深面，左、右各一，向下开口于中鼻道。

②蝶窦：位于蝶骨体内，向前开口于上鼻甲后方的蝶筛隐窝。

③筛窦：是筛骨内蜂窝状小房的总称，分前、中、后3群，前、中群开口于中鼻道，后群开口于上鼻道。

④上颌窦：容积最大，开口于中鼻道，由于窦口高于窦底，上颌窦炎时不易引流。

二、颅的连结

颅骨之间多为直接连结，只有颞骨与下颌骨之间形成的颞下颌关节可以活动。

颞下颌关节又称下颌关节，由下颌头与下颌窝及关节结节构成（图2-26）。关节囊薄而松弛，囊内有关节盘，将关节腔分为上、下两部分。该关节属于联动关节，能灵活运动，两侧同时运动时，可使下颌骨上提、下降、前进、后退和侧方运动。关节囊前壁特别松弛（如张口过大、过猛），下颌头向前滑至关节结节前方，造成颞下颌关节前脱位。

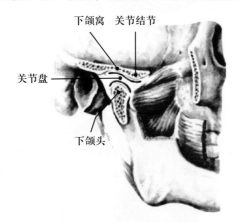

图 2-26　颞下颌关节

三、新生儿颅的特点

新生儿脑颅大于面颅，颅骨的某些部位没有发育完全，颅顶各骨之间留有间隙，由结缔组织膜封闭，称为颅囟（图2-27）。重要的有位于矢状缝前、后方的前囟和后囟。前囟位于矢状缝与冠状缝相交处，呈菱形，一般于1岁半闭合。后囟位于矢状缝与人字缝相交处，呈三角形，出生后6个月内即闭合。

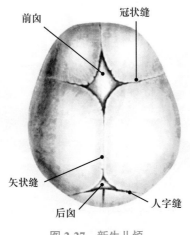

图 2-27　新生儿颅

第四节 上肢骨及其连结

一、上肢骨

上肢骨包括锁骨、肩胛骨、肱骨、尺骨、桡骨和手骨。每侧 32 块，共有 64 块。

（一）锁骨

锁骨（clavicle）位于胸廓前上方，呈"~"形弯曲（图 2-28），其外侧 1/3 凸向后，内侧 2/3 凸向前。锁骨内侧端粗大，称为胸骨端，与胸骨柄相接；外侧端扁平，称为肩峰端，与肩峰相关节。锁骨骨折多发生于中、外 1/3 交界处。

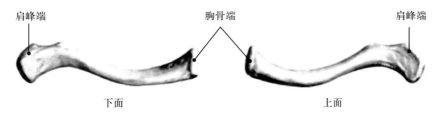

图 2-28 锁骨

（二）肩胛骨

肩胛骨（scapula）为三角形扁骨，贴于胸廓后外上份，介于第 2 ~ 7 肋，可分为两面三缘三角（图 2-29）。前面有一大的浅窝，称为肩胛下窝，后面上部有一横行隆起的骨嵴，称为肩胛冈，其外侧端扁平，称为肩峰，是肩部的最高点，可在体表摸到。肩胛冈上、下方的浅窝，分别称为冈上窝和冈下窝；上缘短而薄，近外侧有一小的肩胛切迹，自切迹外侧向前伸出一弯曲的指状突起，称为喙突，外侧缘肥厚，邻近腋窝，又称腋缘，内侧缘薄而长，靠近脊柱，又称脊柱缘；外侧角肥厚，有一朝向外侧的浅窝，称为关节盂，与肱骨头构成肩关节，上角位于内上方，平对第 2 肋，下角平对第 7 肋或第 7 肋间隙，肩胛骨上、下角均可在体表摸到，为计数肋序数的标志。

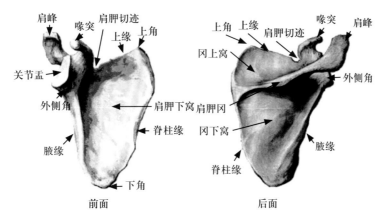

图 2-29 肩胛骨

（三）肱骨

肱骨（humerus）属于长骨，位于臂部，分为一体两端（图 2-30）。上端有呈半球形的肱骨头，朝向内后上方。其外侧和前方分别突起形成大结节和小结节，两者之间的纵沟，称为结节间沟。上端与体交界处稍细，称为外科颈，较易发生骨折；肱骨体中部外侧面有粗糙的三角肌粗隆，其后下方有自内上斜向外下的桡神经沟，有桡神经通过，肱骨中部骨折可伤及桡神经；下端前后略扁，外侧有肱骨小头，内侧有肱骨滑车，与尺骨滑车切迹形成关节。下端后面的深窝，称为鹰嘴窝，两侧各有一突起，分别称为外上髁和内上髁。内上髁后下方有一浅沟，称为尺神经沟，有尺神经通过。

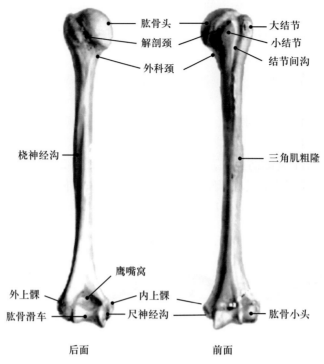

图 2-30　肱骨

（四）桡骨

桡骨（radius）呈三棱柱状的长骨，位于前臂外侧，上端细小，下端膨大（图 2-31）。上端有圆柱形的桡骨头，其上面有关节凹与肱骨小头相关节，周围有环状关节面，桡骨头下方变细为桡骨颈，颈的下内侧为桡骨粗隆；下端外侧向下突出，称为桡骨茎突。下端内侧面有尺切迹，下面为腕关节面。

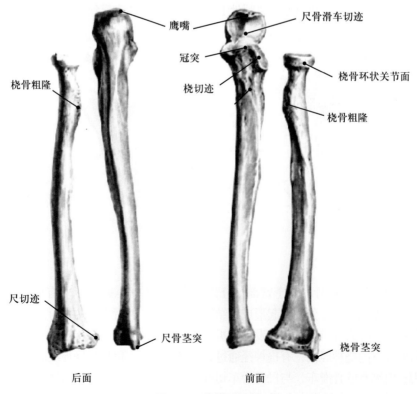

图 2-31　桡骨、尺骨

（五）尺骨

尺骨（ulna）位于前臂内侧，上端膨大，下端细小（图 2-31）。上端前面有半月形深凹，称为尺骨滑车切迹，切迹后上方和前下方各有 1 个突起，分别称为鹰嘴和冠突，冠突外侧面有桡切迹，与桡骨头相关节；下端有一球形的尺骨头，其内侧向下的突起，称为尺骨茎突。

（六）手骨

手骨包括腕骨、掌骨、指骨 3 部分（图 2-32）。

（1）腕骨：由 8 块短骨构成，排成两列，每列 4 块。由桡侧向尺侧，近侧列依次为手舟骨、月骨、三角骨和豌豆骨；远侧列依次为大多角骨、小多角骨、头状骨和钩骨。

（2）掌骨：由 5 块长骨构成，由桡侧向尺侧依次为第 1 ~ 5 掌骨。

（3）指骨：由 14 块长骨构成，除拇指为两节外，其余各指均为 3 节。

由近侧向远侧依次为近节指骨、中节指骨和远节指骨。

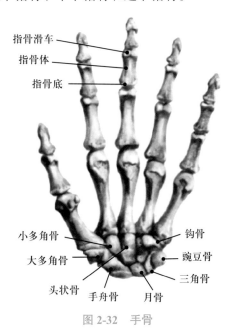

图 2-32　手骨

二、上肢骨的连结

上肢骨的连结主要有肩关节、肘关节和桡腕关节等。

（一）肩关节

肩关节（shoulder joint）由肱骨头和肩胛骨的关节盂构成（图 2-33）。

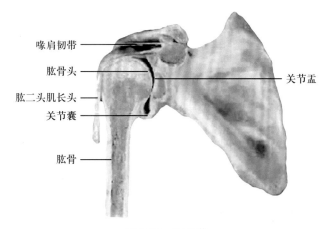

图 2-33　肩关节

肩关节的结构特点如下。

1. 肱骨头大，关节盂小而浅，边缘附有盂唇。

2. 关节囊薄而松弛，内有肱二头肌长头腱通过。

3. 关节囊的前、后、上部均有肌腱、韧带等加强，前下方较薄弱，因此肩关节脱位时，肱骨头常向前下方脱位。

肩关节是人体最灵活、运动幅度最大的关节。可做屈和伸、内收和外展、旋内和旋外及环转运动。

（二）肘关节

肘关节（elbow joint）由肱骨下端和尺、桡骨上端构成（图 2-34）。包括 3 个关节。

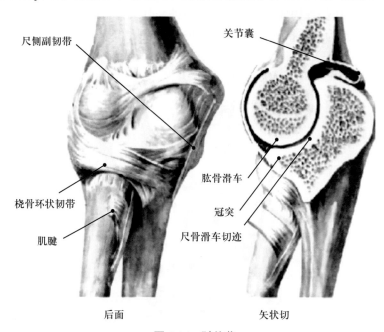

图 2-34　肘关节

1. **肱尺关节**　由肱骨滑车和尺骨滑车切迹构成。

2. **肱桡关节**　由肱骨小头和桡骨头构成。

3. **桡尺近侧关节**　由桡骨环状关节面和尺骨桡切迹构成。

肘关节的结构特点如下。

1. 上述 3 个关节共同包在一个关节囊内。

2. 关节囊两侧有桡侧副韧带和尺侧副韧带加强，前、后壁薄弱而松弛，后壁最薄弱，故尺、桡骨易向后方脱位。

3. 桡骨环状韧带于桡骨头处较发达，包绕桡骨头，防止桡骨头脱出。婴幼儿桡骨头不发达，桡骨环状韧带较松弛，易形成桡骨头半脱位。

肘关节可做屈、伸运动。当肘关节伸直时，肱骨内、外上髁与尺骨鹰嘴在一条直线上；屈肘 90° 时，三点呈一等腰三角形，肘关节脱位时，这种位置关系会发生改变。

（三）桡腕关节

桡腕关节又称腕关节，由桡骨的腕关节面和尺骨头下方的关节盘与手舟骨、月骨、三角骨共同构成（图 2-35）。关节囊松弛，四周都有韧带加强。桡腕关节可做屈、伸、内收、外展和环转运动。

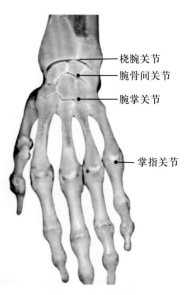

图 2-35　手关节

第五节　下肢骨及其连结

一、下肢骨

下肢骨包括髋骨、股骨、髌骨、胫骨、腓骨和足骨。每侧31块，共62块。

（一）髋骨

髋骨（hip bone）属于不规则骨，位于盆部。髋骨上部扁阔，中部窄厚，由髂骨、耻骨和坐骨构成（图2-36）。幼年时，3块骨借软骨相连，至15～16岁时，软骨骨化逐渐融合成为一块髋骨。融合部外侧面有一深窝，称为髋臼，与股骨头构成髋关节。髋臼下方有由坐骨和耻骨围成的闭孔。

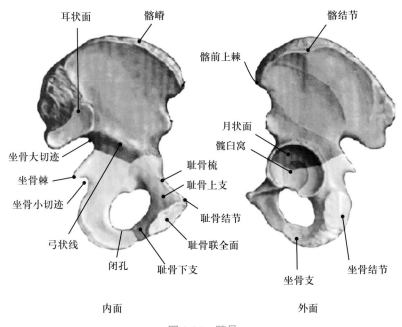

图2-36　髋骨

髂骨（ilium）位于髋骨后上部，分为髂骨体和髂骨翼两部分。髂骨体构成髋臼上2/5，髂骨翼是髂骨上方的扁阔部，其上缘肥厚，称为髂嵴，两侧髂嵴最高点的连线平对第4腰椎棘突，是进行腰椎穿刺时确定穿刺部位的标志。髂嵴前、后端及其下方各有一对突起，分别称为髂前、后上棘和髂前、后下棘。髂嵴前、中1/3交界处向外侧的突起，称为髂结节。髂骨翼内面的浅窝，称为髂窝，其下界为弓状线，后方的关节面，称为耳状面。

耻骨（pubis）位于髋骨前下部，分为一体两支。耻骨体较肥厚，构成髋臼前下部，由耻骨体向前内伸出耻骨上支，再转向下为耻骨下支，两者接合处内侧的椭圆形粗糙面，称为耻骨联合面。耻骨上支上缘薄锐的骨嵴，称为耻骨梳，前端向前外突起，称为耻骨结节。耻骨下支与坐骨支融合。

坐骨（ischium）位于髋骨后下部，分为坐骨体和坐骨支两部分。坐骨体较肥厚，构成髋臼后下部。自体向下后延续为坐骨支，其下端粗大，称为坐骨结节，其后内方的三角形突起，称为坐骨棘。坐骨棘上、下方的切迹，分别称为坐骨大切迹和坐骨小切迹。

（二）股骨

股骨（femur）位于大腿部，是人体最粗最长的长骨，长度约为身高的1/4，分为一体两端（图2-37）。上端有伸向前内上方的股骨头，下外侧的狭细部为股骨颈，易发生骨折。股骨颈与股骨体连接处上外侧的隆起，称为大转子，可在体表摸到，是重要的体表标志，内下方的隆起，称为小转子；股骨体微向前凸，呈圆柱体，后面有纵行的粗线，向上外延续为臀肌粗隆；下端有 2 个向后下突出的膨大，分别称为内侧髁和外侧髁，两髁前面为髌面，后面为髁间窝，两髁侧面最突起处，分别称为内上髁和外上髁。

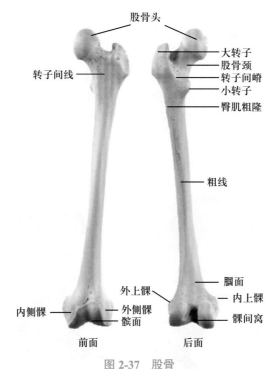

图 2-37　股骨

（三）髌骨

髌骨（patella）是人体最大的籽骨，位于膝关节前方，股骨下端的前面，包被于股四头肌腱内，与股骨髌面相关节。髌骨上宽下尖，前面粗糙，后面光滑，可在体表摸到（图 2-38）。

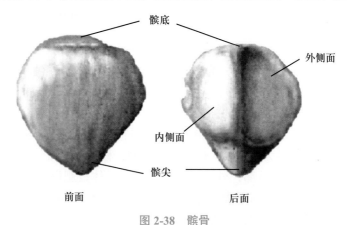

图 2-38　髌骨

（四）胫骨

胫骨（tibia）位于小腿内侧（图 2-39）。上端膨大，向两侧突出，分别形成内侧髁和外侧髁。两髁之间向上的隆起，称为髁间隆起。外侧髁后下外侧有腓关节面与腓骨头相关节。上端前面的隆起，称为胫骨粗隆；下端稍膨大，下方有关节面，内下方有一突起，称为内踝，外侧有腓切迹。

（五）腓骨

腓骨（fibula）较细长，位于小腿外侧（图 2-39）。上端稍膨大，称为腓骨头，头下方缩窄，称为腓骨颈。下端膨大形成外踝，其内侧有关节面。

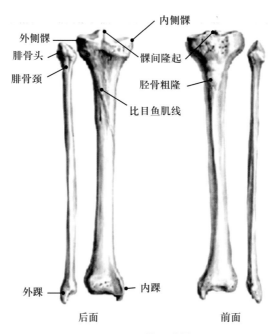

图 2-39 胫骨、腓骨

（六）足骨

足骨包括跗骨、跖骨和趾骨 3 部分（图 2-40）。

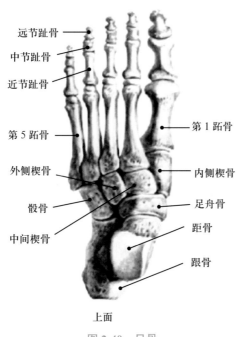

图 2-40 足骨

（1）跗骨：由 7 块短骨构成，分为前、中、后 3 列。后列有下方的跟骨和上方的距骨，距骨滑车与胫、腓骨下端相关节；中列为位于距骨前方的足舟骨；前列由内侧向外侧依次为内侧楔骨、中间楔骨、外侧楔骨和骰骨。

（2）跖骨：由 5 块长骨构成，从内侧向外侧依次为第 1～5 跖骨。每块跖骨又可分为底、体和头 3 部分。

（3）趾骨：亦由 14 块长骨构成，除踇趾为两节外，其余各趾均为 3 节。

二、下肢骨的连结

下肢骨的连结主要有骨盆、髋关节、膝关节和距小腿关节等。

（一）骨盆

骨盆（pelvis）由左、右髋骨和骶、尾骨借韧带和关节连结而成（图2-41）。除具有支持身体、保护盆腔器官的作用外，女性还是胎儿娩出的通道。

音频：
骨盆组成和形态

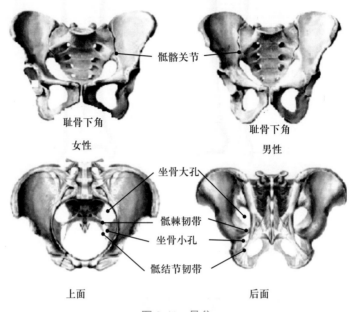

骶髂关节

耻骨下角
女性

耻骨下角
男性

坐骨大孔
骶棘韧带
坐骨小孔
骶结节韧带

上面

后面

图 2-41　骨盆

1. 骨盆的连结

（1）耻骨联合：由左、右耻骨联合面借耻骨间盘连接而成。女性耻骨间盘较厚，耻骨联合有一定的活动性，妊娠或分娩过程中，耻骨联合可出现轻微分离，使骨盆腔暂时性扩大，有利于胎儿娩出。

（2）骶髂关节：由骶骨和髂骨的耳状面构成。关节面对合紧密，关节囊紧张，并有坚强的韧带进一步加强其稳固性，运动幅度极小。

（3）骶结节韧带和骶棘韧带：分别由骶、尾骨外侧缘连至坐骨结节和坐骨棘。该两条韧带分别与坐骨大、小切迹围成坐骨大孔和坐骨小孔，孔内有血管、神经和肌肉通过。

2. 骨盆的分部　骨盆借界线分为大骨盆和小骨盆两部分。界线由骶岬及其两侧的弓状线、耻骨梳、耻骨结节和耻骨联合上缘围成。

界线上方为大骨盆，下方为小骨盆。小骨盆有上、下两口。上口即界线，下口从前向后由耻骨联合下缘、耻骨下支、坐骨支、坐骨结节、骶结节韧带和尾骨尖围成。两口之间的空腔为骨性盆腔。两侧坐骨支与耻骨下支连接形成耻骨弓，其间的夹角，称为耻骨下角。

3. 骨盆的性别差异　从青春期开始，男、女性骨盆有一定的性别差异（表2-1）。

表 2-1　男、女性骨盆的形态差异

结构	男性	女性
骨盆形状	窄而长	宽而短
骨盆上口	心形	椭圆形
骨盆下口	较狭窄	较宽大
骨盆腔	漏斗形	圆桶形
耻骨下角	$70° \sim 75°$	$90° \sim 100°$

（二）髋关节

髋关节（hip joint）由髋臼和股骨头构成（图2-42）。

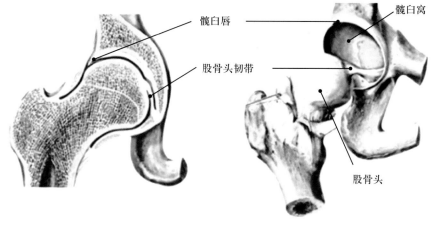

音频：
髋关节的组成、结构特点和运动形式

图 2-42　髋关节

髋关节的结构特点如下。

1. 髋臼深，周缘有髋臼唇增加了髋臼的深度，增大了髋臼与股骨头的接触面，从而增强了关节的稳固性。

2. 关节囊厚而坚韧，周围有韧带加强，后下部较薄弱，故股骨头易向后下方脱位，关节囊内有股骨头韧带，韧带内含有营养股骨头的血管。

3. 股骨颈前面全部包于关节囊内，但后面外侧 1/3 位于关节囊外。故临床上股骨颈骨折有囊内、外及混合性骨折之分。

髋关节可做屈、伸，内收、外展，旋内、旋外和环转运动。因受髋臼限制，其运动幅度不及肩关节，但具有较大的稳固性，以适应下肢负重和行走功能。

（三）膝关节

膝关节（knee joint）由股骨下端、胫骨上端和髌骨构成，是人体最大、最复杂的关节（图2-43）。

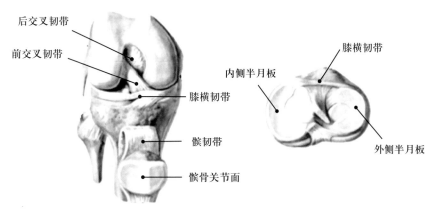

图 2-43　膝关节

膝关节的结构特点包括：

1. 关节囊薄而松弛，前方有髌韧带，两侧分别有胫侧副韧带和腓侧副韧带加强。

2. 关节囊内有前、后交叉韧带。前交叉韧带可防止胫骨前移，后交叉韧带可防止胫骨后移。

3. 股骨与胫骨关节面之间还垫有内、外侧半月板。内侧半月板呈"C"形，外侧半月板呈"O"形。它们增强了关节的稳固性。

膝关节以屈、伸运动为主，在半屈位时可做轻微的旋转。

（四）距小腿关节

距小腿关节亦称踝关节，由胫、腓骨下端的关节面和距骨滑车构成（图2-44）。关节囊前、后壁薄而松弛，两侧有韧带增厚加强。踝关节能做背屈（伸）和跖屈（屈）运动。

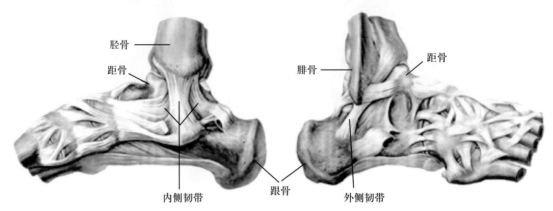

图 2-44　距小腿关节

（五）足弓

足弓由跗骨、跖骨与足底韧带、肌腱共同构成凸向上的弓形结构（图2-45）。站立时足部仅以跟骨结节与第1、5跖骨头3点着地，增加了足的弹性，具有稳定、缓冲震荡和保护足底血管神经的作用。若足弓周围的结构发育不良或损伤，足弓便有可能塌陷，成为扁平足。

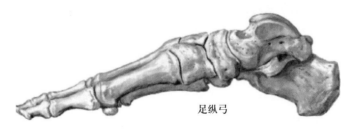

足纵弓

图 2-45　足弓

 链接

全身的骨性标志

一、躯干的骨性标志

1. 第7颈椎棘突　是项背部最突出的隆起，头部前屈时更容易触及，为计数椎骨序数的标志。

2. 胸骨颈静脉切迹　位于胸骨上缘，为两侧胸锁关节之间的凹陷，其上方为胸骨上窝，常利用此窝触诊气管，以判断气管的位置是否居于正中。

3. 胸骨角　位于胸骨柄与胸骨体连接处向前的横向突起，自颈静脉切迹向下约两横指处，是重要的骨性标志。胸骨角向后平对第4胸椎体下缘，也是气管杈、主动脉弓前、后端、心上界、食管第2狭窄处和胸导管左移处的水平；胸骨角两侧接第2肋软骨，为计数肋序数的骨性标志。胸骨角平面也是上、下纵隔的分界线。

4. 剑突　胸骨下方突出位于两侧肋弓之间，剑突与左侧肋弓交点处是心包腔穿刺的常选进针部位。

5. 骶角　沿骶正中嵴向下扪到两侧骶角，其间的凹陷处是骶管裂孔。

二、头面部的骨性标志

1. 乳突　位于外耳门后下方，其根部前内方有茎乳孔，面神经由此出颅。乳突深面后半部为乙状窦沟。

2. **下颌角** 为下颌支后缘与下颌底转折处，此处骨质较薄，容易骨折。

3. **枕外隆凸** 位于枕部向后最突出的隆起，其深面为窦汇。

4. **颧弓** 位于眶下缘和枕外隆凸之间连线的同一水平面上，下方一横指处有腮腺导管经过。

5. **翼点** 位于颞窝内，由额、顶、颞、蝶4骨汇合而成，位于颧弓中点上方3～4 cm处，是颅骨的薄弱部位，其深面有脑膜中动脉的前支经过。

三、上肢的骨性标志

1. **肩胛骨下角** 自然体位时平对第7肋或第7肋间隙，可作为在背部计数肋序数的标志。

2. **肩峰** 高耸于肩关节上方，为肩部最高点。

3. **尺骨鹰嘴** 位于肘后部突出处。

4. **豌豆骨** 位于腕部远侧皮纹内侧的突起。

5. **桡骨茎突** 位于腕部桡侧突起，可作为摸脉搏的定位标志。

四、下肢的骨性标志

1. **髂嵴** 髂嵴全长在体表均能摸到，其前端为髂前上棘，后端为髂后上棘，髂嵴最高点连线平对第4腰椎棘突，腰椎穿刺时可通过髂嵴定位。

2. **耻骨结节** 位于腹股沟内侧端，体形较瘦的人较易摸到。

3. **坐骨结节** 位于臀大肌下缘内侧，屈大腿时在臀部摸到的骨性突出。

4. **股骨大转子** 大腿外上部的突起。屈髋时，由坐骨结节至髂前上棘的连线通过股骨大转子。

5. **胫骨粗隆** 位于髌骨下缘约4横指处。

6. **内踝和外踝** 位于踝部两侧的明显隆起，外踝低于内踝。

第六节 骨骼肌

一、头颈肌

（一）头肌

头肌按功能分为面肌和咀嚼肌两部分。

1. **面肌** 呈环形或辐射状排列，大多起自颅骨，止于面部皮肤，主要分布于颅顶、口裂、眼裂和鼻孔周围，收缩时可开大或闭合孔裂，并牵动面部皮肤产生喜、怒、哀、乐等各种表情，故又称表情肌（图2-46）。

2. **咀嚼肌** 是参与咀嚼运动的肌。主要有咬肌、颞肌、翼内肌和翼外肌4对（图2-47）。咬肌呈长方形，起自颧弓，向后下止于下颌角外面，收缩时可上提下颌骨；颞肌起自颞窝，肌束呈扇形向下通过

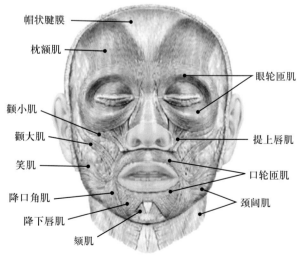

图 2-46 面肌

帽状腱膜
枕额肌
眼轮匝肌
颧小肌
颧大肌
提上唇肌
笑肌
口轮匝肌
降口角肌
颈阔肌
降下唇肌
颏肌

颧弓内侧，止于下颌骨的冠突，收缩时可上提下颌骨。

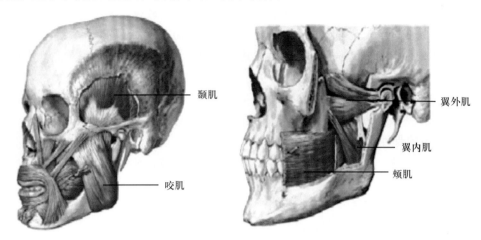

图 2-47　咀嚼肌

（二）颈肌

颈肌位于头部与胸部和上肢之间，根据位置可分为颈浅肌群，舌骨上、下肌群和颈深肌群3 层（图 2-48）。

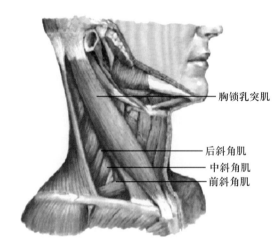

图 2-48　颈肌

1. **颈浅肌群**　主要有颈阔肌和胸锁乳突肌。

（1）颈阔肌（platysma）：位于颈前外侧部浅筋膜内。起自三角肌和胸大肌表面的筋膜，向上止于口角。

颈阔肌收缩时可拉口角向下并紧张颈部皮肤。

（2）胸锁乳突肌（sternocleidomastoid）：位于颈侧部，起自胸骨柄前面和锁骨的胸骨端，肌束斜向后上方，止于颞骨乳突。

胸锁乳突肌单侧收缩可使头颈向同侧倾斜，面部转向对侧；两侧同时收缩可使头后仰。

2. **颈深肌群**　主要有前、中、后斜角肌。均起自颈椎横突，其中前、中斜角肌止于第 1肋，并与第 1 肋围成三角形的斜角肌间隙，有锁骨下动脉和臂丛通过，故临床上可在此进行臂丛阻滞麻醉。后斜角肌止于第 2 肋。

两侧前、中、后斜角肌同时收缩可上提第 1、2 肋，助深吸气，单侧收缩使颈侧屈。

二、躯干肌

躯干肌根据位置分为背肌、胸肌、膈、腹肌和会阴肌等。

（一）背肌

背肌位于躯干背部，分为浅、深两层。浅群主要有斜方肌、背阔肌，深群主要有竖脊肌（图 2-49）。

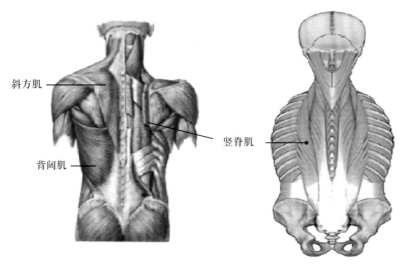

图 2-49 背肌

1. **斜方肌（trapezius）** 位于背上部和项部浅层，一侧为三角形扁肌，两侧合并呈斜方形。起自枕外隆凸、项韧带和全部胸椎棘突，止于锁骨外侧 1/3、肩峰和肩胛冈。

斜方肌上部肌束收缩可上提肩胛骨，下部肌束收缩可下降肩胛骨，两侧同时收缩可使肩胛骨向脊柱靠拢。

2. **背阔肌（latissimus dorsi）** 呈三角形，位于背下部和胸部后外侧，为全身最宽大的扁肌。起自下位 6 个胸椎和全部腰椎棘突、骶正中嵴和髂嵴后部，肌束向外上方集中，止于肱骨小结节下方。

背阔肌收缩时可使肱骨内收、旋内和后伸；当上肢上举固定时，可做引体向上。

3. **竖脊肌（erector spinae）** 位于背部棘突两侧的纵沟内，斜方肌和背阔肌深面。起自骶骨背面和髂嵴后部，向上分别止于各椎骨棘突、肋骨、枕骨和颞骨乳突。

两侧竖脊肌同时收缩可使脊柱后伸和仰头，单侧收缩使脊柱侧屈。竖脊肌是维持人体直立的重要肌。

胸腰筋膜（thoracolumbar fascia）为包裹于竖脊肌与腰方肌周围的深筋膜，腰部筋膜明显增厚，分浅、中、深 3 层，3 层筋膜在腰方肌外侧缘会合后成为腹内斜肌和腹横肌的起始部。

（二）胸肌

胸肌位于胸前外侧壁，主要有胸大肌、胸小肌、前锯肌、肋间外肌和肋间内肌（图 2-50）。

1. **胸大肌（pectoralis major）** 位于胸廓前上部。起自锁骨内侧半、胸骨和第 1 ～ 6 肋软骨，止于肱骨大结节下方。

胸大肌收缩时可使肩关节内收、旋内和前屈，当上肢固定时可上提躯干助引体向上，也可上提肋助深吸气。

2. **胸小肌（pectoralis minor）** 位于胸大肌深面，呈三角形。收缩时可拉肩胛骨向前下方，当肩胛骨固定时，可上提肋助深吸气。

3. **前锯肌（serratus anterior）** 为贴附于胸廓侧壁的宽大扁肌，以肌齿起自上位 8 个肋外面，止于肩胛骨内侧缘和下角。

前锯肌收缩时可拉肩胛骨向前紧贴胸廓，并使其下角旋外，以助臂上举完成"梳头"动作；当肩胛骨固定时可上提肋助深吸气。

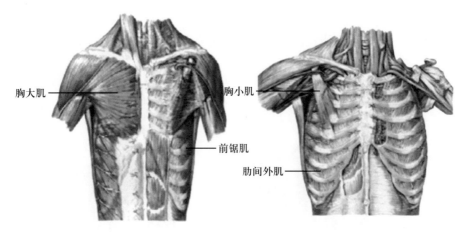

图 2-50　胸肌

前锯肌瘫痪时，肩胛骨内侧缘翘起，形成"翼状肩"。

4. **肋间外肌**（intercostales externi）　位于各肋间隙浅层。起自上位肋下缘，肌束斜向前下方，止于下位肋上缘。收缩时可提肋助吸气。

5. **肋间内肌**（intercostales interni）　位于肋间外肌深面。起自下位肋上缘，肌束斜向内上方，止于上位肋下缘。收缩时可降肋助呼气。

（三）膈

膈（diaphragm）位于胸、腹腔之间，为一向上呈穹隆状突起的宽阔扁肌，封闭胸廓下口（图 2-51）。起自胸廓下口周缘和腰椎前面，各部肌束向中央集中移行为中心腱。

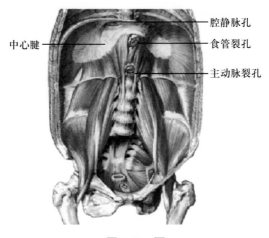

音频：
膈的位置和功能

图 2-51　膈

膈上有 3 个孔裂。

1. **主动脉裂孔**　位于第 12 胸椎体前方，有降主动脉和胸导管通过。

2. **食管裂孔**　位于主动脉裂孔左前方，约平对第 10 胸椎水平，有食管和迷走神经通过。

3. **腔静脉孔**　位于食管裂孔右前上方的中心腱内，约平对第 8 胸椎水平，有下腔静脉通过。

膈是重要的呼吸肌。收缩时，膈穹隆下降，胸腔容积扩大，助吸气；舒张时，膈穹隆上升复位，胸腔容积变小，助呼气。膈与腹肌联合收缩，则能增加腹压，协助排便、呕吐、咳嗽、喷嚏及分娩等活动。

（四）腹肌

腹肌位于胸廓下部与骨盆之间，分为前外侧群和后群（图 2-52，图 2-53）。腹肌前外侧群参与构成腹腔的前壁和外侧壁。

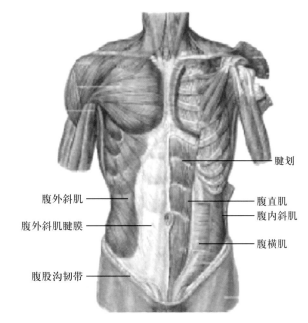

图 2-52 腹肌

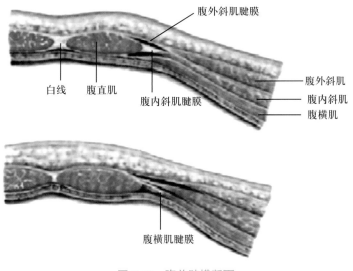

图 2-53 腹前壁横断面

1. **腹外斜肌**（obliquus externus abdominis） 位于腹前外侧壁最浅层。以肌齿起自下位 8 个肋外面，小部分止于髂嵴，大部分肌束由后上外斜向前下内，至腹直肌外侧缘移行为腹外斜肌腱膜，经腹直肌前面，参与构成腹直肌鞘的前层，止于白线。

腹外斜肌腱膜下缘卷曲增厚，连于髂前上棘与耻骨结节之间，形成腹股沟韧带。在耻骨结节外上方形成的三角形裂孔，称为腹股沟管浅环（皮下环）。

2. **腹内斜肌**（obliquus internus abdominis） 呈扇形，位于腹外斜肌深面。起自胸腰筋膜、髂嵴和腹股沟韧带外侧半，大部分肌束斜向内上方，至腹直肌外侧缘移行为腹内斜肌腱膜，向内分为前、后两层并包裹腹直肌，参与构成腹直肌鞘的前、后层，止于白线。

腹内斜肌下部肌束游离呈弓状，其腱膜下部和深层的腹横肌腱膜会合形成腹股沟镰（联合腱），止于耻骨梳。该肌下部肌束和腹横肌共同包绕精索和睾丸，降入阴囊形成提睾肌，收缩时可上提睾丸。

3. **腹横肌**（transversus abdominis） 位于腹内斜肌深面，起自下位 6 个肋内面、胸腰筋膜、髂嵴和腹股沟韧带外侧 1/3，肌束向前内横行，至腹直肌外侧缘移行为腹横肌腱膜，经腹直肌后面，参与构成腹直肌鞘的后层，止于白线。

4. **腹直肌**（rectus abdominis） 为上宽下窄的带状多腹肌，位于腹前壁正中线两侧，包裹于腹直肌鞘内。起自耻骨联合上缘和耻骨嵴，向上止于胸骨剑突和第 5 ~ 7 肋软骨前面。其全长被 3 ~ 4 条横行的腱划分成多个肌腹。

腹肌前外侧群共同保护和支持腹腔器官；与膈联合收缩时可缩小腹腔容积，增加腹压以协助呼吸、呕吐、排便和分娩；并可使脊柱前屈、侧屈和旋转等运动。

5. **腹直肌鞘**（sheath of rectus abdominis） 由腹前外侧壁 3 层扁肌的腱膜构成，包裹腹直肌的纤维性鞘（图 2-53）。分为前、后两层。前层完整，由腹外斜肌腱膜和腹内斜肌腱膜的前层构成，后层由腹内斜肌腱膜的后层和腹横肌腱膜构成。

在脐下 4 ~ 5 cm 以下，腹内斜肌腱膜的后层与腹横肌腱膜全部转至腹直肌前面参与构成鞘的前层，该处形成凸向上的弧形线，称为弓状线。此线以下缺乏鞘的后层，腹直肌后面直接与腹横筋膜相贴。

6. **白线**（linea alba） 由两侧腹直肌鞘的纤维交织而成，位于腹前壁正中线上（图 2-52）。上起自剑突，下止于耻骨联合前面。白线坚韧而少血管，上宽下窄，为腹部手术切口的常选部位。

约在白线中部有一脐环，胚胎时期有脐血管通过，为腹壁的薄弱区之一，若腹腔内容物经此突出则形成脐疝。

7. **腹股沟管**（inguinal canal） 位于腹前外侧壁下部，腹股沟韧带内侧半上方，由外上斜向内下，长 4 ~ 5 cm（图 2-54）。

腹股沟管有四壁两口，管的内口称为腹股沟管深环（腹环），位于腹股沟韧带中点上方约 1.5 cm 处，由腹横筋膜外突形成；外口即腹股沟管浅环（皮下环），位于耻骨结节外上方。

在腹股沟管内，男性有精索通过，女性有子宫圆韧带通过。

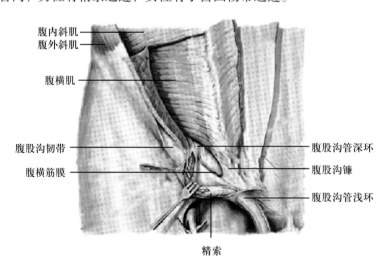

图 2-54　腹股沟管

8. **腹股沟三角**（inguinal triangle） 又称海氏三角。位于腹前壁下部，由腹直肌外侧缘、腹股沟韧带和腹壁下动脉围成。

腹股沟三角为腹前壁下部的薄弱区，若腹腔内容物经此突出则形成腹股沟直疝。

（五）会阴肌

会阴肌位于会阴部，封闭小骨盆下口。包括肛区的肌和尿生殖区的肌两部分（图 2-55）。

1. **肛区的肌和盆膈** 肛区的肌有肛提肌、尾骨肌和肛门外括约肌等。

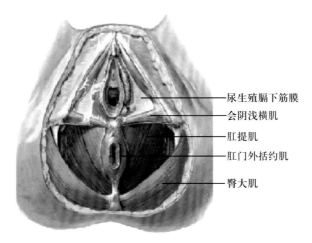

图 2-55　会阴肌

（1）肛提肌：是一宽薄的扁肌，两侧汇合成漏斗状，尖向下，封闭小骨盆下口的大部分。起于小骨盆侧壁的筋膜，肌纤维行向后下和内侧，止于会阴中心腱、肛尾韧带和尾骨。具有承托盆腔器官，括约肛管和阴道的作用。

（2）盆膈：由肛提肌、尾骨肌及覆盖于其表面的盆膈上、下筋膜共同构成，形成盆腔的底，中央有直肠通过。盆膈具有封闭小骨盆下口，支持和固定盆腔器官的作用，并与排便、分娩等有关。

2. 尿生殖区的肌和尿生殖膈　尿生殖区内的肌位于肛提肌前部下方，分为浅、深两层。浅层有会阴浅横肌、球海绵体肌和坐骨海绵体肌，深层有会阴深横肌和尿道括约肌。

（1）会阴中心腱：又称会阴体，是狭义会阴深面的一个腱性结构，长约 1.3 cm，许多会阴肌附着于此，有加强盆底肌的作用。在女性此腱较强大且具有韧性和弹性，分娩时有重要作用。

（2）尿生殖膈：由会阴深横肌、尿道括约肌及覆盖于两肌表面的尿生殖膈上、下筋膜共同构成，具有加强盆底，协助承托盆腔器官的作用。

三、上肢肌

上肢肌根据部位分为肩肌、臂肌、前臂肌和手肌。

（一）肩肌

肩肌分布于肩关节周围，均起自肩胛骨和锁骨，跨越肩关节，止于肱骨上端，具有运动肩关节和加强肩关节稳定性的作用。包括三角肌、冈上肌、冈下肌、小圆肌、大圆肌和肩胛下肌（图 2-56）。

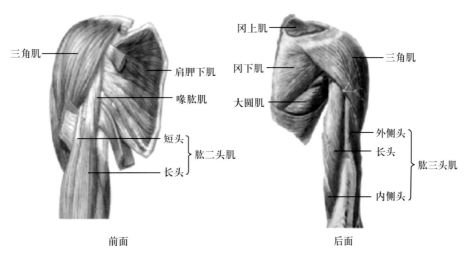

图 2-56　肩臂部肌前、后群

三角肌（deltoid）呈三角形，位于肩部外上方。起自锁骨外侧端、肩峰和肩胛冈，肌束从前、后、外3面包绕肩关节并逐渐向外下集中，止于肱骨体外侧的三角肌粗隆。

三角肌收缩时，主要使肩关节外展，其前部肌束使肩关节屈曲和旋内，后部肌束则使肩关节伸展和旋外。该肌也是临床上常选的肌内注射部位之一。

（二）臂肌

臂肌位于肱骨周围，分为前、后两群，前群为屈肌，后群为伸肌（图2-56）。

1. **前群**　位于肱骨前面。包括浅层的肱二头肌、深层的肱肌和喙肱肌等。

肱二头肌（biceps brachii）位于肱骨前面，起端有两个头。长头起自肩胛骨关节盂上方，通过肩关节囊，短头位于内侧，起自肩胛骨喙突，两头会合成一肌腹，向下延伸为肌腱，经肘关节前方，止于桡骨粗隆。

该肌群的主要作用为屈肘关节，并协助屈肩关节，当前臂屈曲并处于旋前位时，可使前臂旋后。

2. **后群**　主要有肱三头肌（triceps brachii）。位于肱骨后面，起端有3个头。长头起自肩胛骨关节盂下方，内、外侧头分别起自肱骨背面桡神经沟的内下方和外上方。三头向下合为一个肌腹，以扁腱止于尺骨鹰嘴。

肱三头肌的主要作用为伸肘关节，长头可伸肩关节。

（三）前臂肌

前臂肌位于前臂的前、后面，共有19块，亦分为前、后两群，前群为屈肌，后群为伸肌。

1. **前群**　位于前臂前面，共9块。分为浅、深两层（图2-57）。

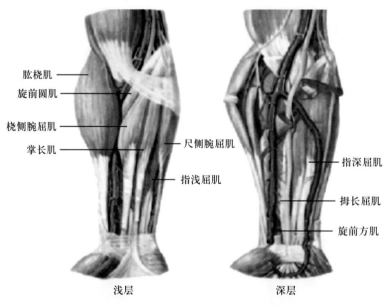

肱桡肌
旋前圆肌
桡侧腕屈肌
掌长肌
尺侧腕屈肌
指浅屈肌
指深屈肌
拇长屈肌
旋前方肌

浅层　　　　深层

图2-57　前臂肌前群浅、深层

浅层6块，自桡侧向尺侧依次为肱桡肌、旋前圆肌、桡侧腕屈肌、掌长肌、指浅屈肌和尺侧腕屈肌。

深层3块，即拇长屈肌、指深屈肌和旋前方肌。

前臂肌前群的主要作用为屈肘关节、腕关节、指间关节，还可使前臂旋前。

2. **后群**　位于前臂后面，共10块。亦分为浅、深两层（图2-58）。

浅层5块，由桡侧向尺侧依次为桡侧腕长伸肌、桡侧腕短伸肌、指伸肌、小指伸肌和尺侧腕伸肌。

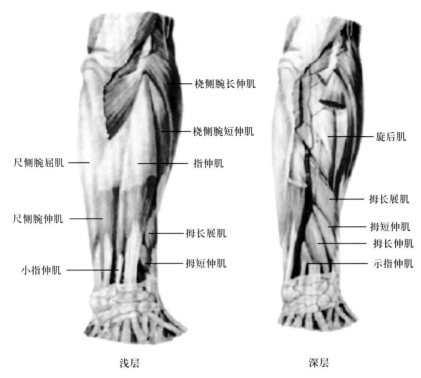

桡侧腕长伸肌

桡侧腕短伸肌

尺侧腕屈肌

指伸肌

旋后肌

拇长展肌

尺侧腕伸肌

拇短伸肌

拇长展肌

拇长伸肌

小指伸肌

拇短伸肌

示指伸肌

浅层   深层

图 2-58 前臂肌后群浅、深层

深层 5 块，自上而下，由外侧向内侧依次为旋后肌、拇长展肌、拇短伸肌、拇长伸肌和示指伸肌。

前臂肌后群的主要作用为伸肘关节、腕关节、指间关节，还可使前臂旋后。

（四）手肌

手肌集中分布于手掌面，分为 3 群（图 2-59）。

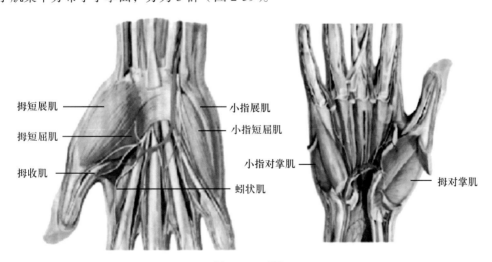

拇短展肌

小指展肌

拇短屈肌

小指短屈肌

拇收肌

小指对掌肌

蚓状肌

拇对掌肌

图 2-59 手肌

1. **外侧群** 在拇指掌侧形成丰满隆起的鱼际，主要作用为使拇指屈、内收、外展和对掌运动。

2. **内侧群** 位于小指掌侧，构成小鱼际，主要作用为使小指屈、外展和对掌等运动。

3. **中间群** 位于掌心和掌骨之间，主要作用为屈掌指关节、伸指间关节，并可使第 2、4、5 指内收和外展。

四、下肢肌

下肢肌按部位分为髋肌、大腿肌、小腿肌和足肌。

（一）髋肌

髋肌位于髋关节周围，分为前、后两群，主要运动髋关节。

1. **前群** 主要有髂腰肌（iliopsoas）。由腰大肌和髂肌构成（图2-60）。前者起自腰椎体侧面和横突，后者起自髂窝，向下经腹股沟韧带深面，止于股骨小转子。

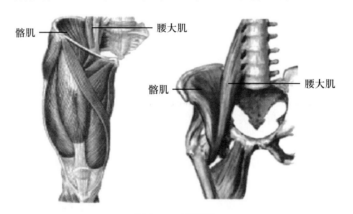

图2-60 髂腰肌

髂腰肌收缩时可使髋关节前屈和旋外，当下肢固定时，可使躯干和骨盆前屈。

2. **后群** 位于臀部，又称臀肌。主要包括肌肉如下（图2-61）。

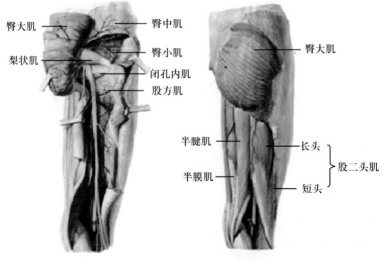

图2-61 臀肌和股后群肌

（1）臀大肌（gluteus maximus）：起自骶骨背面和髂骨翼外面，肌束斜向外下，止于股骨的臀肌粗隆。

臀大肌收缩时可使髋关节内收和旋外，是维持人体直立姿势的重要肌之一。此肌外上部是临床上肌内注射的常选部位之一。

（2）臀中肌（gluteus medius）和臀小肌（gluteus minimus）：臀中肌位于臀大肌深面，臀小肌位于臀中肌深面。两肌均起自髂骨翼外面，止于股骨大转子。两肌同时收缩可外展髋关节。

（3）梨状肌（piriformis）：位于臀小肌下方，起自骶骨前面，向外经坐骨大孔出骨盆，止于股骨大转子。收缩时可使髋关节外展和旋外。

坐骨大孔被梨状肌分隔成梨状肌上孔和梨状肌下孔，孔内有血管、神经通过。

 链接

臀大肌注射术

临床上常选择臀大肌作为肌内注射的部位，臀大肌注射的定位方法主要有两种：①十字法，从臀裂顶点向外划一水平线，再经髂嵴最高点向下做一垂线，其外上 1/4 为注射区。②连线法，将髂前上棘至骶尾结合处做一连线，将此连线分为 3 等份，其外上 1/3 为注射区。

（二）大腿肌

大腿肌位于股骨周围，分为前、后和内侧 3 群。

1. **前群** 位于大腿前面。主要包括肌肉如下（图 2-62）。

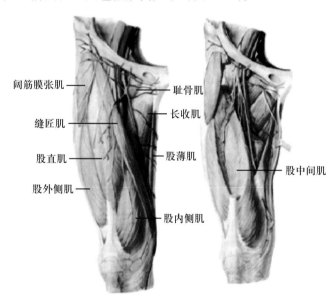

图 2-62 大腿前群和内侧群肌

（1）缝匠肌（sartorius）：是全身最长的长肌，起自髂前上棘，肌束斜向内下方，止于胫骨上端的内侧面。

缝匠肌收缩时可屈髋关节和膝关节，并可使屈曲的膝关节旋内。

（2）股四头肌（quadriceps femoris）：是全身体积最大的长肌，有 4 个头，分别为股直肌、股内侧肌、股外侧肌和股中间肌。除股直肌起自髂前下棘外，其余三头均起自股骨中线或前面，四头向下合并形成股四头肌腱，包绕髌骨延续为髌韧带，止于胫骨粗隆。

股四头肌收缩时伸膝关节，股直肌还可屈髋关节。

2. **内侧群** 位于大腿内侧，包括耻骨肌、长收肌、短收肌、大收肌和股薄肌（图 2-62）。收缩时可内收髋关节和旋外。

3. **后群** 位于大腿后部（图 2-61）。主要包括肌肉如下。

（1）股二头肌（biceps femoris）：位于大腿后部外侧，有长、短两头。长头起自坐骨结节，短头起自股骨粗线，两头合并后以长腱止于腓骨头。

（2）半腱肌（semitendinosus）和半膜肌（semimembranosus）：半腱肌位于大腿后部内侧的浅层，半膜肌位于半腱肌深面的内侧，两肌均起自坐骨结节，半腱肌止于胫骨上端内侧，半膜肌止于胫骨内侧髁的后面。

该肌群收缩时主要屈膝关节和伸髋关节，半屈膝时可分别使小腿旋外和旋内。

（三）小腿肌

小腿肌位于小腿周围，参与维持人体直立姿势和行走等，分为前、后和外侧 3 群（图 2-63、图 2-64）。

1. **前群** 位于小腿前外侧，自胫侧向腓侧依次为胫骨前肌、踇长伸肌和趾长伸肌。

小腿前群肌收缩时可伸踝关节，胫骨前肌还可使足内翻，踇长伸肌还可伸踇趾，趾长伸肌还能伸第 2 ~ 5 趾。

2. **外侧群** 位于小腿外侧，包括腓骨长肌和腓骨短肌，两肌的肌腱均自外踝后方至足底。

小腿外侧群肌收缩时，屈踝关节和使足外翻。

3. **后群** 位于小腿后部，可分为浅、深两层。

（1）浅层：为小腿三头肌（triceps surae）。有 3 个头，浅层的两个头称为腓肠肌，位置较深的一个头为比目鱼肌。腓肠肌内侧头和外侧头分别起自股骨的内侧髁和外侧髁，比目鱼肌起自胫骨和腓骨上端后面，三头合并后，向下延续为跟腱，止于跟骨结节。

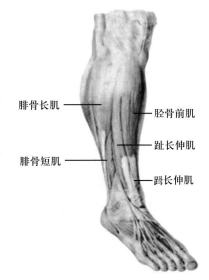

图 2-63　小腿肌前群和外侧群

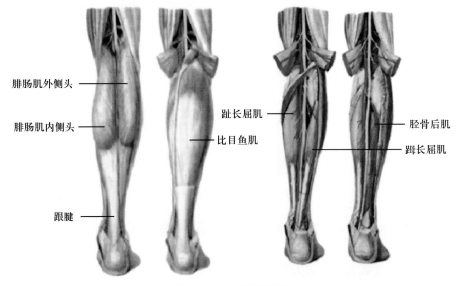

图 2-64　小腿肌后群

小腿三头肌收缩时可屈踝关节和膝关节；站立时，能固定踝关节和膝关节，以防止身体向前倾倒，故对维持人体直立姿势也有重要作用。

（2）深层：自胫侧向腓侧依次为趾长屈肌、胫骨后肌和踇长屈肌。三肌的肌腱均自内踝后方至足底。

小腿后群肌深层收缩时，可屈踝关节，趾长屈肌和踇长屈肌还可屈第2～5趾和踇趾，胫骨后肌还可使足内翻。

（四）足肌

足肌可分为足背肌和足底肌。足背肌协助伸趾，足底肌协助屈趾和维持足弓。

下肢的局部结构

1. 股三角　位于大腿前上部，上界为腹股沟韧带，内侧界为长收肌内侧缘，外侧界为缝匠肌内侧缘。股三角内由外向内依次排列有股神经、股动脉、股静脉和股管。

2. 腘窝　位于膝关节后面，呈菱形，上外侧界为股二头肌，上内侧界为半腱肌和半膜肌，下外侧界为腓肠肌外侧头，下内侧界为腓肠肌内侧头。腘窝内有血管、神经、脂肪和淋巴结等。

3. 踝管　位于屈肌支持带、内踝与跟骨结节之间，其内由前向后有胫骨后肌腱及腱鞘、趾长屈肌腱及腱鞘、胫后血管和胫神经、踇长屈肌腱及腱鞘通过。

全身的肌性标志

一、躯干的肌性标志

1. 斜方肌　在项部和背上部，可见斜方肌外上缘轮廓。

2. 背阔肌　在背下部可见此肌轮廓，外下缘参与形成腋窝的后壁。

3. 竖脊肌　脊柱两旁的纵形肌性隆起。

4. 胸大肌　胸前壁较膨隆的肌性隆起，下缘构成腋窝的前壁。

5. 腹直肌　腹前壁正中线两侧的纵形隆起，肌肉发达者可见脐以上有3条横沟，即为腹直肌腱划。

二、头颈部的肌性标志

1. 咬肌　当牙咬紧时，在下颌角的前上方，颧弓下方可摸到坚硬的条状隆起。

2. 颞肌　当牙咬紧时，在颞窝内颧弓上方可摸到坚硬的隆起。

3. 胸锁乳突肌　当面部转向对侧时，可明显看到从前下斜向后上呈长条状的隆起。

三、上肢的肌性标志

1. 三角肌　在肩部形成圆隆的外形，其止点在臂外侧中部呈现一小凹。

2. 肱二头肌　当屈肘握拳时，此肌收缩可明显在臂前面见到膨隆肌腹。在肘窝中央，当屈肘时可明显摸到此肌的肌腱。

3. 肱三头肌　在臂后部，三角肌后缘下方可见到肱三头肌的长头。

4. 肱桡肌　当握拳用力屈肘时，在肘部可见到肱桡肌的膨隆肌腹。

5. 掌长肌　当握拳、屈腕并外展时，在腕掌面中部、腕横纹上方，可明显见此肌的肌腱。

6. 桡侧腕屈肌　同上述掌长肌的动作，在掌长肌腱桡侧，可见此肌的肌腱。

7. 尺侧腕屈肌　用力外展手指，在腕横纹上方尺侧，豌豆骨上方，可见此肌的肌腱。

四、下肢的肌性标志

1. 股四头肌　在大腿前方，股直肌在缝匠肌和阔筋膜张肌所组成的夹角内。股内侧肌和股外侧肌在大腿前面下部，分别位于股直肌内侧和外侧。

2. 臀大肌　在臀部形成圆隆外形。

3. 股二头肌　在腘窝外上界，可摸到其肌腱止于腓骨头。

4. 半腱肌、半膜肌　在腘窝内上界，可摸到其肌腱止于胫骨，其中半腱肌腱较窄，位置浅表且略靠外，而半膜肌腱粗而圆钝，位于半腱肌腱的深面。

5. 小腿三头肌（腓肠肌和比目鱼肌）　在小腿后面，可明显见到该肌膨隆的肌腹，并向下形成粗索状的跟腱，止于跟骨结节。

（甘功友　王友良）

练习题

单项选择题

1. 下列属于长骨的是
　　A. 肩胛骨　　　　B. 肋骨　　　　C. 距骨　　　　D. 指骨　　　　E. 手舟骨

2. 骨髓腔存在于
　　A. 所有骨内　　　　　　　　B. 扁骨内　　　　　　　　C. 长骨的骨干内
　　D. 骨松质内　　　　　　　　E. 短骨内

3. 老年人易发生骨折的原因是由于骨质中
　　A. 有机质含量相对较多　　　　　　　　B. 无机质含量相对较多
　　C. 有机质和无机质各占 1/2　　　　　　D. 骨松质较多
　　E. 骨密质较少

4. 胸骨角两侧平对
　　A. 第 1 肋　　　B. 第 2 肋　　　C. 第 3 肋　　　D. 第 4 肋　　　E. 第 5 肋

5. 临床上进行骶管麻醉时，确定骶管裂孔位置的标志是
　　A. 骶角　　　B. 骶管裂孔　　　C. 骶前孔　　　D. 骶后孔　　　E. 骶岬

6. 以下属于面颅骨的是
　　A. 上鼻甲　　　B. 下鼻甲骨　　　C. 额骨　　　D. 蝶骨　　　E. 筛骨

7. 骨损伤后能参与修复的结构是
　　A. 骨质　　　B. 骨髓　　　C. 骨膜　　　D. 骨骺　　　E. 关节软骨

8. 下列不是关节基本结构的是
　　A. 关节盘　　　　　　　　B. 关节囊纤维层　　　　　　　　C. 关节囊滑膜层
　　D. 关节面　　　　　　　　E. 关节腔

9. 股骨易骨折的部位是
　　A. 股骨颈　　　B. 转子间线　　　C. 粗线　　　D. 股骨体　　　E. 外侧髁

10. 位于各椎体后面，几乎纵贯脊柱全长的韧带是
　　A. 黄韧带　　　　　　　　B. 前纵韧带　　　　　　　　C. 后纵韧带
　　D. 项韧带　　　　　　　　E. 棘上韧带

11. 腰椎的特点是
　　A. 棘突呈板状水平后伸　　　　B. 椎体小　　　　　　　　C. 横突上有横突孔
　　D. 棘突分叉　　　　　　　　E. 椎体上有肋凹

12. 与肩胛骨关节盂相关节的是
    A. 锁骨肩峰端　　　　　B. 肱骨头　　　　　　　C. 肱骨大结节
    D. 肩峰　　　　　　　　E. 以上都不是

13. 参与构成肋弓的是
    A. 第 5 ~ 7 肋　　　　　B. 第 6 ~ 9 肋　　　　　C. 第 7 ~ 10 肋
    D. 第 8 ~ 10 肋　　　　E. 第 8 ~ 12 肋

14. 黄韧带是
    A. 连接相邻两椎弓根之间　　　　　B. 连结相邻两椎弓板之间
    C. 构成椎间孔的前界　　　　　　　D. 连结相邻两棘突之间
    E. 限制脊柱过度后伸

15. 背阔肌的作用是
    A. 臂旋外和后伸　　　　　　　　　B. 臂内收、旋内和后伸
    C. 肩胛骨向内下旋转　　　　　　　D. 伸脊柱
    E. 拉肩胛骨向脊柱靠拢

16. 股四头肌麻痹时，主要运动障碍的是
    A. 伸小腿　　B. 屈小腿　　C. 屈大腿　　　D. 外展大腿　　E. 内收大腿

17. 收缩时既屈髋关节同时又屈膝关节的肌是
    A. 股二头肌　　B. 股直肌　　C. 缝匠肌　　　D. 半腱肌　　E. 股四头肌

18. 收缩时可使大腿后伸的肌是
    A. 髂腰肌　　B. 缝匠肌　　C. 股薄肌　　D. 股四头肌　　E. 臀大肌

19. 最强大的脊柱伸肌是
    A. 背阔肌　　B. 竖脊肌　　C. 斜方肌　　D. 腰大肌　　E. 三角肌

20. 关于腹股沟管的描述，不正确的是
    A. 皮下环位于耻骨结节外下方
    B. 位于腹股沟韧带内侧半上方
    C. 男性管内有精索，女性管内有子宫圆韧带
    D. 腹横筋膜构成其后壁
    E. 内口为深环

第三章

消化系统

思维导图

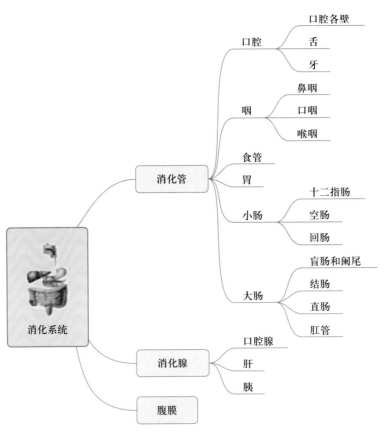

学习目标

1. 掌握消化系统的组成；上、下消化道的概念，咽峡的围成，咽的位置、分部和交通，食管3处狭窄的部位及与中切牙的距离，胃及十二指肠的位置、形态和分部，直肠和肛管的位置、形态结构；肝的形态、位置和体表投影，肝小叶和门管区的组成和结构特点，胆囊的位置、形态、胆囊底的体表投影，肝外胆道的组成，胰的位置和形态。

2. 熟悉舌的形态、黏膜特征及舌肌的作用，食管、小肠、大肠的分部，空、回肠的形态特点，胃底腺的微细结构和功能，小肠黏膜的结构和功能，阑尾的位置和根部的体表投影；三大唾液腺的位置和导管的开口，胰的结构和功能。

3. 了解消化管的一般组织结构，牙的形态及乳牙和恒牙的排列方式；胆汁的产生及其排出途径；腹膜与腹膜腔的概念、腹膜的功能。

4. 运用所学知识，理解肝胆相照的革命意义。

案例 3-1　　患者，男，42 岁。因上腹部疼痛半年，加重 3 天入院。患者半年前上腹部开始间断性钝痛，空腹时加重，进食后可缓解，无夜间痛，同时伴有反酸、嗳气、烧灼感，未服药。3 天前饮酒后腹痛加重，呈绞痛，向后背部放射，伴有恶心，无呕吐。入院体格检查：体温 36.5 ℃，呼吸 16/min，血压 122/80 mmHg。神志清楚，皮肤黏膜未见异常，浅表淋巴结未触及肿大。双肺呼吸音清晰，未闻及干湿啰音，心率 84 次 / 分，律齐，心脏听诊未闻及病理性杂音。腹部平软，上腹部压痛，无反跳痛及肌紧张，胆囊触痛征阴性，肝肋下未触及。双下肢无水肿。辅助检查胃镜显示十二指肠球部溃疡。临床诊断为十二指肠球部溃疡。

　　问：消化系统由哪些器官组成？十二指肠分为哪几部？十二指肠球部溃疡的发病机制是什么？

第一节　概　　述

一、消化系统的组成

消化系统（digestive system）由消化管和消化腺两部分组成（图 3-1）。

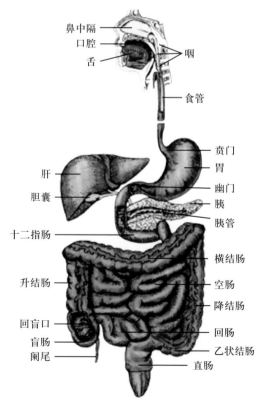

图 3-1　消化系统模式图

消化管包括口腔，咽，食管，胃，小肠（十二指肠、空肠、回肠）和大肠（盲肠、阑尾、结肠、直肠、肛管）。临床上常把口腔到十二指肠的这一段消化管，称为上消化道，空肠及其以下的消化管，称为下消化道。

消化腺有小消化腺和大消化腺两种。小消化腺散在于消化管各部的管壁内，如唇腺、胃腺和肠腺等；大消化腺包括大唾液腺、肝和胰。

二、胸部标志线和腹部分区

为了便于描述内脏器官的正常位置和体表投影，通常在胸腹部体表确定若干标志线和分区（图 3-2、图 3-3）。

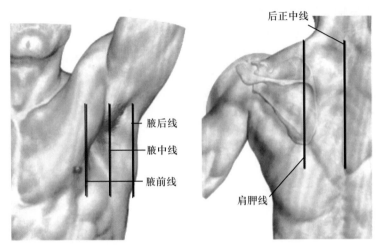

图 3-2　胸部标志线

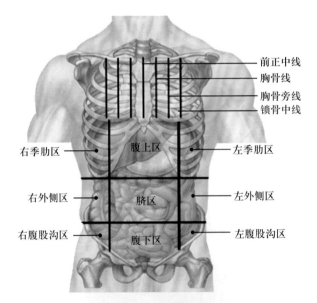

图 3-3　腹部分区

（一）胸部标志线

1. **前正中线**　沿身体前面正中所做的垂线。

2. **锁骨中线**　通过锁骨中点所做的垂线。由于此线正通过男性乳头，故也可称此线为乳头线。

3. **腋前线**　沿腋窝前缘（腋前襞）向下所做的垂线。

4. **腋中线**　沿腋窝中点向下所做的垂线。

5. **腋后线**　沿腋窝后缘（腋后襞）向下所做的垂线。

6. **肩胛线**　通过肩胛骨下角所做的垂线。

7. **后正中线**　沿身体后面正中所做的垂线。

（二）腹部分区

为了描述腹腔器官的位置，可将腹部分成若干区域，通常采用通过左、右肋弓最低点（第10肋的最低点）所做的肋下平面和两侧髂结节所做的结节间平面将腹部分为上、中、下 3 部，再由经左、右腹股沟韧带中点所做的两个矢状面，把腹部分成 9 区。即腹上部分成中间的腹上区和左、右季肋区；腹中部分成中间的脐区和左、右腹外侧区（腰区）；腹下部分成中间的腹下区（耻区）和左、右腹股沟（髂区）。

在临床上，常通过脐的水平面和矢状面，将腹部分为右上腹、左上腹、右下腹、左下腹 4 个区。

第二节　消化管

一、消化管壁的一般结构

消化管各段的形态和功能不同，其构造也各有特点，但从整体来看有类似之处。自咽至肛管之间的消化管壁可分为 4 层，即由内向外分为黏膜、黏膜下层、肌层和外膜（图 3-4）。

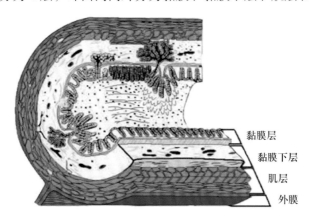

黏膜层
黏膜下层
肌层
外膜

图 3-4　消化管壁微细结构模式图

（一）黏膜

黏膜位于管壁最内层，为消化、吸收的重要结构，由内向外依次为上皮、固有层和黏膜肌层。

1. **上皮**　衬于管腔内表面，分布部位不同，各有差异。口腔、咽、食管和肛管下部为复层扁平上皮，以保护功能为主；胃、肠为单层柱状上皮，以消化、吸收功能为主。

2. **固有层**　由结缔组织构成，含有小腺体、血管、神经、淋巴管和淋巴组织。

3. **黏膜肌层**　由 1～2 层平滑肌构成。平滑肌收缩和舒张可以改变黏膜的形态，促进腺体分泌，血液、淋巴运行，有助于食物的消化和吸收。

（二）黏膜下层

黏膜下层由疏松结缔组织组成，含有较大的血管、淋巴管和黏膜下神经丛。黏膜和部分黏膜下层共同向管腔内突出，形成纵行或环行的皱襞，扩大了消化管的表面积，有利于营养物质的吸收。

（三）肌层

口腔、咽、食管上段和肛门外括约肌为骨骼肌，其余均为平滑肌。一般分为内环、外纵两层（胃为内斜、中环、外纵3层）。在某些部位环行肌层增厚形成括约肌。

（四）外膜

外膜位于管壁最外层。咽、食管、直肠下部的外膜由薄层结缔组织构成，称为纤维膜。其他部分的外膜由结缔组织和间皮共同构成，称为浆膜。浆膜表面光滑，有利于器官的活动。

二、口腔

口腔（oral cavity）是消化管的起始部，向前经口裂通向外界，向后经咽峡通咽。

口腔借上、下牙弓分为前外侧部的口腔前庭和后内侧部的固有口腔两部分（图3-5）。当上、下牙弓咬合时，口腔前庭可借第三磨牙后方的间隙与固有口腔相通。临床上当患者牙关紧闭时，可借此通道置开口器或插管，注入药物或营养物质。

（一）唇

唇（oral lips）分上唇和下唇，上、下唇间的裂隙，称为口裂；其左、右结合处，称为口角。上唇外面正中线处有一纵行浅沟，称为人中，为人类所特有，昏迷患者急救时常在此处进行指压或针刺。上唇两侧与颊部交界处的浅沟称为鼻唇沟。

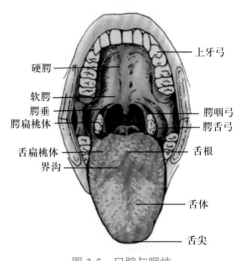

图 3-5　口腔与咽峡

（二）颊

颊（cheek）位于口腔两侧，由皮肤、颊肌和颊黏膜组成。在上颌第二磨牙的牙冠相对的颊黏膜处，有腮腺导管开口。

（三）腭

腭（palate）构成口腔的上壁，分为硬腭和软腭两部分（图3-5）。硬腭位于腭的前2/3，以骨腭为基础，被覆与骨膜紧密相贴的厚而致密的黏膜；软腭位于腭的后1/3，由肌和黏膜构成。其后部斜向后下，称为腭帆。腭帆后缘游离，中央有一向下突起，称为腭垂。腭垂两侧各有2条黏膜皱襞，前方1对连于舌根，称为腭舌弓；后方1对连于咽侧壁，称为腭咽弓。

腭垂、两侧的腭舌弓和舌根共同围成咽峡（isthmus of fauces），是口腔与咽的分界。

（四）牙

牙（teeth）是人体内最坚硬的器官，有咀嚼食物和辅助发音的作用。牙嵌于上、下颌骨的牙槽内，分别排列成上牙弓和下牙弓。

1. **牙的形态**　牙在外形上均可分为牙冠、牙颈和牙根3部分（图3-6）。牙冠暴露于口腔内，牙根嵌于牙槽内，牙冠与牙根之间的部分，称为牙颈。牙的中央有牙腔，包括位于牙冠内较大的牙冠腔和位于牙根内的牙根管。

2. **牙的构造**　牙由牙质、釉质、牙骨质和牙髓组成（图3-6）。牙质构成牙的主体，牙冠表面覆盖着釉质，是人体最坚硬的组织。牙骨质包在牙颈和牙根的牙质表面。牙髓位于牙腔内，由血管、神经和结缔组织共同组成。

3. **牙的分类和排列**　人的一生中有两套牙发生。分为

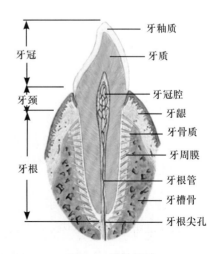

图 3-6　牙的构造

乳牙和恒牙（图 3-7、图 3-8）。

乳牙 20 颗，一般在出生后 6 ～ 7 个月开始萌出，3 岁左右出齐，至 6 ～ 7 岁乳牙开始脱落，恒牙相继萌出，共计 28 ～ 32 颗，14 岁左右基本出齐。而第 3 磨牙在 18 ～ 28 岁或更晚萌出，故称为迟牙，有的终身不萌出。

为了记录牙的位置，临床上常以人的方位为准，以"十"字记号划分 4 个区，表示上、下颌左、右侧的牙位，用罗马数字 Ⅰ ～ Ⅴ 表示乳牙，用阿拉伯数字 1 ～ 8 表示恒牙。

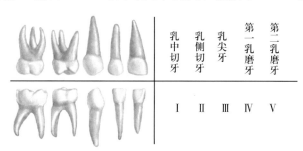

音频：
牙的形态和结构

图 3-7 乳牙的名称和排列

图 3-8 恒牙的名称和排列

4. 牙周组织 包括牙周膜、牙槽骨和牙龈 3 部分（图 3-6），对牙起保护、支持和固定作用。牙周膜是介于牙根和牙槽骨之间的致密结缔组织，固定牙根。牙龈是包被牙颈并与牙槽骨的骨膜紧密相连的口腔黏膜，呈淡红色，血管丰富。牙槽骨是牙根周围的骨质。

（五）舌

舌（tongue）位于口腔底，具有搅拌食物、协助吞咽、感受味觉和辅助发音的功能。

1. 舌的形态 舌分为上、下两面（图 3-9、图 3-10）。上面称舌背，其后部可见"V"形的界沟，将舌分为前 2/3 的舌体和后 1/3 的舌根，舌体的前端称为舌尖。

2. 舌的构造 舌由舌肌和黏膜构成（图 3-11）。

（1）舌黏膜：覆盖在舌表面，淡红色。其上有许多细小突起，称为舌乳头。舌乳头分为 4 种（图 3-9）。

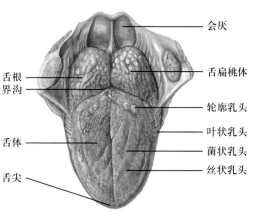

图 3-9 舌

①丝状乳头：数量最多，呈白色，遍布舌背。

②菌状乳头：较大，呈红色，散在于丝状乳头之间。

③轮廓乳头：最大，排列于界沟前方，为 7 ～ 11 个，乳头中央隆起，周围有环状沟。

④叶状乳头：排列于舌的边缘。

除丝状乳头只有一般感觉外，其他舌乳头均含有味蕾，能感受甜、酸、苦、咸等味觉。

在舌根的黏膜内，有许多由淋巴组织构成的大小不等的突起，称为舌扁桃体。

舌下面黏膜的正中线上，有一条连于口腔底的黏膜皱襞，称为舌系带。在舌系带根部两侧各有一个圆形隆起，称为舌下阜。舌下阜向后外侧延续的带状黏膜皱襞，称为舌下襞（图 3-10）。

（2）舌肌：为骨骼肌，分为舌内肌和舌外肌（图 3-11）。

舌内肌的起止点均在舌内，肌束的走行有纵向、横向和垂直 3 种，收缩时可改变舌的外形。

舌外肌起自舌周围各骨，止于舌内，收缩时可改变舌的位置。其中颏舌肌（genioglossus）在临床上较为重要，它起于下颌骨的颏棘，肌纤维呈扇形向后上方止于舌正中线两侧。

两侧颏舌肌同时收缩，舌向前伸；一侧收缩，舌尖偏向对侧。如一侧颏舌肌瘫痪，伸舌时舌尖偏向患侧。

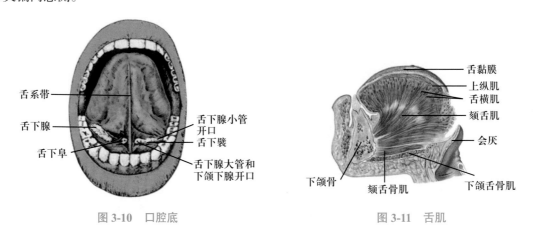

图 3-10　口腔底

图 3-11　舌肌

（六）唾液腺

唾液腺又称口腔腺，分泌唾液，有湿润口腔黏膜、杀菌和帮助消化等功能。唾液腺可分大、小两种。小唾液腺数目多，如唇腺、颊腺、腭腺等；大唾液腺有 3 对，分别为腮腺、下颌下腺和舌下腺（图 3-12）。

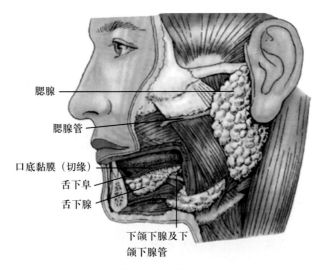

图 3-12　唾液腺

1. **腮腺（parotid gland）**　最大，位于耳郭前下方，呈不规则的三角形，上达颧弓，下至下颌角附近。腮腺管自腮腺前缘穿出，在颧弓下方约一横指处横过咬肌表面，穿颊肌开口于平对上颌第二磨牙的颊黏膜处。

2. **下颌下腺**（submandibular gland） 位于下颌体内面的凹陷处，呈卵圆形，其导管开口于舌下阜。

3. **舌下腺**（sublingual gland） 位于口腔底舌下襞的深面。腺管分大、小2种，小管开口于舌下襞，大管与下颌下腺管共同开口于舌下阜。

三、咽

咽（pharynx）是1个上宽下窄、前后略扁的漏斗形肌性管道，位于第1～6颈椎前方，上端附于颅底，下端达第6颈椎体下缘续食管。咽后壁完整，前壁不完整，与鼻腔、口腔和喉腔相通。以软腭游离缘和会厌上缘平面为界，咽腔可分为鼻咽、口咽和喉咽3部分（图3-13）。咽腔是呼吸道和消化管的共同通道。

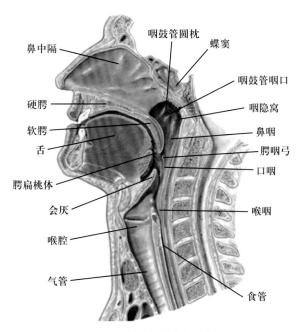

图 3-13　头颈部正中矢状切面

（一）鼻咽

鼻咽位于鼻腔后方，介于颅底与软腭游离缘平面之间。在顶壁与后壁交界处的淋巴组织，称为咽扁桃体，在婴幼儿较为发达，10岁后开始萎缩。在鼻咽的侧壁上，下鼻甲后端约1 cm处有一漏斗状开口，为咽鼓管咽口，经咽鼓管与中耳鼓室相通。此口的前、上、后方的弧形隆起，称为咽鼓管圆枕。在咽鼓管圆枕后上方有一深窝，称为咽隐窝，是鼻咽癌的好发部位。

（二）口咽

口咽为软腭游离缘平面至会厌上缘平面之间的部分，前方借咽峡与口腔相通。口咽外侧壁在腭舌弓与腭咽弓间的深窝，称为扁桃体窝，内有腭扁桃体。腭扁桃体、舌扁桃体、咽扁桃体等共同组成咽淋巴环，位于鼻腔、口腔通咽处，具有防御作用。

（三）喉咽

喉咽位于喉的后方，上起会厌上缘平面，下至第6颈椎体下缘平面移行于食管，向前经喉口通喉腔（图3-14）。在喉口两侧各有一深窝，为

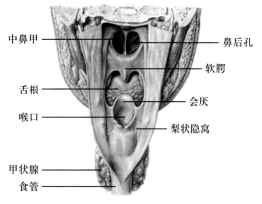

图 3-14　咽腔后面观

梨状隐窝，是异物容易滞留的部位。

四、食管

（一）食管的位置、形态和分部

食管（esophagus）是前后扁平的肌性管道，上端在第 6 颈椎体下缘平面起于咽，下端约平第 11 胸椎体高度接胃的贲门，全长约为 25 cm。

食管按其行程分颈部、胸部和腹部 3 部分（图 3-15）。食管颈部长约 5 cm，自起始端到胸骨颈静脉切迹平面。其前壁有气管相贴，后邻颈椎，两侧有颈部大血管；食管胸部长 18 ~ 20 cm，自颈静脉切迹平面至膈的食管裂孔，其前方自上而下依次为气管、左主支气管、心包；食管腹部长 1 ~ 2 cm，自食管裂孔到贲门。

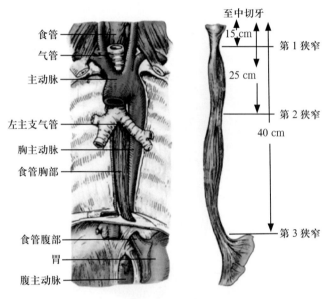

图 3-15　食管

（二）食管的狭窄

食管有 3 处生理性狭窄（图 3-15）。

第 1 狭窄位于食管起始处，距中切牙约 15 cm。

第 2 狭窄位于食管与左主支气管交叉处，距中切牙约 25 cm。

第 3 狭窄位于食管穿膈处，距中切牙约 40 cm。

这些狭窄是异物容易滞留的部位，也是食管肿瘤的好发部位。

（三）食管壁的微细结构

食管壁内面有 7 ~ 10 条纵行皱襞，食物通过时，管腔扩张，皱襞变平，黏膜层上皮为复层扁平上皮，具有保护功能。黏膜下层含有食管腺，其分泌物进入食管可润滑管壁，利于食物通过。肌层上 1/3 段为骨骼肌，下 1/3 段为平滑肌，中 1/3 段为骨骼肌和平滑肌混合构成。外膜较薄，为纤维膜。

五、胃

胃（stomach）是消化管中最膨大的部分，上连食管，下续小肠。胃具有容纳食物、分泌胃液和初步消化食物的功能。成人容量约为 1500 ml，新生儿胃的容积约为 30 ml。

（一）胃的形态和分部

中等充盈的胃有两壁、两缘和两口（图 3-16）。前壁朝向前上方，后壁朝向后下方；上缘较短，凹向右上方，称为胃小弯，其最低处形成一切迹，称为角切迹。下缘较长，凸向左下方，称为胃大弯；胃的入口为贲门（cardia），与食管相接，出口为幽门（pylorus），与十二指肠相续。

胃分为 4 部分（图 3-16）。位于贲门附近的部分，称为贲门部；贲门平面以上向左上方膨出的部分，称为胃底；胃底以下至角切迹之间的部分，称为胃体；角切迹与幽门之间的部分，称为幽门部。在幽门部大弯侧有一不太明显的浅沟称为中间沟，此沟将幽门部分为左侧较大的幽门窦和右侧呈管状的幽门管。在临床上幽门部也称胃窦。胃溃疡和胃癌多发生于胃小弯近幽门侧处。

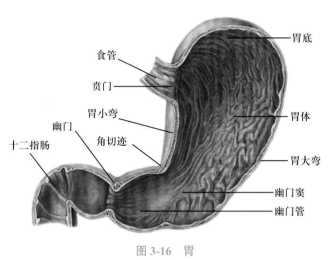

图 3-16 胃

音频：
胃的形态、位置
和分部

（二）胃的位置和毗邻

胃的位置因体形、体位、胃内容物的充盈情况等而有较大的变化。在中等充盈时，胃大部分位于左季肋区，小部分位于腹上区。贲门位于第 11 胸椎体左侧。幽门位于第 1 腰椎体右侧。

胃前壁右侧邻肝左叶，左侧邻膈并被肋弓掩盖，在剑突下方胃前壁与腹前壁相贴，该处是胃的触诊部位。胃后壁与胰、横结肠、左肾和左肾上腺相邻。胃底与膈和脾相邻。

（三）胃壁的微细结构

胃壁由黏膜、黏膜下层、肌层和外膜构成（图 3-16、图 3-17）。主要结构特点在黏膜和肌层。

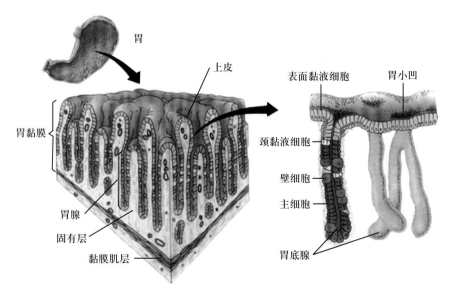

图 3-17 胃壁的微细结构

1. **黏膜** 胃空虚或半充盈时，形成许多黏膜皱襞。其表面分布有 350 万个不规则的小孔，称为胃小凹。每个小凹底部有 3～5 条胃腺开口。

（1）上皮：为单层柱状上皮，主要由表面的黏液细胞构成，无杯状细胞。表面黏液细胞的胞质顶部充满黏原颗粒，HE 染色切片上着色浅淡；并能分泌含高浓度碳酸氢根的不溶性黏液，覆盖于上皮表面，与上皮细胞之间的紧密连接共同构成胃－黏液屏障，有阻止胃液内盐酸和胃蛋白酶对黏膜自身消化的作用。

（2）固有层：被大量排列紧密的胃腺所占据。根据部位和结构不同，可将胃腺分为胃底腺、贲门腺和幽门腺。贲门腺和幽门腺分泌黏液。

胃底腺（fundic gland）分布于胃底和胃体的固有层内，是一种较长的管状腺，通常分为颈部、体部和底部（图 3-18）。胃底腺由主细胞、壁细胞、颈黏液细胞和内分泌细胞组成。

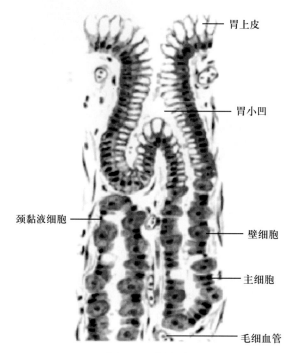

图 3-18 胃底腺

①主细胞（chief cell）：又称胃酶细胞，数量最多，主要分布在胃底腺的下部。呈柱状，核圆形，位于基部；顶部胞质内充满酶原颗粒，胞质基部呈强嗜碱性。

主细胞分泌胃蛋白酶原。胃蛋白酶原经盐酸激活，成为有活性的胃蛋白酶，可参与蛋白质的分解。

②壁细胞（parietal cell）：又称泌酸细胞，在胃底腺的体与颈部居多。细胞较大，呈圆形或锥体形。细胞底部较宽，紧贴基膜，细胞顶端较窄。细胞核呈圆形，位于中央，有的可见双核，细胞质嗜酸性。

壁细胞能合成和分泌盐酸，提供胃蛋白酶水解蛋白质的适宜环境；刺激胃肠内分泌细胞和胰腺的分泌；还有杀菌作用。壁细胞还分泌一种糖蛋白，称为内因子，能与维生素 B_{12} 结合成复合物，使维生素 B_{12} 不被水解酶所破坏；并能促进回肠对维生素 B_{12} 的吸收。缺乏时维生素 B_{12} 吸收障碍，引起恶性贫血。

③颈黏液细胞（mucous neck cell）：位于胃底腺颈部，数量较少，夹在其他细胞之间，呈楔形，核扁平，位于细胞基底。颈黏液细胞分泌黏液。

2. **黏膜下层** 为较致密的结缔组织，含较大的血管、淋巴管和神经。

3. **肌层** 较厚，由内斜、中环和外纵 3 层平滑肌构成（图 3-19）。环行平滑肌在贲门和幽门部分别形成贲门括约肌和幽门括约肌。

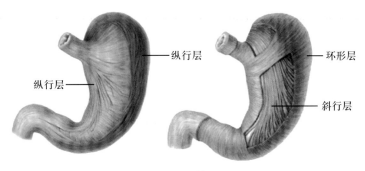

图 3-19 胃的肌层

纵行层　纵行层　环形层　斜行层

4. 外膜 为浆膜。

链接

胃插管术

胃插管术是将胃管自鼻腔或口腔插入胃内，用于鼻饲食物、给药、洗胃、抽取胃液检查，胃肠减压或压迫止血等，是临床上常用的一项医疗护理技术。

1. 鼻腔　鼻中隔多偏向左侧，插管时应选择管腔稍微宽大的一侧。鼻中隔的前下部为易出血区，受损伤易出血。

2. 咽　受刺激时容易产生恶心和呕吐，插管通过咽部，要鼓励患者配合做吞咽动作，帮助插管下降。

3. 食管　有 3 个狭窄，是插管时容易损伤的位置。

六、小肠

小肠（small intestine）是消化管中最长的一段，长 5 ~ 7 m。它上起幽门，下接盲肠，分为十二指肠、空肠、回肠 3 部分。是食物消化和吸收的主要场所。

（一）十二指肠

十二指肠（duodenum）是小肠的起始段，全长约 25 cm，呈"C"字形包绕胰头，分为上部、降部、水平部和升部 4 部分（图 3-20）。

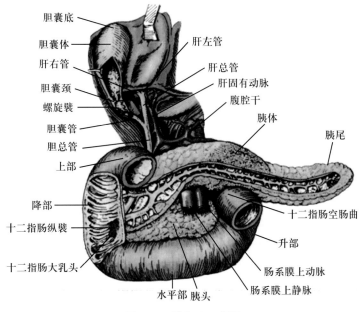

图 3-20 胰和十二指肠

1. **上部** 在第1腰椎体右侧起自幽门，斜向右上方，至肝门下方急转向下移行为降部。其起始处的管腔较大，肠壁较薄，黏膜面光滑无皱襞，称为十二指肠球，是十二指肠溃疡的好发部位。

2. **降部** 在第1腰椎体右侧垂直下行至第3腰椎体右侧转向左接水平部。降部的黏膜环状襞发达，其后内侧壁上有一纵行皱襞，称为十二指肠纵襞，其下端的圆形隆起，称为十二指肠大乳头，距中切牙约75 cm，有胆总管和胰管的共同开口。

3. **水平部** 又称下部，自十二指肠降部起始，向左横行达第3腰椎左侧续于升部。

4. **升部** 起自第3腰椎体左侧，斜向左上方，达第2腰椎左侧急转向前下方，移行为空肠。升部与空肠的转折处，称为十二指肠空肠曲。被十二指肠悬韧带固定于右膈脚。十二指肠悬韧带（Treitz韧带）由十二指肠悬肌和包绕其下段的腹膜皱襞共同构成，是手术中确认空肠起始端的重要标志。

（二）空肠和回肠

空肠（jejunum）上连十二指肠，回肠（ileum）下续盲肠，盘曲于腹腔中下部（图3-21）。

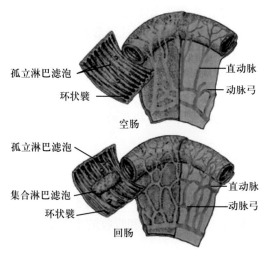

孤立淋巴滤泡
环状襞
空肠
直动脉
动脉弓

孤立淋巴滤泡
集合淋巴滤泡
环状襞
回肠
直动脉
动脉弓

图 3-21　空肠和回肠

空、回肠之间无明显界线，一般空肠占前2/5，位于腹腔的左上部，管径大，管壁厚，血管丰富，颜色较红，黏膜皱襞密而高；回肠占后3/5。位于腹腔右下部，管径细，管壁薄，血管少，颜色较淡，环行皱襞疏而低。空、回肠均由系膜连于腹后壁，有较大的活动度（表3-1）。

表 3-1　空肠和回肠的比较

项目	空肠	回肠
位置	腹腔的左上部	腹腔的右下部
长度	占近端的2/5	占远端的3/5
管径	较粗大	较细小
管壁	较厚	较薄
淋巴滤泡	孤立淋巴滤泡	集合淋巴滤泡
环状皱襞	高而密	低而疏
颜色	粉红色	淡红色
管壁血管	较丰富	较稀少
肠系膜内动脉弓的级数	1～2级	可达4～5级

（三）小肠壁的微细结构

小肠的管壁具有典型的 4 层基本结构（图 3-22）。

黏膜和黏膜下层共同向肠腔突出形成环状皱襞。黏膜上皮和固有层共同向肠腔突出形成肠绒毛。环状皱襞、肠绒毛使小肠腔面的表面积扩大约 30 倍，有利于小肠对营养物质的吸收。

1. 黏膜

（1）上皮：为单层柱状上皮，主要由吸收细胞（absorptive cell）和散在的杯状细胞构成（图 3-23）。吸收细胞最多，呈高柱状，核呈椭圆形，位于基部，细胞游离面光镜下可见纹状缘，电镜下由密集排列的微绒毛构成，使细胞游离面的面积扩大约 20 倍。杯状细胞散在于吸收细胞之间，分泌黏液，有润滑和保护作用。从十二指肠至回肠末端，杯状细胞逐渐增多。

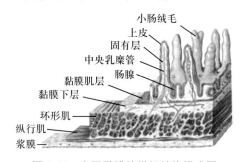

图 3-22　小肠黏膜的微细结构模式图

（2）固有层：为疏松结缔组织，除有大量小肠腺外，还有丰富的淋巴细胞、浆细胞、巨噬细胞、嗜酸性粒细胞等。绒毛中轴的固有层结缔组织内有 1 ~ 2 条纵行的管腔较大的毛细淋巴管，称为中央乳糜管，其周围还有丰富的有孔毛细血管。吸收细胞吸收的脂类物质经中央乳糜管运送，而氨基酸和单糖等水溶性物质经有孔毛细血管入血液。绒毛内还有少量来自黏膜肌层的平滑肌纤维，可使绒毛收缩，利于物质吸收和淋巴与血液的运行。

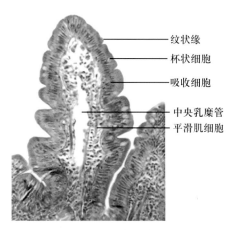

图 3-23　小肠绒毛

绒毛根部的上皮向固有层内凹陷形成小肠腺（图 3-24）。绒毛与肠腺的上皮相连续，肠腺直接开口于肠腔。

小肠腺主要由吸收细胞、杯状细胞和帕内特细胞构成，能分泌多种消化酶。帕内特细胞（Paneth cell）又称潘氏细胞，常三五成群聚集在小肠腺的底部。细胞呈锥体形，核圆，位于基部，顶部充满粗大的嗜酸性分泌颗粒。帕内特细胞可分泌防御素、溶菌酶，对肠道微生物有杀灭作用。

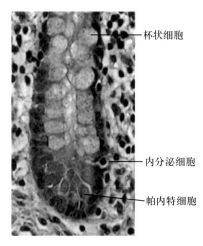

图 3-24　肠腺

2. 黏膜下层　为较疏松结缔组织，在十二指肠处有十二指肠腺。为复管泡状黏液腺，导管穿过黏膜肌层，开口于小肠腺的底部。十二指肠腺分泌碱性黏液，可使十二指肠免受胃酸的侵蚀。

3. 肌层　由内环、外纵两层平滑肌组成。

4. 外膜　大部分为浆膜。

七、大肠

大肠（large intestine）全长约 1.5 m，围绕于空、回肠周围，分为盲肠、阑尾、结肠、直肠和肛管 5 部分。大肠主要吸收水分，分泌黏液，使食物残渣形成粪便并排出。

结肠和盲肠具有 3 个特征性结构，即结肠带、结肠袋和肠脂垂，是区别大肠和小肠的标志（图 3-25）。

结肠带有 3 条，由肠壁的纵行平滑肌增厚形成，沿肠的纵轴排列，汇聚于阑尾根部。结肠袋是肠壁向外呈囊袋状膨出的部分。肠脂垂为结肠带两侧的脂肪突起。

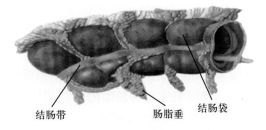

图 3-25　盲肠和结肠的结构特征

（一）盲肠和阑尾

盲肠（caecum）位于右髂窝内。长 6 ~ 8 cm，是大肠的起始部，回肠末端开口于盲肠，开口处有上、下两片唇状黏膜皱襞突入盲肠，称为回盲瓣（ileocecal valve），此瓣既可控制小肠内容物进入盲肠，又可防止盲肠内容物逆流入回肠。在回盲瓣下方约 2 cm 处，有阑尾的开口（图 3-26）。

阑尾（vermiform appendix）长 6 ~ 8 cm，为一蚓状突起，根部连于盲肠的后内侧壁，远端游离。阑尾末端的位置变化较大，但根部较固定，3 条结肠带会集于此。手术时可沿结肠带向下寻找阑尾。

阑尾根部的体表投影，常在脐与右髂前上棘连线的中、外 1/3 交点处，该点称为麦氏（Mc Burney）点（图 3-27）。急性阑尾炎时，此处常有明显的压痛。

音频：
阑尾的位置和根部的体表投影

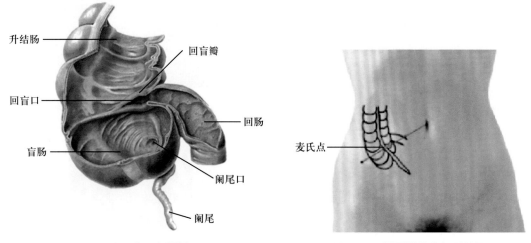

图 3-26　盲肠和阑尾

图 3-27　阑尾的体表投影位置

（二）结肠

结肠（colon）围绕在空、回肠周围。可分为升结肠、横结肠、降结肠和乙状结肠 4 部分（图 3-28）。

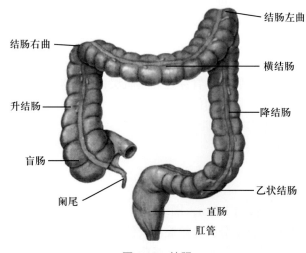

图 3-28　结肠

1. **升结肠**　起自盲肠，沿腹后壁右侧上升至肝右叶下方，转向左移行为横结肠。弯曲部称结肠右曲或肝曲。

2. **横结肠**　起自结肠右曲，向左横行至脾下方转折向下，续接降结肠。弯曲部称结肠左曲或脾曲。横结肠借系膜连于腹后壁，活动性较大，常形成一下垂的弓形弯曲。

3. **降结肠**　起自结肠左曲，沿腹后壁左侧下降至左髂嵴处移行于乙状结肠。

4. **乙状结肠**　在左髂窝内，呈"乙"字形弯曲，至第3骶椎平面移行于直肠。借系膜连于骨盆侧壁，活动性较大。若系膜过长，可造成乙状结肠扭转。

（三）直肠

直肠（rectum）长 10 ~ 14 cm，位于盆腔后部。在第3骶椎前方上接乙状结肠，沿骶、尾骨前面下行，穿过盆膈移行于肛管。

直肠并非直行，在矢状面上有2个弯曲：骶曲位于骶骨前面，凸向后，会阴曲位于尾骨尖前面，凸向前。

直肠下段肠腔膨大，称为直肠壶腹，内面有3个半月形的皱襞，称为直肠横襞（图 3-29）。其中位于直肠右前壁，距肛门约 7 cm 处的一个直肠横襞最大且位置恒定，可作为直肠镜检查的定位标志。

（四）肛管

肛管（anal canal）长 3 ~ 4 cm，上接直肠，末端终于肛门（图 3-29）。

肛管内面有 6 ~ 10 条纵行的黏膜皱襞，称为肛柱。肛柱下端借半月状的黏膜皱襞相连，称为肛瓣。肛瓣与相邻肛柱下端形成开口向上的小隐窝，称为肛窦。肛窦易积存粪便，易诱发感染，严重时可形成肛门周围脓肿或肛瘘。

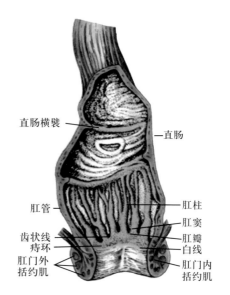

图 3-29　直肠和肛管的内面观

各肛柱下端和肛瓣共同连成的锯齿状环行线，称为齿状线（dentate line），又称肛皮线，是皮肤与黏膜的分界线，齿状线以上为黏膜，以下为皮肤。在齿状线下方有宽约 1 cm 微凸的环形带，称为肛梳（痔环）。肛管黏膜下和皮下有丰富的静脉丛，病理情况下可曲张突起形成痔。发生在齿状线以上的为内痔，齿状线以下的为外痔，发生在齿状线上下的为混合痔。在肛梳下缘有一浅蓝色的环形线，称为白线，是肛门内、外括约肌的分界处。

肛管周围有肛门内、外括约肌环绕。肛门内括约肌属平滑肌，是肠壁环行肌增厚而成，有协助排便的作用；肛门外括约肌为骨骼肌，围绕在肛门内括约肌周围，有括约肛门控制排便的作用。

第三节　消化腺

消化腺包括大唾液腺、肝、胰及位于消化管壁内的小腺体。主要功能是分泌消化液，参与食物的消化。

一、肝

肝（liver）是人体最大的消化腺，成人肝的重量约 1450 g，肝主要有产生胆汁、参与食物的消化、物质代谢、解毒和防御等功能。

（一）肝的形态

肝呈红褐色，质软而脆，易受外力冲击而破裂。肝呈楔形，包括上、下2面和前、后、左、右4缘（图3-30）。

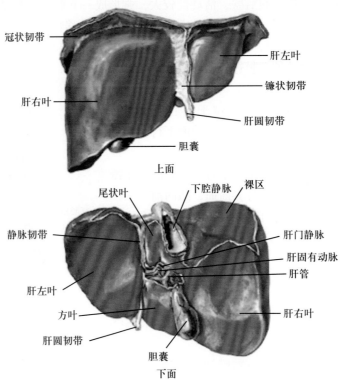

图 3-30　肝的外形

肝上面隆凸，与膈相贴，称为膈面，借矢状位的镰状韧带将肝膈面分为肝右叶和肝左叶。膈面后部未被腹膜覆盖的部分称为裸区。

肝下面凹凸不平，与腹腔器官相邻，称为脏面。脏面有一近似"H"形的3条沟。其正中的横沟称为肝门，是肝固有动脉，肝门静脉，肝左、右管、神经及淋巴管等出入的部位。出入肝门的这些结构被结缔组织所包绕，合称肝蒂。左侧纵沟的前部有肝圆韧带，后部有静脉韧带，右侧纵沟的前部有胆囊窝，容纳胆囊，后部为腔静脉沟，容纳下腔静脉。

肝的脏面借"H"形沟分为4叶，即肝右叶、肝左叶、方叶和尾状叶。

肝的下缘和左缘薄而锐利，后缘和右缘圆钝。在腔静脉沟的上端，有2～3条肝静脉出肝后立即注入下腔静脉，临床上常称此处为第二肝门。

（二）肝的位置和体表投影

肝大部分位于右季肋区和腹上区，小部分位于左季肋区。

肝的上界与膈穹隆一致，其右侧最高点相当于右锁骨中线与第5肋的交点，左侧相当于左锁骨中线与第5肋间隙的交点。肝下界，右侧与右肋弓一致；中部超出剑突下3～5cm。故体检时正常成人在右肋弓下一般不能触及肝。7岁以前的儿童，肝下缘可超出右肋弓下缘1～2cm。

（三）肝的微细结构

肝表面大部分覆以致密结缔组织被膜，肝门处的结缔组织随血管、神经、淋巴管伸入肝实质，将实质分隔成许多肝小叶（图3-31）。

1. **肝小叶（hepatic lobule）**　是肝的基本结构和功能单位，呈多面棱柱体。成人肝有50万～100万个肝小叶。肝小叶以中央静脉为中心，围绕中央静脉呈放射状排列的结构有肝板（索）、肝血窦、窦周隙和胆小管（图3-31、图3-32）。

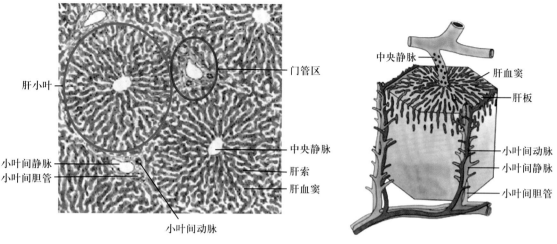

图 3-31 肝光镜结构

图 3-32 肝小叶立体结构模式图

（1）中央静脉（central vein）：位于肝小叶中央，管壁薄而不完整，有肝血窦的开口。肝血窦中的血液均流向中央静脉，几个相邻肝小叶的中央静脉再汇合成小叶下静脉。

（2）肝板（hepatic plate）：是由肝细胞单行排列形成的板状结构，相邻肝板互相吻合呈网状，因切面上呈条索状，又称肝索（图 3-33）。肝细胞呈多边形，细胞核大而圆，居中，有 1 ～ 2 个明显的核仁，有时可见双核，胞质嗜酸性。电镜下，肝细胞内含有丰富的细胞器和包含物，如线粒体、高尔基复合体、粗面内质网、滑面内质网、溶酶体及糖原等（图 3-34）。

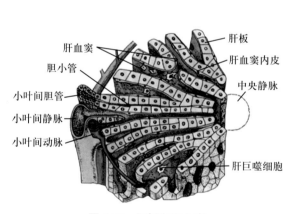

图 3-33 肝板和肝血窦

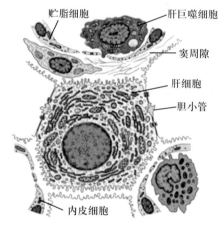

图 3-34 肝细胞、肝血窦和胆小管电镜
结构模式图

（3）肝血窦（hepatic sinusoid）：位于相邻肝板之间的不规则腔隙，相互连接成网，接受肝门静脉、肝固有动脉分支的血液，与肝细胞进行充分的物质交换后，汇入中央静脉。

肝巨噬细胞又称库普弗细胞（Kupffer cell），是定居在肝血窦内的巨噬细胞，形态不规则，以突起附着在血窦内皮细胞上（图 3-34）。该细胞属于单核吞噬细胞系统，具有吞噬能力，可清除血液中的细菌、异物和衰老死亡的红细胞等，参与机体的免疫功能。

（4）窦周隙（perisinusoidal space）：为肝血窦内皮细胞与肝细胞之间的狭小间隙，又称 Disse 间隙（图 3-34）。窦周隙内充满由肝血窦渗出的血浆。电镜下，肝细胞的微绒毛伸入到血浆内，所以窦周隙是肝细胞与血液进行物质交换的场所。窦周隙内还有少量网状纤维和形状不规则的贮脂细胞，贮脂细胞具有贮存维生素 A、脂肪和合成网状纤维等功能。

（5）胆小管（bile canaliculi）：是相邻肝细胞之间由质膜局部凹陷形成的微细管道，以盲端起于中央静脉周围的肝板内，随肝板走行并互相吻合成网（图 3-34）。胆小管腔内有微绒毛，接近胆小管的相邻肝细胞质膜形成紧密连接、桥粒等，封闭胆小管周围的细胞间隙。肝细胞产生的胆汁直接进入胆小管，向肝小叶周边走行，汇入门管区内的小叶间胆管。当胆道堵塞或肝细胞大量坏死时，胆小管的结构被破坏，其内的胆汁溢入窦周隙而入血，导致患者出现黄疸。

2. **门管区（portal area）** 存在于相邻几个肝小叶之间，一般呈三角形或多边形，内有伴行的小叶间动脉、小叶间静脉、小叶间胆管（图 3-35）。

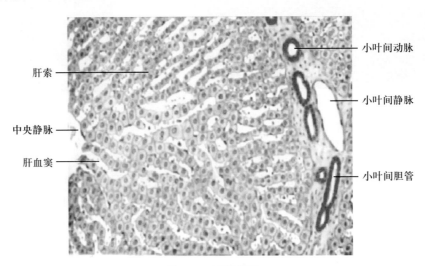

图 3-35 肝门管区

（1）小叶间动脉：是肝固有动脉的分支，管腔小而规则，管壁厚。

（2）小叶间静脉：是肝门静脉的分支，管腔大而不规则，管壁薄。

小叶间动脉、小叶间静脉的血液流入肝血窦，经中央静脉汇入管径较大的小叶下静脉，再汇集成肝静脉出肝，汇入下腔静脉（图 3-36）。

（3）小叶间胆管：由胆小管汇集而成，管壁由单层立方或低柱状上皮组成，并逐渐汇集成肝左、右管出肝。

3. **肝的血液循环** 肝的血液供应非常丰富，主要来自肝固有动脉和肝门静脉，经过肝内循环最后汇入肝静脉出肝。循环途径（图 3-36）如下。

图 3-36 肝的血液循环

（四）肝外胆道系统

肝外胆道系统包括胆囊，肝左、右管，肝总管和胆总管（图 3-37）。

1. **胆囊（gall bladder）** 位于胆囊窝内，容量为 40 ~ 60 ml，有贮存和浓缩胆汁的作用。胆囊呈梨形，分底、体、颈、管 4 部分（图 3-37）。

胆囊前端钝圆，称为胆囊底，突出于肝下缘，与腹前壁相贴，其体表投影在右锁骨中线与右肋弓相交处的稍下方，胆囊炎时，此处常有明显的压痛。中部为胆囊体，后端为胆囊颈，弯向下移行为胆囊管。胆囊管长 3 ~ 4 cm，与肝总管汇合成胆总管。

胆囊内衬黏膜，在胆囊颈和胆囊管处，黏膜呈螺旋状突入管腔，形成螺旋襞，可控制胆汁的出入，胆囊结石常嵌顿于此处。

音频：
胆囊的位置、形态和胆囊底的体表投影

2. 肝左、右管和肝总管 肝左、右管汇合成肝总管，肝总管长约 3 cm。肝总管下行与胆囊管汇合成胆总管。

3. 胆总管（common bile duct） 长 4 ~ 8 cm，在肝十二指肠韧带游离缘内下行，经十二指肠上部后方，斜穿十二指肠降部的后内侧壁，与胰管汇合，形成略膨大的肝胰壶腹（Vater 壶腹），开口于十二指肠大乳头。肝胰壶腹周围的环形平滑肌增厚，称为肝胰壶腹括约肌（Oddi 括约肌），其收缩和舒张可控制胆汁和胰液的排放。

肝细胞产生的胆汁输送至十二指肠经过的管道，称为输胆管道。排放途径（图 3-38）可归纳如下。

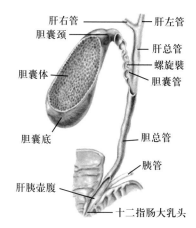

图 3-37 肝外胆道

图 3-38 胆汁的产生和排出途径

二、胰

胰（pancreas）是人体第二大消化腺，能产生胰液和激素，具有消化食物和调节血糖的功能。

（一）胰的位置和形态

胰位于腹后壁上部，平对第 1 ~ 2 腰椎体水平。胰的前面隔网膜囊与胃毗邻，后方与下腔静脉、胆总管、肝门静脉、腹主动脉相接触，右侧被十二指肠包绕，左侧邻近脾门（图 3-20）。

胰呈三棱柱形，质地柔软，灰红色，长 17 ~ 20 cm，可分头、体、尾 3 部分。胰头为胰右端膨大的部分，被十二指肠所包绕，下份突向左侧称为钩突，胰头与钩突之间走行有肠系膜上动、静脉。胰体占胰中间的大部分，与胃后壁相邻。胰尾较细，向左上方伸至脾门。胰实质内有一条纵贯全长的胰管，沿途收集胰液，与胆总管汇合成肝胰壶腹，开口于十二指肠大乳头。在胰头内胰管的上方常可见一条副胰管，开口于十二指肠小乳头。

（二）胰的微细结构

胰表面覆以结缔组织被膜，被膜伸入到胰实质内，将其分隔成若干小叶。胰实质由外分泌部和内分泌部组成。外分泌部为胰的主要部分，由腺泡和导管组成，产生的胰液内含多种消化酶。内分泌部为大小不一的细胞团，分散在外分泌部中，故又称胰岛，能分泌多种激素。

1. 外分泌部 包括腺泡和导管两部分。

（1）腺泡：为浆液性腺泡，由浆液性腺细胞组成。腺细胞产生多种消化酶，包括胰淀粉酶、胰脂肪酶、胰蛋白酶原和糜蛋白酶原等。

（2）导管：由闰管、小叶内导管、小叶间导管和胰管构成。胰管开口于十二指肠大乳头，将消化酶运送至十二指肠。闰管腔小，从小叶内导管至胰管，管腔逐渐增大，上皮由单层立方逐渐变为单层柱状，胰管为单层高柱状上皮，上皮内可见杯状细胞。

2. 胰岛（pancreas islet） 由内分泌细胞组成，散在于腺泡之间，胰尾部较多，大小不等。腺细胞排列成索状、团状，染色浅淡，细胞间有丰富的毛细血管。用特殊染色法染色，可显示胰岛的内分泌细胞（图 3-39）。

（1）A 细胞：约占胰岛细胞总数的 20%，多分布于胰岛外周部，A 细胞分泌胰高血糖素（glucagons），促进糖原分解为葡萄糖，并抑制糖原合成，使血糖升高。

（2）B 细胞：约占胰岛细胞总数的 70%，多位于胰岛中央，B 细胞分泌胰岛素（insulin），促进肝细胞等吸收血液中的葡萄糖，合成糖原，降低血糖浓度。通过胰高血糖素和胰岛素的协调作用，维持血糖浓度处于动态平衡。

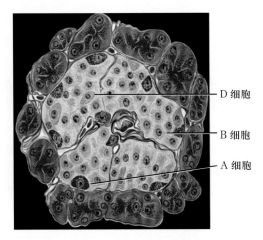

图 3-39　胰的微细结构

（3）D 细胞：约占胰岛细胞总数的 5%，散在于 A、B 细胞之间，D 细胞分泌生长抑素，以旁分泌的方式抑制 A 细胞、B 细胞、PP 细胞的分泌活动。

（4）PP 细胞：数量很少，存在于胰岛周边，能分泌胰多肽，抑制胃肠运动和胰液分泌，减弱胆囊收缩。

第四节　腹　　膜

一、腹膜、腹膜腔和腹腔的概念

腹膜（peritoneum）是一层薄而光滑的浆膜（图 3-40），由间皮和少量结缔组织构成。覆盖于腹、盆腔壁内面和脏器的外表，依其覆盖的部位不同可分为壁腹膜和脏腹膜两部分。

壁腹膜被覆于腹壁、盆壁和膈下面；脏腹膜覆盖在腹、盆腔脏器的表面。脏、壁腹膜相互移行围成不规则的潜在性腔隙，称为腹膜腔（peritoneal cavity）。腹膜腔内含少量浆液，有润滑和减少脏器运动时相互摩擦的作用。男性腹膜腔是完全封闭的，女性由于输卵管腹腔口位于腹膜腔，因而可经生殖管道与外界相通。

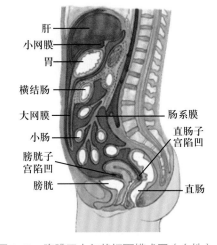

图 3-40　腹膜正中矢状切面模式图（女性）

腹膜腔和腹腔在解剖学上是两个不同而又相关的概念。腹腔是指小骨盆上口以上，膈以下，腹前壁和腹后壁之间的腔，广义的腹腔包括盆腔；而腹膜腔则指脏腹膜和壁腹膜之间的潜在性腔隙，腔内仅含少量浆液。实际上，腹膜腔是套在腹腔内，腹、盆腔脏器均位于腹腔之内，腹膜腔之外。临床应用时，对腹膜腔和腹腔的区分常常并不严格，但有的手术（如对肾和膀胱的手术）常在腹膜外进行，并不需要通过腹膜腔，因此，手术者应对两腔有明确的概念。

腹膜具有分泌、吸收、保护、支持和修复等功能。由于腹膜上部的吸收能力强，下部的吸收能力较弱。因此，当腹膜腔感染时，临床上常采取半卧位，使脓液积聚于盆腔内，从而减少毒素的吸收，减轻感染的中毒症状。

二、腹膜与腹腔、盆腔器官的关系

根据腹、盆腔器官被腹膜覆盖范围大小的不同，可将腹、盆腔器官分为 3 种类型。

（一）腹膜内位器官

这些器官几乎全部被腹膜所包裹，如胃、十二指肠上部、空肠、回肠、盲肠、阑尾、横结肠、乙状结肠、脾、卵巢和输卵管。

（二）腹膜间位器官

器官的大部分或 3 面均为腹膜所覆盖，如肝、胆囊、升结肠、降结肠、子宫、充盈的膀胱和直肠上段。

（三）腹膜外位器官

器官仅有一面或小部分被腹膜覆盖，如肾，肾上腺，输尿管，十二指肠降部、下部和升部，直肠中、下段和胰。

了解脏器与腹膜的关系，有重要的临床意义，如腹膜内位器官的手术必须通过腹膜腔，而肾、输尿管等腹膜外位器官则不必打开腹膜腔便可进行手术，从而避免腹膜腔的感染和术后粘连。

三、腹膜形成的结构

壁腹膜和脏腹膜相互移行及器官之间的脏腹膜在移行过程中，形成网膜、系膜、韧带和陷凹等。这些结构不仅对器官起着连接和固定作用，也是血管、神经出入器官的途径。

（一）网膜

网膜（omentum）是与胃小弯和胃大弯相连的双层腹膜结构，其间有血管、神经、淋巴管和结缔组织等。

1. 大网膜（greater omentum） 是连于胃大弯与横结肠间的四层腹膜结构，形似围裙覆盖于空、回肠和横结肠的前方（图 3-41）。

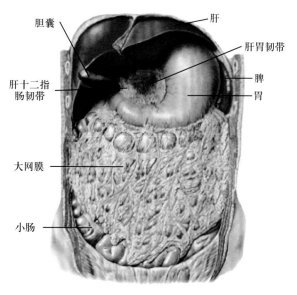

图 3-41 网膜

覆盖于胃前后壁的脏腹膜在胃大弯处互相愈合，形成大网膜的前两层，自胃大弯下垂至腹下部后返折向上，形成大网膜的后两层，连于横结肠并移行为横结肠系膜，与腹后壁的腹膜相续。大网膜前两层和后两层随着年龄的增长常粘连愈合，而连于胃大弯和横结肠之间的大网膜前两层则形成胃结肠韧带（gastrocolic ligament）。

大网膜内含有吞噬细胞，有重要的防御功能。当腹腔器官发生炎症时，大网膜的游离部向病灶处移动，并包裹病灶以限制其蔓延。小儿大网膜较短，故当下腹部器官病变时（如阑尾炎穿孔），由于大网膜不能将其包围局限，常造成弥漫性腹膜炎。

2. **小网膜（lesser omentum）** 是连于肝门与胃小弯、十二指肠上部之间的双层腹膜结构（图 3-41）。

肝门与胃小弯之间的部分，称为肝胃韧带（hepatogastric ligament），肝门与十二指肠上部之间的部分，称为肝十二指肠韧带（hepatoduodenal ligament），其右缘游离，内有胆总管、肝固有动脉和肝门静脉。其后方为网膜孔，一般仅可通过 1～2 个手指，通过网膜孔可进入网膜囊。

3. **网膜囊和网膜孔** 网膜囊是小网膜和胃后壁与腹后壁的腹膜之间的一个扁窄间隙，又称小腹膜腔，为腹膜腔的一部分（图 3-42）。

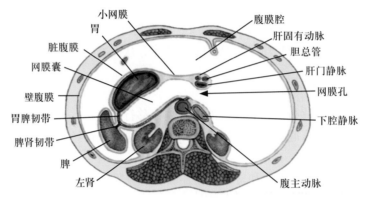

图 3-42 腹膜腔横断面

网膜囊的前壁为小网膜、胃后壁腹膜和胃结肠韧带；后壁为横结肠及其系膜及覆盖在胰、左肾、左肾上腺等处的腹膜；上壁为肝尾状叶和膈下方的腹膜；下壁为大网膜前、后层的愈合处。网膜囊的左侧为脾、胃脾韧带和脾肾韧带；右侧借网膜孔通腹膜腔的其余部分。

网膜孔的上界为肝尾状叶，下界为十二指肠上部的起始段，前界为肝十二指肠韧带游离缘，后界为覆盖下腔静脉的腹后壁腹膜。网膜孔一般仅可通过 1～2 个手指。

网膜囊的结构和毗邻特点在医疗实践中具有重要意义。如胃溃疡胃后壁穿孔时内容物常局限于网膜囊内，形成上腹部局限性腹膜炎，继之常引起粘连，如胃后壁与横结肠系膜或与胰腺粘连，从而增加了胃手术的复杂性。胃后壁、胰腺疾患或网膜囊积液时均需进行网膜囊探查。

（二）系膜

由于壁、脏腹膜相互延续移行，形成了将器官固定于腹、盆壁的双层腹膜结构，称为系膜，其内含有出入该器官的血管、神经及淋巴管和淋巴结等。主要的系膜有肠系膜、阑尾系膜、横结肠系膜和乙状结肠系膜等（图 3-43）。

1. **肠系膜（mesentery）** 是将空、回肠连于腹后壁的双层腹膜结构，呈扇形，其附着于腹后壁的部分称肠系膜根，长约 15 cm，起自第 2 腰椎左侧，斜向右下，止于右骶髂关节前方。由于肠系膜根和空、回肠长度相差悬殊，故有利于空、回肠的活动，对消化和吸收有促进作用，但也易发生肠扭转、肠套叠等急腹症。

2. **阑尾系膜（mesoappendix）** 呈三角形，将阑尾系于小肠系膜下端。在其游离缘中有阑尾血管走行。

3. **横结肠系膜（transverse mesocolon）** 将横结肠系于腹后壁的双层腹膜结构。

4. **乙状结肠系膜（sigmoid mesocolon）** 位于左髂窝，将乙状结肠系于盆壁的双层腹膜结构。由于乙状结肠活动度较大，加之系膜较长，故易发生系膜扭转而致肠梗阻。

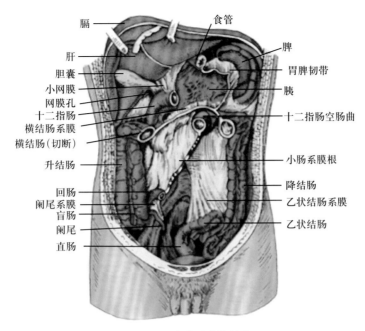

图 3-43　腹膜形成的结构

膈　　　食管
肝
胆囊　　　脾
小网膜　　　胃脾韧带
网膜孔　　　胰
十二指肠　　　十二指肠空肠曲
横结肠系膜
横结肠（切断）
升结肠　　　小肠系膜根
回肠　　　降结肠
阑尾系膜　　　乙状结肠系膜
盲肠　　　乙状结肠
阑尾
直肠

（三）韧带

腹膜形成的韧带是指连接腹、盆壁与器官之间或连接相邻器官之间的腹膜结构，多数为双层，少数为单层腹膜构成，对脏器有固定作用。有的韧带内含有血管和神经等。

1. **肝的韧带**　肝的脏面有肝胃韧带、肝十二指肠韧带和肝圆韧带；肝上面有镰状韧带、冠状韧带和左、右三角韧带。

（1）镰状韧带：呈矢状位，是上腹前壁和膈下面连于肝上面的双层腹膜结构，位于前正中线右侧。镰状韧带的游离缘内含肝圆韧带。

（2）冠状韧带：呈冠状位，由膈下面的壁腹膜返折至肝膈面所形成的双层腹膜结构。前层向前与镰状韧带相延续，前、后两层之间无腹膜被覆的肝表面称为肝裸区。冠状韧带左、右两端，前、后两层彼此粘合增厚形成左、右三角韧带。

2. **脾的韧带**　包括胃脾韧带、脾肾韧带（图 3-42）。

（1）胃脾韧带：是连于胃底和脾门之间的双层腹膜结构，内含胃短血管和胃网膜左血管及淋巴管、淋巴结等。

（2）脾肾韧带：为脾门至左肾前面的双层腹膜结构，内含胰尾、脾血管及淋巴结、神经等。

（四）陷凹

陷凹（pouch）为腹膜在盆腔脏器之间移行返折形成，主要位于盆腔内（图 3-40）。

男性的膀胱与直肠之间有直肠膀胱陷凹（rectovesical pouch）。女性在膀胱与子宫间有膀胱子宫陷凹（vesicouterine pouch），直肠与子宫间有直肠子宫陷凹（rectouterine pouch），又称 Douglas 腔，较深，与阴道穹后部之间仅隔以阴道后壁和腹膜。

站立或坐位时，男性的直肠膀胱陷凹和女性的直肠子宫陷凹是腹膜腔的最低部位，故腹膜腔内的积液多聚积于此。临床上可进行直肠穿刺和阴道穹后部穿刺以进行诊断和治疗。

（刘　军　白　云）

练习题

单项选择题

1. 上消化道不包括

    A. 口腔   B. 空肠   C. 十二指肠   D. 食管   E. 胃

2. 下列关于舌肌的描述，正确的是

    A. 属于舌骨下肌群

    B. 受舌咽神经支配者，为舌外肌

    C. 受舌下神经支配者，为舌内肌

    D. 一侧收缩，舌尖偏向同侧

    E. 一侧瘫痪，伸舌时舌尖偏向患侧

3. 下列关于牙的描述，正确的是

    A. 牙腔内有牙髓

    B. 牙完全由牙本质构成

    C. 可分牙冠和牙根两部

    D. 乳牙和恒牙均有前磨牙

    E. 牙冠和牙根的表面均覆有釉质

4. 下面关于食管的描述，正确的是

    A. 成人食管长约 40 cm

    B. 食管第 1 狭窄距中切牙约 25 cm

    C. 食管第 2 狭窄在与左支气管交叉处

    D. 食管按行程可分 3 段，其颈段最长

    E. 食管第 3 狭窄位于与贲门相接处

5. 下列关于胃的描述，正确的是

    A. 中等度充盈时，大部分位于左季肋区和腹上区

    B. 幽门窦又称幽门部

    C. 胃底位于胃的最低部

    D. 幽门管位于幽门窦的右侧

    E. 角切迹位于胃大弯的最低处

6. 下列关于小肠的描述，正确的是

    A. 又称系膜小肠

    B. 分空肠和回肠两部

    C. 包括十二指肠、空肠和回肠三部

    D. 空肠黏膜有集合淋巴滤泡

    E. 回肠黏膜环状襞高而密

7. 阑尾根部的体表投影位于

    A. 脐与右髂前上棘连线的中外 1/3 交点处

    B. 脐与左髂前上棘连线的中外 1/3 交点处

    C. 脐与右髂前上棘连线的中内 1/3 交点处

    D. 脐与左髂前上棘连线的中内 1/3 交点处

    E. 以上都不是

8. 下列关于肝的描述，正确的是
    A. 位于右季肋区和腹上区
    B. 上界在右锁骨中线平第 5 肋
    C. 上面凹凸不平，可分 4 叶
    D. 前下缘（即下缘前部）钝圆
    E. 肝静脉由肝门出肝

9. 下列关于胆囊的描述，正确的是
    A. 为分泌胆汁的器官
    B. 位于肝的胆囊窝内
    C. 后端圆钝为胆囊底
    D. 胆囊管和肝左、右管合成胆总管
    E. 胆囊底的体表投影位于锁骨中线与左肋弓相交处

10. 下列不属于胃底腺细胞的是
    A. 潘氏细胞
    B. 主细胞
    C. 壁细胞
    D. 颈黏液细胞
    E. 内分泌细胞

11. 中央乳糜管是
    A. 毛细血管，与脂肪吸收有关
    B. 毛细血管，与氨基酸吸收有关
    C. 毛细淋巴管，与单糖吸收有关
    D. 毛细淋巴管，与脂肪吸收有关
    E. 小淋巴管，与脂肪吸收有关

12. 胃底腺主细胞能分泌
    A. 盐酸
    B. 胃泌素
    C. 内因子
    D. 胃蛋白酶原
    E. 胃动素

13. 能分泌胆汁的细胞是
    A. 肝细胞
    B. 胆囊上皮细胞
    C. 胆小管上皮细胞
    D. 胆道上皮细胞
    E. 肝闰管上皮细胞

14. 下列不属于胰岛细胞分泌物的是
    A. 胰高血糖素
    B. 生长抑素
    C. 胰岛素
    D. 胰蛋白酶
    E. 胰多肽

第四章

呼吸系统

 思维导图

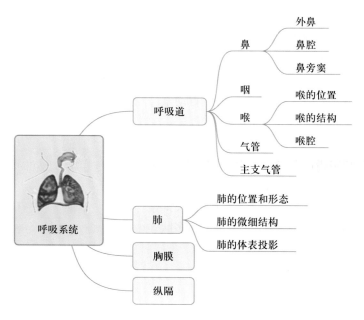

 学习目标

1. 掌握呼吸系统的组成，上、下呼吸道的概念，鼻旁窦的名称、位置、开口及临床意义，气管的位置和形态，左、右主支气管的区别及临床意义；肺的位置、形态，肺导气部和呼吸部的组成，气-血屏障、肺小叶、胸膜、胸膜腔、胸膜隐窝和纵隔的概念。

2. 熟悉喉腔的位置、喉软骨的名称和喉腔的分部；肺和胸膜的体表投影。

3. 了解外鼻的形态，肺的血液循环特点；纵隔的境界和分部。

4. 运用所学知识，深刻理解同呼吸共命运，勇敢逆行的伟大精神。

思政之光

病例 4-1

患儿，男，6岁。因支气管肺炎在外静脉滴注青霉素时，突发声音嘶哑，呼吸困难，面色青紫。来院急诊就诊。诊断为"青霉素过敏""喉水肿"。给予肾上腺素等治疗，效果不佳，行气管切开术后缓解。

问： 呼吸系统由哪些器官组成？喉水肿最好发的部位在何处？气管切开常选的切口部位在哪里？肺位于何处？

呼吸系统（respiratory system）由呼吸道和肺组成（图4-1）。

呼吸道是气体通行的管道，包括鼻、咽、喉、气管、主支气管和肺内各级支气管。

肺是气体交换的场所，其实质结构由肺内的各级支气管（支气管树）和肺泡组成。

临床上常将鼻、咽、喉称为上呼吸道；气管、主支气管和肺内各级支气管称为下呼吸道。

呼吸系统的主要功能是机体与外界进行气体交换，即吸入氧，排出二氧化碳。

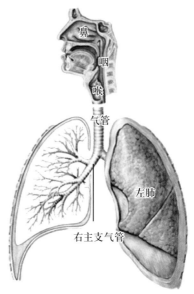

音频：
呼吸系统的组成

图4-1 呼吸系统概观

第一节 呼吸道

一、鼻

鼻（nose）是呼吸道的起始部，既是气体的通道，又是嗅觉器官，同时还有辅助发音的功能。鼻按其结构分为外鼻、鼻腔和鼻旁窦3部分。

（一）外鼻

外鼻（external nose）以鼻骨和鼻软骨为支架，外面覆以皮肤。位于面部中央，呈三棱锥体形。外鼻上端位于两眼间的狭窄部分称为鼻根，向下延续为鼻背，下端称为鼻尖，鼻尖两侧膨大部称为鼻翼，鼻翼的下方有鼻孔。呼吸困难时，可见鼻翼扇动。鼻翼和鼻尖处的皮肤富含皮脂腺和汗腺，是疖肿和痤疮的好发部位。

（二）鼻腔

鼻腔（nasal cavity）以骨性鼻腔和软骨为基础，内衬黏膜和皮肤。鼻腔被鼻中隔分为左、右两腔。每侧鼻腔向前经鼻孔通外界，向后经鼻后孔通鼻咽。每侧鼻腔以鼻阈为界可分为前下部的鼻前庭和后上部的固有鼻腔两部分（图4-2）。

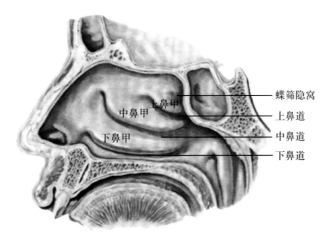

图4-2 鼻腔外侧壁

1. 鼻前庭（nasal vestibule） 由鼻翼围成，内衬皮肤，并长有鼻毛，有过滤、净化空气的作用。鼻前庭处缺少皮下组织，但皮脂腺和汗腺丰富，是疖肿的好发部位，且发病时疼痛剧烈。

2. 固有鼻腔（nasal cavity proper） 位于鼻腔后上部，内衬黏膜。其外侧壁自上而下依次有上鼻甲、中鼻甲和下鼻甲，各鼻甲下方分别有上鼻道、中鼻道和下鼻道。在上鼻甲后上方有一凹陷，称为蝶筛隐窝。

固有鼻腔的黏膜按功能可分为嗅区和呼吸区两部分。

嗅区（olfactory region）是上鼻甲及其相对的鼻中隔以上鼻黏膜，活体呈苍白或浅黄色，内含嗅细胞，有感受嗅觉的功能。

呼吸区（respiratory region）是上鼻甲及其相对的鼻中隔以下的鼻黏膜，黏膜呈浅红色，上皮有纤毛和杯状细胞，固有层内有丰富的血管和混合腺，对吸入的空气起净化、湿润和加温的作用。炎症时，黏膜充血、肿胀，分泌物增多，鼻腔变窄，引起鼻塞。

鼻中隔（nasal septum）是以筛骨垂直板、犁骨和鼻中隔软骨为支架，表面覆以黏膜而构成。鼻中隔多不居中，常偏向一侧。鼻中隔前下部血管丰富且位置表浅，血管易破裂出血，故称易出血区（Little 区）。

（三）鼻旁窦

鼻旁窦（paranasal sinuses）由同名骨性鼻旁窦内衬黏膜构成，共 4 对（图 4-3），均开口于鼻腔。其中额窦、上颌窦和筛窦前、中群开口于中鼻道；筛窦后群开口于上鼻道；蝶窦开口于蝶筛隐窝。鼻旁窦能温暖、湿润、净化空气，并对发音起共鸣作用。

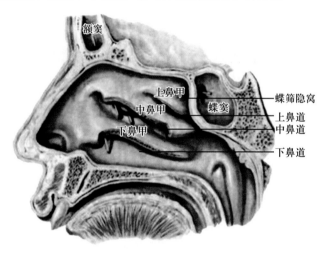

图 4-3　鼻旁窦及其开口

鼻旁窦的黏膜与鼻腔黏膜相互延续，故鼻腔炎症也可蔓延到鼻旁窦，引起鼻旁窦炎。上颌窦的体积最大，为 13 ~ 14 ml，且窦口位置高于窦底，分泌物不易排出，发生炎症后易转为慢性。

上颌窦底邻近上颌磨牙的牙根，两者仅隔一层菲薄的骨质。有时牙根可突入窦内，仅以黏膜与窦相隔，故上颌磨牙根的感染常波及上颌窦，引起牙源性上颌窦炎。

二、咽

咽是气体和食物的共同通道。呼吸和发音时咽内为气流通过；吞咽时，软腭上移封闭鼻咽，会厌封闭喉口，使呼吸暂停，气流中止，让道于食物（详见消化系统）。

三、喉

喉（larynx）既是气体进出的通道，又是发音器官。

（一）喉的位置

喉位于颈前部正中皮下，相当于第 3 ~ 6 颈椎高度。女性和小儿喉的位置较高。喉的活动性大，可随吞咽和发音上、下移动。

喉上借甲状舌骨膜连于舌骨，下接气管。前方有舌骨下肌群覆盖，后方邻喉咽，两侧有颈部的大血管、神经和甲状腺侧叶。

（二）喉的构造

喉由喉软骨及其连结、喉肌和喉黏膜构成。

1. **喉软骨及其连结**　喉软骨主要包括不成对的甲状软骨、环状软骨、会厌软骨和成对的杓状软骨，它们构成喉的支架（图 4-4）。

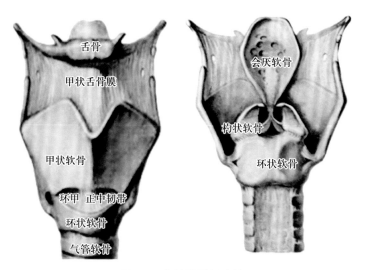

图 4-4　喉软骨及其连结

（1）甲状软骨（thyroid cartilage）：位于舌骨下方，是喉软骨中最大的一块，由左、右两块近似方形软骨板在正中线互相融合而成。融合处上端向前突出，称为喉结，在成年男性尤为明显，是颈部的重要标志。甲状软骨后缘向上、下各伸出一对突起，分别称为上角和下角。甲状软骨与舌骨之间借甲状舌骨膜相连。

（2）环状软骨（cricoid cartilage）：位于甲状软骨下方，呈完整的环形，前窄后宽，前部称为环状软骨弓，后部称为环状软骨板。环状软骨两侧的关节面与甲状软骨下角构成环甲关节。环状软骨弓向后平对第 6 颈椎，是颈部的重要标志之一。

环状软骨是唯一完整的环形软骨，对维持呼吸道的通畅具有重要作用。

（3）杓状软骨（arytenoid cartilage）：位于环状软骨板的后上方，呈三棱锥体形，尖向上，底朝下与环状软骨板构成环杓关节。在杓状软骨底的前端与甲状软骨后面中央之间有声韧带，是构成声带的主要结构。

（4）会厌软骨（epiglottic cartilage）：位于甲状软骨后上方，形似树叶，上宽下窄，借韧带连于甲状软骨后面中央；会厌软骨上端游离，外面覆以黏膜构成会厌（epiglottis）。吞咽时，喉上提，会厌覆盖喉口，以防止食物误入喉腔。

2. **喉腔**（laryngeal cavity）　即喉的内腔。向上经喉口通喉咽，向下连气管（图 4-5）。

在喉腔中部两侧壁上，有两对呈矢状位的黏膜皱

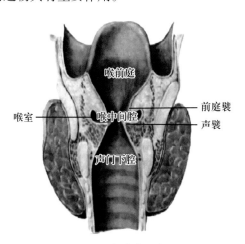

图 4-5　喉黏膜和喉腔

襞。上方一对称为前庭襞，两侧前庭襞间的裂隙称为前庭裂；下方一对称为声襞，两侧声襞及杓状软骨之间的裂隙称为声门裂，声门裂是喉腔最狭窄的部位。由声襞黏膜及其深面所覆盖的声韧带和声带肌共同构成声带。当气流通过声门裂时，振动声带而发出声音。

喉腔借前庭裂和声门裂分为 3 部分。

（1）喉前庭：位于喉口与前庭裂之间，上宽下窄。

（2）喉中间腔：位于前庭裂与声门裂之间，喉中间腔向两侧延伸的间隙称为喉室。

（3）声门下腔：位于声门裂与环状软骨下缘之间，上窄下宽，其黏膜下层组织较疏松，炎症时易发生水肿，尤以婴幼儿更易因急性喉水肿而致喉阻塞，出现呼吸困难。

3. 喉肌（laryngeal muscle）　为附着于喉软骨的细小骨骼肌，喉肌的运动可调节音量的大小和音调的高低。

四、气管和主支气管

（一）气管的位置和形态

气管（trachea）是连于喉和主支气管之间的管道，以 14 ～ 16 个气管软骨环为支架，借平滑肌和结缔组织相连，内覆黏膜而成（图 4-6）。

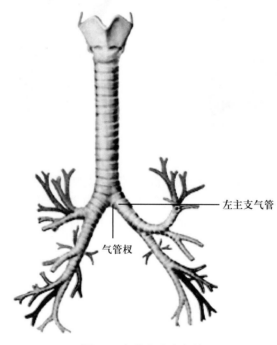

左主支气管

气管杈

图 4-6　气管和主支气管

气管软骨呈"C"形，缺口向后，由平滑肌和结缔组织封闭。气管位于食管前面，上端接环状软骨，沿颈部正中下行入胸腔，至胸骨角平面分为左、右主支气管，分叉处称为气管杈。

以胸骨颈静脉切迹平面为界，将气管分为颈部和胸部。气管颈部短而表浅，在颈静脉切迹处可触及。颈部前面除覆以舌骨下肌群外，在第 2 ～ 4 气管软骨环前方还有甲状腺峡部，两侧有颈部的大血管、神经和甲状腺侧叶。

临床上遇到急性喉阻塞时，常在第 3 ～ 5 气管软骨环处做气管切开。

（二）主支气管的形态特点

主支气管（bronchi）是气管杈与肺门之间的管道，左、右各一，其构造与气管相似，只是软骨不够完整。左主支气管细而长，平均长 4 ～ 5 cm，走行较倾斜；右主支气管粗而短，平均长 2 ～ 3 cm，走行较陡直。

因此，气管异物容易坠入右主支气管。

气管切开术

气管切开术是切开气管颈部前壁，插入一种特制的套管，从而解除窒息，保持呼吸道通畅的急救手术。常取仰卧位，肩后垫枕，使头尽量后仰并固定于正中位。在环状软骨下方 2 ~ 3 cm 处，做一长 2 ~ 3 cm 的皮肤横切口。切开皮肤、浅筋膜后，将颈前静脉牵开或切断结扎。可见颈白线，切开并分离两侧的舌骨下肌群，显露并向上推开甲状腺峡部，暴露气管。沿正中线切开第 3 ~ 5 气管软骨环。插入套管并固定。注意事项：①手术切口应在第 2 气管软骨以下，勿损伤第 1 气管软骨和环状软骨，以免导致喉狭窄；②手术切口不宜过低，以免损伤主动脉弓；②切开气管时勿用力过猛，以免伤及气管后壁及食管；④切忌将颈总动脉误认为气管而切开，引起大出血。

（三）气管和主支气管壁的微细结构

气管和主支气管的管壁由内向外依次分为黏膜、黏膜下层和外膜（图 4-7）。

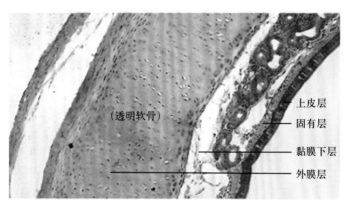

（透明软骨）

上皮层
固有层
黏膜下层
外膜层

图 4-7 气管和主支气管壁的微细结构

1. **黏膜** 由上皮和固有层组成。上皮为假复层纤毛柱状上皮。在纤毛柱状细胞之间夹有杯状细胞。杯状细胞分泌黏蛋白，与管壁黏膜下层内腺体的分泌物在表面共同构成黏液，能黏附灰尘、细菌等异物；纤毛向喉口有节律地摆动，将黏液及吸附的异物移向喉部，形成痰液被咳出。固有层的结缔组织含有较多的弹性纤维、小血管、淋巴管和弥散淋巴组织。

2. **黏膜下层** 为疏松结缔组织，与固有层之间无明显分界，含有血管、神经、淋巴管和混合性腺。

3. **外膜** 最厚，主要由疏松结缔组织和透明软骨构成。软骨之间以结缔组织相连，软骨的缺口处由结缔组织和平滑肌封闭。

第二节 肺

一、肺的位置和形态

肺（lung）左、右各一，位于胸腔内纵隔两侧和膈的上方（图 4-8）。

肺表面被覆脏胸膜，光滑润泽。新生儿肺呈淡红色，随着年龄的增长，吸入空气中的尘埃沉积增多，故成人肺变为暗红色或蓝黑色，吸烟者的肺可呈棕黑色。肺质地柔软，富有弹性，呈海绵状，内含空气，可浮于水面。胎儿肺未呼吸，故肺的质地实，比重大，入水下沉。

肺的外形呈半圆锥体，可分为一尖、一底、两面和三缘。

肺尖圆钝向上，经胸廓上口突入颈根部，高出锁骨内侧 1/3 部 2 ~ 3 cm。在锁骨上方穿刺时，切勿伤及肺尖，以免引起气胸。

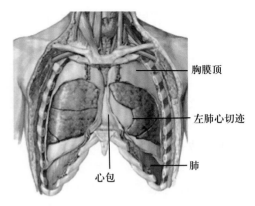

图 4-8 肺的位置

肺底中部向上凹，与膈上面邻贴，又称为膈面。肺外侧面较隆凸，邻贴肋和肋间隙，称为肋面。

肺的内侧面邻贴纵隔，称为纵隔面（图 4-9、图 4-10）。纵隔面中部凹陷处称为肺门（hilum of lung），是主支气管，肺动、静脉，支气管动、静脉，神经和淋巴管等出入肺的部位。这些出入肺门的结构被结缔组织包绕，称为肺根（root of lung）。

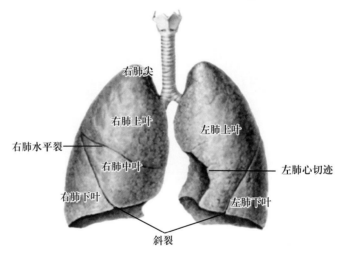

图 4-9 肺的外形

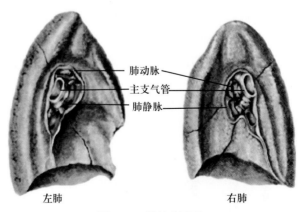

图 4-10 肺的内面观

肺的前缘和下缘锐利，后缘钝圆。左肺前缘的下部有一弧形凹陷，称为左肺心切迹。

左肺窄而长，被一条由后上斜向前下的斜裂分为上、下两叶；右肺宽而短，除有相应的斜裂外，尚有一条向前走行的水平裂，将其为上、中、下 3 叶。

二、肺内支气管和支气管肺段

主支气管在肺门处分出肺叶支气管，进入肺叶。肺叶支气管的分支为肺段支气管。

每一肺段支气管及其所属的肺组织，构成一个支气管肺段（简称肺段）。肺段呈圆锥形，尖朝向肺门，底达肺表面，相邻肺段之间有少量结缔组织分隔。肺段可作为独立的结构和功能单位，临床上常根据病变范围进行定位诊断和肺段切除。一般将右肺分为 10 个肺段，左肺分为 8 个或 10 个肺段。

三、肺的微细结构

肺表面覆盖由间皮和结缔组织构成的被膜。肺组织分为肺实质和肺间质两部分。肺间质是指肺内的结缔组织、血管、神经和淋巴管等；肺实质由肺内各级支气管和肺泡构成（图 4-11、图 4-12）。

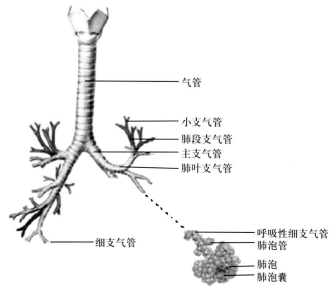

图 4-11 肺内结构模式图

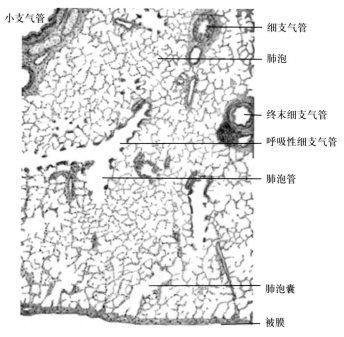

图 4-12 肺实质的结构

主支气管入肺后呈树枝样逐级分支，称为支气管树。主支气管分出的肺叶支气管、肺段支气管、小支气管、细支气管和终末细支气管，仅能通过气体，不能进行气体交换，故称导气部。终末细支气管以下的分支，包括呼吸性细支气管、肺泡管、肺泡囊和肺泡，能进行气体交换，称为呼吸部。

每个细支气管连同它的分支及肺泡构成一个肺小叶（pulmonary lobule）。肺小叶呈锥体形，尖朝向肺门，底向肺表面，故在肺表面可见肺小叶底部呈多边形的轮廓（图 4-9）。肺小叶是肺的结构单位。

（一）导气部

肺导气部随着各级支气管的分支，管径变细，管壁逐渐变薄。

1. 导气部组织结构的变化　①上皮由假复层纤毛柱状上皮逐渐变为单层纤毛柱状上皮或单层柱状上皮；②纤毛、杯状细胞和腺体逐渐减少，最后消失；③外膜中的软骨变为不规则的软骨碎片，并逐渐减少，最后消失；④平滑肌相应逐渐增多，最后形成完整的环行肌层。

2. 细支气管（bronchiole）　管径约为 1.0 mm，上皮由起始段的假复层纤毛柱状逐渐变为单层纤毛柱状上皮，杯状细胞、腺体和软骨片逐渐减少到消失，环行平滑肌更加明显，黏膜常形成皱襞。

3. 终末细支气管（terminal bronchiole）　管径约为 0.5 mm，上皮为单层纤毛柱状上皮，杯状细胞、腺体和软骨片完全消失，出现完整的环行平滑肌层，黏膜皱襞更明显。平滑肌的舒缩控制着管腔的大小，调节着出入肺泡的通气量。如果某种诱因，导致细支气管和终末细支气管的平滑肌痉挛性收缩，使管腔持续狭窄，引起呼吸困难，临床上称为支气管哮喘。

（二）呼吸部

肺呼吸部包括呼吸性细支气管、肺泡管、肺泡囊和肺泡（图 4-12）。

1. 呼吸性细支气管（respiratory bronchiole）　是终末细支气管的分支，管壁不完整，有少量肺泡开口。在肺泡开口处，管壁由单层立方上皮移行为肺泡的单层扁平上皮。

2. 肺泡管（alveolar duct）　是呼吸性细支气管的分支，管壁上有许多肺泡的开口，故管壁结构很少。切片上在相邻肺泡的开口之间呈结节状膨大。

3. 肺泡囊（alveolar sac）　为肺泡管的分支，是由许多肺泡开口围成的囊腔。因无支气管壁结构，故切片中在相邻肺泡开口之间，无结节状膨大。

4. 肺泡（pulmonary alveoli）　为多面体的囊泡。肺泡大小不等，成人肺达 3～4 亿个，总面积 140 m²。肺泡壁很薄，由单层肺泡上皮和基膜构成。

（1）肺泡上皮：由两种细胞组成（图 4-13）。

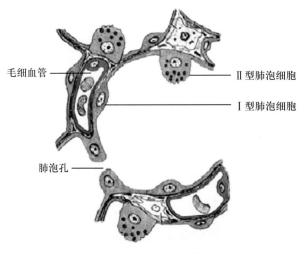

图 4-13　肺泡与肺泡隔模式图

①Ⅰ型肺泡细胞：呈扁平状，除含核部分略厚外，其余部分很薄，占肺泡表面积的95%，有利于气体交换。

②Ⅱ型肺泡细胞：呈圆形或立方形，镶嵌在Ⅰ型肺泡细胞之间，并突向肺泡腔，数量较Ⅰ型肺泡细胞少，但仅占肺泡表面积的5%。Ⅱ型肺泡细胞分泌表面活性物质，涂于肺泡上皮表面，能降低肺泡的表面张力（即肺泡回缩力），稳定肺泡大小，从而防止肺泡塌陷。

（2）肺泡隔（alveolar septum）：是指相邻肺泡之间的薄层结缔组织，内含密集的毛细血管网、丰富的弹性纤维和散在的肺巨噬细胞等。丰富的弹性纤维使肺泡富有弹性，起到回缩肺泡的作用。若病变破坏了弹性纤维，则肺泡弹性降低，回缩较差，肺泡扩大形成肺气肿。

（3）肺巨噬细胞：广泛分布于肺间质内或游走入肺泡腔内，吞噬尘粒、病菌和渗出的红细胞等异物，有重要的防御功能。吞噬大量尘粒的肺巨噬细胞又称尘细胞。

（4）血 – 气屏障（blood-air barrier）：又称呼吸膜。是指肺泡隔内毛细血管与肺泡间进行气体交换的结构，包括肺泡腔内表面的液体层、Ⅰ型肺泡细胞及其基膜、薄层结缔组织、毛细血管基膜及内皮（图4-14）。血 – 气屏障很薄，总厚度仅0.5 μm。其中任何一层发生病理改变，均会影响气体交换。

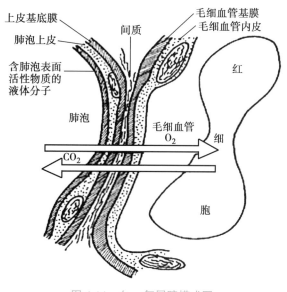

图 4-14　血 – 气屏障模式图

（5）肺泡孔（alveolar pore）：是相邻肺泡之间相通的小孔，是沟通和平衡相邻肺泡内气体的通道。当某一终末细支气管或呼吸性细支气管阻塞时，肺泡孔起侧支通气的作用。在肺部炎症时，病菌可通过肺泡孔扩散，使感染蔓延。

四、肺的血管

肺有两套血管：①肺动脉和肺静脉，是肺的功能血管。肺动脉入肺后不断分支，在肺泡隔内形成毛细血管，与肺泡之间进行气体交换后，逐渐汇合，最后形成肺静脉出肺。②支气管动脉和支气管静脉是肺的营养血管。细小的支气管动脉起自胸主动脉，与支气管伴行入肺，沿途在支气管壁内以及肺动、静脉壁内形成毛细血管，营养肺组织。这些毛细血管一部分汇入肺静脉；另一部分汇成支气管静脉，与支气管伴行出肺。

第三节 胸　　膜

一、胸膜、胸膜腔和胸腔的概念

胸膜（pleura）为一层薄而光滑的浆膜，可分为脏、壁两层（图 4-15）。脏胸膜被覆于肺的表面，与肺实质紧密结合，并伸入到肺裂内。

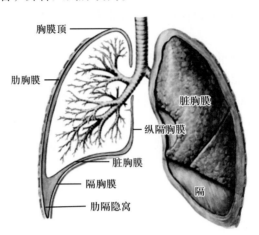

图 4-15　胸膜和胸膜腔模式图

壁胸膜被覆于胸壁内面、膈上面和纵隔两侧。壁胸膜分为 4 部分：①肋胸膜，衬于肋和肋间隙内面；②膈胸膜，覆盖在膈上面，与膈结合紧密不易剥离；③纵隔胸膜，被覆于纵隔两侧，其中部包裹肺根并移行为脏胸膜；④胸膜顶，为肋胸膜与膈胸膜向上延伸突入颈根部的部分，呈圆顶状覆盖在肺尖的表面。

胸膜腔（pleural cavity）是由脏、壁胸膜在肺根处互相移行，围成左、右两个密闭的潜在性间隙。胸膜腔略呈负压，腔内仅有少量浆液，可减少呼吸时脏、壁两层胸膜间的摩擦。

胸腔由胸壁与膈围成，上界为胸廓上口；下界借膈与腹腔分隔。胸腔被中间的纵隔和左、右两侧的肺及胸膜腔共同填充。

二、胸膜隐窝

胸膜隐窝（pleural recesses）是壁胸膜互相移行转折处存在的间隙，即使在深吸气时，肺的边缘也不能伸入其间。最重要的胸膜隐窝是肋膈隐窝（图 4-15）。

肋膈隐窝是肋胸膜与膈胸膜互相转折处形成的半环形深凹。即使深呼吸时，肺下缘也不能伸入其内，人直立时，肋膈隐窝是胸膜腔的最低部位，胸膜炎症的渗出液常积聚于此。

> 💡 链接
>
> ### 胸膜腔穿刺术
>
> 胸膜腔穿刺术是将穿刺针经胸壁的肋间结构直接刺入胸膜腔，以诊治气胸、血胸、脓胸、液气胸，以及向胸膜腔内注入药物。通常患者取床上坐位、椅上反坐位或半坐卧位。胸膜腔积液时，患侧呼吸音消失或叩诊呈实音，通常在肩胛线第 7～9 肋间隙或腋中线第 5～7 肋间隙下位肋骨的上缘进针。胸膜腔积气时，患侧呼吸音消失及叩诊呈鼓音，通常在锁骨中线第 2 或肋第 3 肋间隙的上、下肋之间进针。穿经层次：经皮肤、浅筋膜、深筋膜、肌层、肋间组织、胸内筋膜和壁胸膜进入胸膜腔。

三、肺和胸膜的体表投影

肺的体表投影是指肺各缘在胸壁的投影（图 4-16）。而胸膜的体表投影是指壁胸膜各部互相移行而成的返折线在胸壁的投影，标志着胸膜腔的范围。

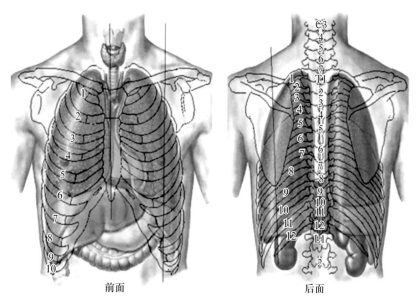

前面　　　　　　　　　　　　后面

图 4-16　肺和胸膜的体表投影

1. 肺前界和胸膜前界的体表投影　肺前界即肺的前缘，两肺前缘的体表投影均起自肺尖，向内下斜行，经胸锁关节后方，在胸骨角水平，两肺前缘相互靠拢，沿前正中线垂直下行。右肺前缘下行至第 6 胸肋关节处移行为下缘；左肺前缘因有左肺心切迹，下行至第 4 胸肋关节处，沿第 4 肋软骨转向外下，至第 6 肋软骨中点处移行为左肺下缘。

胸膜前界为纵隔胸膜与肋胸膜前缘转折处的返折线。与肺前界的体表投影几乎相同。

2. 肺下界和胸膜下界的体表投影　肺下界即肺的下缘，右侧起自第 6 胸肋关节处，左侧起自第 6 肋软骨后方，两侧均斜向外下方，在锁骨中线处与第 6 肋相交，在腋中线处与第 8 肋相交，在肩胛线处与第 10 肋相交，在后正中线平于第 10 胸椎棘突。

胸膜下界为膈胸膜与肋胸膜移行处的返折线，即肋膈隐窝的位置。比肺下界的体表投影约低两肋（表 4-1）。

表 4-1　肺和胸膜下界的投影

投影	锁骨中线	腋中线	肩胛线	后正中线
肺的下界	第 6 肋	第 8 肋	第 10 肋	第 10 胸椎棘突
胸膜的下界	第 8 肋	第 10 肋	第 11 肋	第 12 胸椎棘突

第四节　纵　　隔

一、纵隔的概念和境界

纵隔（mediastinum）是两侧纵隔胸膜之间的所有器官、结构和结缔组织的总称。

纵隔的前界为胸骨，后界为脊柱胸段，两侧界为纵隔胸膜，上界为胸廓上口，下界为膈（图 4-17）。

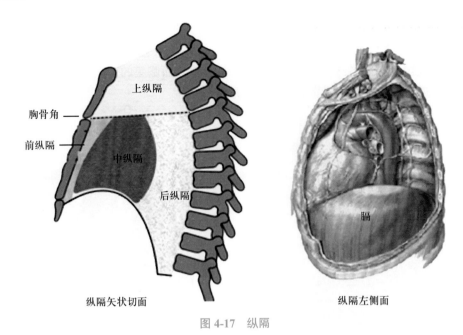

纵隔矢状切面 　　　　　纵隔左侧面

图 4-17　纵隔

二、纵隔的分部和内容

　　通常以胸骨角平面为界，将纵隔分为上纵隔和下纵隔两部分。下纵隔又以心包前、后层为界，分为前纵隔、中纵隔和后纵隔。

　　上纵隔内有胸腺遗迹、气管、食管、上腔静脉、头臂静脉、主动脉弓及其分支、胸导管、膈神经、迷走神经和淋巴结等。

　　前纵隔为位于胸骨体与心包前层之间的部分，内有少量结缔组织、淋巴结和胸腺下部。

　　中纵隔内有心包、心和出入心的大血管、主支气管起始部、膈神经和淋巴结等。

　　后纵隔位于心包后层与脊柱之间，内有食管、主支气管、胸主动脉、奇静脉、半奇静脉、胸导管、迷走神经、胸交感干和淋巴结等。

（马江伟）

练习题

单项选择题

1. 下列属于上呼吸道的是

　　A. 口腔、咽和喉　　　　　　　B. 口腔至十二指肠　　　　　　C. 鼻、咽和喉

　　D. 鼻、喉和气管　　　　　　　E. 鼻、喉和支气管

2. 窦腔大，开口高于窦底的鼻旁窦是

　　A. 额窦　　　　　　　　　　　B. 筛窦　　　　　　　　　　　C. 蝶窦

　　D. 乳突窦　　　　　　　　　　E. 上颌窦

3. 呼吸困难时，可出现明显扇动的部位是

　　A. 鼻根　　　　　　　　　　　B. 鼻背　　　　　　　　　　　C. 鼻尖

　　D. 鼻翼　　　　　　　　　　　E. 外鼻

4. 关于鼻腔的叙述，正确的是

A. 被中鼻甲分成左、右两半

B. 向后借鼻孔与外界相通

C. 向前借鼻后孔通鼻咽

D. 以骨性鼻腔为基础，内衬黏膜和皮肤构成

E. 被鼻中隔分为左、右侧鼻腔

5. 上鼻甲及其相对应的鼻中隔黏膜为

 A. 嗅区   B. 呼吸区   C. 味区

 D. 易出血区   E. Little 区

6. 开口于下鼻道的是

 A. 额窦   B. 鼻泪管   C. 筛窦   D. 蝶窦   E. 上颌窦

7. 关于喉位置的叙述，正确的是

 A. 位于颈后部正中   B. 上界平对第 3 颈椎的高度

 C. 不随吞咽及发音而移动   D. 下界平对第 5 颈椎的高度

 E. 小儿喉的位置较低

8. 喉腔最狭窄的部分是

 A. 喉口   B. 前庭裂   C. 喉前庭   D. 声门裂   E. 喉中间腔

9. 喉室位于

 A. 前庭裂的上方   B. 喉中间腔的两侧   C. 声门裂的下方

 D. 喉中间腔的上方   E. 喉中间腔的下方

10. 关于气管的叙述，正确的是

 A. 有呈 "O" 形的气管软骨   B. 位于食管后面

 C. 至胸骨角平面分叉   D. 上端接甲状软骨

 E. 分为胸段和腹段

11. 临床上作气管切开，常选的气管软骨是

 A. 第 1 ~ 2 气管软骨环   B. 第 1 ~ 3 气管软骨环

 C. 第 3 ~ 4 气管软骨环   D. 第 3 ~ 5 气管软骨环

 E. 第 5 ~ 8 气管软骨环

12. 关于右主支气管的叙述，正确的是

 A. 细短，走行较水平   B. 细长，走行较水平

 C. 粗长，走行较垂直   D. 粗短，走行较垂直

 E. 细短，走行较垂直

13. 肺位于

 A. 胸腔内纵隔的两侧   B. 胸膜腔内纵隔的两侧

 C. 胸腔内心包的两侧   D. 胸膜腔内心包的两侧

 E. 胸腔内上纵隔的两侧

14. 肺尖高出锁骨

 A. 外侧 1/3 部 2 ~ 3 cm   B. 内侧 1/3 部 2 ~ 3 cm

 C. 外侧 1/3 部 4 ~ 5 cm   D. 内侧 1/3 部 4 ~ 5 cm

 E. 中 1/3 部 2 ~ 3 cm

15. 关于肺的叙述，正确的是

 A. 右肺分上、下两叶   B. 左肺分上、中、下三叶

 C. 右肺较左肺宽短   D. 左肺有斜裂和水平裂

 E. 右肺前缘有心切迹

16. 以下不是出入肺门的结构是
    A. 气管   B. 支气管动、静脉   C. 肺动、静脉
    D. 神经和淋巴管   E. 支气管

17. 左肺没有
    A. 肺尖   B. 水平裂   C. 肺门
    D. 左肺心切迹   E. 斜裂

18. 肺下缘的体表投影在肩胛线处
    A. 与第6肋相交   B. 与第8肋相交   C. 与第10肋相交
    D. 与第11肋相交   E. 与第12肋相交

19. 胸膜下界的体表投影较肺下缘约低
    A. 1肋   B. 1.5肋   C. 2肋   D. 2.5肋   E. 3肋

20. 关于胸膜腔的叙述，正确的是
    A. 由壁胸膜围成   B. 由胸壁围成   C. 内压高于大气压
    D. 简称胸腔   E. 左、右侧互不相通

21. 肋膈隐窝位于
    A. 肋胸膜与膈胸膜移行处   B. 肋胸膜与纵隔胸膜移行处
    C. 肋骨与膈胸膜移行处   D. 肋骨与膈胸膜移行处
    E. 肋胸膜与膈肌移行处

22. 关于纵隔的描述，错误的是
    A. 两侧界为纵隔胸膜
    B. 上界为胸廓上口
    C. 下界为膈
    D. 前界为胸骨，后界为胸椎体
    E. 是两侧纵隔胸膜之间所有器官的总称

23. 关于气管和主支气管壁微细结构的叙述，正确的是
    A. 可分为黏膜、黏膜下层、肌层和外膜   B. 可分为黏膜、肌层和外膜
    C. 黏膜由上皮、固有层和黏膜肌层组成   D. 黏膜的固有层含有混合性腺
    E. 黏膜下层含有混合性腺

24. 关于肺微细结构的叙述，正确的是
    A. 分为实质和间质   B. 分为支气管树和呼吸部
    C. 分为支气管树和肺泡   D. 实质为细支气管及肺泡
    E. 间质为支气管树

25. 关于肺小叶的叙述，正确的是
    A. 呈半锥体形   B. 底朝向肺门
    C. 尖朝向肺表面   D. 是肺的结构单位
    E. 由小支气管连同其分支及肺泡构成

26. 关于血-气屏障的叙述，正确的是
    A. 由毛细血管内皮及基膜和肺泡构成
    B. 由毛细血管内皮及基膜、上皮基膜和Ⅰ型肺泡细胞构成
    C. 包括肺泡腔内表面的液体层、Ⅰ型肺泡细胞及基膜、薄层结缔组织、毛细血管的基膜及内皮
    D. 包括肺泡上皮及基膜和内皮
    E. 包括肺泡上皮及基膜和肺泡隔

第五章

泌尿系统

思维导图

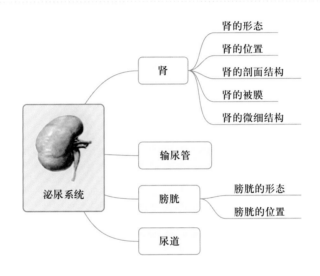

学习目标

1. 掌握泌尿系统的组成,肾的形态、位置,肾单位的构成,肾小球的构成及滤过膜的组成,输尿管的分部及狭窄的位置,膀胱三角的概念。

2. 熟悉肾的剖面结构,肾被膜的层次,肾小球旁器,膀胱的形态、位置和毗邻。

3. 了解输尿管的走行,肾的血液循环特点。

4. 运用所学知识,理解时时渗滤,自我荡涤的现实意义。

思政之光

病例
5-1

　　患者,女,30岁。因面部及双下肢水肿2个月入院。入院前2个月面部及双下肢水肿,面部水肿以两上睑明显,晨起时尤甚;双下肢水肿以晚间为甚,劳累时常加重。伴有腰膝酸软、体重增加、恶心及右季肋部疼痛。尿少色深,无血尿,无尿频、尿急、尿痛。无发热、咽痛或关节痛。门诊检查:尿常规,蛋白定性(+ ~ +++),余项正常。尿本周蛋白阴性。血尿素氮7.14 mmol/L,肌酐1 mg/dl。血浆总蛋白55 g/L,白蛋白28 g/L,球蛋白27 g/L,ALT 28 U/L。此次经门诊诊断为肾病综合征而入院。

　　问:泌尿系统由哪些器官组成?肾位于何处?输尿管有哪3处狭窄?

泌尿系统（urinary system）由肾、输尿管、膀胱和尿道组成（图 5-1）。其主要功能是排出机体在新陈代谢中所产生的废物（如尿素、尿酸、肌酐等），多余的水及某些无机盐等，保持机体内环境的相对稳定。肾生成尿液，经输尿管输送至膀胱内暂时贮存，当尿液达到一定量时，在神经系统的调节下，经尿道排出体外；输尿管、膀胱和尿道为排尿管道。

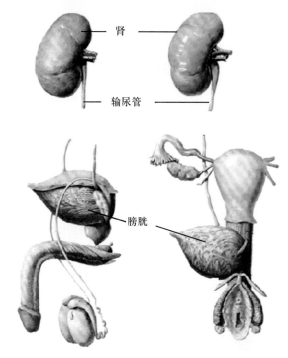

图 5-1　泌尿生殖系统概况

音频：
泌尿系统的组成

第一节　肾

一、肾的形态

肾（kidney）为成对的实质性器官，形似蚕豆（图 5-2）。新鲜时呈红褐色，质柔软，表面光滑。

肾可分为上、下两端，前、后两面和内、外侧两缘。肾的上端宽而薄，下端窄而厚；前面凸向前外侧，后面较扁平，紧贴腹后壁；外侧缘较隆凸，内侧缘中部的凹陷，称为肾门（renal hilum），有肾动、静脉，肾盂、神经和淋巴管等出入。这些出入肾门的结构总称肾蒂（renal pedicle）。右侧肾蒂较左侧短，故右肾手术难度较大。

肾门向肾实质内凹陷形成的腔隙，称为肾窦（renal sinus），其内容纳肾小盏、肾大盏、肾盂、肾血管、神经、淋巴管和脂肪等。

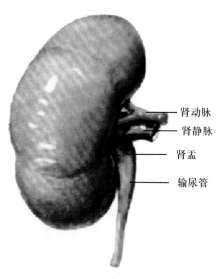

图 5-2　肾的形态

二、肾的位置和毗邻

肾位于腹腔后上部脊柱两侧，在腹膜后面紧贴于腹后壁上部，属于腹膜外位器官（图 5-3）。

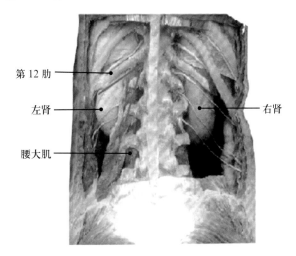

第 12 肋

左肾

腰大肌

右肾

音频：
肾的形态和位置

图 5-3　肾的位置及肾毗邻

左肾上端平第 11 胸椎体下缘，下端平第 2 腰椎体下缘；右肾受肝的影响略低于左肾，上端平第 12 胸椎体上缘，下端平第 3 腰椎体上缘。第 12 肋斜过左肾后面的中部和右肾后面的上部。成人肾门约平对第 1 腰椎体，距后正中线约 5 cm。肾的位置一般儿童低于成人，女性略低于男性，新生儿肾的位置更低，可达髂嵴附近。肾的位置可随呼吸和体位而上下移动，幅度为 2 ~ 3 cm。

肾门的体表投影，一般在竖脊肌外侧缘与第 12 肋下缘所形成的夹角内，临床上称为肾区（renal region）。肾病患者此区可有叩击痛。

三、肾的剖面结构

肾的剖面结构包括肾实质和肾窦两部分，肾实质可分为外层的肾皮质和内层的肾髓质两部分（图 5-4）。

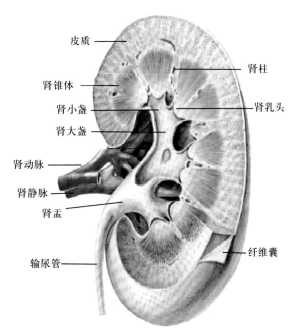

皮质

肾柱

肾锥体

肾乳头

肾小盏

肾大盏

肾动脉

肾静脉

肾盂

纤维囊

输尿管

图 5-4　肾的剖面结构

　　肾皮质厚 1 ~ 1.5 cm，新鲜标本为红褐色，富含血管并可见许多红色点状的细小颗粒，由肾小球和肾小管组成。肾皮质深入肾髓质内的部分称为肾柱。

　　肾髓质位于肾皮质的深面，血管较少，色淡红，约占肾实质厚度的 2/3，包含 15 ~ 20 个肾锥体。肾锥体在切面上呈三角形。锥体底部朝向肾皮质，尖端朝向肾窦，肾锥体主要含集合管，肾锥体尖端称为肾乳头，每一个肾乳头有 10 ~ 20 个乳头管开口于肾小盏。肾小盏为漏斗形的膜状小管，围绕肾乳头。相邻 2 ~ 3 个肾小盏合成一个肾大盏。肾大盏汇合成扁漏斗状的肾盂，出肾门后逐渐缩窄变细，移行为输尿管。成人肾盂容积 3 ~ 10 ml。

四、肾的被膜

　　肾的表面由内向外包有 3 层被膜，依次为纤维囊、脂肪囊和肾筋膜（图 5-5）。

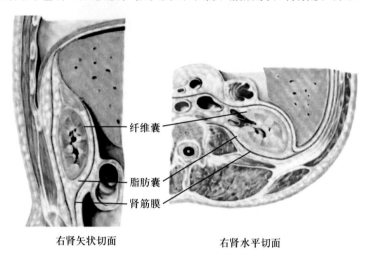

右肾矢状切面　　　　　　右肾水平切面

图 5-5　肾的被膜

　　1. **纤维囊**（fibrous capsule）　是贴附于肾表面的薄层致密结缔组织膜，内含少量弹性纤维，与肾连接疏松，易于剥离。在病理情况下，则可与肾实质发生粘连，不易剥离。在肾破裂修复或肾部分切除时，需缝合此囊。

　　2. **脂肪囊**（adipose capsule）　是包裹在纤维囊外周的囊状脂肪层，并从肾门伸入到肾窦内与其脂肪组织相连，对肾起到弹性垫样保护作用。临床上作肾囊封闭时，即将药物注入此层。

　　3. **肾筋膜**（renal fascia）　为脂肪囊外面的致密结缔组织，分前、后两层包裹肾和肾上腺，两层在肾上腺上方和肾的外侧缘处互相融合，在肾下方两层分开，其间有输尿管通过。在肾内侧，前层在肾前面向内侧延伸，与对侧肾筋膜前层相续，后层与腰大肌筋膜、腰方肌筋膜和髂筋膜相连接。肾筋膜向深部发出许多结缔组织小梁，穿过脂肪囊与纤维囊相连，起到固定肾的作用。

　　肾的正常位置主要依赖于肾被膜的固定，其次肾蒂、腹膜、邻近器官和腹内压对肾也有固定作用。当固定肾的结构不健全或损伤时，可导致肾下垂或游走肾。

> 💡 链接
>
> ### 肾移植术
>
> 　　慢性肾功能不全，肾不能完全工作时，将异体肾经过手术植入患者体内，代替失去功能肾的一种器官移植手术，称为肾移植。目前一般将供体肾移植于右髂窝，将供肾的肾动脉、肾静脉分别与患者的髂外动脉、髂外静脉吻合。肾移植是治疗慢性肾功能不全的最佳手段。肾移植已经用于临床 40 余年，我国每年实施肾移植的数量居亚洲之首，最长健康成活时间达 25 年。肾移植受者最佳年龄为 13 ~ 60 岁。

五、肾的微细结构

肾实质主要由大量肾单位和集合管组成（图 5-6），其间充填有少量结缔组织、血管、神经和淋巴管，称为肾间质。肾单位和集合管合称为泌尿小管。泌尿小管是生成尿液的结构。

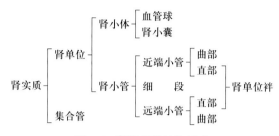

图 5-6　肾实质的结构组成

（一）肾单位

肾单位（nephron）是肾结构和功能的基本单位，由肾小体和肾小管两部分组成（图 5-7，图 5-8），每侧肾有 100 万 ~ 150 万个肾单位。

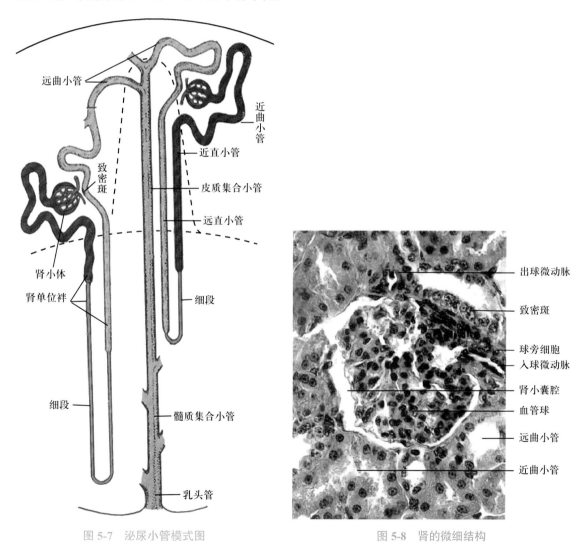

图 5-7　泌尿小管模式图

图 5-8　肾的微细结构

1. **肾小体（renal corpuscle）** 位于肾皮质内，呈球形，由血管球和肾小囊两部分组成。每个肾小球有两个极，分别是肾小球动脉出入部位的血管极；在血管极的对侧，与近端小管曲部相连部位的尿极。

（1）血管球（glomerulus）：又称肾小球。是入球微动脉和出球微动脉之间盘曲成球形的一团毛细血管球，并被肾小囊包裹。入球微动脉从血管极进入肾小囊内，分成 4 ~ 5 支，每支再分支形成网状毛细血管袢，最后汇成一条出球微动脉，从血管极处离开肾小囊。入球小动脉粗短，出球微动脉细长，故毛细血管内压较高，有利于原尿的生成。电镜下，血管球的毛细血管壁由有孔内皮细胞和基膜构成。

（2）肾小囊（renal capsule）：是肾小管起始部膨大并呈杯状凹陷的双层囊。

肾小囊分为脏、壁两层，两层之间的腔隙，称为肾小囊腔，与肾小管相通。壁层为单层扁平上皮，与近端小管上皮相连续；脏层由多突起的足细胞构成，贴附于毛细血管基膜外面。在电镜下，足细胞的胞体较大，从胞体上伸出数个较大的初级突起，初级突起再发出许多细小的次级突起，相邻的次级突起之间相互嵌合呈栅栏状。次级突起间有直径约 25 nm 的裂隙，称为裂孔，其上覆盖一层 4 ~ 6 nm 厚的裂孔膜。

当血液流经肾血管球时，血管内血压较高，血浆内除大分子蛋白质和血细胞外，其余物质经有孔毛细血管内皮、基膜和足细胞裂孔膜滤入肾小囊腔内，形成原尿，这 3 层结构称为滤过屏障（filtration barrier）或称滤过膜（图 5-9）。3 层结构能分别限制一定大小的物质通过，其中裂孔膜在滤过屏障中起重要作用。一般情况下，相对分子量在 70 000 Da 以下的物质可通过滤过屏障，滤入肾小囊腔的滤液称为原尿。成人每昼夜两肾共形成原尿约 180 L。若肾疾病导致滤过屏障受损时，则大分子物质如蛋白质，甚至红细胞都可漏入肾小囊腔，出现蛋白尿或血尿。

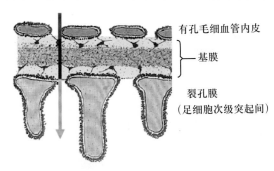

有孔毛细血管内皮

基膜

裂孔膜
（足细胞次级突起间）

图 5-9　滤过屏障模式图

2. 肾小管（renal tubule）　是由单层上皮围成的细长而弯曲的管道，全长可分为近端小管、细段、远端小管 3 部分（图 5-7），有重吸收和分泌等功能。

（1）近端小管（proximal tubule）：是肾小管的起始部，与肾小囊腔相连接，约占肾小管总长的一半。按其行程和结构分为曲部和直部。近端小管曲部（近曲小管）位于肾皮质内，蟠曲在肾小球附近。光镜下，管壁由单层立方或锥体形细胞构成，细胞核位于基底部，胞质呈嗜酸性，细胞分界不清，其游离面有由密集排列的微绒毛形成的刷状缘，扩大了细胞的表面积，有利于近曲小管的重吸收。近端小管直部自肾皮质向肾髓质直行，变细移行为细段。近端小管具有良好的重吸收功能，是原尿重吸收的主要场所。原尿中几乎所有葡萄糖、氨基酸及大部分水、无机盐等均在此重吸收。

（2）细段（thin segment）：为肾小管中管径最细的一段，呈"U"形，位于肾锥体内。细段管径很细（直径为 10 ~ 15 μm），管壁由单层扁平上皮构成，甚薄，具有重吸收少量水和无机盐的作用。

（3）远端小管（distal tubule）：按其行程可分为直部和曲部。直部续细段，位于髓质内，行向肾皮质，移行为曲部。由近端小管直部、细段和远端小管直部共同构成的"U"形结构，称为肾单位袢（髓袢）。直部管腔较大而规则，管壁上皮为立方细胞，细胞分界清楚，胞质着色较浅，核位于细胞中央，游离面无刷状缘。远曲小管是离子交换的重要部位，具有重吸收水、无机盐和排出 H^+、K^+、NH_3 等功能，对维持机体的酸碱平衡起着重要作用。肾上腺皮质分泌的醛固酮和垂体后叶的抗利尿激素对此段有调节作用。

（二）集合管

集合管由远端小管汇合而成（图 5-7），从肾皮质行向肾髓质，管径由细变粗，全长 20 ~ 38 mm，分为弓形集合小管、直集合小管和乳头管 3 段。弓形集合小管很短，一端连接远曲小管，另一端与直集合小管相连。几个弓形集合小管汇合成直集合小管，向下达肾锥体内，至肾乳头处移行为乳头管，开口于肾小盏。

集合管具有重吸收水和无机盐的功能，使原尿进一步浓缩，并与远曲小管一样也受醛固酮和抗利尿激素的调节。

综上所述，肾小球形成的原尿经过肾小管各段和集合管后，绝大部分水、营养物质和无机盐等被重吸收入血，部分离子也在此进行交换，肾小管上皮细胞还分泌排出部分代谢产物，最后形成浓缩的终尿。终尿由乳头管经乳头孔排入肾小盏。成人每天排出尿液 1 ~ 2 L，约占原尿的 1%。

（三）球旁复合体

球旁复合体（juxtaglomerular complex）也称肾小球旁器，由球旁细胞、致密斑和球外系膜细胞等组成（图 5-8）。由于它们在位置、结构和功能上密切相关，故合称复合体。

1. **球旁细胞（juxtaglomerular cell）** 是入球微动脉近肾小球血管极处，管壁中的平滑肌细胞特化而形成的上皮样细胞。细胞体积较大，呈立方形，核圆居中，胞质呈弱嗜碱性，含丰富的分泌颗粒，颗粒内含有肾素。肾素能使血浆中的血管紧张素原变成血管紧张素 I，后者可降解成血管紧张素 II。两种血管紧张素均可使血管平滑肌收缩，血压升高。

2. **致密斑（macular densa）** 是远端小管在靠近肾小球的血管极一侧，管壁上皮细胞特化而成的椭圆形隆起，该处细胞增高、变窄、排列紧密而形成致密斑。致密斑为钠离子感受器，能感受原尿中钠离子浓度的变化，并能影响球旁细胞分泌肾素。

3. **球外系膜细胞（extraglomerular mesangial cell）** 又称极垫细胞，位于致密斑、入球小动脉和出球小动脉组成的三角区内，目前功能尚不明确。

六、肾的血液循环

1. **肾血液循环的作用** ①清除血中代谢废物，形成尿液排出；②营养肾。

2. **肾血液循环的特点** ①肾动脉是肾的营养性血管，又是肾的功能性血管；②肾动脉直接来自腹主动脉，血管粗短，血压高，流速快；③肾的血液循环中动脉产生两次毛细血管，第一次是入球微动脉形成血管球，第二次是出球微动脉在肾小管周围形成毛细血管网，前者粗短，后者细长，故在肾小球内形成较高压力，有利于肾小球的滤过（图 5-7）。

第二节 输尿管

输尿管（ureter）为输送尿液至膀胱的一对细长的肌性管道，长 25 ~ 30 cm。通过平滑肌节律性蠕动，可将尿液不断地排入膀胱。

根据输尿管的行程，将其分为腹部、盆部和壁内部 3 部分（图 5-1，图 5-10）。腹部起于肾盂下端，在腹膜后方沿腰大肌前面下行，达小骨盆入口处，跨越髂血管前方进入盆腔移行于盆部。盆部沿盆腔侧壁达膀胱底的外上方，男性输尿管在与输精管交叉后，从膀胱底外上角向前内斜穿膀胱底；女性输尿管经子宫颈外侧达膀胱底。壁内部为输尿管斜穿膀胱壁的部分，以输尿管口开口于膀胱内面。当膀胱充盈时，膀胱内压升高，压迫壁内部，使管腔闭合，可阻止尿液由膀胱向输尿管反流。由于输尿管的蠕动尿液仍可不断地进入膀胱。

输尿管全程有 3 处生理性狭窄，分别位于输尿管起始处、跨越髂血管处和穿膀胱壁处。这些狭窄处是输尿管结石下降时易滞留的部位。

第三节　膀　胱

膀胱（urinary bladder）是一个贮存尿液的囊状肌性器官，其位置、形态、大小和壁的厚度均随尿液的充盈程度、年龄、性别等而有较大变化。膀胱的平均容量，一般正常成人为 300 ~ 500 ml，最大容量可达 800 ml。新生儿膀胱容量约为成人的 1/10。老年人由于膀胱肌的紧张度降低，故容积增大。女性膀胱容量较男性小。

一、膀胱的形态和分部

膀胱空虚时呈三棱锥体形，可分为尖、体、底、颈 4 部分（图 5-10）。膀胱尖朝向前上方；膀胱底近似三角形，朝向后下方；膀胱尖与膀胱底之间的部分，称为膀胱体；膀胱的最下部为膀胱颈，其下端有尿道内口与尿道相接。膀胱各部之间无明显界限，充盈时呈卵圆形。

二、膀胱的位置和毗邻

成人膀胱位于小骨盆腔内，耻骨联合后方，腹膜的下方（图 5-11）。膀胱空虚时，其尖一般不超过耻骨联合上缘。当膀胱充盈时，其尖可超过耻骨联合上缘，腹前壁返折于膀胱上面的腹膜也随之上移，使膀胱前下壁直接与腹前壁相贴。因此当膀胱充盈时在耻骨联合上缘行膀胱穿刺术，可避免伤及腹膜。新生儿膀胱位置比成人高，大部分位于腹腔内。随着年龄增长和盆腔的发育而逐渐降入盆腔，至青春期达成人位置。老年人因盆底肌松弛，膀胱位置则更低。

在膀胱的后方，男性与精囊、输精管壶腹和直肠相邻，女性则与子宫和阴道相邻。男性膀胱颈与前列腺相邻，女性膀胱颈与尿生殖膈相邻。

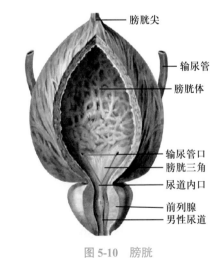

图 5-10　膀胱

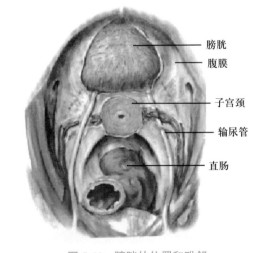

图 5-11　膀胱的位置和毗邻

三、膀胱壁的结构

膀胱壁由内向外依次分为黏膜、肌层和外膜 3 层。黏膜上皮为变移上皮，膀胱空虚时，黏膜形成许多皱襞，充盈时则减少或消失。在膀胱底内面，两侧输尿管口和尿道内口之间的三角区，称为膀胱三角（trigone of bladder）。该区黏膜平滑无皱襞，是膀胱结核、肿瘤的好发部位（图 5-10）。膀胱肌层由平滑肌构成，可分为内纵、中环、外纵 3 层，3 层肌相互交错，共同构成逼尿肌。在尿道内口处，环形肌增厚形成膀胱括约肌。膀胱上面、两侧和后面的外膜为浆膜，其余部分为纤维膜。

第四节　尿　　道

尿道（urethra）是膀胱通往体外的排尿管道。男性尿道长而弯曲，兼有排尿和排精两种功能，将在男性生殖系统中叙述。

女性尿道（female urethra）全长 3 ~ 5 cm（图 5-12）。起于膀胱颈的尿道内口，经阴道前方行向前下，穿过尿生殖膈，以尿道外口开口于阴道前庭前部。女性尿道在穿过尿生殖膈处有尿道（阴道）括约肌环绕，可有意识地控制排尿。女性尿道后方与阴道相邻，具有短、宽、直和易于扩张的特点，故女性易发生逆行性尿路感染。

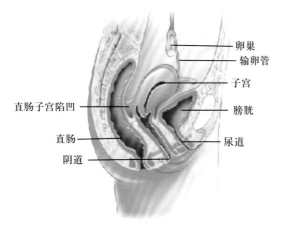

图 5-12　女性膀胱和尿道矢状切面

音频：
女性尿道的特点

（王　强）

练习题

单项选择题

1. 泌尿系统的组成包括
　　A. 肾　　　　　　B. 膀胱　　　　　　C. 尿道　　　　　　D. 输尿管　　　　　　E. 以上都是
2. 成人肾门平对
　　A. 第 11 胸椎　　　　　　　　B. 第 12 胸椎　　　　　　　　C. 第 1 腰椎
　　D. 第 2 腰椎　　　　　　　　E. 第 3 腰椎
3. 出入肾门的结构中不包括
　　A. 肾盂　　　　　B. 淋巴管　　　　　C. 肾动脉　　　　　D. 肾静脉　　　　　E. 输尿管

4. 包绕肾乳头的结构是

    A. 肾小盏   B. 肾大盏   C. 肾盂   D. 输尿管   E. 肾小管

5. 膀胱的最下部为

    A. 膀胱尖   B. 膀胱体   C. 膀胱颈   D. 膀胱底   E. 膀胱三角

6. 不与男性膀胱底毗邻的是

    A. 直肠   B. 前列腺   C. 精囊

    D. 输精管壶腹   E. 直肠膀胱陷凹

7. 当膀胱充盈时，沿耻骨联合上缘进行膀胱穿刺，不需经过的结构是

    A. 皮肤   B. 皮下组织   C. 腹肌

    D. 腹膜和腹膜腔   E. 膀胱壁

8. 肾小管重吸收的主要部位是

    A. 集合管   B. 近端小管   C. 远端小管和集合管

    D. 细段   E. 远端小管

9. 球旁细胞分泌的激素是

    A. 糖皮质激素   B. 盐皮质激素   C. 胰岛素

    D. 肾上腺素   E. 肾素和促红细胞生成素

10. 肾的基本结构和功能单位是

    A. 肾单位   B. 肾小体   C. 近端小管

    D. 集合小管   E. 远端小管

11. 肾单位的组成是

    A. 肾小球和集合管   B. 肾小球和肾小管   C. 近端小管和细段

    D. 远端小管和细段   E. 远端小管和集合管

12. 下列不属于膀胱分部的是

    A. 膀胱尖   B. 膀胱底   C. 膀胱体   D. 膀胱颈   E. 膀胱三角

13. 膀胱肿瘤的好发部位是

    A. 膀胱尖   B. 膀胱三角   C. 膀胱体   D. 膀胱颈   E. 膀胱底

14. 女性容易引起逆行性尿路感染的原因是

    A. 女性尿道短、宽、直   B. 女性尿道短、窄、直

    C. 女性尿道长、宽、直   D. 女性尿道长、窄、直

    E. 女性尿道长、窄、弯

15. 女性膀胱后方有

    A. 直肠   B. 乙状结肠   C. 回肠

    D. 子宫和阴道   E. 肛管

16. 女性尿道长为

    A. 2～3 cm   B. 3～5 cm   C. 5～7 cm   D. 6～8 cm   E. 8～10 cm

第六章

生殖系统

🎓 思维导图

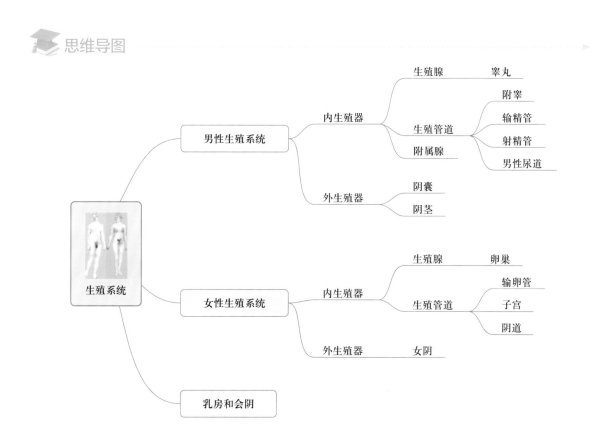

👓 学习目标

1. 掌握男性生殖系统的组成，生精细胞的生长发育，睾丸间质细胞的功能，男性尿道的分部，狭窄、弯曲的位置和临床意义；女性生殖系统的组成，各级卵泡，黄体的结构特点，输卵管的形态、位置和分部，子宫的形态、位置毗邻及其固定装置，子宫壁的微细结构。

2. 熟悉睾丸的位置、形态，精索的位置，前列腺的形态、位置和毗邻；卵巢的位置，子宫内膜周期性变化与卵巢周期性变化的关系，阴道的位置和毗邻，乳房的位置、形态和结构。

3. 了解附睾、精囊腺、尿道球腺的位置和形态，阴茎的形态结构；女性外生殖器的名称；阴道前庭的概念。

4. 运用所学知识，树立奋勇争先的拼搏精神，感受母爱的伟大。

思政之光

> **病例 6-1**　　患者，男，25 岁。因反复尿频，排尿不尽感加重 2 天入院。入院前 3 年有尿频、尿痛、尿道灼热或排尿不尽感于当地医院就诊。B 超检查显示有前列腺增生。入院前 1 周排尿困难加剧，入院前 2 天出现少量尿失禁。体格检查：体温 37.1 ℃，心率 96 次 / 分，血压 150/70 mmHg。下腹部压痛、酸胀感明显。直肠指检可发现前列腺增大。临床诊断为前列腺增大、轻度尿潴留。
>
> 　　**问：**男性和女性生殖系统由哪些器官组成？男性尿道分为哪几段？前列腺增大为什么会导致排尿困难甚至尿潴留？

音频：
男、女性生殖系统的组成

生殖系统（reproductive system）包括男性生殖系统和女性生殖系统，均可分为内生殖器和外生殖器两部分。内生殖器由生殖腺、生殖管道和附属腺组成，多位于盆腔内；外生殖器则露于体表。

生殖系统的主要功能是产生生殖细胞、繁殖后代和分泌性激素，激发和维持第二性征。

第一节　男性生殖系统

男性生殖系统包括内生殖器和外生殖器两部分（图 6-1）。内生殖器包括生殖腺（睾丸）、输精管道（附睾、输精管、射精管、男性尿道）和附属腺（精囊、前列腺、尿道球腺）；外生殖器包括阴囊和阴茎。

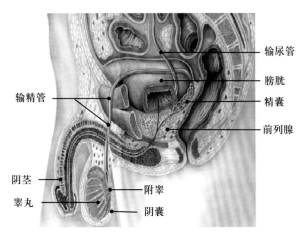

图 6-1　男性生殖系统概况

一、男性内生殖器

（一）睾丸

睾丸（testis）为男性的生殖腺，具有产生精子和分泌雄性激素的功能。

1. 睾丸的位置和形态　睾丸位于阴囊内，左、右各一。

睾丸呈扁椭圆形，表面光滑，分为内、外侧两面，上、下两端和前、后两缘。上端被附睾头遮盖，下端游离。前缘游离，后缘有血管、神经和淋巴管等出入，并与附睾和输精管睾丸部相接触（图 6-2）。

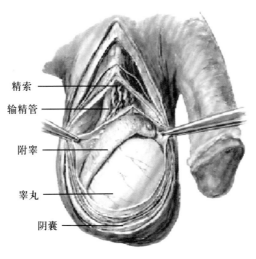

图 6-2 睾丸和附睾

2. 睾丸的微细结构 睾丸表面有一层致密的结缔组织膜，称为白膜。白膜在睾丸的后缘增厚形成睾丸纵隔。睾丸纵隔发出许多睾丸小隔，将睾丸实质分为 100 ~ 200 个睾丸小叶。每个小叶内含有 1 ~ 4 条弯曲的精曲小管。精曲小管汇合成精直小管进入睾丸纵隔内吻合成睾丸网，睾丸网最后形成十多条睾丸输出小管进入附睾。精曲小管之间的疏松结缔组织，称为睾丸间质（图 6-3、图 6-4）。

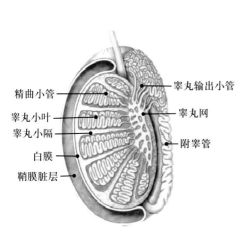

图 6-3 睾丸和附睾的结构

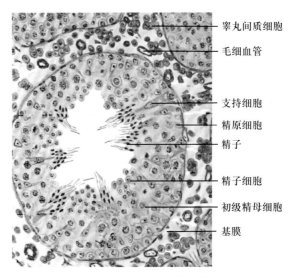

图 6-4 睾丸的微细结构

（1）精曲小管（seminiferous）：是产生精子的部位，其上皮为生精上皮，主要由生精细胞和支持细胞构成。

①生精细胞：为一系列不同发育阶段生殖细胞的总称，镶嵌在支持细胞之间的不同位置。从管壁到管腔包括精原细胞、初级精母细胞、次级精母细胞、精子细胞和精子。从精原细胞到精子形成的过程称为精子发生。精子的发生大约需要 64 天。

精原细胞紧贴基膜，圆形或椭圆形。精原细胞不断分裂增殖，一部分继续作为干细胞，另一部分增殖分化为初级精母细胞。

初级精母细胞位于精原细胞内面，体积较大，核大而圆。生精小管的切面中可见处于分裂期的初级精母细胞。一个初级精母细胞完成第一次成熟分裂（染色体数目减半）后，形成两个次级精母细胞。

次级精母细胞位于初级精母细胞内面，核圆形，染色较深。次级精母细胞在短期内很快完成第二次成熟分裂（DNA 的量减半），形成两个精子细胞，故在切面中不易见到。

精子细胞更靠近管腔，核圆，染色质致密。染色体核型为 23，X 或 23，Y。细胞不再分裂，变形后成为精子。

精子形似蝌蚪，分头、尾两部。头部主要为染色质高度浓缩的细胞核，头部的前 2/3 称为顶体。顶体内含有多种水解酶，在受精时，精子释放顶体酶，分解卵子周围的放射冠和透明带而进入卵细胞内。尾部是精子的运动装置，通过摆动使精子向前游动。

②支持细胞：呈长锥体形，基底部附着于基膜上，顶部伸至管腔面。由于其侧面镶嵌着各级生精细胞，故光镜下细胞轮廓不清，核呈不规则形，染色浅，核仁明显。支持细胞具有支持和营养各级生精细胞、吞噬精子细胞变形脱落的残余胞质和分泌雄激素结合蛋白的功能。

（2）睾丸间质：是位于精曲小管之间的疏松结缔组织，含有睾丸间质细胞，能合成和分泌雄激素，可促进精子的发生和男性生殖器官的发育，激发和维持男性第二性征及性功能。

（二）输精管道

1. **附睾（epididymis）** 呈新月形，紧贴于睾丸的上端和后缘（图 6-2）。

附睾上端膨大为附睾头，中部为附睾体，下端为附睾尾。附睾头由睾丸输出小管盘曲而成，输出小管汇合成一条附睾管构成附睾体和附睾尾。附睾尾向上弯曲移行为输精管（图 6-3）。

附睾有贮存精子和促进精子进一步成熟的功能。

2. **输精管（ductus）** 是附睾管的直接延续，长约 50 cm，管壁较厚，活体触摸时呈坚实的圆索状。按其行程可分为 4 部分（图 6-1）。

（1）睾丸部：起于附睾尾，沿睾丸后缘和附睾内侧上行至睾丸上端。

（2）精索部：介于睾丸上端与腹股沟管浅环之间，位置表浅，输精管结扎术常在此部进行。

（3）腹股沟部：位于腹股沟管内的部分。

（4）盆部：始于腹股沟管深环，沿盆腔侧壁向后下行，到达膀胱底后方，输精管末端膨大形成输精管壶腹。输精管壶腹末端变细，与同侧精囊的排泄管共同汇合成射精管。

3. **射精管（ejaculatory duct）** 由输精管壶腹变细与同侧精囊的排泄管共同汇合而成，长约 2 cm，射精管斜穿前列腺实质，开口于男性尿道的前列腺部（图 6-1）。

精索（spermatic cord）是 1 对柔软的圆索状结构，位于睾丸上端至腹股沟管深环之间。精索内主要有输精管、睾丸动脉、蔓状静脉丛、神经、淋巴管等结构（图 6-2）。

（三）附属腺

1. **精囊（seminal vesicle）** 又称精囊腺，为一对长椭圆形的囊状器官，位于膀胱底后方和输精管壶腹的下外侧（图 6-5）。其排泄管与输精管壶腹的末端汇合成射精管。精囊分泌的液体参与精液的组成。

2. **前列腺（prostate）** 是单个实质性器官，位于膀胱颈与尿生殖膈之间，包绕尿道的起始部，呈前后稍扁的栗子形，底朝上，尖向下（图 6-5）。

前列腺的后面正中有一纵行浅沟，称为前列腺沟，活体直肠指诊可扪及此沟，前列腺肥大时，此沟消失。临床上前列腺肥大时，可压迫尿道以致排尿困难。前列腺排泄管开口于尿道前列腺部，其分泌物参与精液的组成。

3. **尿道球腺（bulbourethral）** 是埋藏于尿生殖膈内的一对豌豆大小的球形腺体，其排泄管细长开口于尿道球部（图 6-5）。

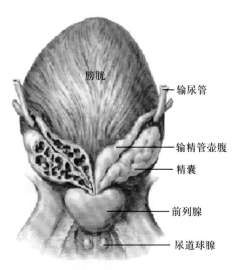

膀胱
输尿管
输精管壶腹
精囊
前列腺
尿道球腺

图 6-5　前列腺、精囊和尿道球腺

精液（spermatic）由生殖管道和附属腺的分泌物与精子混合而成，为乳白色弱碱性液体，适于精子的生存和活动。成年男性一次正常射精量为 2 ～ 5 ml，含 3 亿 ～ 5 亿个精子。如果精子密度小于 $15 \times 10^6/ml$，则属于少精症，可致男性不育。

二、男性外生殖器

（一）阴囊

阴囊（scrotum）是位于阴茎后下方的囊袋状结构（图 6-2）。阴囊壁由皮肤和肉膜组成。肉膜在中线向深部发出阴囊中隔，将阴囊分为左、右两腔，分别容纳左、右睾丸，附睾及输精管起始部等。肉膜为浅筋膜，内含平滑肌纤维，平滑肌可随外界温度的变化而舒缩，可调节阴囊内的温度，以利于精子的发育与生存。

阴囊深面有包被睾丸和精索的被膜，由浅至深有精索外筋膜、提睾肌、精索内筋膜和睾丸鞘膜。睾丸鞘膜来自腹膜，分为脏、壁两层，脏层包于睾丸和附睾表面，壁层贴于精索内筋膜内面，两层之间为鞘膜腔，内有少量浆液，有润滑作用。在病理状态下鞘膜腔的液体增多可形成睾丸鞘膜腔积液。

（二）阴茎

阴茎（penis）为男性的性交器官（图 6-6）。阴茎呈圆柱状，分为头、体、根 3 部分，后端固定部分为阴茎根（图 6-6）。中部为阴茎体，呈圆柱形。前端膨大为阴茎头，其尖端有矢状位的尿道外口。

阴茎由两条阴茎海绵体和一条尿道海绵体组成，外面包以筋膜和皮肤（图 6-7）。阴茎海绵体左、右各一，位于阴茎的背侧。尿道海绵体位于阴茎海绵体的腹侧，尿道贯穿其全长。尿道海绵体中部呈圆柱状，其前、后端均膨大，前端膨大为阴茎头，后端膨大为尿道球。阴茎的皮肤薄而柔软，富有伸展性，它在阴茎前方返折成双层的皮肤皱襞包绕阴茎头，称为阴茎包皮。在阴茎头腹侧中线上，包皮与尿道外口下端相连的皮肤皱襞，称为包皮系带。做包皮环切手术时，注意勿伤及包皮系带，以免影响阴茎的正常勃起。

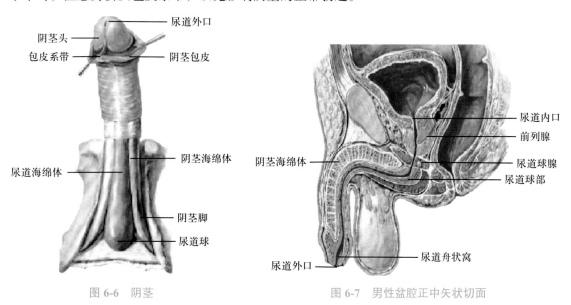

图 6-6　阴茎　　　　　　　　　　图 6-7　男性盆腔正中矢状切面

链接

包皮环切术

幼儿的包皮较长，包着整个阴茎头，随着年龄增长，包皮逐渐向后退缩，包皮口逐渐扩大，阴茎头显露于外表。如果至成年以后，阴茎头仍被包皮被覆，称为包皮过长。

如果包皮口过小，包皮不能退缩暴露阴茎头，则称为包茎。以上两种情况，包皮内易存留污垢导致炎症，也可能成为阴茎癌的诱发因素。应行包皮环切术。做包皮环切手术时，注意保护包皮系带，以免损伤后影响阴茎的正常勃起。

三、男性尿道

音频：
男性尿道的分部和特点

男性尿道（male urethra）兼有排尿和排精功能。起于膀胱颈的尿道内口，终于阴茎头的尿道外口，成年男性尿道长 18 ~ 22 cm，管径平均 5 ~ 7 mm，全长可分为 3 部分，即前列腺部、膜部和海绵体部（图 6-7）。

临床上将前列腺部和膜部称为后尿道，海绵体部称为前尿道。

1. 前列腺部 为尿道贯穿前列腺的部分，管腔中部扩大呈梭形，其后壁有射精管和前列腺排泄管的开口。

2. 膜部 为尿道贯穿尿生殖膈的部分，短而窄，其周围有尿道括约肌环绕，该肌为骨骼肌，可随意控制排尿。

3. 海绵体部 为尿道贯穿尿道海绵体的部分。尿道球内的尿道最宽，称为尿道球部，尿道球腺排泄管开口于此。在阴茎头内的尿道扩大称为尿道舟状窝。

男性尿道在行程中粗细不等，有 3 处狭窄、3 处扩大和 2 个弯曲。

3 处狭窄分别位于尿道内口、尿道膜部和尿道外口，其中以尿道外口最为狭窄。尿道结石常易嵌顿在这些狭窄部位。

3 处扩大分别位于尿道前列腺部、尿道球部和尿道舟状窝。

2 个弯曲：一个是耻骨下弯，位于耻骨联合下方，凹向前上方，此弯曲恒定无变化；另一个弯曲为耻骨前弯，位于耻骨联合前下方，凹向后下方，如将阴茎向上提起，此弯曲即可消失。

链接

男性导尿术

导尿术是将导尿管自尿道插入膀胱导出尿液的技术，是临床护理中最常见的操作技术。

1. 注意男性尿道的形态特点 男性尿道有 3 个狭窄：尿道内口、尿道膜部和尿道外口，其中尿道外口最狭窄。男性尿道有两个弯曲：耻骨下弯和耻骨前弯。

2. 操作要领 先将阴茎向上提起，使尿道耻骨前弯消失。将阴茎包皮后推露出尿道外口，插入导尿管手法要轻柔，速度要缓慢，以免损伤尿道黏膜。当导尿管经过尿道狭窄时，因刺激而使括约肌痉挛，导致插入困难，此时可稍待片刻，让患者做深呼吸，使会阴部放松，再缓慢插入。如见导管有尿液流出，再继续插入 2 cm 即可。若插入过深，导尿管将发生盘曲。

第二节　女性生殖系统

女性生殖系统（female reproductive system）亦包括内生殖器和外生殖器两部分（图 6-8）。内生殖器包括生殖腺（卵巢）、生殖管道（输卵管、子宫和阴道）。外生殖器合称女阴。乳房和会阴与生殖功能密切相关，在本章一并叙述。

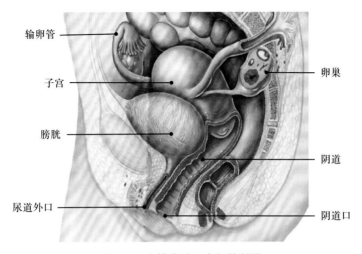

图 6-8 女性盆腔正中矢状断面

一、女性内生殖器

（一）卵巢

卵巢（ovary）为女性的生殖腺，其功能是产生卵子和分泌女性激素。

1. 卵巢的位置和形态 卵巢左、右各一，位于小骨盆腔侧壁髂总血管分叉处的卵巢窝内（图 6-8）。

卵巢呈扁卵圆形，可分为内、外侧面，上、下端和前、后缘。卵巢前缘借卵巢系膜连于子宫阔韧带的后层，中部有血管和神经出入，称为卵巢门；后缘游离。卵巢的大小和形状随年龄增长呈现差异：幼女的卵巢较小，表面光滑；性成熟期卵巢最大，以后由于多次排卵，卵巢表面出现瘢痕而变得凹凸不平，35 ~ 40 岁卵巢开始缩小，50 岁左右随月经停止而逐渐萎缩。

卵巢的位置主要靠卵巢的韧带来维持。卵巢悬韧带又称骨盆漏斗韧带，为起自小骨盆腔侧缘，向下至卵巢上端的腹膜皱襞，内有卵巢的血管、淋巴管和神经走行，是寻找卵巢血管的标志。卵巢固有韧带起自卵巢下端，连于输卵管与子宫结合处的后下方。

2. 卵巢的微细结构 卵巢为实质性器官，表面覆有单层扁平或立方上皮，上皮下方为薄层致密结缔组织，称为白膜。卵巢实质包括位于外周的皮质和中央的髓质。皮质较厚，由不同发育阶段的卵泡、黄体、白体、闭锁卵泡及结缔组织构成，结缔组织中含有低分化的基质细胞；髓质范围较小，由结缔组织、神经、血管和淋巴等构成（图 6-9）。

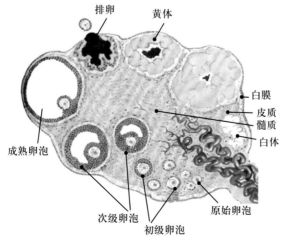

图 6-9 卵巢的微细结构

（1）卵泡的发育与成熟：新生儿双侧卵巢皮质中有70万～200万个原始卵泡，青春期前约4万个，至40～50岁时仅剩余几百个。从青春期至更年期，一般每月有15～20个卵泡生长发育，但通常只有1个卵泡发育成熟，其余卵泡均在不同发育阶段退化为闭锁卵泡，女人一生共排卵400～500个。卵泡的发育与成熟是一个连续的生长过程，一般分为原始卵泡、初级卵泡、次级卵泡和成熟卵泡4个阶段，初级卵泡和次级卵泡合称生长卵泡（图6-9）。

①原始卵泡：位于卵巢皮质浅层，体积小，数量多，由一个初级卵母细胞及周围单层扁平的卵泡细胞组成。初级卵母细胞体积较大，圆形，胞质嗜酸性。初级卵母细胞是由胚胎时期的卵原细胞发育形成，停滞在第一次成熟分裂的前期。卵泡细胞具有支持和营养卵母细胞的作用。

②初级卵泡：自青春期开始，在促性腺激素的作用下，部分原始卵泡开始生长发育，卵泡细胞分裂增生，由一层变为多层；初级卵母细胞不断增大，周围出现一层厚度均匀的嗜酸性膜，称为透明带。初级卵母细胞周围的结缔组织逐渐分化成卵泡膜。

③次级卵泡：随着卵泡细胞不断增殖，卵泡细胞间出现一些含卵泡液的小腔隙，并逐渐融合扩大成一个大腔，称为卵泡腔。随着卵泡液增多及卵泡腔的扩大，初级卵母细胞、透明带及部分卵泡细胞被挤到卵泡的一侧，形成凸向卵泡腔的圆形隆起，称为卵丘。紧靠初级卵母细胞外围透明带的一层卵泡细胞变成柱状，呈放射状排列，称为放射冠，构成卵泡壁的卵泡细胞称为颗粒层。

④成熟卵泡：是卵泡发育的最后阶段，体积显著增大，并向卵巢表面突起，在排卵前36～48小时，初级卵母细胞完成第一次成熟分裂（染色体数目减半），形成一个大的次级卵母细胞（核型为23，X）和一个很小的第一极体（核型为23，X）。次级卵母细胞很快进入第二次成熟分裂期，但没有完成而停留在分裂中期（图6-10）。

生长卵泡和成熟卵泡的卵泡细胞和卵泡膜细胞能分泌雌激素。雌激素不仅能刺激女性生殖器官发育和第二性征的出现与维持，还能促使子宫内膜增生。

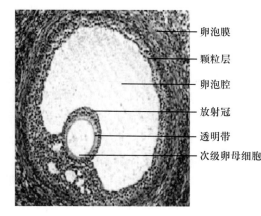

图6-10　成熟卵泡光镜图

（2）排卵：成熟卵泡破裂，次级卵母细胞与透明带、放射冠随同卵泡液脱离卵巢，进入腹膜腔的过程，称为排卵（ovulation）。正常排卵发生在月经周期的第14天左右。一般是左右卵巢交替排卵，每次排卵一个，偶尔亦会同时排出两个或两个以上的卵细胞。若排出的卵在24小时内未受精，便退化消失；若受精，则继续完成第二次减数分裂，形成单倍体的卵细胞（23，X）和1个第二极体。

（3）黄体的形成与退化：排卵后，卵泡壁塌陷，卵泡膜也随之陷入，在黄体生成素的作用下，逐渐形成一个富含血管的内分泌细胞团，新鲜时呈黄色，故称黄体（corpus luteum）。

黄体能分泌雌激素和孕激素。如果卵细胞未受精，黄体在排卵后2周即退化，称为月经黄体。如果卵细胞受精并妊娠，维持6个月左右后再逐渐萎缩退化，称为妊娠黄体。黄体退化后逐渐由结缔组织代替称为白体。

（二）生殖管道

1. 输卵管（uterine tube）　为输送卵子的肌性管道，左、右各一，长10～14 cm，位于子宫底两侧、子宫阔韧带上缘内。其外侧端游离，以输卵管腹腔口与腹膜腔相通，内侧端连于子宫底，以输卵管子宫口通子宫腔，故女性的腹膜腔可经输卵管、子宫、阴道与外界相通。输卵管由外侧向内侧可分为4部分（图6-11）。

（1）输卵管漏斗部：为输卵管外侧端的膨大部分，呈漏斗形。口的周缘有许多指状突起，称为输卵管伞（ovarian fimbria），是手术时确认输卵管的标志。其中较大的一条突起连于卵巢，称为卵巢伞。

（2）输卵管壶腹部：约占输卵管全长的 2/3，粗而弯曲，卵子通常在此部受精，也是异位妊娠的好发部位。

（3）输卵管峡：该段短而直，管壁较厚，管腔较狭窄，是输卵管结扎术的常选部位。

（4）输卵管子宫部：为输卵管穿过子宫壁的部分，长约 1 cm，以输卵管子宫口开口于子宫腔。临床上将输卵管和卵巢合称子宫附件（uterine appendages）。

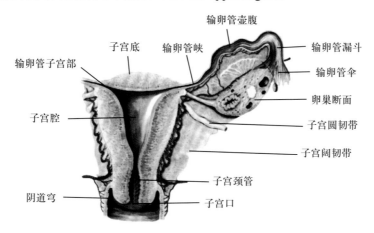

图 6-11　子宫和输卵管的形态

2. **子宫**（uterus）　壁厚而腔小，是孕育胎儿、产生月经的肌性器官（图 6-8，图 6-11）。

（1）子宫的形态：子宫呈倒置梨形，长 7 ~ 8 cm，宽 4 ~ 5 cm，厚 2 ~ 3 cm。子宫可分为子宫底、子宫体和子宫颈 3 部分。

子宫底为位于两侧输卵管子宫口以上的圆凸部分。子宫的下部缩细，称为子宫颈。子宫颈的下 1/3 伸入阴道内，称为子宫颈阴道部；上 2/3 位于阴道以上，称为子宫颈阴道上部。子宫颈为炎症和肿瘤的好发部位。子宫颈与子宫底之间的部分为子宫体。子宫颈与子宫体连接部稍狭细，称为子宫峡，长约 1 cm，妊娠后期可延长至 7 ~ 11 cm，形成"子宫下段"，管壁变薄，剖宫产术常在此处切开子宫取出胎儿。

子宫的内腔分为上、下两部分：上部分由子宫底和子宫体围成，称为子宫腔，呈倒置的三角形，底的两侧借输卵管子宫口与输卵管相通；下部位于子宫颈内，称为子宫颈管，呈梭形。子宫颈管向上通子宫腔，向下通阴道，称为子宫口。未产妇的子宫口为圆形，边缘光滑而整齐；经产妇的子宫口呈横裂状。

（2）子宫的位置和固定装置：子宫位于小骨盆腔中央，前邻膀胱，后邻直肠，下端突入阴道，两侧与卵巢、输卵管和子宫阔韧带相连。成年未孕女性的子宫底位于小骨盆入口平面以下。

成年女性子宫的正常位置呈前倾前屈位。前倾是指整个子宫向前倾斜，子宫体伏于膀胱的上面，子宫长轴与阴道之间形成向前开放的钝角，稍大于 90º；前屈是指子宫体与宫颈之间形成凹向前的弯曲。

子宫的位置、大小及形态均可随年龄大小而变化。新生儿子宫高出小骨盆上口，子宫颈比子宫体长而粗。性成熟前期，子宫体迅速发育，壁渐增厚。性成熟期，子宫颈和子宫体的长度几乎相等。经产妇的子宫较大，壁厚，内腔也增大。绝经期后，子宫萎缩变小，壁也变薄。

正常子宫的位置主要依靠盆底肌和阴道的承托、韧带的牵引来维持。若这些结构薄弱或受损，可致子宫位置异常，如子宫脱垂等。其韧带主要有以下 4 对（图 6-12）。

①子宫阔韧带（broad ligament of uterus）：位于子宫两侧，略成冠状位，由子宫前、后面的腹膜自子宫侧壁向两侧盆侧壁延伸而成，可限制子宫向两侧移动。子宫阔韧带的上缘游离，

内包输卵管，其外侧端移行为卵巢悬韧带。

②子宫圆韧带（round ligament of uterus）：呈圆索状，起自子宫底下方，在阔韧带前叶的覆盖下向前外侧弯行，穿过腹股沟管，止于大阴唇皮下。它是维持子宫前倾的主要结构。

③子宫主韧带（cardinal ligament of uterus）：由阔韧带下部两侧间的结缔组织和平滑肌构成，自子宫颈两侧连于盆侧壁。其作用是固定子宫颈和防止子宫下垂的作用。

④子宫骶韧带（uterosacral ligament）：由结缔组织和平滑肌构成，起自子宫颈后面，向后绕过直肠两侧，附着于骶骨前面，有维持子宫前屈的作用。

（3）子宫壁的微细结构：子宫壁由内向外分为内膜、肌层和外膜3层（图6-13）。

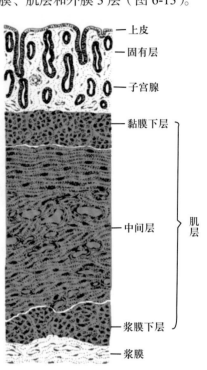

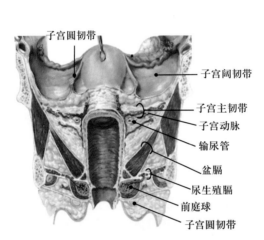

图 6-12　子宫的固定装置　　　　　　图 6-13　子宫壁的微细结构模式图

①内膜：即黏膜，由上皮和固有层组成。上皮为单层柱状上皮，深入固有层内形成管状的子宫腺。固有层较厚，由疏松结缔组织构成，内含子宫腺、丰富的血管和大量基质细胞。子宫动脉的分支呈螺旋状走行，称为螺旋动脉。

子宫内膜分为浅层的功能层和深层的基底层两层。功能层较厚，约占内膜厚度的4/5，在月经周期中可发生脱落，妊娠时，胚泡植入此层；基底层较薄，约占内膜厚度的1/5，不随月经周期剥脱，在月经期后能增生修复功能层。

②肌层：由平滑肌构成，很厚，肌纤维束交错走行，分层不明显。

③外膜：大部分为浆膜，小部分为结缔组织。

（4）子宫内膜的周期性变化：自青春期开始至绝经止，子宫内膜在卵巢分泌的雌、孕激素作用下，出现周期性变化。一般每隔28天左右发生一次子宫内膜功能层剥脱、出血、增生、修复的过程，称为月经周期。子宫内膜周期性变化通常分为3期（图6-14）。

增生期　　　分泌期　　月经期

图 6-14　子宫内膜的周期性变化

①月经期：为月经周期的第 1 ～ 4 天。由于排出的卵未受精，月经黄体退化，雌、孕激素骤减，螺旋动脉持续收缩，导致子宫内膜功能层缺血坏死、脱落，继而螺旋动脉突然短暂扩张，导致功能层血管破裂出血。脱落的子宫内膜随血液一起经阴道排出，形成月经。一般持续 3 ～ 5 天，出血量为 50 ～ 100 ml。

②增生期：为月经周期的第 5 ～ 14 天。此期一批卵泡生长发育，在卵泡分泌的雌激素作用下，子宫内膜的基底层增生修复，子宫腺和螺旋动脉增长弯曲，子宫内膜逐渐增厚并形成新的上皮和功能层。此期末卵巢排卵。

③分泌期：为月经周期的第 15 ～ 28 天。此期黄体形成，在黄体分泌的雌、孕激素作用下，子宫内膜进一步增厚，螺旋动脉增长，更加弯曲，子宫腺迂曲，腺腔充满分泌物，基质细胞肥大，胞质内充满糖原和脂滴，适于胚泡的植入和发育。如未受精，则黄体退化，子宫内膜开始脱落，进入下一个月经周期。

链接

子宫内膜异位

子宫内膜组织出现在子宫体以外的部位时，称为子宫内膜异位（EMT），简称内异症。异位内膜可侵犯全身任何部位，如脐、膀胱、肾、输尿管、肺、胸膜、乳腺，甚至手臂、大腿等处，但绝大多数位于盆腔器官和壁腹膜，以卵巢、子宫韧带最常见。由于内异症是激素依赖性疾病，在自然绝经和人工绝经后，异位内膜病灶可逐渐萎缩吸收。患者主要症状为下腹痛与痛经、不孕及性交不适。

异位内膜来源至今尚未阐明。流行病学调查显示，在慢性盆腔疼痛及痛经患者中的发病率为 20% ～ 70%，不孕症患者中 25% ～ 35% 与内异症有关。

---

3. **阴道（vagina）** 是富有伸展性的肌性管道，为女性的性交器官，也是月经排出和娩出胎儿的管道（图 6-12）。

（1）阴道的位置及形态：阴道位于盆腔中央，前邻膀胱和尿道，后邻直肠与肛管。阴道前后壁平时处于相贴状态。

阴道上部较宽，包绕宫颈阴道部，两者之间的环形凹陷，称为阴道穹。阴道穹可分为前部、后部和两侧部，其中后部最深。阴道穹后部与直肠子宫陷凹仅隔以阴道后壁和腹膜。当该陷凹有积血或积液时，临床上可经阴道穹后部穿刺或引流进行诊治。阴道下部较窄，开口于阴道前庭后部的阴道口，处女的阴道口有处女膜。

（2）阴道壁的微细结构：阴道壁由黏膜、肌层和外膜构成。黏膜向管腔内突起，形成许多环形皱襞。黏膜上皮为复层扁平上皮，在雌激素的作用下，发生周期性变化；当雌激素分泌增多时，阴道上皮角化细胞增多，上皮细胞合成大量糖原，其浅层上皮不断脱落更新，脱落细胞内的糖原，在阴道内乳酸杆菌作用下分解为乳酸，使阴道处于弱酸性环境，使适应于弱碱性环境中繁殖的病原菌受到抑制。幼年和老年女性由于雌激素水平低，阴道自净作用较弱，故容易患阴道炎。

二、女性外生殖器

女性外生殖器合称女阴（female pudendum），包括阴阜、大阴唇、小阴唇、阴道前庭、阴蒂、前庭球和前庭大腺等（图 6-15）。

1. **阴阜（mons pubis）** 为位于耻骨联合前面的皮肤隆起，内含较多脂肪，性成熟后此区长有阴毛。

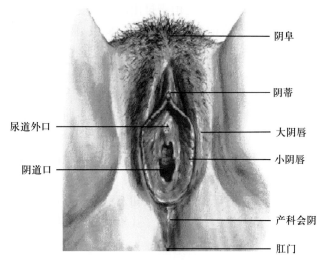

图 6-15　女阴

2. **大阴唇**（greater lip of pudendum）　位于阴阜的后下方，为 1 对隆起的皮肤皱襞，富含色素，长有阴毛。

3. **阴蒂**（clitoris）　由两个阴蒂海绵体构成，其后端以阴蒂脚附着于耻骨下支和坐骨支，向前两侧合成阴蒂体，折转向下末端为阴蒂头，富含感觉神经末梢，感觉敏锐。

4. **小阴唇**（lesser lip of pudendum）　位于大阴唇的内侧，为 1 对较薄的皮肤皱襞，其表面光滑。

5. **阴道前庭**（vaginal vestibule）　为两侧小阴唇之间的裂隙。前部有尿道外口，后部有阴道口，阴道口的两侧有前庭大腺导管开口。

6. **前庭球**（vestibular bulb）　相当于男性的尿道海绵体，呈蹄铁形。位于尿道外口与阴蒂体之间的皮下。

7. **前庭大腺**（greater vestibular gland）　成对，形如豌豆，位于阴道口的两侧，前庭球后方。前庭大腺导管开口于阴道口与小阴唇之间的沟内，相当于小阴唇中、后 1/3 交界处，其分泌物有润滑阴道口的作用。如因炎症导致导管阻塞，可形成前庭大腺囊肿。

第三节　乳房和会阴

一、乳房

乳房（mamma）为哺乳动物的特有结构。男性乳房不发达，女性自青春期后开始发育生长，妊娠期和哺乳期有泌乳活动。

（一）乳房的位置和形态

乳房位于胸前区胸大肌和胸肌筋膜表面（图 6-16）。

成年未产女性乳房呈半球形，紧张而富有弹性。乳房中央有乳头，多位于锁骨中线与第 4 肋间隙或第 5 肋相交处。乳头顶端有输乳管开口，乳头周围皮肤色素较多，形成乳晕，表面有许多小隆起，即乳晕腺，可分泌脂性物质润滑乳头及周围皮肤，乳头和乳晕的皮肤较薄嫩，易受损伤，哺乳期应注意保护。

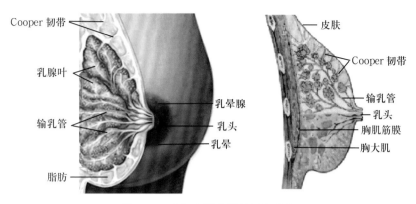

图 6-16 成年女性乳房的形态结构

（二）乳房的结构

乳房由皮肤、乳腺、纤维组织和脂肪构成。纤维组织伸入乳腺内，将腺体分隔成 15 ~ 20 个乳腺小叶。每个乳腺小叶有一排泄管，称为输乳管，近乳头处膨大为输乳管窦，其末端变细，开口于乳头。乳腺小叶和输乳管均以乳头为中心呈放射状排列，故乳房手术时应做放射状切口，以减少对乳腺叶和输乳管的损伤。

在乳房皮肤与胸肌筋膜之间，连有许多结缔组织纤维束，称为乳房悬韧带（Cooper 韧带），对乳腺起支持和固定作用。

当乳腺癌侵犯乳房悬韧带时，纤维组织增生，韧带缩短，向内牵拉皮肤，导致皮肤表面出现凹陷，称为酒窝征；如皮下淋巴管被癌细胞堵塞，引起淋巴回流受阻，出现皮肤水肿，类似橘子皮，临床上称为橘皮样变。酒窝征和橘皮样变是乳腺癌的常见体征。

二、会阴

会阴（perineum）有广义会阴和狭义会阴之分（图 6-17）。

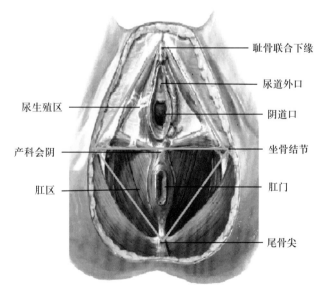

图 6-17 女性会阴和盆底肌

广义会阴是指封闭小骨盆下口的所有软组织，呈菱形。其境界与骨盆下口一致：前为耻骨联合下缘，后为尾骨尖，两侧为耻骨下支、坐骨支、坐骨结节和骶结节韧带。

以两侧坐骨结节连线为界，可将广义会阴分为前、后两个三角形的区域。前方为尿生殖区（尿生殖三角），男性有尿道通过，女性有尿道和阴道通过，此区内的肌肉有会阴浅、深横肌及尿道括约肌。由会阴深横肌、尿道括约肌及其上、下面的筋膜共同构成尿生殖膈；后方为肛区（肛门三角），其中央有肛管通过，此区内的肌肉为肛提肌，呈漏斗形，封闭骨盆下口的大部分，并承托盆腔脏器。由肛提肌及其上、下面的筋膜共同组成的结构，称为盆膈。

狭义会阴是指肛门与外生殖器之间的狭小区域。女性的狭义会阴，在临床上称为产科会阴，由于分娩时此区承受的压力较大，易发生撕裂（会阴撕裂），在分娩时应注意加以保护。

 链接

会阴侧切术

分娩过程中，会阴过紧或胎儿过大，估计娩出时会发生会阴撕裂，需行会阴侧切术。术者于局麻生效后，以左手示指、中指伸入阴道内，撑起阴道壁左侧，右手用钝头直剪自会阴后联合中线向左侧45°剪开会阴，长度4～5 cm，切口用纱布压迫止血。待胎盘娩出后立即缝合。临床产科医生常通过会阴侧切术来防止会阴撕裂伤。

（黄建斌　张争辉　严会文）

练习题

单项选择题

1. 男性的生殖腺是
   A. 前列腺　　　　　　　B. 尿道球腺　　　　　　C. 附睾
   D. 睾丸　　　　　　　　E. 精囊

2. 男性输精管的理想结扎部位是
   A. 膀胱底的后方　　　　B. 穿经腹股沟处　　　　C. 精索部
   D. 尿生殖膈的下方　　　E. 睾丸部

3. 男性尿道最狭窄处位于
   A. 尿道前列腺部　　　　B. 尿道外口　　　　　　C. 海绵体部
   D. 膜部　　　　　　　　E. 尿道内口

4. 卵巢位于
   A. 骨盆中央　　　　　　B. 骨盆后壁　　　　　　C. 游离于骨盆腔内
   D. 骨盆前壁　　　　　　E. 骨盆侧壁

5. 女性输卵管结扎常用的部位是
   A. 子宫部　　B. 峡部　　　C. 漏斗部　　　D. 壶腹部　　　E. 输卵管伞

6. 维持子宫前倾前屈的韧带是
   A. 子宫主韧带、子宫圆韧带　　　　　　　　B. 子宫主韧带
   C. 子宫圆韧带、骶子宫韧带　　　　　　　　D. 子宫阔韧带、子宫主韧带
   E. 子宫圆韧带、子宫阔韧带

7. 子宫癌肿常发生的部位是
   A. 子宫峡　　　　　　　B. 子宫体　　　　　　　C. 输卵管子宫部
   D. 子宫底　　　　　　　E. 宫颈

8. 男性产生精子的是
   A. 睾丸　　B. 前列腺　　C. 尿道球腺　　D. 精囊　　　E. 阴囊

9. 在男性，经直肠前壁可触及
　　A. 精囊　　　　B. 输精管　　　C. 射精管　　　D. 前列腺　　　E. 尿道球腺

10. 卵巢属于
　　A. 生殖腺　　　B. 输送管道　　C. 附属腺　　　D. 外生殖器　　　E. 内分泌腺

11. 下列关于睾丸的叙述，正确的是
　　A. 位于阴囊内，属于外生殖器
　　B. 外形呈前后稍扁的椭圆形
　　C. 睾丸内有 1 ~ 4 条盘曲的精曲小管
　　D. 精曲小管能产生精子和分泌男性激素
　　E. 以上都不正确

12. 射精管开口于尿道的是
　　A. 前列腺部　　B. 膜部　　　　C. 尿道球部　　D. 海绵体部　　E. 以上都不对

13. 下列关于女性生殖器的叙述，正确的是
　　A. 卵子在子宫内受精　　　　　　　　B. 前庭球是女性生殖器的附属腺
　　C. 女性生殖管道就是指输卵管　　　　D. 女阴就是指阴道前庭
　　E. 以上都不正确

14. 产科经常做剖宫取胎的部分是
　　A. 子宫体　　　　　　B. 宫颈阴道上部　　　　　　C. 子宫峡
　　D. 子宫底　　　　　　E. 以上都不对

15. 未产妇的乳头平对
　　A. 第 3 肋　　　　　　B. 第 3 肋间隙　　　　　　C. 第 4 肋
　　D. 第 4 肋间隙　　　　E. 以上都不对

16. 成人精曲小管的生精上皮细有
　　A. 支持细胞和间质细胞　　　　　　B. 支持细胞和生精细胞
　　C. 间质细胞和生精细胞　　　　　　D. 支持细胞和精原细胞
　　E. 间质细胞和精原细胞

17. 在进入月经期时，血液中含量迅速下降的激素是
　　A. 卵泡刺激素　　　　　　B. 黄体生成素　　　　　　C. 雌激素
　　D. 孕激素　　　　　　　　E. 雌激素和孕激素

第七章

循环系统

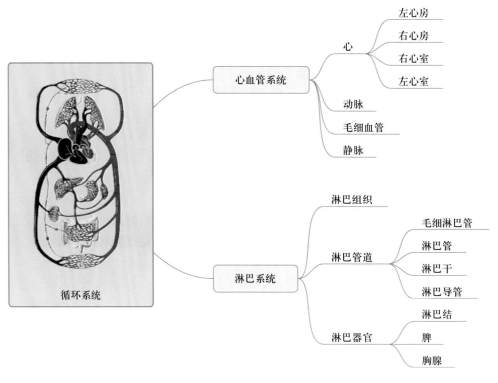

循环系统

思维导图

心血管系统 —— 心 —— 左心房 / 右心房 / 右心室 / 左心室
动脉
毛细血管
静脉

淋巴系统 —— 淋巴组织
淋巴管道 —— 毛细淋巴管 / 淋巴管 / 淋巴干 / 淋巴导管
淋巴器官 —— 淋巴结 / 脾 / 胸腺

学习目标

1. 掌握循环系统的组成，体、肺循环的概念；心的位置、外形和体表投影；主动脉的分部；四肢浅静脉的名称、位置；肝门静脉系的组成和侧支循环的临床意义；静脉穿刺的名称和部位；胸导管的起始、组成和收受范围，脾的位置和形态。

2. 熟悉左、右冠状动脉的起始、分布；各部动脉主干的名称和分布范围；上、下腔静脉的组成和收集范围；肝门静脉的主要属支；全身淋巴干的名称和收纳范围；动脉的体表触摸部位及其压迫止血点。

3. 了解血管吻合、侧支循环、颈动脉窦、颈动脉小球、心包腔的概念；动脉的分布规律、静脉回流的特点；动脉壁、淋巴结、脾的微细结构；毛细血管的分类、结构特点和功能。

4. 运用所学知识，做自律之人，树立献身精神。

思政之光

病例 6-1　患者，女，48岁。因心前区疼痛8年，加重伴有呼吸困难5小时入院。入院前8年心前区有压迫感，疼痛，多于劳累后发作，每次持续3～5分钟，休息后减轻。入院前2个月，疼痛频繁发作，且休息不能缓解。入院前9小时，于睡眠中突感心前区剧痛，并向左肩部、臂部放射，伴有大汗、呼吸困难，咳少量粉红色泡沫痰，经急诊入院。体格检查：体温37.8 ℃，心率130次/分，血压80/40 mmHg。呼吸急促，口唇和指甲发绀，不断咳嗽，咳粉红色泡沫痰液，皮肤湿冷，颈静脉稍充盈，双肺底部可闻及湿啰音，心界向左扩大，心音弱。入院后经治疗无好转，于次日死亡。临床诊断死亡原因为冠心病、心肌梗死伴左心衰竭。

　　问：心血管系统由哪些器官组成？心位于何处？心的传导系统有哪些？有何功能？心冠状动脉的起始、行程、分支及分布于何处？心尖的体表投影位于何处？

　　循环系统是一套连续封闭的管道系统。包括心血管系统和淋巴系统两部分（图7-1）。心血管系统内充满血液，在心的作用下，周而复始地定向流动。淋巴管道内充满着淋巴，以盲端起始，其末端注入心血管系统的静脉。

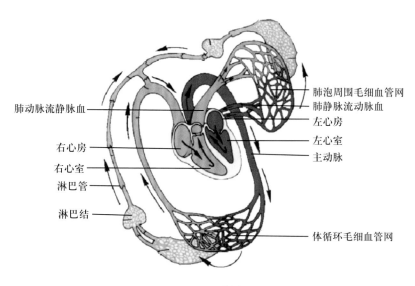

图 7-1　血液循环

　　循环系统的主要功能是运输物质，即将消化系统吸收的营养物质、肺吸入的氧气和内分泌系统分泌的激素等运输到全身各器官、组织和细胞；同时将器官、组织和细胞的代谢产物（如二氧化碳、尿素和水等）运输到肺、肾和皮肤等器官排出体外，以保证机体新陈代谢的正常进行。

第一节　心血管系统

一、概述

（一）心血管系统的组成

心血管系统（cardiovascular system）由心、动脉、毛细血管和静脉组成（图7-1）。

1. **心（heart）**　是一个中空的肌性器官，是心血管系统的动力装置。心有节律性地收缩和舒张，推动血液周而复始地循环流动。

心借房间隔和室间隔将其分隔为互不相通的左、右半心。每半心又分为上方的心房和下方的心室，故心有4个腔，即左心房、左心室、右心房和右心室。左半心内为动脉血，即含氧多、含二氧化碳少的血液，呈鲜红色；右半心内为静脉血，即含氧少、含二氧化碳多的血液，呈暗红色。心房有静脉的入口，心室有动脉的出口，同侧心房和心室间借房室口相通。由于房室口和动脉口处均有瓣膜，故血液在心腔内是定向流动的，即沿静脉流回心房，至心室，再射入动脉。

2. **动脉（artery）** 是输送血液离开心室的血管。动脉由心室发出后，在行程中反复分支，最后移行为毛细血管。动脉管壁厚，管腔小而圆，血压高，血流快。

3. **毛细血管（capillary）** 是介于动脉和静脉之间的微细血管。毛细血管常彼此吻合成网，管壁薄，血流缓慢，有利于物质交换和气体交换。

4. **静脉（vein）** 是输送血液回心房的血管。静脉起自毛细血管，经属支逐级汇合，最后注入心房。静脉管壁薄，管腔大而不规则，血压低，血流慢，可有瓣膜防止血液逆流。

（二）血液循环

血液由心射出，经动脉、毛细血管、静脉，再流回心，这种周而复始的循环流动，称为血液循环。根据循环途径的不同，血液循环可分为体循环和肺循环两部分（图7-1、图7-2）。两者相互连续，同步循环。

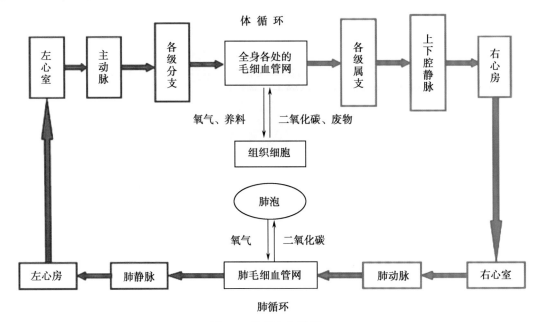

音频：
血液循环

图 7-2 体循环和肺循环

1. **体循环** 又称大循环。由左心室射出的动脉血，沿主动脉及其各级分支到达全身毛细血管网，进行物质交换和气体交换，即组织细胞摄取氧和营养物质，并释放二氧化碳和代谢产物等入血。于是鲜红色的动脉血逐渐转变为暗红色的静脉血，经静脉的各级属支，最后汇合成上、下腔静脉和冠状窦，再回到右心房。这个循环途径称为体循环（systemic circulation）。

体循环的特点是路程长，遍布全身。主要功能是进行物质和气体交换。

2. **肺循环** 又称小循环。由右心室射出的静脉血，沿肺动脉干，经左、右肺动脉及其分支，到达肺泡周围的毛细血管网，血液在此与肺泡内的气体进行交换，即摄入氧，排出二氧化碳，于是暗红色的静脉血逐渐转变为鲜红色的动脉血。经肺静脉各级属支汇入左、右肺静脉，最后回流到左心房。这个循环途径称为肺循环（pulmonary circulation）。

肺循环的特点是循环路程短，只到达肺。主要功能是进行气体交换。

（三）血管吻合和侧支循环

人体血管之间存在着广泛吻合，吻合形式多种多样。人体血管除经动脉、毛细血管、静脉相连通外，在动脉和动脉之间，静脉和静脉之间，甚至动脉和静脉之间，均可借吻合支互相吻合，分别形成动脉间吻合（如动脉网、动脉弓、动脉环）、静脉间吻合（如静脉网、静脉弓、静脉丛）和动静脉吻合。血管吻合对保证器官的血液供应，维持血液循环的正常进行有着重要作用（图7-3）。

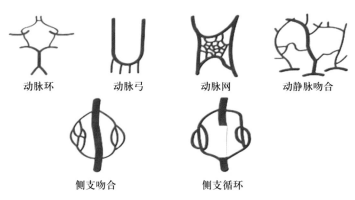

动脉环　　　　动脉弓　　　　动脉网　　　动静脉吻合

侧支吻合　　　　　　侧支循环

图 7-3　血管吻合和侧支循环

有些较大的动脉在行程中常发出与主干平行的侧支，与同一主干远侧端所发出的返支相通形成侧支吻合。

在正常情况下，侧支吻合管腔很小，血流量也很少。如果血管主干血流受阻（如结扎或血栓形成），则侧支吻合的管腔变粗，血流量增大，血流可经扩大的侧支吻合到达阻塞部位以下的血管主干，使血管受阻区的血液供应得到不同程度的恢复。这种通过侧支吻合建立的循环，称为侧支循环（collateral circulation）。侧支循环的建立对于器官在病理状态下的血液供应具有重要意义。

二、心

（一）心的位置

心位于胸腔中纵隔内，外裹以心包。约2/3位于前正中线左侧，1/3位于右侧（图7-4）。

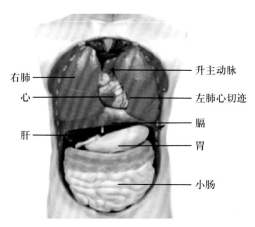

右肺　　　　　　　　　　　　升主动脉
心　　　　　　　　　　　　　左肺心切迹
　　　　　　　　　　　　　　膈
肝　　　　　　　　　　　　　胃
　　　　　　　　　　　　　　小肠

图 7-4　心的位置

音频：
心的位置

心前面仅小部分借心包与胸骨体下部左半和左侧第4、5肋软骨相贴，大部分被肺和胸膜遮盖，临床上进行心内注射时，为了不伤及肺和胸膜，常在左侧第4肋间隙靠近胸骨左缘处进针，将药物注入右心室内；后面邻食管、胸主动脉和迷走神经等，并与第 5 ~ 8 胸椎体相对；两侧与纵隔胸膜和肺相邻；下方邻膈；上方连有出入心的大血管。

链接

胸外心脏按压术

胸外心脏按压术的操作方法是掌根在胸骨的中、下 1/3 交界处按压，借助外力挤压心及胸腔，一方面将血液压出，以维持暂时的人工循环，改善心、脑血供；另一方面挤压的机械刺激，可以恢复自主心跳。

（二）心的外形

心呈前后略扁、倒置的圆锥体，大小与本人的拳头相似，心的长轴由右后上方斜向左前下方。心具有一尖、一底、两面、三缘和三条沟（图 7-5）。

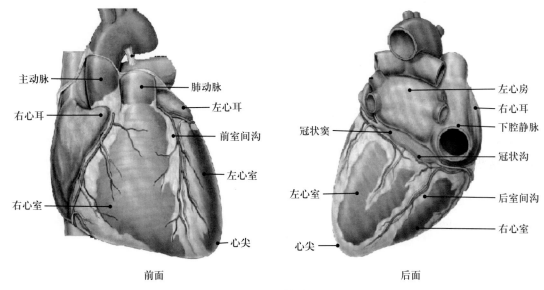

图 7-5　心的外形

1. **心尖**（cardiac apex）　朝向左前下方，由左心室构成。其体表投影位于左第 5 肋间隙锁骨中线内侧 1 ~ 2 cm 处，在此处可看到或摸到心尖搏动。

2. **心底**（cardiac base）　朝向右后上方，主要由左心房和小部分右心房构成，并与出入心的大血管相连。

3. **两面**　心的前面朝向胸骨体和肋软骨，称为胸肋面，大部分由右心房和右心室构成，小部分由左心耳和左心室构成；心的下面邻膈，称为膈面，大部分由左心室构成，小部分由右心室构成。

4. **三缘**　心的右缘垂直向下，由右心房构成；左缘钝圆，主要由左心室构成；下缘接近水平位，由右心室和心尖构成。

5. **三条沟**　心的表面近心底处有一几乎成环形的冠状沟（coronary sulcus），是心房与心室在心表面的分界标志。心的胸肋面和膈面各有一条自冠状沟延伸到心尖稍右侧的浅沟，分别称为前室间沟（anterior interventricular groove）和后室间沟（posterior interventricular groove）。前、后室间沟是左、右心室在心表面的分界标志。前、后室间沟下端交汇于心尖右侧的凹陷，称为心尖切迹。冠状沟和前、后室间沟内充填有脂肪和心的血管。后室间沟与冠状沟相交处称为房室交点，是解剖和临床上常用的一个重要标志。

（三）心腔的结构

1. **右心房（right atrium）**　位于心的右上部（图 7-6）。它向左前方的突出部分称右心耳（right auricle），是确认右心房的心表面标志。右心耳的腔面有许多突起的梳状肌，当血流淤滞时，易在此形成血栓。

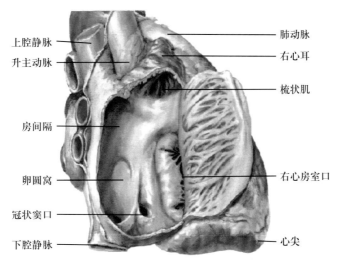

图 7-6　右心房

右心房有 3 个入口：上部有上腔静脉口（orifice of superior vena cava）；下部有下腔静脉口（orifice of inferior vena cava）；在下腔静脉口与右心房室口之间有冠状窦口（orifice of coronary sinus）。这些入口分别导入人体上半身、下半身和心壁的静脉血。

右心房的出口为右心房室口（right atrioventricular orifice），位于右心房前下部，通向右心室。

右心房后内侧壁主要由房间隔构成，在房间隔下部有一卵圆形浅窝，称为卵圆窝（fossa ovalis），是胎儿时期卵圆孔锁合后的遗迹。房间隔缺损多发生于此处，是先天性心脏病的一种。

右心房接受由上、下腔静脉和冠状窦回流至心的静脉血，并把血液自右心房室口输入右心室。

链接

先天性心脏病

　　先天性心脏病是胎儿时期心和大血管发育异常，又称先天性心脏畸形。常见的类型有房间隔缺损（多为卵圆孔未闭）、室间隔缺损、动脉导管未闭和法洛（Fallot）四联症等。法洛四联症是肺动脉狭窄、室间隔缺损、主动脉骑跨及右心室肥厚 4 种畸形并存。

2. **右心室（right ventricle）**　位于右心房的左前下方，构成胸肋面的大部分（图 7-7）。

右心室的入口即右心房室口，口周缘纤维环上附着有 3 个呈三角形的瓣膜，称为三尖瓣（tricuspid valve），又称为右房室瓣。瓣膜底附着于纤维环上，尖朝向心室腔，并借许多腱索与室壁的乳头肌相连。室壁内面交错排列的肌隆起称为肉柱，其中在室间隔下部有一横行的隔缘肉柱，又称节制索，有心传导系的右束支通过。当右心室收缩时，血流推动 3 个瓣膜互相靠拢，同时乳头肌收缩、腱索牵拉，使三尖瓣恰好封闭右心房室口，而又不至于翻向右心房，从而阻止血液反流回右心房。故纤维环、三尖瓣、腱索和乳头肌在结构和功能上作为一个整体，称为三尖瓣复合体（tricuspid complex），以保障右半心内血液单向流动。

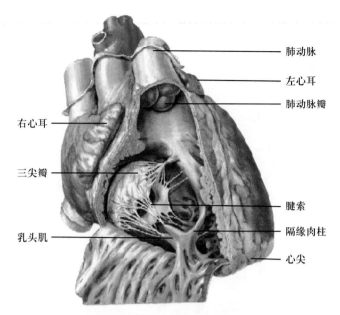

图 7-7　右心室

右心室的出口位于右心室前上部，为肺动脉口（orifice of pulmonary truck），通向肺动脉干。在口周缘纤维环上附着有 3 个呈半月形的瓣膜，称为肺动脉瓣（pulmonary valve）。瓣膜与动脉壁形成 3 个开口向上的袋状结构。当右心室收缩时，血流冲开肺动脉瓣，进入肺动脉干；右心室舒张时，反流的血液充盈袋状结构，从而封闭肺动脉口，阻止血液反流回右心室。

右心室经右心房室口接受由右心房流入的静脉血，并把血液自肺动脉口输入肺动脉干。

3. **左心房**（left atrium）　位于右心房的左后方，构成心底的大部分（图 7-8）。左心房向右前方的突出部分称为左心耳（left auricle），因其与二尖瓣邻近，为心外科常用的手术入路之一。

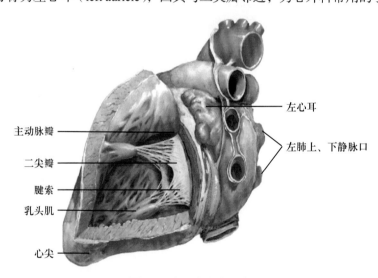

图 7-8　左心房和左心室

左心房有 4 个入口，位于左心房后壁两侧，左、右各两个，分别称为左肺上、下静脉口和右肺上、下静脉口，导入由肺回流至心的动脉血。

左心房的出口是左心房室口（left atrioventricular orifice），在左心房前下部，通向左心室。

左心房接受由肺回流至心的动脉血，并把血液自左心房室口输入左心室。

4. **左心室**（left ventricle）　位于右心室的左后下方（图 7-8）。壁较厚，约为右心室壁的 3 倍。

左心室的入口即左心房室口。其周缘纤维环上附着有两个呈三角形的瓣膜，称为二尖瓣（mitral valve），又称左房室瓣。与右心房室口的结构和功能一样。纤维环、二尖瓣、腱索和乳头肌在结构和功能上也是一个整体，称为二尖瓣复合体（mitral valve complex），以保障左半心内血液的单向流动。

左心室的出口为主动脉口（aortic orifice），位于左心房室口的右前方，通向主动脉。在口周缘的纤维环上附着有主动脉瓣（aortic valve），其结构和功能同肺动脉瓣。

左心室经左心房室口接受由左心房流入的动脉血，并把血液自主动脉口输入主动脉。

（四）心的构造

1. **心壁的构造**　心壁由内向外分为心内膜、心肌膜和心外膜 3 层（图 7-9）。

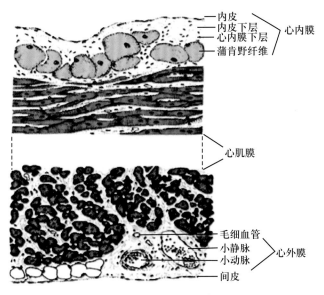

图 7-9　心壁的构造

（1）心内膜（endocardium）：是衬于心各腔内面的一层光滑薄膜。心内膜由内皮、内皮下层和心内膜下层构成。内皮薄而光滑，与出入心的大血管内皮相连续；内皮下层由较细密的结缔组织构成，含有较多弹性纤维；心内膜下层由疏松结缔组织构成，内含小血管、神经和心传导系统的分支。

心内膜在房室口和动脉口处向心腔内折叠形成心瓣膜。

（2）心肌膜（myocardium）：主要由心肌纤维构成，是心壁的主要组成部分。心肌膜包括心房肌和心室肌两部分。心房肌较薄，心室肌肥厚，左心室肌最厚。心室肌大致可分为内纵、中环和外斜 3 层。心房肌和心室肌不相连续，分别附着于左、右心房室口周围的纤维环上，因此心房肌和心室肌可不同步收缩。

心纤维环由致密结缔组织构成，它们构成心壁的纤维性支架，又称心纤维骨骼。心纤维环共有 4 个，分别位于肺动脉口、主动脉口和左、右心房室口周围，环上除附有心房肌和心室肌外，还附有心瓣膜（图 7-10）。

（3）心外膜（epicardium）：是被覆在心肌膜外面的一层光滑浆膜，为浆膜性心包的脏层。其表面为一层间皮，间皮深面为薄层结缔组织。

2. **房间隔和室间隔**　心间隔把心分隔为容纳动脉血的左半心和容纳静脉血的右半心，左、右心房之间有房间隔；左、右心室之间有室间隔（图 7-11）。

（1）房间隔（interatrial septum）：由两层心内膜夹少量心肌纤维和结缔组织构成，厚 1～4 mm，卵圆窝处最薄，厚约 1 mm。

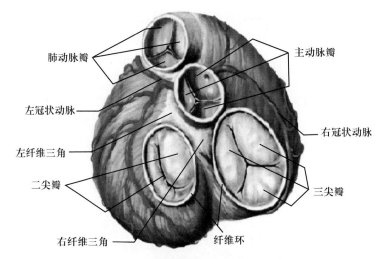

图 7-10　心纤维环

肺动脉瓣

主动脉瓣

左冠状动脉

右冠状动脉

左纤维三角

二尖瓣

三尖瓣

右纤维三角

纤维环

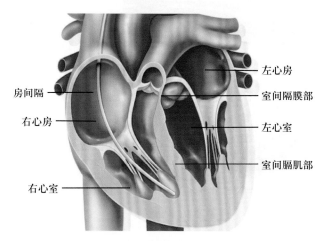

图 7-11　房间隔和室间隔

房间隔

左心房

室间隔膜部

右心房

左心室

室间隔肌部

右心室

（2）室间隔（interventricular septum）：由心内膜覆盖心肌构成，可分为两部分，其下方大部分是由心肌构成的肌部，厚 1 ~ 2 cm；上方紧靠主动脉口下方的小部分缺乏肌质，称为膜部，此处是室间隔缺损的好发部位。

（五）心传导系统

心传导系统是由特殊分化的心肌细胞构成，能产生兴奋、传递冲动，维持心的节律性搏动。主要有窦房结、房室结、房室束、左、右束支和浦肯野纤维网等（图 7-12）。

1. 窦房结（sinuatrial node）　位于上腔静脉与右心耳交界处的心外膜深面，略呈长椭圆形。窦房结是心自动节律性兴奋的起源地，是心的正常起搏点。

2. 房室结（atrioventricular node）　位于房间隔下部、冠状窦口前上方的心内膜深面，呈扁椭圆形。房室结的功能是将窦房结传来的冲动延搁后再传向心室，保证心房收缩后再开始心室收缩。

3. 房室束（atrioventricular bundle）　又称希氏（His）束。房室束自房室结发出后至室间隔上部分为左、右束支。房室束是兴奋由心房传导到心室的唯一通路。

4. 左束支（left bundle branch）和右束支（right bundle branch）　分别沿室间隔左、右侧心内膜深面下行至左、右心室。左束支在下行过程中又分为前支和后支，分别分布到左心室的前壁和后壁。

5. 浦肯野纤维网　左、右束支的分支在心室心内膜深面分为许多细小分支交织成网，称为浦肯野（Purkinje）纤维网，与心室肌细胞相连。

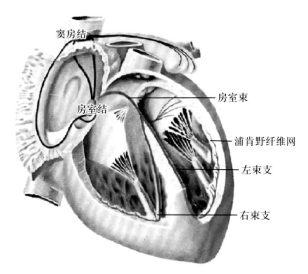

图 7-12 心传导系统

正常情况下，由窦房结发出的冲动，传至心房肌，引起心房肌收缩，同时冲动也传至房室结，再经房室束，左、右束支和蒲肯野纤维网传至心室肌，引起心室肌收缩。如果心传导系统功能失调，就会出现心律失常。

（六）心的血管

1. **心的动脉** 供给心营养的是左、右冠状动脉（图 7-13），自升主动脉根部发出。

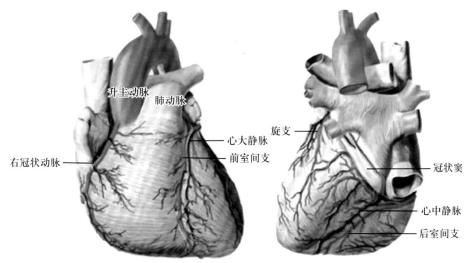

图 7-13 心的血管

（1）左冠状动脉（left coronary artery）：起自升主动脉起始部左侧，经左心耳与肺动脉干根部之间向左行，至冠状沟分为前室间支（anterior interventricular branch）和旋支（circumflex branch）。前室间支沿前室间沟下行，绕过心尖右侧，至后心室间沟下部与后室间支吻合；旋支沿冠状沟向左行，绕过心左缘到心的膈面。

左冠状动脉分支分布于左心房、左心室、室间隔前 2/3 和右心室前壁的一部分。

（2）右冠状动脉（right coronary artery）：起自升主动脉起始部右侧，经右心耳与肺动脉干根部之间向右行，绕过心右缘至心膈面，分为后室间支（posterior interventricular branch）和左心室后支。后室间支较粗，沿后室间沟下行，在心尖处与前室间支吻合。

右冠状动脉分支分布于右心房、右心室、室间隔后 1/3 和左心室后壁的一部分，还发出分支分布到窦房结和房室结。

临床上冠状动脉粥样硬化性心脏病（简称冠心病），是由于冠状动脉或其分支病变引起血管腔狭窄，致使心肌血液供应不足的心脏病，可造成冠状动脉所分布区域心肌坏死，即心肌梗死。

2. 心的静脉 心的静脉大多数与动脉伴行，最终在冠状沟后部汇合成冠状窦（coronary sinus），再经冠状窦口注入右心房（图 7-13）。

冠状窦的属支有心大静脉、心中静脉和心小静脉。

（七）心包

心包（pericardium）为包裹心和大血管根部的囊（图 7-14），分为内、外两层，外层为纤维性心包，内层为浆膜性心包。

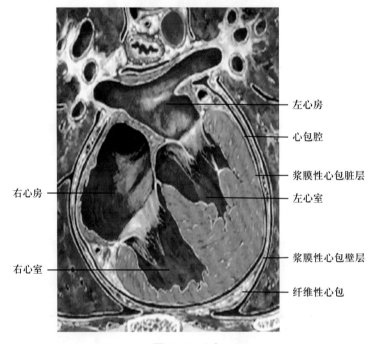

图 7-14　心包

1. **纤维性心包**（fibrous pericardium） 为外层的纤维结缔组织囊，上方与出入心的大血管外膜相移行，下方与膈中心腱愈着。

2. **浆膜性心包**（serous pericardium） 为内层薄而光滑的浆膜囊，分脏、壁两层。脏层即心外膜；壁层贴于纤维性心包内面。

浆膜性心包的脏、壁两层在出入心的大血管根部相互移行，共同围成潜在性的腔隙，称为心包腔（pericardial cavity）。内含少量浆液，有润滑作用，可减少心搏动时的摩擦。

链接

心包腔穿刺术

心包腔穿刺术是借助穿刺针直接刺入心包腔的诊疗技术。其目的是：引流心包腔内积液，降低心包腔的内压，是急性心脏压塞的急救措施之一。通过穿刺抽取心包腔积液，做生化测定，涂片寻找细菌和病理细胞、做结核杆菌或其他细菌培养，以鉴别诊断各种性质的心包疾病。也可通过心包腔穿刺，注射抗生素等药物进行治疗。

（八）心的体表投影

心在胸前壁的体表投影可用 4 个点及其间的弧形连线来确定（图 7-15）。

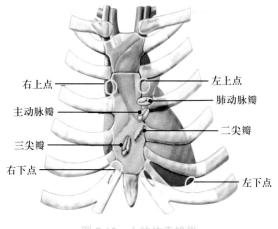

图 7-15　心的体表投影

1. **左上点**　在左侧第 2 肋软骨下缘，距胸骨左缘约 1.2 cm 处。

2. **右上点**　在右侧第 3 肋软骨上缘，距胸骨右缘约 1 cm 处。

3. **右下点**　在右侧第 6 胸肋关节处。

4. **左下点**　在左侧第 5 肋间隙与左锁骨中线交点的内侧 1 ~ 2 cm（或距前正中线 7 ~ 9 cm 处）。

三、血管壁的结构

根据血管的管径大小，动脉和静脉都分为大、中、小、微 4 级。各级动脉、静脉之间逐渐移行，没有明显的界限。

大动脉（large artery）是指与心相接的动脉，如主动脉和肺动脉干等；管径小于 1 mm 的动脉属于小动脉（small artery）；管径小于 0.3 mm 的动脉称为微动脉（arteriole）；管径介于大、小动脉之间的属于中动脉（medium-sized artery）（除大动脉外，其余凡在解剖学中有名称的动脉），如股动脉等。

大静脉（large vein）的管径大于 10 mm，如上腔静脉和下腔静脉等；管径小于 2 mm 的静脉属于小静脉（small vein），管径小于 1 mm 的静脉称为微静脉（venule）；管径介于大、小静脉之间的属于中静脉（medium-sized vein）（除大静脉外，其余凡在解剖学中有名称的静脉），如颈内静脉等。

血管除毛细血管外，其管壁结构由内向外依次分为内膜、中膜和外膜 3 层。

（一）动脉

动脉管壁较厚，管腔较小，弹性较大（图 7-16 ~ 图 7-18）。

1. **内膜（tunica intima）**　最薄，由内皮、内皮下层和内弹性膜构成。内皮为单层扁平上皮，表面光滑，可减小血液流动时的摩擦；内皮下层为薄层结缔组织，内含少量胶原纤维、弹性纤维和少许平滑肌纤维；内弹性膜是一层由弹性蛋白构成的膜（中动脉的内弹性膜更明显），富有弹性。

2. **中膜（tunica media）**　最厚，含有平滑肌和弹性纤维等。

大动脉的中膜以弹性纤维为主，其间有少许平滑肌。大动脉管壁有较大的弹性，因而大动脉又称弹性动脉，弹性纤维有使扩张血管回缩的作用，当心室收缩射血时，大动脉扩张；心室射血停止时，大动脉可借弹性回缩，保持血液流动的连续性。

中、小动脉的中膜以平滑肌为主，肌间有弹性纤维和胶原纤维，故中、小动脉又称肌性动脉。小、微动脉平滑肌舒缩，可明显改变血管的直径，影响其灌流器官的血流量，而且可改变血液流动的外周阻力，影响血压，故又称外周阻力血管。

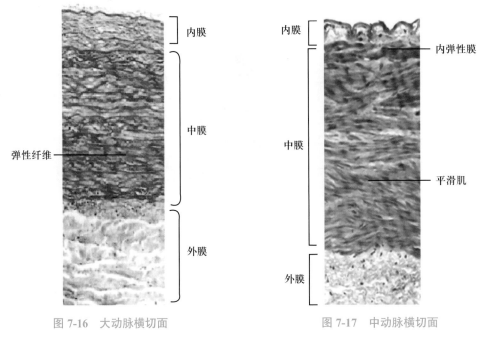

图 7-16　大动脉横切面　　　　　　图 7-17　中动脉横切面

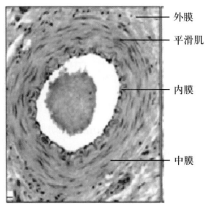

图 7-18　小动脉横切面

3. **外膜（tunica adventitia）**　较厚，主要由疏松结缔组织构成。外膜内含有小血管、淋巴管和神经等。

大、中、小、微动脉的结构和功能比较见表 7-1。

表 7-1　大、中、小、微动脉的结构和功能比较

名称	大动脉	中动脉	小动脉	微动脉
管径	＞ 10 mm	1 ～ 10 mm	0.3 ～ 1 mm	＜ 0.3 mm
内皮	有	有	有	有
内皮下层	薄，为结缔组织	薄，为结缔组织	极薄	无
内弹性膜	发达，无明显界限	明显	明显	不明显
中膜	40 ～ 70 层弹性膜	20 ～ 40 层平滑肌	3 ～ 9 层平滑肌	1 ～ 2 层平滑肌
外膜	薄，为结缔组织，含营养血管和神经	薄，为结缔组织，外弹性膜明显	薄，少量结缔组织	很薄
功能	借弹性回缩推动血液前进	借平滑肌收缩推动血液前进	调节血流量	调节血流量
别名	弹性动脉	肌性动脉	外周阻力血管	外周阻力血管

（二）静脉

静脉与各级相应的动脉比较，管壁较薄，管腔较大，弹性较小。静脉管壁也分为内膜、中膜和外膜3层，但3层分界不明显。静脉内膜薄，由一层内皮和结缔组织构成，内膜向管腔内折叠形成静脉瓣，可防止血液逆流；中膜稍厚，主要含一些环行平滑肌；外膜最厚，由疏松结缔组织构成。大静脉的外膜内还含有较多纵行平滑肌。

（三）毛细血管

毛细血管几乎遍布于全身各处，互相连通成网，是血液与组织细胞进行物质交换的部位。毛细血管的管径很细，只允许红细胞呈单行通过。毛细血管的管壁薄，主要由一层内皮和基膜构成。

根据毛细血管壁的结构特点，可将其分为3类（图7-19）。

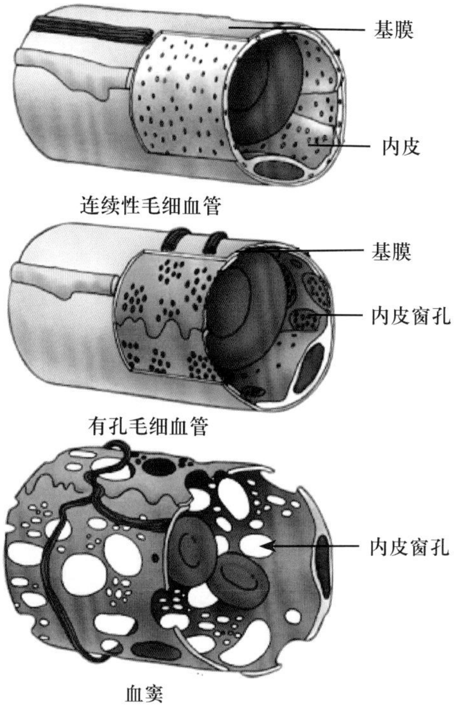

1. **连续性毛细血管** 特点是内皮细胞连接紧密，基膜完整。连续性毛细血管主要分布于结缔组织、肌组织、肺和中枢神经系统等处。

2. **有孔毛细血管** 特点是内皮细胞不含核的部分很薄，有许多贯穿细胞的孔，基膜完整。有孔毛细血管主要分布于某些内分泌腺、胃肠黏膜和肾血管球等处。

3. **血窦** 又称窦状毛细血管，其特点是管腔较大，形状不规则，内皮细胞之间有较大的窗孔，基膜不完整。血窦主要分布于肝、脾、骨髓和某些内分泌腺内。

3种毛细血管的分类、结构和功能比较见表7-2。

图 7-19 毛细血管分类模式图

表 7-2 电镜下毛细血管的分类、结构和功能比较

名称	连续毛细血管	有孔毛细血管	血窦
管径	5 ~ 10 μm	不定	30 ~ 40 μm
管壁	较厚	薄	薄，不规则
内皮胞质	含吞饮小泡多	含吞饮小泡少	含吞饮小泡少
内皮小孔	无	较多	有，较大
基膜	连续而完整	连续	不完整，有阙如
分布	肌组织、结缔组织等处	胃肠黏膜、肾血管球等处	肝、脾、骨髓等处

四、肺循环的血管

（一）肺循环的动脉

肺动脉干（pulmonary trunk）由右心室发出，向左后上方斜行至主动脉弓下方分为左、右肺动脉（图7-20）。左肺动脉（left pulmonary artery）稍短，经胸主动脉前方横行达左肺门，分两支入左肺上、下叶；右肺动脉（right pulmonary artery）较长，经升主动脉、上腔静脉后方横行达右肺门，分3支入右肺上、中、下叶。

在肺动脉干分叉处稍左侧与主动脉弓下缘之间，连有动脉韧带，是胎儿时期动脉导管闭锁后的遗迹。

（二）肺循环的静脉

肺循环的静脉分为左、右肺静脉（图7-20），各有上、下两条，均起始于肺泡毛细血管网的静脉端，在肺内经其属支反复汇合而成，出肺门后注入左心房。

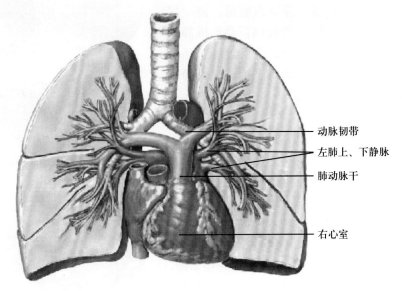

图 7-20　肺循环的血管

五、体循环的动脉

体循环动脉的配布规律：①人体各大局部常有1～2条动脉主干，且与静脉、神经伴行于身体的安全隐蔽部位，如四肢屈侧；②动脉以就近分支到达所分布器官；③动脉管径的大小与器官大小及其功能相适应；④动脉多呈左、右对称性分支分布于对称部位；⑤胸、腹、盆部的动脉有壁支和脏支之分。

体循环动脉的主干为主动脉，是全身最粗大的动脉。

主动脉（aorta）由左心室发出，先斜行向右前上方，达右侧第2胸肋关节高度，呈弓状弯向左后方达第4胸椎体左侧下缘水平，再沿脊柱左前方下行，穿膈的主动脉裂孔入腹腔，继续沿脊柱左前方下行，至第4腰椎体下缘水平分为左、右髂总动脉。

主动脉全长以右侧第2胸肋关节和第4胸椎体左侧下缘平面为界分为3段，即升主动脉、主动脉弓和降主动脉。降主动脉又以膈为界分为胸主动脉和腹主动脉（图7-21）。

（一）升主动脉

升主动脉（ascending aorta）起自左心室主动脉口，向右前上方斜行，达右侧第2胸肋关节平面延续为主动脉弓。升主动脉根部发出左、右冠状动脉，分支分布于心。

（二）主动脉弓

主动脉弓（aortic arch）位于胸骨柄后方，呈弓状弯向左后方，达第4胸椎体左侧下缘平面移行为降主动脉。

自主动脉弓凸侧向上发出3个分支，从右向左依次为头臂干（brachiocephalic trunk）、左颈总动脉（left common carotid artery）和左锁骨下动脉（left subclavian artery）。头臂干向右上方斜行，至右胸锁关节后方分为右颈总动脉和右锁骨下动脉。

主动脉弓的分支主要分布于头颈部和上肢。

主动脉弓壁内有压力感受器，具有调节血压的作用。主动脉弓下壁靠近动脉韧带处有2～3个粟粒状小体，称为主动脉小球（aortic glomera），属于化学感受器，能感受血液中氧和二氧化碳浓度的变化，参与调节呼吸。

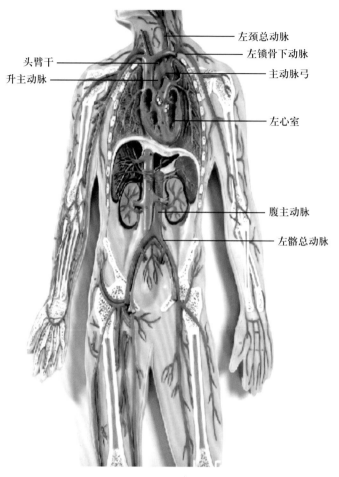

左颈总动脉

左锁骨下动脉

头臂干

主动脉弓

升主动脉

左心室

腹主动脉

左髂总动脉

图 7-21 主动脉的分部及其分支

1. **颈总动脉** 是头颈部的动脉主干。左侧起自主动脉弓,右侧起自头臂干。颈总动脉与颈内静脉和迷走神经共同包被于血管神经鞘内,沿食管、气管和喉的外侧上行,至甲状软骨上缘平面分为颈内动脉和颈外动脉(图 7-22)。

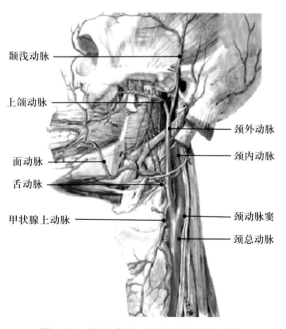

颞浅动脉

上颌动脉

颈外动脉

颈内动脉

面动脉

舌动脉

甲状腺上动脉

颈动脉窦

颈总动脉

图 7-22 颈总动脉、颈外动脉及其分支

在颈总动脉末端和颈内动脉起始处的膨大部，称为颈动脉窦，壁内有压力感受器，与主动脉弓一起能感受血压的变化。在颈总动脉分叉处后方有一扁椭圆形小体，称为颈动脉小球，属于化学感受器，与主动脉小球一起能感受血液中氧和二氧化碳浓度的变化，参与调节呼吸。

在胸锁乳突肌中段前缘，可触及颈总动脉搏动，在此处将颈总动脉向后内方压向第 6 颈椎横突上，可进行一侧头颈部的临时性止血。

（1）颈内动脉（internal carotid artery）：在颈部无分支，由颈总动脉发出后行向上，经颈动脉管入颅腔，分支分布于脑和视器等。

（2）颈外动脉（external carotid artery）：自颈总动脉发出后在胸锁乳突肌深面上行，入腮腺实质分为颞浅动脉和上颌动脉两个终支，分布于颈部、头面部和脑膜等。其主要分支见图 7-22。

①甲状腺上动脉（superior thyroid artery）：在颈外动脉起始部发出，行向前下，分布于甲状腺上部和喉。

②面动脉（facial artery）：经下颌下腺深面前行，在咬肌前缘与下颌体下缘交界处至面部，再经口角、鼻翼外侧到达内眦，改为内眦动脉，面动脉分布于腭扁桃体、下颌下腺和面部等。

在咬肌前缘与下颌体下缘交界处，可触及面动脉搏动，在此处将面动脉压向下颌骨，可进行面部的临时性止血

③颞浅动脉（superficial temporal artery）：经外耳门前方上行，越过颧弓根部至颞部，分支分布于腮腺、额部、颞部和颅顶部软组织。

在外耳门前方颧弓根部可触及颞浅动脉搏动，在此处压迫颞浅动脉，可进行额部、颞部和颅顶部的临时性止血。

④上颌动脉（maxillary artery）：经下颌支深面向内前行，分支分布于口腔、鼻腔和硬脑膜等。

上颌动脉有一重要分支为脑膜中动脉，向上经棘孔入颅腔，分前、后两支，分布于硬脑膜。前支经过翼点内面，当翼点骨折时，易损伤脑膜中动脉前支，引起硬膜外血肿。

此外，还有舌动脉、枕动脉和耳后动脉等。

2. 锁骨下动脉和上肢的动脉

（1）锁骨下动脉：左侧起自主动脉弓，右侧起自头臂干。经胸廓上口达颈根部，呈弓状经胸膜顶前方，穿斜角肌间隙至第 1 肋外侧缘移行为腋动脉（图 7-23）。

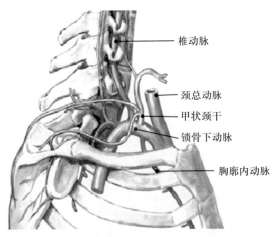

图 7-23　锁骨下动脉及其分支

锁骨下动脉分支分布于脑、颈、肩和胸壁等。

在锁骨上窝中点可触及锁骨下动脉搏动，将锁骨下动脉向后下压在第 1 肋上，可进行上肢的临时性止血。

锁骨下动脉的主要分支如下（图 7-23）。

①椎动脉（vertebral artery）：自锁骨下动脉上方发出，向上穿上位6个颈椎横突孔，经枕骨大孔入颅腔。分支分布于脑和脊髓。

②胸廓内动脉（interal thoracic artery）：起自锁骨下动脉下方，向下入胸腔，沿胸骨外侧缘约1 cm处的肋软骨后面下行，分支分布于胸前壁、心包、膈和乳房等。其终支穿膈后移行为腹壁上动脉，分布于腹直肌等，并与腹壁下动脉吻合。

（2）上肢的动脉：包括腋动脉、肱动脉、桡动脉、尺动脉、掌浅弓和掌深弓（图7-24）。

①腋动脉（axillary artery）：为锁骨下动脉的直接延续，经腋窝至背阔肌下缘平面移行于肱动脉。腋动脉的主要分支分布于肩肌、胸肌、背阔肌、肩关节和乳房等。

②肱动脉（brachial artery）：为腋动脉的直接延续，沿肱二头肌内侧沟与正中神经伴行，向下至肘窝分为桡动脉和尺动脉。肱动脉沿途分支分布于臂部和肘关节。

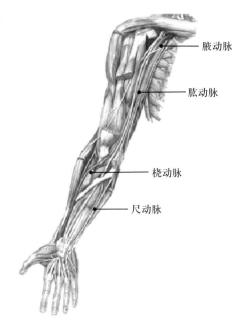

图 7-24　上肢的动脉

在肘窝稍上方肱二头肌腱内侧，肱动脉位置表浅，可触及其搏动，是测量血压时的听诊部位。在上臂中份肱二头肌内侧沟内将肱动脉压向肱骨，可进行压迫点以下的上肢临时性止血。

③桡动脉（radial artery）：在肘窝起自肱动脉，沿肱桡肌和桡侧腕屈肌之间下行，在腕部绕桡骨茎突至手背，穿过第1掌骨间隙至手掌。其终支与尺动脉的掌深支吻合形成掌深弓。桡动脉的主要分支有掌浅支和拇主要动脉。

桡动脉沿途分支主要分布于前臂桡侧的肌和皮肤等。

桡动脉在桡腕关节上方行于肱桡肌腱与桡侧腕屈肌腱之间，位置表浅，可触及其搏动，是临床把脉和记数脉搏的常用部位。

④尺动脉（ulnar artery）：在肘窝起自肱动脉，斜向内下方，在尺侧腕屈肌和指浅屈肌之间下行，经豌豆骨外侧至手掌。其终支与桡动脉的掌浅支吻合构成掌浅弓。尺动脉的主要分支有骨间总动脉和掌深支。

尺动脉沿途分支主要分布于前臂尺侧的肌和皮肤等。

⑤掌浅弓（superficial palmar arch）：由尺动脉终支和桡动脉掌浅支吻合而成（图7-25）。位于手掌屈指肌腱浅面，弓顶相当于掌中纹处，在做手掌切开引流术时，要避免损伤掌浅弓。自弓的凸侧发出3条指掌侧总动脉和1条小指尺掌侧动脉。

⑥掌深弓（deep palmar arch）：由桡动脉终支和尺动脉的掌深支吻合而成（图7-25）。位于手掌屈指肌腱深面，弓顶相当于腕掌关节处。自弓的凸侧发出3条掌心动脉，分别与指掌侧总动脉吻合。

掌浅弓和掌深弓的分支分布于手掌和手指。

在手指根部两侧血管的行经部位进行压迫，可阻止手指的出血。

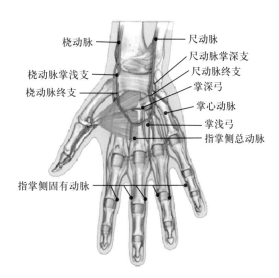

图 7-25　掌浅弓和掌深弓

（三）胸主动脉

胸主动脉（thoracic aorta）是胸部动脉的主干，位于脊柱左前方。分为脏支和壁支，分布于除心以外的胸部（图7-26）。

壁支主要有肋间后动脉（posterior intercostal arteries）和肋下动脉（subcostal artery）。第1、2对肋间后动脉起自锁骨下动脉，第3～11对肋间后动脉和肋下动脉起自胸主动脉。肋间后动脉行于相应肋间隙的肋沟内，肋下动脉沿第12肋下缘走行。肋间后动脉和肋下动脉主要分布于胸壁、腹壁上部的肌和皮肤等。

脏支主要有支气管支、食管支和心包支，分布于气管、支气管、食管和心包。

（四）腹主动脉

腹主动脉是腹部的动脉主干，位于脊柱前方。亦分为壁支和脏支（图7-27）。

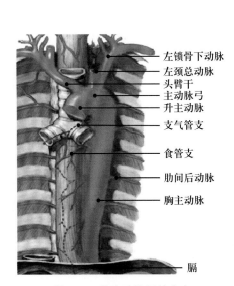

图7-26　胸主动脉及其分支

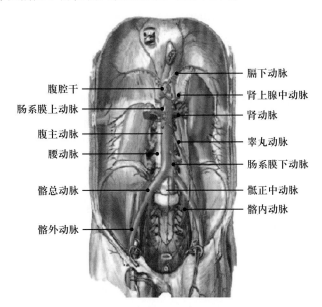

图7-27　腹主动脉及其分支

壁支细小，主要有4对腰动脉和1对膈下动脉等，分布于腹后壁和脊髓等。

脏支粗大，分为成对脏支和不成对脏支。

成对脏支分布于腹腔成对器官，有肾上腺中动脉（middle suprarenal artery）、肾动脉（renal artery）、睾丸动脉（testicular artery）或卵巢动脉（ovarian artery）3对。

不成对脏支分布于腹腔不成对器官，有腹腔干、肠系膜上动脉和肠系膜下动脉3支。

1. **腹腔干（coeliac trunk）**　为一短干，在主动脉裂孔稍下方分出，随后分为胃左动脉、肝总动脉和脾动脉3支（图7-28）。

（1）胃左动脉（left gastric artery）：先向左上方行至胃的贲门附近，后沿胃小弯右行，分布于食管腹段、贲门和胃小弯左侧附近的胃壁。

（2）肝总动脉（common hepatic artery）：向右走行，进入肝十二指肠韧带内，达十二指肠上部上方分为肝固有动脉和胃十二指肠动脉。

①肝固有动脉（proper hepatic artery）：在肝十二指肠韧带内上行，至肝门附近分为左、右两支，经肝门入肝。右支在进入肝门前还发出胆囊动脉，分布于胆囊。肝固有动脉在其起始处还发出胃右动脉，沿胃小弯向左行，与胃左动脉吻合，分支分布于十二指肠上部和胃小弯右侧附近的胃壁。

②胃十二指肠动脉（gastroduodenal artery）：经幽门后方下行，在幽门下缘分为胃网膜右动脉和胰十二指肠上动脉。胃网膜右动脉沿胃大弯左行，沿途分支分布于胃大弯右侧附近的胃

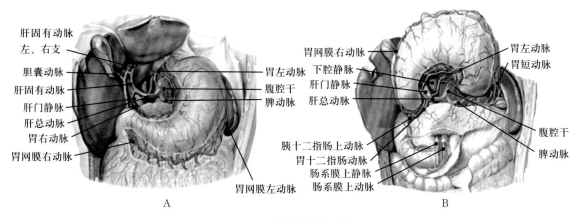

图 7-28 腹腔干及其分支

A. 胃前面；B. 胃后面

壁和大网膜。胰十二指肠上动脉行于十二指肠降部与胰头之间，分支分布于胰头和十二指肠。

（3）脾动脉（splenic artery）：沿胰上缘左行，至脾门处分为数支入脾。脾动脉的主要分支有胰支、胃短动脉、胃网膜左动脉和脾支等。胰支为多条细小的分支，分布于胰体和胰尾。胃短动脉有 3 ~ 5 支，在近脾门处发出，分布于胃底。胃网膜左动脉沿胃大弯向右行，与胃网膜右动脉吻合，分支分布于胃大弯左侧附近的胃壁和大网膜。脾支为数支，经脾门入脾。

腹腔干的分支主要分布于食管腹段、胃、十二指肠、肝、胆囊、胰、脾和大网膜等。

2. 肠系膜上动脉（superior mesenteric artery） 在腹腔干起始处稍下方，约平第 1 腰椎高度起自腹主动脉前壁，向下经胰头和十二指肠水平部之间，进入小肠系膜根内，行向右下方至右髂窝。

肠系膜上动脉的主要分支如下（图 7-29）。

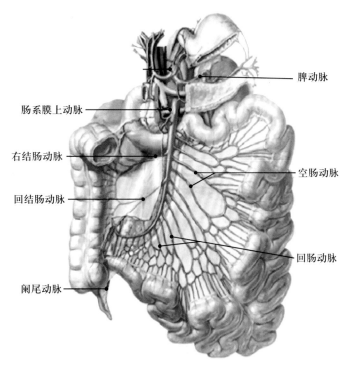

图 7-29 肠系膜上动脉及其分支

（1）胰十二指肠下动脉：行于胰头与十二指肠之间，分支分布于胰和十二指肠。

（2）空肠动脉（jejunal artery）和回肠动脉（ileal artery）：共有 12 ~ 16 支，行于小肠系

膜两层之间，分布于空肠和回肠。

（3）回结肠动脉（ileocolic artery）：为肠系膜上动脉右侧壁最下方的分支，分布于回肠末端、盲肠、阑尾和升结肠的一部分。其中至阑尾的分支称为阑尾动脉，经回肠末端后方下降进入阑尾系膜，分布于阑尾。

（4）右结肠动脉（right colic artery）：在回结肠动脉上方发出，分布于升结肠。

（5）中结肠动脉（middle colic artery）：在右结肠动脉上方发出，行于横结肠系膜两层之间，分布于横结肠。

肠系膜上动脉的分支主要分布于胰、十二指肠、空肠、回肠、盲肠、阑尾、升结肠和横结肠。

3. **肠系膜下动脉（inferior mesenteric artery）** 约平于第3腰椎平面，起自腹主动脉前壁，沿腹后壁行向左下方。

肠系膜下动脉的主要分支（图7-30）如下。

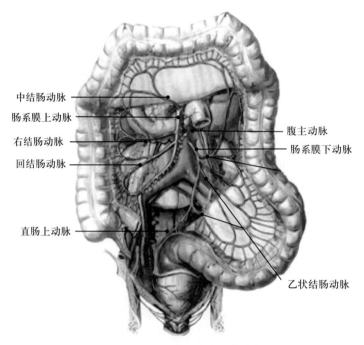

图 7-30　肠系膜下动脉及其分支

（1）左结肠动脉（left colic artery）：沿腹后壁行向左，至降结肠附近分为升、降两支，分布于降结肠。

（2）乙状结肠动脉（sigmoid artery）：有2～3支，斜向左下方，进入乙状结肠系膜内，分布于乙状结肠。

（3）直肠上动脉（superior rectal artery）：是肠系膜下动脉的直接延续，行于直肠后面，至第3骶椎平面分为两支，沿直肠上部两侧下降，分布于直肠上部。

肠系膜下动脉的分支主要分布于降结肠、乙状结肠和直肠上部。

（五）髂总动脉

髂总动脉（common iliac artery）左、右各一，在第4腰椎体下缘平面自腹主动脉分出，沿腰大肌内侧行向外下方，至骶髂关节前方分为髂内动脉和髂外动脉（图7-31）。

1. **髂内动脉（internal iliac artery）** 是盆部的动脉主干，下行入盆腔，亦发出脏支和壁支。

（1）脏支分布于盆腔各器官和外生殖器。主要分支（图7-31）如下。

①膀胱上动脉（superior vesical artery）：发自脐动脉近段，分布于膀胱。

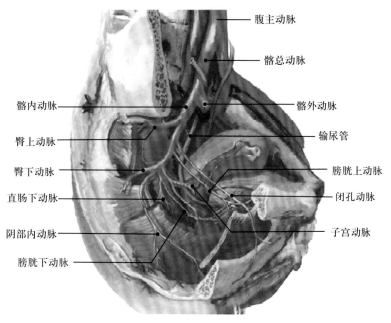

图 7-31　盆部的动脉及其分支（女）

②膀胱下动脉（inferior vesical artery）：沿盆腔侧壁下行。男性分布于膀胱、精囊和前列腺等。女性分布于膀胱和阴道。

③直肠下动脉（inferior rectal artery）：行向内下，分布于直肠下部，并与直肠上动脉和肛动脉吻合。

④子宫动脉（uterine artery）：自髂内动脉发出后，行向内下进入子宫阔韧带两层之间，在宫颈外侧约 2 cm 处，跨过输尿管前方至子宫侧缘。分支分布于子宫、阴道、卵巢和输卵管等。

⑤阴部内动脉（internal pudendal artery）：自梨状肌下孔出盆腔，经坐骨小孔进入会阴深部（图 7-32）。分支分布于肛门、会阴和外生殖器。分布于肛门周围的肌和皮肤的分支，称为肛动脉。

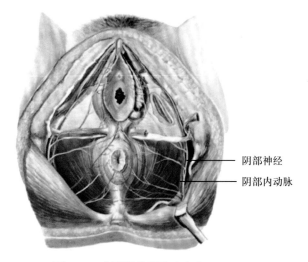

图 7-32　会阴部的动脉（女）

（2）壁支分布于臀部和大腿肌内侧群等，主要分支如下。

①闭孔动脉（obturator artery）：沿盆腔侧壁向前，穿闭孔出骨盆至大腿内侧部，分布于大腿肌内侧群等。

②臀上动脉（superior gluteal artery）：经梨状肌上孔出盆腔至臀部，分布于臀中肌和臀小肌等。

③臀下动脉（inferior gluteal artery）：经梨状肌下孔出盆腔至臀部，分布于臀大肌等。

2. 髂外动脉和下肢的动脉

（1）髂外动脉（external iliac artery）：沿腰大肌内侧缘下行，经腹股沟韧带中点深面，达股部前面移行为股动脉。髂外动脉在腹股沟韧带上方发出腹壁下动脉，经腹股沟管深环内侧，斜向内上方进入腹直肌鞘内，分布于腹直肌，并与腹壁上动脉吻合。

（2）下肢的动脉：包括股动脉、腘动脉、胫前动脉、胫后动脉等（图7-33）。

①股动脉（femoral artery）：是下肢的动脉主干，续接髂外动脉，在股三角内下行，经收肌管，出收肌腱裂孔至腘窝，移行为腘动脉（图7-33）。股动脉的分支分布于大腿肌和髋关节。

在腹股沟韧带中点稍下方内侧，股动脉位置表浅，可触及其搏动，于此处将股动脉压向耻骨，可进行下肢的临时性止血。

股动脉是动脉穿刺和插管最方便的血管。

②腘动脉（popliteal artery）：在腘窝深部下行，至腘窝下部分为胫前动脉和胫后动脉。腘动脉分布于膝关节和附近的肌。

③胫前动脉（anterior tibial artery）：向前穿过胫、腓骨之间，在小腿前群肌之间下行，分支分布于小腿肌前群（图7-34）。胫前动脉至踝关节前方移行为足背动脉。

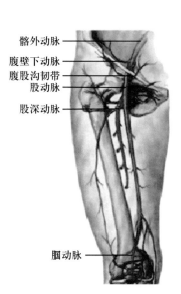

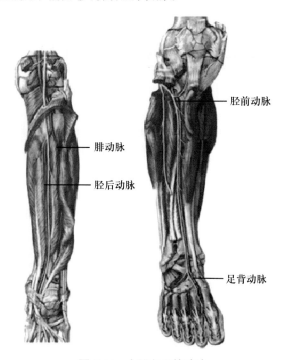

图 7-33 股动脉   图 7-34 小腿和足的动脉

足背动脉（dorsal artery of food）在踝关节前方续接胫前动脉，经姆长伸肌腱和趾长伸肌腱之间前行，至第1跖骨间隙近侧端分为第1趾背动脉和足底深动脉。

胫前动脉和足背动脉的分支分布于小腿肌前群、足背和足趾等。

在踝关节前方，内踝与外踝连线的中点处易触及足背动脉搏动。足背出血时，可在此处向深部压迫足背动脉进行止血。当下肢脉管炎时，足背动脉的搏动可减弱或消失。

④胫后动脉（posterior tibial artery）：为腘动脉向下的延续，沿小腿后群浅、深层肌之间下行，经内踝后方至足底，分为足底内侧动脉和足底外侧动脉。足底外侧动脉与足背动脉的分支

音频：
全身主要动脉的触摸点

间吻合形成足底深弓。

胫后动脉的分支主要分布于小腿后群肌和外侧群肌、足底和足趾。

链接

全身动脉的体表投影、搏动点及压迫止血

一、头颈部动脉的体表投影、搏动点及指压止血

1. 颈总动脉　自下颌角与乳突尖连线的中点向下至胸锁关节画一连线，以甲状软骨上缘为界，分别是颈总动脉和颈外动脉的体表投影。在环状软骨外侧可摸到颈总动脉搏动，向后内压于第 6 颈椎横突，可使一侧头部止血。

2. 面动脉　在咬肌前缘与下颌体下缘交界处可摸到其搏动，当面部出血时，可在此处压迫止血。

3. 颞浅动脉　在外耳道前方的颧弓根部可摸到其搏动，当额、颞、顶部出血时，可在此处压迫止血。

4. 锁骨下动脉　自胸锁关节到锁骨中点引一条凸向上的弧线，最高点在锁骨上1.2 cm，即为锁骨下动脉的体表投影。在锁骨上窝中点向下压迫该动脉于第 1 肋上，可使肩和上肢止血。

二、上肢动脉的体表投影、搏动点及指压止血

1. 腋动脉和肱动脉　上肢外展 90°，掌心向上，自锁骨中点至肱骨内、外上髁中点稍下方引一线，以背阔肌下缘为界，分别为腋动脉和肱动脉的体表投影。在肘窝上方，肱二头肌腱的内侧，可摸到肱动脉搏动，向外后方压于肱骨，可使手和前臂止血。

2. 桡动脉　自肱骨内、外上髁中点稍下方至桡骨茎突的连线为桡动脉的体表投影。在桡骨茎突与桡侧腕屈肌腱之间，可摸到其搏动，为常用的摸脉点。当手部出血时，在腕横纹两端同时压迫桡、尺动脉，可以止血。

3. 指掌侧固有动脉　在手指根部两侧压向指骨，可使手指止血。

三、下肢动脉的体表投影、搏动点及指压止血

1. 股动脉　大腿外展外旋，自腹股沟中点至股骨内侧髁上方连一线，该线的上 2/3 为股动脉的投影。在腹股沟中点稍下方可摸到其搏动，并向深部压迫，可使下肢止血。

2. 胫前动脉和足背动脉　起自胫骨粗隆与腓骨头连线中点，经足背内、外踝中点，至第 1 跖骨间隙近侧部的连线，以踝关节平面为界，分别为胫前动脉和足背动脉的体表投影。在足背内外踝连线中点稍下方可摸到其搏动，并向下压迫可减轻足背出血。

3. 胫后动脉　自腘窝稍下方至内踝和跟结节中点的连线，为胫后动脉的体表投影。在内踝与跟结节间可摸到其搏动，并向深部压迫可减轻足底出血。

六、体循环的静脉

体循环静脉与伴行的动脉相比，具有以下特点。

1. 静脉内血流缓慢，压力低，管壁薄，管腔比相应的动脉大。

2. 静脉管腔内大多有静脉瓣（venous valve）。瓣膜呈半月形小袋，袋口朝向心，可阻止血液逆流（图 7-35）。四肢浅静脉静脉瓣数量较多，大静脉、肝门静脉和头颈部的静脉一般无静脉瓣。

3. 体循环静脉在配布上分为浅静脉和深静脉两种。浅静脉位于皮下组织内，故又称皮下静脉；由于浅静脉位置表浅，临床上常通过它们作静脉穿刺（如静脉内注射、输液和输血等）。深静脉位于深筋膜深面或体腔内，多与同名动脉伴行，其名称、行程和导血范围大多与伴行的动脉相同。

4. 静脉之间有丰富的吻合。浅静脉与浅静脉之间，深静脉与深静脉之间，以及浅静脉与深静脉之间均存在广泛的吻合。体表的浅静脉多吻合成静脉网，深静脉在某些器官周围或壁内常吻合成静脉丛。

体循环的静脉分为心静脉系、上腔静脉系和下腔静脉系（包括肝门静脉系）3 部分（图 7-36）。心静脉系在心的静脉中已叙述。

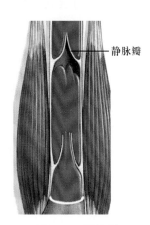

图 7-35 静脉瓣

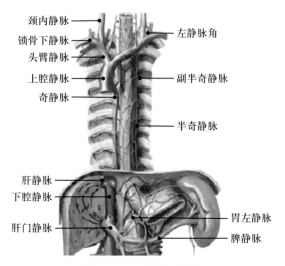

图 7-36 体循环的静脉

（一）上腔静脉系

上腔静脉系由上腔静脉及其属支组成。上腔静脉系主要收集头颈部、胸部（心除外）和上肢的静脉血。

1. **上腔静脉（superior vena cava）** 由左、右头臂静脉在右侧第 1 胸肋结合后方汇合而成，沿升主动脉右侧垂直下降，注入右心房。上腔静脉在注入右心房之前还有奇静脉注入（图 7-36）。

2. **头臂静脉（brachiocephalic vein）** 左、右各一，由同侧的颈内静脉和锁骨下静脉在胸锁关节后方汇合而成，汇合处的夹角称为静脉角，有淋巴导管注入。

头臂静脉的主要属支有颈内静脉和锁骨下静脉。

（1）颈内静脉（internal jugular vein）：上端在颈静脉孔处接乙状窦，伴颈内动脉和颈总动脉下行，最后与锁骨下静脉汇合成头臂静脉（图 7-37）。

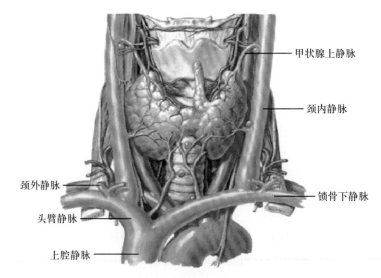

图 7-37 颈部的静脉

颈内静脉的属支有颅内支和颅外支两类。颅内支通过硬脑膜窦收集脑和视器等处的静脉血。颅外支主要收集面部、颈部、咽和甲状腺等处的静脉血。

颈内静脉在颅外的主要属支有面静脉。

面静脉（facial vein）在眼内眦处起自内眦静脉，伴面动脉下行，至舌骨平面汇入颈内静脉（图 7-38）。

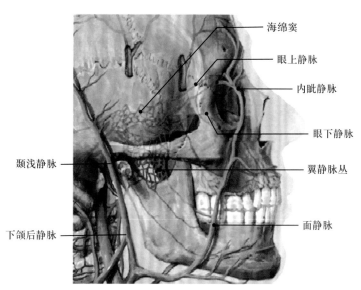

音频：
头颈部的静脉属支及收集范围

图 7-38　面静脉及交通

面静脉收集面部软组织的静脉血。

面静脉通过内眦静脉、眼静脉与颅内海绵窦相通。面静脉在口角平面以上的部分一般无静脉瓣。故面部尤其是鼻根至两侧口角之间的三角区，临床上称为面部危险三角。此区域发生化脓性感染时，切忌挤压，以免细菌经内眦静脉和眼静脉逆行入颅内，引起颅内感染。

（2）锁骨下静脉（subclavian vein）：在第 1 肋外侧缘处续接腋静脉，向内行至胸锁关节后方与颈内静脉汇合成头臂静脉（图 7-37）。

锁骨下静脉主要收集上肢和颈浅部的静脉血。锁骨下静脉与周围结构相互愈着，管壁破裂不易回缩，外伤时易引起气体栓塞。

在锁骨上窝内，锁骨下静脉位置表浅而恒定，是临床上静脉穿刺或长期导管输液的部位。

锁骨下静脉的属支除腋静脉外，还有颈外静脉。

颈外静脉（external jugular vein）在下颌角平面起于腮腺下方，沿胸锁乳突肌表面下行至其下端后方，在锁骨中点上方约 2 cm 处穿深筋膜注入锁骨下静脉。

颈外静脉主要收集枕部和颈浅部的静脉血。

颈外静脉位置表浅而恒定，故临床儿科常用做颈外静脉穿刺。正常人站位或坐位时，颈外静脉常不显露，右心衰竭的患者或上腔静脉阻塞引起颈外静脉回流不畅时，在体表可见静脉充盈，称为颈外静脉怒张。

3. 上肢的静脉　分为深静脉和浅静脉两种。

上肢的深静脉都与同名动脉伴行，而且多为两条。桡静脉和尺静脉汇合成肱静脉，两条肱静脉汇合成一条腋静脉，腋静脉收集上肢浅、深静脉的血液，跨过第 1 肋外侧缘后续为锁骨下静脉。

上肢的浅静脉：手的浅静脉在手背汇合成手背静脉网，继续向心回流途中汇成 3 条主要静脉，即头静脉、贵要静脉和肘正中静脉（图 7-39）。

（1）头静脉（cephalic vein）：起自手背静脉网桡侧，沿前臂桡侧和上臂外侧上行，经三角肌与胸大肌之间至锁骨下窝，穿过深筋膜注入腋静脉。

（2）贵要静脉（basilic vein）：起自手背静脉网尺侧，沿前臂尺侧和臂内侧上行，达臂中部，穿深筋膜注入肱静脉。

（3）肘正中静脉（median cubital vein）：位于肘窝皮下，自头静脉向内上方连于贵要静脉。肘正中静脉常接受前臂正中静脉的血。前臂正中静脉起自手掌静脉丛，沿前臂前面上行，注入肘正中静脉。

临床上常选手背静脉网、头静脉、贵要静脉、肘正中静脉和前臂正中静脉作静脉穿刺，是临床输液、注射和抽血的常选部位。

4. 胸部的静脉　主干为奇静脉，奇静脉的主要属支有半奇静脉、副半奇静脉等。

（1）奇静脉（azygos vein）：位于胸后壁，由右腰升静脉向上穿膈延续而成，沿脊柱右侧上行，至第 4 ～ 5 胸椎高度向前弯曲，过右肺根上方，注入上腔静脉。

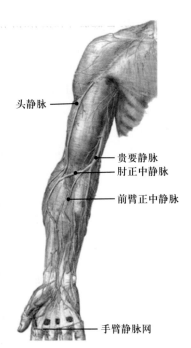

图 7-39　上肢的浅静脉

奇静脉收集右肋间后静脉、食管静脉、支气管静脉和半奇静脉等的静脉血（图 7-36）。

（2）半奇静脉（hemiazygos vein）：由左腰升静脉向上穿膈延续而成，沿脊柱左侧上行至第 9 胸椎高度，向右横过脊柱前方注入奇静脉。

半奇静脉收集左侧下部的肋间后静脉和副半奇静脉的静脉血。

（3）副半奇静脉（accessory hemiazygos vein）：收集左侧上部肋间后静脉的静脉血，沿脊柱左侧下行，注入半奇静脉。

（二）下腔静脉系

下腔静脉系由下腔静脉及其属支组成。下腔静脉系主要收集下肢、盆部和腹部的静脉血。

1. 下腔静脉（inferior vena cava）　是人体最大的静脉，在第 5 腰椎水平由左、右髂总静脉汇合而成，沿脊柱右前方、腹主动脉右侧上行，经肝的腔静脉沟，穿膈的腔静脉孔入胸腔，注入右心房（图 7-40）。

下腔静脉的属支除左、右髂总静脉外，还有许多直接注入下腔静脉干的腹部、盆部属支。

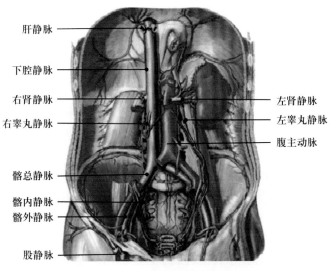

图 7-40　下腔静脉及其属支

2. **髂总静脉（common iliac vein）** 左、右各一，在骶髂关节前方由髂内静脉和髂外静脉汇合而成，向内上方斜行至第 5 腰椎水平汇合成下腔静脉。

（1）髂内静脉（internal iliac vein）：在小骨盆腔侧壁内面上行，与同侧髂外静脉汇合成髂总静脉。

髂内静脉收集盆腔器官和盆壁的静脉血。

髂内静脉的属支有脏支和壁支两种。脏支包括膀胱下静脉、直肠下静脉、子宫静脉和阴部内静脉等，分别收集同名动脉分布区的静脉血。壁支包括闭孔静脉、臀上静脉和臀下静脉等，分别收集同名动脉分布区的静脉血。

（2）髂外静脉（external iliac vein）：在腹股沟韧带深面续接股静脉，沿髂外动脉内侧行向内上方，与髂内静脉汇合成髂总静脉。

髂外静脉主要收集下肢和腹前壁下部的静脉血。

（3）下肢的静脉：也分为深静脉和浅静脉两种。

下肢的深静脉从足底起始至小腿的深静脉都有两条，并与同名动脉伴行。胫前静脉和胫后静脉上行到腘窝汇合成一条腘静脉。腘静脉上行延续为股静脉。

股静脉位于股动脉内侧，上行达腹股沟韧带深面移行为髂外静脉。

股静脉在腹股沟韧带深面位于股动脉内侧，位置恒定而且可借股动脉搏动而定位。故临床行股静脉穿刺时，常在腹股沟韧带中点稍下方内侧，先触及股动脉搏动，然后在它内侧进针于股静脉。

下肢的浅静脉：足背皮下的浅静脉汇合形成足背静脉弓，由弓的两端向上延续为两条浅静脉，即大隐静脉和小隐静脉（图 7-41）。

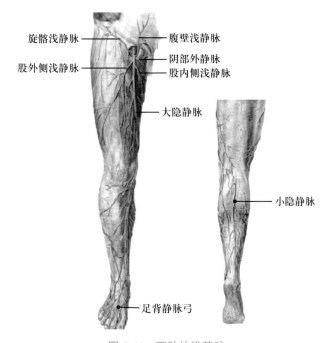

旋髂浅静脉 —— —— 腹壁浅静脉
—— 阴部外静脉
股外侧浅静脉 —— —— 股内侧浅静脉
—— 大隐静脉

—— 小隐静脉

—— 足背静脉弓

图 7-41 下肢的浅静脉

音频：
上、下肢浅静脉
的起始、行程及
注入部位

①大隐静脉（great saphenous vein）：是全身最长的浅静脉，起自足背静脉弓内侧，经内踝前方，沿小腿内侧和大腿内侧面上行，于耻骨结节外下方 3 ~ 4 cm 处穿深筋膜注入股静脉。

大隐静脉在内踝前方位置表浅，临床上常在内踝前上方做大隐静脉穿刺或切开。

链接

下肢静脉曲张

下肢静脉曲张是指下肢浅静脉发生扩张、延长、弯曲成团状，晚期可并发慢性溃疡的病变。本病多见中年男性，或长时间负重或站立工作者。下肢静脉曲张是静脉系统最重要的疾病，也是四肢血管疾患中最常见的疾病之一。通常在四肢血管疾病的大多数病例中，常因静脉曲张及其并发症，尤其是溃疡而就医。

---

②小隐静脉（small saphenous vein）：起自足背静脉弓外侧，经外踝后方，沿小腿后面上行至腘窝，穿深筋膜注入腘静脉。

3. 腹部的静脉　主干为下腔静脉，直接注入下腔静脉的属支分壁支和脏支两种。

壁支主要有 4 对腰静脉和 1 对膈下静脉，与同名动脉伴行，直接注入下腔静脉。

脏支主要有肾上腺中静脉、肾静脉、睾丸静脉和肝静脉等。

（1）肾上腺中静脉（middle suprarenal veins）：左侧注入左肾静脉，右侧注入下腔静脉。

（2）肾静脉（renal veins）：起自肾门，在肾动脉前方横行向内，注入下腔静脉。左肾静脉还接受左肾上腺中静脉和左睾丸静脉的静脉血。

（3）睾丸静脉（testicular veins）：起自睾丸和附睾，呈蔓状缠绕于睾丸动脉组成蔓状静脉丛，向上汇合成一条睾丸静脉，右睾丸静脉以锐角注入下腔静脉，左睾丸静脉以直角注入左肾静脉，故睾丸静脉曲张多见于左侧。

在女性此静脉称为卵巢静脉，其流注关系与男性相同。

（4）肝静脉（hepatic veins）：由肝内的小叶下静脉逐级汇合而成。肝静脉有左、中、右 3 条，均包埋于肝实质内，在肝后缘注入下腔静脉。

肝静脉收集肝门静脉及肝固有动脉运送到肝内的血液。

4. 肝门静脉系　由肝门静脉及其属支组成。肝门静脉系收集食管下段、胃、小肠、大肠（至直肠上部）、胰、胆囊和脾等腹腔内不成对器官（肝除外）的静脉血。

（1）肝门静脉的组成：肝门静脉（hepatic portal vein）由肠系膜上静脉和脾静脉在胰头后方汇合而成。肝门静脉向右上方斜行进入肝十二指肠韧带内，经肝固有动脉和胆总管后方上行，到肝门处分为左、右两支进入肝的左、右叶。肝门静脉在肝内反复分支，最后注入肝血窦（图 7-42）。

肝门静脉的属支包括脾静脉，肠系膜上静脉，肠系膜下静脉，胃左、右静脉和附脐静脉等。

（2）肝门静脉的特点：①起止两端均连于毛细血管；②腔内的静脉血中富含营养；③腔内无瓣膜，血液可逆流；④肝门静脉属支与上、下腔静脉之间有丰富的吻合，也是沟通上、下腔静脉系的重要交通。

（3）肝门静脉系与上、下腔静脉系之间的吻合：肝门静脉系与上、下腔静脉系之间存在丰富的吻合，主要的吻合部位有 3 处（图 7-43）。

①食管静脉丛：位于食管下段的黏膜下层内。肝门静脉系的胃左静脉与上腔静脉系的食管静脉通过食管静脉丛相互吻合交通。

②直肠静脉丛：位于直肠下段的黏膜下层内。肝门静脉系的直肠上静脉与下腔静脉系的直肠下静脉和肛静脉通过直肠静脉丛相互吻合交通。

③脐周静脉网：位于脐周围的皮下组织内。肝门静脉系的附脐静脉与上腔静脉系的胸壁浅、深静脉和下腔静脉系的腹壁、深静脉通过脐周静脉网相互吻合交通。

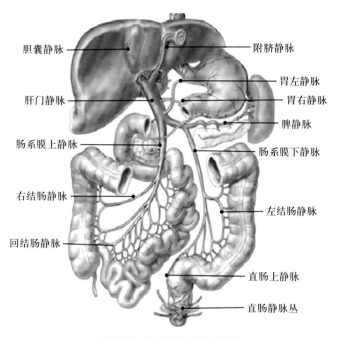

胆囊静脉
附脐静脉
肝门静脉
胃左静脉
胃右静脉
脾静脉
肠系膜上静脉
肠系膜下静脉
右结肠静脉
左结肠静脉
回结肠静脉
直肠上静脉
直肠静脉丛

图 7-42 肝门静脉及其属支

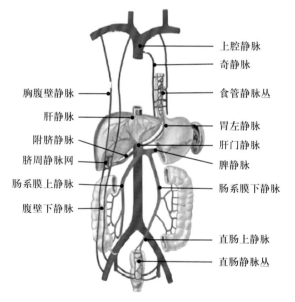

上腔静脉
奇静脉
胸腹壁静脉
食管静脉丛
肝静脉
胃左静脉
附脐静脉
肝门静脉
脐周静脉网
脾静脉
肠系膜上静脉
肠系膜下静脉
腹壁下静脉
直肠上静脉
直肠静脉丛

图 7-43 肝门静脉的吻合及其交通

音频：
肝门静脉系的组成和属支及吻合

　　正常情况下，肝门静脉系和上、下腔静脉系之间的吻合支细小，血流量少，各属支分别将血液引流向所属的静脉系。如肝门静脉血回流受阻（如肝硬化等），血液不能经肝门静脉回流入肝，此时肝门静脉的血液可经肝门静脉系与上、下腔静脉系之间的吻合建立侧支循环，分别经上、下腔静脉回流入心。

　　由于侧支循环的建立，血流量增多，可造成吻合部位的细小静脉曲张，甚至破裂。如食管静脉丛曲张、破裂，可引起呕血；直肠静脉丛曲张、破裂，可引起便血；由于血液逆流，可引起脐周静脉网和腹壁静脉明显曲张，形成"海蛇头"。也可引起脾和胃肠瘀血，出现脾大和腹腔积液等。

> **链接**
>
> **全身用于穿刺的静脉名称和部位**
>
> 1. 颈外静脉　在下颌角平面起于腮腺下方，沿胸锁乳突肌表面斜向后下，临床上常在此做静脉穿刺。
>
> 2. 锁骨下静脉　在第 1 肋外缘处续接腋静脉，向内行至胸锁关节后方与颈内静脉汇合成头臂静脉，在锁骨上窝内，是临床上静脉穿刺或长期导管输液的部位。
>
> 3. 手背静脉网　在手背，为临床上常用的静脉穿刺血管。
>
> 4. 头静脉　起自手背静脉网桡侧，沿前臂桡侧和上臂外侧上行，经三角肌与胸大肌之间至锁骨下窝，穿过深筋膜注入腋静脉。在肘窝处是临床上静脉穿刺或长期导管输液的部位。
>
> 5. 贵要静脉　起自手背静脉网尺侧，沿前臂尺侧和上臂内侧上行，到达上臂中部，穿过深筋膜注入肱静脉。在肘窝处是临床上静脉穿刺或长期导管输液的部位。
>
> 6. 肘正中静脉　位于肘窝皮下，自头静脉向内上方连于贵要静脉。肘正中静脉常接受前臂正中静脉的血。在肘窝处位置固定，因此是临床上取血和静脉穿刺的常用部位。
>
> 7. 股静脉　在腹股沟韧带深面位于股动脉内侧，位置恒定而且可借股动脉搏动而定位。故临床行股静脉穿刺时，常在腹股沟韧带中点稍下方内侧，先触及股动脉搏动，然后在其内侧进针于股静脉。
>
> 8. 足背静脉弓　在足背是临床上静脉穿刺或长期导管输液的部位。
>
> 9. 大隐静脉　起自足背静脉弓内侧，经内踝前方，沿小腿内侧和大腿内侧面上行，于耻骨结节外下方 3 ~ 4 cm 处穿过深筋膜注入股静脉。大隐静脉在内踝前方位置表浅，临床上常在内踝前上方做大隐静脉穿刺或切开术。

第二节　淋巴系统

淋巴系统（lymphatic system）由淋巴组织、淋巴器官和淋巴管道组成（图 7-44）。

淋巴管道和淋巴结的淋巴窦内流动着无色透明的液体，称为淋巴。当血液流经毛细血管动脉端时，血液中的部分物质透过毛细血管壁进入组织间隙，形成组织液，组织液与细胞进行物质交换后，组织液中大部分物质经毛细血管静脉端回流入静脉，小部分含有大分子物质的组织液进入毛细淋巴管成为淋巴。淋巴沿淋巴管道和淋巴结内的淋巴窦向心流动，最后注入静脉。

淋巴系统是心血管系统的辅助成分。淋巴系统协助静脉回流组织液，淋巴组织和淋巴器官能产生淋巴细胞、过滤淋巴和进行免疫应答。

一、淋巴管道

淋巴管道包括毛细淋巴管、淋巴管、淋巴干和淋巴导管（图 7-44）。

（一）毛细淋巴管

毛细淋巴管（lymphatic capillary）是淋巴管道的起始部，毛细淋巴管以盲端起始于组织间隙，彼此吻合成网。毛细淋巴管由内皮和极薄的结缔组织构成，细胞间隙较大。与毛细血管比较，通透性大，一些大分子物质，如蛋白质、细菌、癌细胞等易进入毛细淋巴管。

（二）淋巴管

淋巴管（lymphatic vessel）由毛细淋巴管逐级汇合而成，管壁结构与静脉相似，淋巴管在向心行程中，通常要经过 1 个或多个淋巴结。管壁内有丰富的向心方向的瓣膜，可防止淋巴逆流。瓣膜处的淋巴管扩张成窦状，使淋巴管外观呈串珠状。

淋巴管分为浅、深两种。浅淋巴管与浅静脉伴行，深淋巴管与深部血管、神经伴行，浅、深淋巴管之间有广泛的吻合。

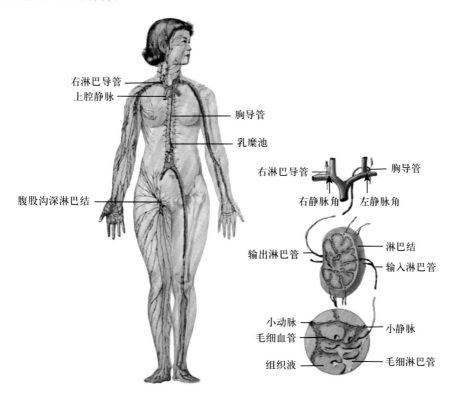

图 7-44 淋巴系统模式图

（三）淋巴干

淋巴干（lymphatic trunk）是全身各部的浅、深淋巴管经一系列淋巴结后，由一群淋巴结的输出淋巴管汇合而成。全身共有 9 条淋巴干（图 7-45）。

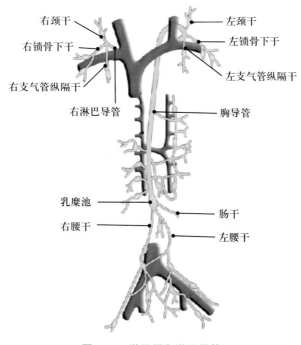

图 7-45 淋巴干和淋巴导管

头颈部的淋巴管汇合成左、右颈干。上肢及部分胸壁的淋巴管汇合成左、右锁骨下干。胸腔器官及部分胸腹壁的淋巴管汇合成左、右支气管纵隔干。下肢、盆部和腹腔成对器官的淋巴管汇合成左、右腰干。腹腔内不成对器官的淋巴管汇合成单一的肠干。

（四）淋巴导管

9 条淋巴干汇合成两条淋巴导管（lymphatic duct），即胸导管和右淋巴导管，分别注入左、右静脉角（图 7-45）。

1. **胸导管**（thoracic duct） 是全身最大最长的淋巴管道，长 30～40 cm。在第 1 腰椎体前方，由左、右腰干和肠干汇合而成的膨大，称为乳糜池（cisterna chili）。

胸导管起自乳糜池，沿腹主动脉后方向上穿膈的主动脉裂孔进入胸腔，在食管后方、脊柱右前方上行，至第 5 胸椎平面斜行至脊柱左前上方，出胸廓上口至颈根部，经左颈总动脉和左颈内静脉后方，弓形向前汇入左静脉角。注入前还接受左颈干、左锁骨下干和左支气管纵隔干的淋巴。

胸导管收纳下肢、盆部、腹部、左胸部、左上肢和左头颈部的淋巴，即全身 3/4 区域的淋巴。

2. **右淋巴导管**（right lymphatic duct） 是一条长 1～1.5 cm 的短干，由右颈干、右锁骨下干和右支气管纵隔干在右胸锁关节后方汇合而成，注入右静脉角。

右淋巴导管收纳右胸部、右上肢和右头颈部的淋巴，即全身 1/4 区域的淋巴。

二、淋巴器官

淋巴器官包括胸腺、淋巴结、脾和扁桃体等。淋巴器官是进行免疫应答的主要场所，无抗原刺激时淋巴器官较小，有抗原刺激后淋巴器官迅速增大，结构也发生变化，免疫应答后逐渐复原。

（一）淋巴结

淋巴结（lymphatic node）呈灰红色，质软，是直径为 5～20 mm 的扁圆小体，一侧隆凸，连接数条输入淋巴管；另一侧凹陷，其中央处称为淋巴结门，有血管和神经出入，并连接 1～2 条输出淋巴管（图 7-46）。

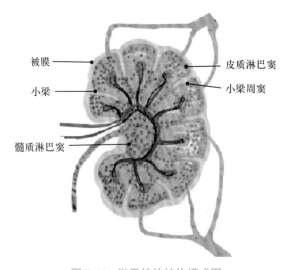

被膜　　皮质淋巴窦

小梁　　小梁周窦

髓质淋巴窦

图 7-46　淋巴结的结构模式图

1. **淋巴结的微细结构**　淋巴结表面的薄层致密结缔组织被膜经淋巴结门伸入实质内形成小梁，小梁构成淋巴结的支架。淋巴结实质分为皮质和髓质两部分（图 7-47）。

（1）皮质：位于被膜下方，由浅层皮质、副皮质区和皮质淋巴窦构成。

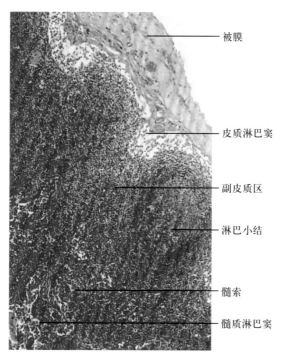

被膜

皮质淋巴窦

副皮质区

淋巴小结

髓索

髓质淋巴窦

图 7-47　淋巴结的微细结构

①浅层皮质：由淋巴小结及其间的弥散淋巴组织构成，为 B 淋巴细胞区。淋巴小结是直径 1 ~ 2 mm 的圆球形结构，边界清楚，含大量 B 淋巴细胞和一定量的辅助性 T 淋巴细胞、巨噬细胞。淋巴小结受抗原刺激后增大，中央部的 B 淋巴细胞分裂、分化，形成中央染色浅的生发中心。在抗原刺激下，淋巴小结增大增多，是体液免疫应答的重要标志。抗原被清除后，淋巴小结又逐渐消失。

②副皮质区：位于皮质的深层，为较多的弥散淋巴组织，有 T 淋巴细胞和巨噬细胞。

③皮质淋巴窦：包括被膜下方的被膜下窦和小梁周围的小梁周窦。窦内有许多巨噬细胞。淋巴在窦内流动缓慢，有利于巨噬细胞清除抗原。

（2）髓质：由髓索和髓窦组成。

①髓索：是相互连接的条索状淋巴索，主要含 B 淋巴细胞、浆细胞和巨噬细胞。

②髓窦：较宽大，腔内有较多的巨噬细胞，有较强的滤过功能。

2. 淋巴结的功能

（1）产生淋巴细胞：在细菌、病毒等抗原刺激下，T 淋巴细胞和 B 淋巴细胞大量分裂增殖，分化成效应性 T 淋巴细胞和浆细胞。

（2）滤过淋巴：进入淋巴结的淋巴常有细菌、病毒、毒素等抗原物质，当淋巴缓慢流经淋巴窦时，其中的抗原物质可被巨噬细胞清除。

（3）免疫应答：抗原物质进入淋巴结后，巨噬细胞可捕获、处理抗原，然后将抗原信息传递给 T 淋巴细胞和 B 淋巴细胞，分别参与细胞免疫应答和体液免疫应答。

3. 人体各部主要的淋巴结群　淋巴结常聚集成群，以深筋膜为界分为浅、深淋巴结。淋巴结常成群分布于关节屈侧或体腔的隐蔽处。

当某器官或部位发生病变时，细菌或肿瘤细胞可沿淋巴管至相应的局部淋巴结，淋巴结则因细胞增殖等病理变化而肿大，局部淋巴结肿大常反映其引流范围内存在病变。熟悉淋巴结的位置及其引流范围有着重要的临床意义。

（1）头颈部的淋巴结：主要分布于头、颈交界处和颈内、外静脉的周围（图 7-48）。主要包括如下。

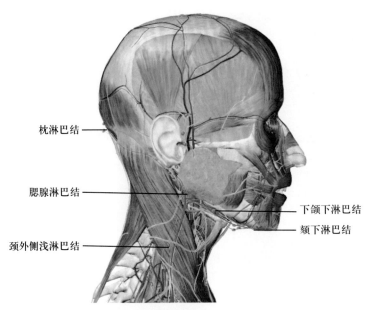

枕淋巴结

腮腺淋巴结

颈外侧浅淋巴结

下颌下淋巴结

颏下淋巴结

图 7-48　头颈部淋巴结

下颌下淋巴结位于下颌下腺周围，引流面部、鼻部和口腔等处的淋巴。

颈外侧浅淋巴结位于胸锁乳突肌浅面及其后缘，沿颈外静脉排列，引流耳后、腮腺和颈外侧浅层等处的淋巴，其输出管注入颈外侧深淋巴结。

颈外侧深淋巴结多沿颈内静脉周围排列。颈外侧深淋巴结引流头颈部、胸壁上部、乳房上部、舌、咽、喉、气管和甲状腺的淋巴，其输出管注入颈干。颈外侧深淋巴结群的数目较多，其中位于锁骨下动脉附近的部分，称为锁骨上淋巴结。胃癌或食管癌时，癌细胞可经胸导管、左颈干逆流转移至左锁骨上淋巴结而引起肿大。

（2）上肢的淋巴结：上肢淋巴管与血管伴行，直接或间接注入腋窝内的腋淋巴结群（图 7-49）。

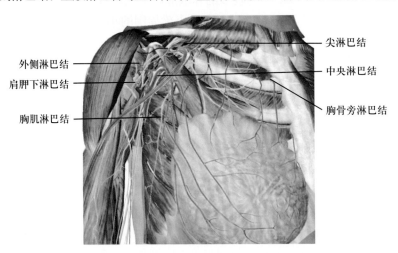

外侧淋巴结

肩胛下淋巴结

胸肌淋巴结

尖淋巴结

中央淋巴结

胸骨旁淋巴结

图 7-49　腋淋巴结群

腋淋巴结（axillary lymph nodes）位于腋窝内，按位置分为外侧淋巴结、肩胛下淋巴结、胸肌淋巴结、中央淋巴结和尖淋巴结 5 群，主要收纳上肢、乳房、胸前外侧壁和脐以上腹壁浅层的淋巴，其输出管汇合成锁骨下干。

（3）胸部的淋巴结：胸部的淋巴结位于胸壁内和胸腔器官周围，主要有胸骨旁淋巴结和支气管肺门淋巴结（图 7-50）。

胸骨旁淋巴结沿胸廓内动脉排列，收纳腹前壁上部、胸前壁和乳房内测的淋巴。

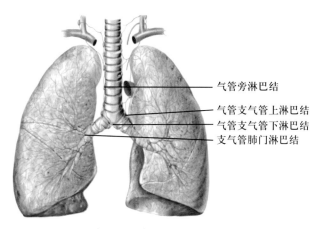

图 7-50　肺和支气管淋巴结

气管肺门淋巴结位于肺门附近，又称肺门淋巴结，收纳肺内淋巴结的输出管。胸部淋巴结的输出管分别汇合成左、右支气管纵隔干，然后分别注入胸导管和右淋巴导管。

（4）腹部的淋巴结：腹前壁脐平面以上的淋巴管注入腋淋巴结，腹前壁脐平面以下的淋巴管注入腹股沟浅淋巴结，腹后壁的淋巴管注入腰淋巴结（图 7-51）。腹部的淋巴结主要如下。

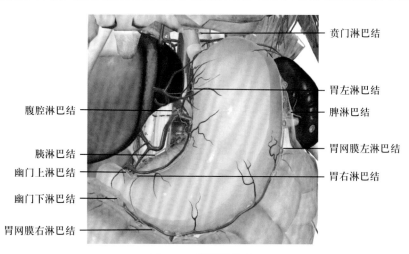

图 7-51　腹腔淋巴结

腰淋巴结收纳腹后壁以及腹腔成对器官的淋巴，同时收纳髂总淋巴结的输出淋巴管，其输出管分别汇成左、右腰干，注入乳糜池。

腹腔淋巴结、肠系膜上、下淋巴结位于同名动脉根部的周围，收纳腹腔内不成对器官的淋巴。其输出淋巴管合成肠干，注入乳糜池。

（5）盆部的淋巴结：盆部的淋巴结主要包括髂内淋巴结、髂外淋巴结和髂总淋巴结（图 7-52），沿同名动脉排列，引流下肢、脐以下腹壁、盆壁和盆腔器官的淋巴，其输出管注入左、右腰淋巴结。

（6）下肢的淋巴结：下肢的淋巴结引流下肢的淋巴，主要有腹股沟浅、深淋巴结（图 7-52）。

腹股沟浅淋巴结位于腹股沟韧带和大隐静脉末端附近，其输出管注入腹股沟深淋巴结。

腹股沟深淋巴结位于股静脉根部周围，引流下肢的淋巴，其输出管注入髂外淋巴结。

（二）脾

1. 脾的位置和形态　脾（spleen）是人体最大的淋巴器官，位于左季肋区，胃底与膈之间，第 9 ～ 11 肋的深面，其长轴与第 10 肋一致（图 7-53）。正常人在左侧肋弓下不能触。脾呈暗红色，质柔软而脆，受暴力打击时易发生破裂。

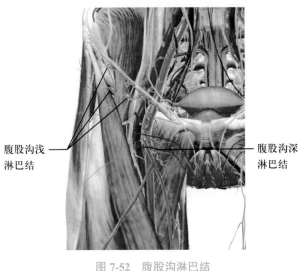

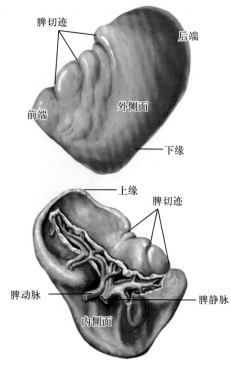

腹股沟浅
淋巴结

腹股沟深
淋巴结

脾切迹

后端

前端

外侧面

下缘

上缘

脾切迹

脾动脉

脾静脉

内侧面

图 7-52 腹股沟淋巴结

图 7-53 脾

　　脾呈扁椭圆形，分为前、后端，上、下缘和内、外侧面。内侧面中央的凹陷处为脾门，有神经、血管和淋巴管等出入。上缘较锐，朝向上方，有 2 ～ 3 个深陷的脾切迹（splenic notch），是触诊时确认脾的标志。

　　2. **脾的微细结构**　脾表面的被膜由间皮和含有丰富弹性纤维和平滑肌的致密结缔组织构成。被膜伸入脾实质形成小梁，构成脾的支架，平滑肌纤维收缩可调节脾的血量，脾实质分白髓、红髓和边缘区（图 7-54）。

　　（1）白髓（white pulp）：分散于红髓之间，主要由动脉周围淋巴鞘和淋巴小结构成，相当于淋巴结的皮质，在新鲜切面上呈散在的灰白色小点状。

　　①动脉周围淋巴鞘（periarterial lymphatic sheath）：由大量 T 淋巴细胞和少量的巨噬细胞等围绕中央动脉构成，是脾的胸腺依赖区。

　　②淋巴小结：又称脾小体（splenic corpuscle），位于动脉周围淋巴鞘的一侧，主要由大量 B 淋巴细胞构成，中央也形成生发中心。

　　（2）红髓（red pulp）：由脾索和脾血窦组成。

　　①脾索：呈索状，含有较多 B 淋巴细胞、浆细胞、巨噬细胞。

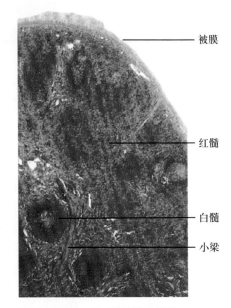

被膜

红髓

白髓

小梁

图 7-54 脾的微细结构

　　②脾血窦：简称脾窦，位于脾索之间，腔大而不规则，窦内充满血液，其外侧有较多的巨噬细胞。

　　3. **脾的功能**

　　（1）滤血：脾索内含有大量巨噬细胞，可吞噬清除血液中的病菌、异物、衰老死亡的血细胞。当脾功能亢进时红细胞破坏过多可引起贫血。

（2）造血：脾在胚胎早期有造血功能，成年后仍含有少量造血干细胞。当机体严重缺血或某些病理状态下，脾可以恢复造血功能。

（3）储存血液：脾血窦可储存约40 ml血液，机体缺血时，脾可将其储存的血液释放入血液循环，保证重要器官的供血。

（4）免疫应答：脾是各类免疫细胞居住的场所，脾内含有大量的T淋巴细胞、B淋巴细胞，参与机体的免疫应答。脾是对血源性物质产生免疫应答的部位。

（三）胸腺

1. 胸腺的位置和形态 胸腺位于上纵隔前部，前方为胸骨柄，后方为大血管，下方贴近心包，上方可突向颈根部。胸腺常分为不对称的左、右两叶，每叶呈扁条状，质软，两叶间借结缔组织相连（图7-55）。胸腺有着明显的年龄变化，在新生儿和幼儿时期较大，性成熟后最大，成人胸腺逐渐萎缩、退化，被结缔组织替代。

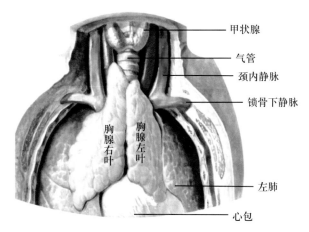

图 7-55 胸腺

2. 胸腺的微细结构 胸腺的结构包括被膜和实质。被膜由薄层结缔组织构成，被膜深入胸腺实质内，将胸腺实质分隔成许多大小不等的胸腺小叶，每个小叶又分为皮质和髓质两部分（图7-56）。①皮质，位于胸腺小叶周边部，主要由胸腺上皮细胞、淋巴细胞和巨噬细胞构成；②髓质，位于胸腺小叶中央部，含有较多的胸腺上皮细胞（也称上皮性网状细胞），淋巴细胞较少。髓质内常见圆形或椭圆形的嗜酸性小体，称为胸腺小体，是由数层胸腺上皮细胞呈同心圆状包绕排列而成，是胸腺的特征性结构。

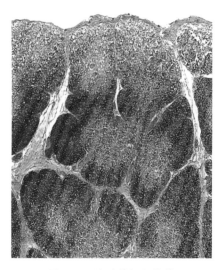

图 7-56 胸腺的组织结构

血 – 胸腺屏障（blood-thymus barrier）是指毛细血管与胸腺皮质之间具有屏障作用的结构，即阻止血液中抗原物质进入胸腺皮质的结构，对维持胸腺内环境的稳定、保证胸腺细胞的正常发育有重要作用。血 – 胸腺屏障包括：①连续性毛细血管内皮及其紧密连接；②连续的内皮基膜；③毛细血管间隙，内含巨噬细胞；④上皮基膜；⑤一层连续的胸腺上皮细胞。

3. 胸腺的功能　胸腺既是淋巴器官，又有内分泌功能，主要产生 T 淋巴细胞和分泌胸腺素。胸腺素参与构成胸腺内微环境，能促进淋巴细胞的增殖和分化。

单核吞噬细胞系统（mononuclear phagocytic system，MPS）是指除粒细胞以外，散在分布于全身各处的具有吞噬功能的巨噬细胞的总称，包括：血液中的单核细胞；结缔组织、淋巴结和脾内的巨噬细胞；肺巨噬细胞；肝巨噬细胞；神经组织的小胶质细胞；骨组织的破骨细胞等。单核吞噬细胞系统具有捕捉、加工、呈递抗原和分泌多种生物活性物质等功能，参与机体的免疫反应。

（董　博　唐　利）

练习题

单项选择题

1. 心血管系统的组成不包括

　　A. 心　　　　　　B. 静脉　　　　　C. 毛细血管　　　D. 淋巴管　　　　E. 动脉

2. 体循环的血液可到达

　　A. 脑　　　　　　　　　　　　B. 肝　　　　　　　　　　　C. 肺

　　D. 全身各处　　　　　　　　　E. 除肺外的全身各处

3. 体循环终止于

　　A. 右心房　　　　B. 右心室　　　　C. 左心房　　　　D. 左心室　　　　E. 冠状窦

4. 下列静脉内为动脉血的是

　　A. 心的静脉　　　　　　　　　B. 肾静脉　　　　　　　　　C. 肺静脉

　　D. 肝门静脉　　　　　　　　　E. 上腔静脉

5. 以下为局部提供多处血液回流的是

　　A. 血管吻合　　　　　　　　　B. 静脉间吻合　　　　　　　C. 侧支吻合

　　D. 动脉间吻合　　　　　　　　E. 动静脉吻合

6. 心房与心室表面的分界标志是

　　A. 冠状沟　　　　　　　　　　B. 前室间沟　　　　　　　　C. 后室间沟

　　D. 心尖切迹　　　　　　　　　E. 心耳

7. 防止血液反流回右心室的结构是

　　A. 二尖瓣　　　　　　　　　　B. 三尖瓣　　　　　　　　　C. 主动脉瓣

　　D. 肺动脉瓣　　　　　　　　　E. 右心房室瓣

8. 心的正常起搏点是

　　A. 窦房结　　　　　　　　　　B. 房室结　　　　　　　　　C. 房室束

　　D. 左右束支　　　　　　　　　E. 浦肯野纤维网

9. 发出左、右冠状动脉的是

　　A. 升主动脉　　　　　　　　　B. 主动脉弓　　　　　　　　C. 降主动脉

　　D. 胸主动脉　　　　　　　　　E. 腹主动脉

10. 以下不属于心传导系的是
    A. 窦房结　　　　　　B. 心肌纤维　　　　　C. 房室结
    D. 房室束　　　　　　E. 左、右束支

11. 以下不属于颈外动脉分支分布的是
    A. 甲状腺　　　　　　B. 眼球　　　　　　　C. 舌
    D. 脑膜　　　　　　　E. 面部

12. 在体表不易摸到脉搏的动脉有
    A. 颞浅动脉　　　　　B. 桡动脉　　　　　　C. 足背动脉
    D. 椎动脉　　　　　　E. 股动脉

13. 以下不是胸主动脉分支分布的是
    A. 胸腹壁　　　　　　B. 支气管　　　　　　C. 心
    D. 心包　　　　　　　E. 食管

14. 发出睾丸动脉的是
    A. 股动脉　　　　　　B. 髂总动脉　　　　　C. 髂外动脉
    D. 髂内动脉　　　　　E. 腹主动脉

15. 以下属于头颈部浅静脉的是
    A. 头静脉　　　　　　B. 颈外静脉　　　　　C. 颈内静脉
    D. 颈总静脉　　　　　E. 面静脉

16. 臀部肌内注射时，药物吸收经过
    A. 臀上动脉　　　　　B. 臀上静脉　　　　　C. 臀部毛细血管网
    D. 臀部淋巴管　　　　E. 臀下静脉

17. 富含营养的静脉是
    A. 心的静脉　　　　　B. 肾静脉　　　　　　C. 肺静脉
    D. 肝门静脉　　　　　E. 上腔静脉

18. 以下不属于上、下肢浅静脉的是
    A. 头静脉　　　　　　B. 大隐静脉　　　　　C. 腋静脉
    D. 肘正中静脉　　　　E. 贵要静脉

19. 以下不属于淋巴器官的是
    A. 胸腺　　　　　　　B. 胰　　　　　　　　C. 扁桃体
    D. 脾　　　　　　　　E. 淋巴结

20. 触诊脾的标志是
    A. 位于左季肋区　　　B. 脾切迹　　　　　　C. 脾门
    D. 脾的脏面　　　　　E. 脾的膈面

第八章

感觉器官

思维导图

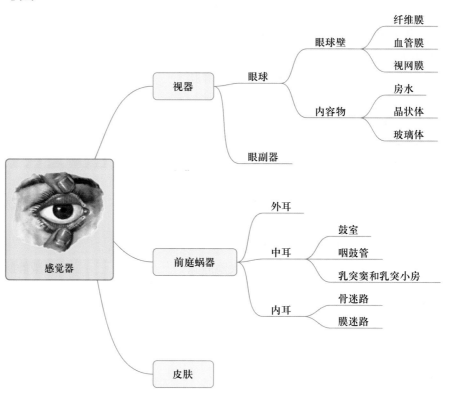

视器 ── 眼球 ── 眼球壁 ── 纤维膜
                        血管膜
                        视网膜
                 内容物 ── 房水
                        晶状体
                        玻璃体
        眼副器

感觉器

前庭蜗器 ── 外耳
         中耳 ── 鼓室
               咽鼓管
               乳突窦和乳突小房
         内耳 ── 骨迷路
               膜迷路

皮肤

学习目标

1. 掌握眼球的结构，房水的产生和循环途径，光线进入眼球到达视网膜的途径；鼓膜的位置、形态和作用，位、听感受器的名称和功能，声波的传导路径。

2. 熟悉眼球壁的组成和形态结构特点，眼球外肌的名称和作用；中耳的组成，咽鼓管的开口和交通，鼓室的位置和结构，骨迷路和膜迷路的形态结构。

3. 了解感觉器官、感受器的概念；眼副器的组成，泪器的组成；外耳的组成，外耳道的分部，听小骨的位置、名称，内耳的位置、分部；皮肤的结构特点，皮下组织、皮肤的附属器。

4. 运用所学知识，深切感受捐献角膜奉献光明的人性光辉。

思政之光

病例 8-1

患者，男，50岁。近日发现右眼下方有一阴影，且看物时下方看不见。询问病史得知前几天打篮球时右眼曾发生碰撞。检查：右眼外观无红肿。眼底检查：视盘颜色正常，黄斑中心光反射消失，视网膜上方隆起呈灰白色，血管爬行其上，下方视网膜呈豹纹状，左眼底正常。临床诊断：视网膜剥脱症。

问： 何为感觉器官？感觉器官有哪些？眼由哪几部分组成？眼球壁有哪几层？视网膜在哪两层之间易剥脱？视网膜上感光细胞有哪些？

感觉器官（sensory organs）是由特殊感受器及其附属器组成，如视器、前庭蜗器、舌、鼻等。

感受器（receptor）是由感觉神经末梢及其周围组织构成，能接受机体内、外环境的各种刺激，并将其转化为神经冲动，经神经传入脑，从而产生相应的感觉。皮肤的结构较复杂，也在此叙述，舌和鼻在相关章节叙述。

音频：
视器和前庭蜗器
的构成

第一节 视　　器

视器（visual organ）又称眼，由眼球和眼副器组成，主要功能是感受可见光的刺激，并转化为神经冲动，经视神经传入大脑皮质的视觉区，产生视觉（图 8-1）。

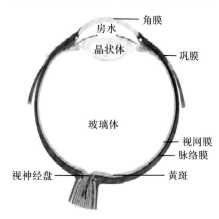

图 8-1　眼球水平切面

一、眼球

眼球（eyeball）近似球形，为视器的主要部分，位于眼眶内，由眼球壁和眼球内容物组成，眼球借筋膜与眼眶壁相连，经视神经连接脑。

（一）眼球壁

眼球壁包括3层结构，由外向内依次为外膜、中膜、内膜（图 8-1）。

1. 外膜　又称纤维膜。由致密结缔组织构成，具有维持眼球形态和保护眼球内容物的作用，分为角膜和巩膜两部分。

（1）角膜（cornea）：占眼球外膜的前 1/6，无色透明，无血管，富含感觉神经末梢，感觉敏锐。角膜曲度较大，富有弹性，具有屈光作用，是光线进入眼球的首要结构。

音频：
眼球壁的层次结构

> **链接**
>
> ### 角膜移植术
>
> 　　角膜移植术是用同种异体的健康角膜置换发生病变的角膜，达到增视、治疗某些角膜病为目的的一种手术。角膜移植术分两种：一是全层角膜移植术，以全层透明角膜代替全层混浊角膜。手术要求移植片内皮细胞有良好的活性，故移植片需取自死后数小时内的眼球；二是板层角膜移植术，将浅层病变角膜组织切除，留下一定厚度的角膜作移植床，用一块同样大小和厚度的移植片放在移植床上。

　　（2）巩膜（sclera）：占眼球外膜的后 5/6，乳白色，不透明，厚而坚韧。在巩膜与角膜交界处深部有一环形小管，称为巩膜静脉窦（sinus venous sclerae），是房水循环回流入静脉的通道。

　　2. 中膜　又称血管膜。由疏松结缔组织构成，薄而柔软，含有丰富的血管、神经和色素细胞，呈棕黑色，有营养和遮挡光线的作用，由前向后依次为虹膜、睫状体和脉络膜 3 部分。

　　（1）虹膜（iris）：位于中膜前部，角膜后方，呈冠状位的圆盘状膜性结构，其中央有一圆孔，称为瞳孔（pupil）。是光线进入眼球内的唯一通道。

　　虹膜内有两种功能不同的平滑肌，调节进入眼球内的光线量：一种呈环形，环绕在瞳孔周围，收缩时使瞳孔缩小，称为瞳孔括约肌；另一种呈辐射状，收缩时使瞳孔开大，称为瞳孔开大肌。虹膜的颜色有种族差异，黄种人一般呈棕黑色。

　　虹膜与角膜之间形成的环状间隙，称为虹膜角膜角（前房角），房水经此处流入巩膜静脉窦（图 8-2）。

　　（2）睫状体（ciliary body）：位于虹膜后外方，是中膜增厚的部分，能产生房水（图 8-2）。

　　睫状体前部有向内突出并呈放射状排列的睫状突。睫状突发出睫状小带与晶状体囊相连。睫状体内有放射状和环行排列的平滑肌，称为睫状肌，睫状肌的收缩和舒张可使睫状小带松弛和紧张，从而调节晶状体的曲度，实现调节眼球屈光力的作用。

　　（3）脉络膜（choroid）：位于睫状体后方，巩膜内面，约占中膜的 2/3，脉络膜富含血管和色素细胞，具有营养眼球壁和吸收眼内散射光线，防止光线反射干扰物像的作用。

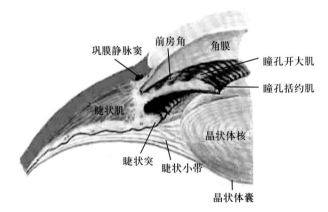

图 8-2　眼球水平切面前部放大图

　　3. 内膜　又称视网膜。为眼球壁的最内层，按部位和功能不同，分为虹膜部、睫状体部和脉络膜部。前两部位于虹膜和睫状体内面，无感光作用，称为视网膜盲部；位于脉络膜内面的部分为脉络膜部，有感光作用，称为视网膜视部。

　　视网膜后部正中偏鼻侧有一圆盘状结构，称为视神经盘（optic disc），又称视神经乳头，该处有视神经、视网膜中央动、静脉穿过，无视细胞，无感光功能，又称生理性盲点。在视神经盘颞侧约 3.5 mm 处有一黄色斑块状结构，称为黄斑（macula lutea），黄斑中央的凹陷，称为中央凹（fovea centralis），此处是感光、辨色最敏锐的部位（图 8-3）。

视网膜视部分为内、外两层（图 8-4）。外层为色素上皮层，内层为神经层，两层之间连接疏松，易发生视网膜剥离症。

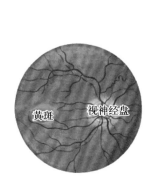

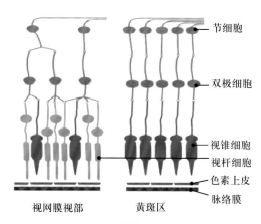

图 8-3　右眼眼底

图 8-4　视网膜微细结构模式图

色素上皮层由单层色素上皮细胞组成，内含色素颗粒，可吸收光线，保护感光细胞免受过强光线的刺激。

神经层由外向内依次为视细胞、双极细胞和节细胞。

视细胞又称感光细胞，包括视锥细胞和视杆细胞两种。视锥细胞能感受强光和颜色刺激；视杆细胞能感受弱光，不能辨色。

双极细胞是连接视细胞和节细胞间的双极神经元，将视细胞的神经冲动传递给节细胞。

节细胞为多极神经元，其树突与双极细胞形成突触，轴突沿视网膜向视神经盘集中，出眼球壁后构成视神经，将视觉冲动传入脑。

（二）眼球内容物

眼球内容物由前向后包括房水、晶状体和玻璃体，均无色透明，无血管分布，与角膜一起构成眼的屈光系统。

1. 房水（aqueous humor）　是由睫状体产生的一种无色透明液体，充满于眼房内，具有屈光、营养角膜和晶状体、维持眼内压的作用。

眼房（chambers of eyeball）是位于角膜和晶状体之间的间隙，被虹膜分为前房和后房，前、后房借瞳孔相通（图 8-2）。

房水由睫状体产生后，经眼球后房、瞳孔到眼球前房，最后经虹膜角膜角渗入巩膜静脉窦，回到眼静脉。

若房水回流受阻，造成眼内压升高，引起眼痛、头痛、视力障碍，临床上称为青光眼。

2. 晶状体（lens）　是位于房水与玻璃体之间的双凸透镜状结构，富有弹性，无血管和神经（图 8-2）。

晶状体表面包有晶状体囊，中央部称为晶状体核。晶状体囊借睫状小带与睫状突相连。晶状体的曲度可随睫状肌的收缩与舒张而改变。视近物时，睫状肌收缩，睫状突向前内移位，睫状小带松弛，晶状体因自身弹性的回缩而变凸，屈光能力增强，使进入眼内的物像聚焦于视网膜上。视远物时，睫状肌舒张，睫状突退回原位，睫状小带拉紧，使晶状体变薄，屈光能力减弱，物像仍聚焦于视网膜上。

老人因晶状体核逐渐变大、变硬、弹性减退及睫状肌萎缩，晶状体改变曲度的调节能力减弱，看近物时，晶状体曲度不能相应增大，导致视物不清，称为老视，俗称老花眼。若晶状体

音频：
眼球内容物及其功能

音频：
晶状体的屈光功能

音频：
眼的屈光系统

发育异常、损伤、中毒、代谢障碍或年老等原因，发生混浊，影响视力，称为白内障。

3. 玻璃体（vitreous body） 呈球状，为无色透明的胶状物质，填充于视网膜与晶状体之间，具有屈光和支撑视网膜的作用。

> 💡链接
>
> ## 屈光不正
>
> 屈光不正是指眼在自然状态下，光线通过眼的屈光作用后，不能在视网膜上形成清晰的物像，包括远视、近视及散光等。造成屈光不正的原因很多，不合理用眼是不可忽视的原因，儿童处于生长发育时期，如不注意科学用眼，如看书、写字的姿势不正确，或眼与书的距离太近，或看书时间过长，或走路、坐车看书等都可造成眼过度疲劳，促成屈光不正。

二、眼副器

眼副器（accessory organs of eye）包括眼睑、结膜、泪器和眼球外肌等，具有支持、保护和运动眼球等功能。

（一）眼睑

眼睑（eyelids）即眼皮，分为上睑和下睑，位于眼球前方，对眼球有保护作用。上睑和下睑之间的裂隙，称为睑裂，睑裂的内、外侧角分别称为内眦和外眦，上、下睑的游离缘称为睑缘，睑缘上有向外生长的睫毛，睫毛根部的皮脂腺称为睑缘腺，其分泌物能润滑睑缘，能防止泪液外溢。睑缘腺发炎时形成麦粒肿。上、下睑缘靠近内眦处有一小孔，称为泪点（lacrimal punctum），是上、下泪小管的入口。

眼睑的组织结构由外向内依次分为：皮肤、皮下组织、肌层、睑板和睑结膜五层。眼睑的皮肤薄而柔软；皮下组织较疏松，故患眼睑炎或肾炎时，易发生水肿；肌层主要为眼轮匝肌和上睑提肌，收缩时使睑裂闭合和提上睑；睑板呈半月形，由致密结缔组织构成，硬如软骨，对眼睑有支撑作用，睑板内有许多睑板腺，睑板腺阻塞时，形成睑板腺囊肿，亦称霰粒肿；睑结膜贴附于睑板内面。

（二）结膜

结膜（conjunctiva）为一层富含血管的薄膜，衬贴在眼睑内面部分为睑结膜，覆盖在巩膜前面部分为球结膜，上、下睑结膜与球结膜返折移行处形成结膜上穹和结膜下穹。当眼睑闭合时，各部分结膜围成的囊状腔隙，称为结膜囊，此囊通过睑裂与外界相通（图8-5）。

（三）泪器

泪器（lacrimal apparatus）由泪腺和泪道组成（图8-5）。

1. 泪腺 位于眶上壁外侧部的泪腺窝内，其排泄管开口于结膜上穹外侧，泪腺分泌泪液，有湿润、清洁角膜，冲刷结膜囊的作用，泪液中的溶菌酶具有杀菌作用。

2. 泪道 由泪点、泪小管、泪囊和鼻泪管组成。泪小管起于上、下泪点，分别形成上、下泪小管，起初垂直于睑缘向上、下行走约2 mm，然后转向内与睑缘平行，最后注入泪囊；泪囊位于泪囊窝内，上端为盲端，下端与鼻泪管相连；鼻泪管开口于下鼻道。

（四）眼球外肌

眼球外肌是位于眼球周围的骨骼肌，共有7块（图8-6）。

上睑提肌收缩时上提上睑，开大睑裂；内直肌可使眼球转向内侧；外直肌可使眼球转向外侧；上直肌可使眼球转向内上方；下直肌可使眼球转向内下方；上斜肌收缩使眼球转向外下方；下斜肌收缩使眼球转向外上方。

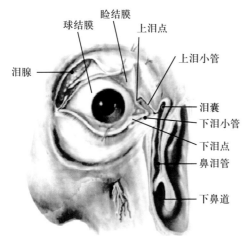

图 8-5 结膜和泪器

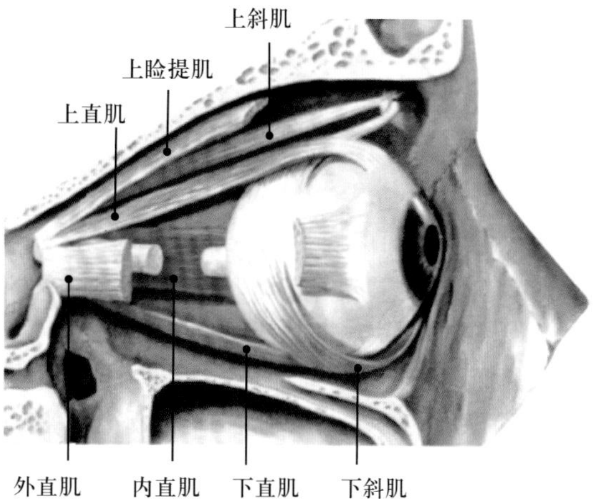

图 8-6 眼球外肌

眼球的正常运动，是以上各肌协同作用的结果，当某一肌力减弱或瘫痪时，可出现复视和斜视等现象。

三、眼的血管和神经

（一）眼的动脉

眼动脉为颈内动脉在颅内的分支，经视神经管入眼眶，分布于眼球和眼副器。其中最重要的分支是视网膜中央动脉，随视神经入眼球至视神经盘后，分为颞侧上、下动脉和鼻侧上、下动脉，但黄斑区中央凹无血管分布，临床上常用眼底镜观察视网膜中央动脉、视神经盘和黄斑等，以协助诊断某些眼部疾病（图 8-3）。

（二）眼的静脉

眼静脉无瓣膜，与同名动脉伴行，主要有眼上静脉和眼下静脉，收集眼球和眼副器的静脉血。眼静脉向前经内眦静脉与面静脉吻合，且面静脉无静脉瓣，故面部的感染可经内眦静脉、眼静脉蔓延到颅内，引起颅内感染。

（三）眼的神经

眼的神经支配来源较多，其中视神经传导视觉冲动，一般感觉受三叉神经管理，眼球外肌的运动受动眼神经、滑车神经和展神经支配，瞳孔括约肌和睫状肌受动眼神经的副交感神经支配，泪腺分泌受面神经的副交感神经纤维管理，瞳孔开大肌受交感神经支配。

第二节 前庭蜗器

前庭蜗器又称位听器，俗称耳，包括听器和位觉器，分为外耳、中耳、内耳3部分（图 8-7）。

外耳和中耳是收集和传导声波的结构，内耳是位置觉感受器和听觉感受器所在部位。位置觉感受器能感受头部位置、重力和速度变化等刺激，听觉感受器能感受声波刺激。

一、外耳

外耳（external ear）由耳郭、外耳道和鼓膜3部分

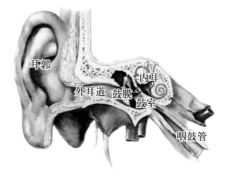

图 8-7 前庭蜗器

组成，具有收集和传导声波的作用。

1. 耳郭（auricle） 位于头部两侧，主要以弹性软骨为支架，外被皮肤构成。耳郭下部悬垂的部分称为耳垂，无软骨，仅由皮肤和皮下组织构成，含有丰富的感觉神经末梢和血管，是临床上常用的采血部位。耳郭外侧有外耳门，其前外方的突起，称为耳屏。

2. 外耳道（external acoustic meatus） 是介于外耳门与鼓膜之间的弯曲管道，长约2.5 cm，走行先斜向后上内，后朝向前下内，其外 1/3 以软骨为基础，称为软骨部；内 2/3 位于颞骨内，称为骨部。检查外耳道和鼓膜时，需将耳郭拉向后上方使其变直，以便观察；婴幼儿的外耳道较短而狭窄，故检查外耳道和鼓膜时需将耳郭向后下方牵拉。

外耳道的皮肤内含有耵聍腺，分泌的黄褐色黏稠物称为耵聍，干燥后形成痂块。外耳道的皮下组织较少，神经末梢丰富，皮肤与骨膜和软骨膜结合紧密，当外耳道发生疖肿时，因张力较大，压迫、牵拉感觉神经末梢而疼痛剧烈。

3. 鼓膜（tympanic membrane） 位于外耳道与鼓室之间，为椭圆形漏斗状的半透明薄膜，呈倾斜位，外面朝向前下外，与外耳道下壁构成约呈 45°。鼓膜中心向内凹陷，称为鼓膜脐；鼓膜上 1/4 呈浅红色，称为松弛部，下 3/4 呈苍白色，称为紧张部，其前下方有一三角形反光较强的区域，称为光锥，是鼓膜检查的标志，同时光锥消失是鼓膜内陷的标志（图 8-8）。

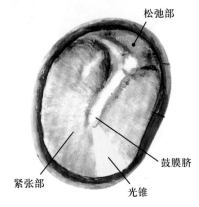

图 8-8　鼓膜

二、中耳

中耳（middle ear）介于外耳与内耳之间，由鼓室、咽鼓管、乳突窦和乳突小房等组成，大部分位于颞骨岩部内，为连续而不规则的含气腔隙。

1. 鼓室（tympanic cavity） 位于鼓膜与内耳之间，鼓室内有 3 块听小骨。鼓室向前经咽鼓管通鼻咽，向后经乳突窦通乳突小房。

（1）鼓室壁：鼓室有不规则的 6 个壁。

上壁又称鼓室盖，为一薄层骨板，鼓室借此与颅中窝分隔；下壁又称颈静脉壁，为一薄层骨板，将鼓室与颈内静脉分隔；前壁又称颈动脉壁，与颈内动脉相邻，上方有咽鼓管的开口；后壁又称乳突壁，上部有乳突窦的开口，与乳突小房相通；外侧壁又称鼓膜壁，主要由鼓膜构成，借鼓膜与外耳道分隔；内侧壁又称迷路壁，即内耳的外侧壁。此壁后上方呈卵圆形的孔，称为前庭窗，有镫骨附着；后下方呈圆形的孔，称为蜗窗，被第二鼓膜封闭。前庭窗后上方为面神管凸，内有面神经通过，中耳炎或中耳手术时易侵及面神经。

（2）听小骨：鼓室内有 3 块听小骨（auditory ossicles），由外向内依次为锤骨、砧骨和镫骨（图 8-9）。锤骨柄连于鼓膜，镫骨覆盖前庭窗，3 块骨之间借关节连接构成听骨链。当声波振动鼓膜时，通过听骨链的传导，将声波从鼓膜传至内耳。

2. 咽鼓管（auditory tube） 是连通鼻咽与鼓室的管道，长3.5 ~ 4.0 cm，内衬黏膜，分别通鼓室和鼻咽。咽鼓管平时处于闭合状态，当吞咽或尽力张口时开放，空气可经此管进入鼓室，以保持鼓室内、外压力的平衡，维持鼓膜的正常位置和良好的振动性能。

小儿咽鼓管较成人宽而短，位置近于水平，咽部的感染易经咽鼓管蔓延至鼓室，故小儿中耳炎较为多见。

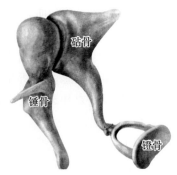

图 8-9　听小骨

3. 乳突小房和乳突窦 乳突小房（mastoid cells）是颞骨乳突内相互连通的含气小腔，乳突窦（mastoid antrum）是介于乳突小房与鼓室之间的腔隙，乳突小房和乳突窦内衬黏膜，与鼓室黏膜相续，故中耳炎时可引起乳突炎。

三、内耳

内耳（internal ear）位于颞骨岩部的骨质内，由一些骨性和膜性的管或囊构成，结构比较复杂，又称迷路，包括骨迷路和膜迷路两部分。膜迷路与骨迷路形态相似，膜迷路套在骨迷路内，骨迷路和膜迷路之间含有外淋巴，膜迷路内含有内淋巴，内、外淋巴互不相通，听觉和位置觉感受器均位于膜迷路内。

1. 骨迷路（bony labyrinth） 由后上外向前下内包括骨半规管、前庭和耳蜗3部分，彼此互相连通（图8-10）。

（1）骨半规管（bony semicircular canals）：由3个相互垂直的"C"形小管组成，分别为前、外、后骨半规管。每个骨半规管都通过两个骨脚与前庭相连。一个骨脚膨大，称为壶腹骨脚，膨大部称为骨壶腹；另一骨脚细小，称为单骨脚。因前后骨半规管单骨脚合成一个总骨脚，故3个骨半规管共有5个口连于前庭。

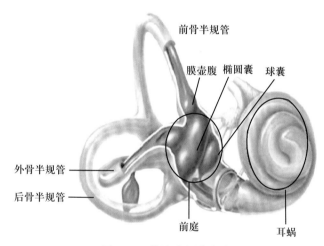

图 8-10 骨迷路和膜迷路

（2）前庭（vestibule）：位于骨半规管与耳蜗之间，是一个近似椭圆形的腔隙，其外侧壁即鼓室的内侧壁，有前庭窗和蜗窗；后壁与骨半规管相通，前壁通向耳蜗。

（3）耳蜗（cochlea）：位于骨迷路前部，形似蜗牛壳，由骨螺旋管环绕蜗轴约两圈半形成，尖朝向前下外，称为蜗顶，底朝向后上内，称为蜗底，耳蜗的骨性中轴称为蜗轴，其向蜗螺旋管内伸出的螺旋形骨板，称为骨螺旋板。骨螺旋板和蜗管一起将蜗螺旋管分隔为上方的前庭阶和下方的鼓阶，前庭阶和鼓阶在蜗顶借蜗孔相通（图8-10）。

2. 膜迷路（membranous labyrinth） 是套在骨迷路内的膜性管和囊，由后上外向前下内包括膜半规管、椭圆囊、球囊和蜗管3部分（图8-11）。

（1）膜半规管（semicircular ducts）：形态与骨半规管相似，位于骨半规管内。在骨壶腹内，膜半规管相应膨大形成膜壶腹，其壁内有一嵴状隆起，称为壶腹嵴，为位置觉感受器，能感受头部旋转变速运动的刺激。

（2）椭圆囊（utricle）和球囊（saccule）：是位于前庭内的两个膜性囊，椭圆囊与膜半规管相通，球囊与蜗管相通，两囊之间以细管相连。两囊内壁上各有一斑块隆起，分别称为椭圆囊斑（macula utriculi）和球囊斑（macula sacculi），是位置觉感受器，能感受头部静止和直线变速运动的刺激。

音频：
位置觉感受器的
位置和作用

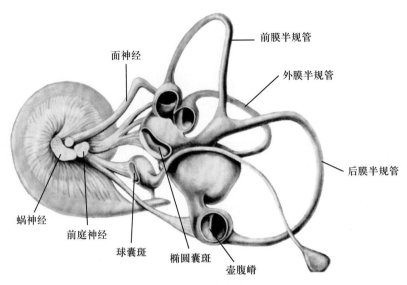

图 8-11　膜迷路

（3）蜗管（cochlear duct）：位于耳蜗内，是连于骨螺旋板和蜗螺旋管内侧壁之间的膜性管道，横切面为三角形，上壁称为前庭膜，下壁称为基底膜，基底膜上有突向蜗管内腔的隆起，称为螺旋器（spiral organ），又称 Corti 器，为听觉感受器，能感受声波刺激（图 8-12）。

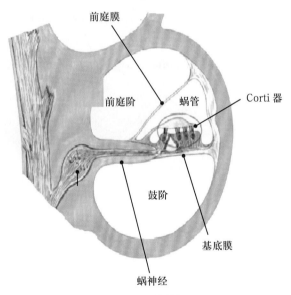

图 8-12　蜗管横切面

声波经外耳、中耳传到内耳的耳蜗，耳蜗将声波刺激转变为神经冲动，由蜗神经传入大脑皮质的听觉中枢，产生听觉。

声波的传导途径有两条，即空气传导和骨传导。

空气传导是声波传导的主要途径，即声波经耳郭和外耳道传至鼓膜，使鼓膜振动，再经听骨链传至前庭窗，引起前庭阶和鼓阶的外淋巴振动，继而引起蜗管的内淋巴振动，刺激螺旋器，螺旋器将声波的机械性刺激转化为神经冲动，经蜗神经传入大脑皮质的听觉中枢，形成听觉。

骨传导是指声波经颅骨传入内耳，推动内耳的内淋巴振动，刺激螺旋器，螺旋器将刺激转化为神经冲动，传入大脑皮质的听觉中枢，产生听觉。

链接

听力障碍

听力障碍是指听觉系统中的传音、感音及对声音综合分析的各级神经中枢发生器质性或功能性异常，导致听力出现不同程度的减退。按病变部位和性质可分为4类，即传导性耳聋、感音神经性耳聋、混合性耳聋和中枢性耳聋。

螺旋器以前听觉传导路损伤引起的耳聋称为传导性耳聋；螺旋器和蜗神经损伤引起的耳聋，称为感音神经性耳聋；传导性耳聋和感音神经性耳聋同时存在称为混合性耳聋；中枢性耳聋的病变位于脑干或大脑。

第三节 皮 肤

皮肤（skin）是人体最大的器官，约占体重的15%，成人总面积为1.5 ~ 2.0 m²，具有保护、感觉、排泄、吸收、调节体温和参与免疫反应等功能。皮肤借皮下组织与深部组织相连。

一、皮肤的结构

皮肤的结构分为表皮和真皮两层（图8-13）。

（一）表皮

表皮（epidermis）为角化的复层扁平上皮，无血管分布，人体各处的表皮厚薄不一，由浅到深包括角质层、透明层、颗粒层、棘层和基底层。

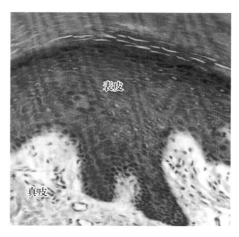

图8-13 皮肤的微细结构

1. **角质层** 位于表皮的最外层，由多层扁平的角质细胞组成，角质细胞无细胞核和细胞器，细胞内充满均质状嗜酸性角蛋白，是干硬的死细胞，脱落后形成皮屑。

2. **透明层** 由2 ~ 3层扁平细胞组成，细胞核和细胞器均已退化消失，细胞界限不清，呈嗜酸性透明均质状。

3. **颗粒层** 由3 ~ 5层梭形细胞组成，细胞核和细胞器逐渐退化，胞质内出现许多嗜碱性的透明角质颗粒。

4. **棘层** 由4 ~ 10层多边形的棘细胞组成，胞体较大，向四周伸出许多细短的棘状突起，故名棘细胞。棘层浅部有散在分布的朗格汉斯细胞，朗格汉斯细胞属于单核吞噬细胞系统，具有免疫功能。

5. **基底层** 又称生发层。由一层立方形或矮柱状的基底细胞组成，基底细胞具有活跃的增殖能力，产生新细胞不断向浅层推移。从基底层到角质层既是细胞增殖、分化、推移和脱落的过程，也是表皮角化的过程，表皮细胞每3 ~ 4周更新一次。

基底细胞之间有散在分布的黑色素细胞，细胞质内含有黑色素颗粒，黑色素颗粒的多少影响着皮肤的颜色。白化病患者，就是因为黑色素细胞内缺乏酪氨酸酶，不能把酪氨酸转化成黑色素，致使皮肤呈现白色。

（二）真皮

真皮（dermis）位于表皮与皮下组织之间，由致密结缔组织构成，含有血管、神经、淋巴管、毛囊、皮脂腺和汗腺等结构，分为乳头层和网状层。

1. **乳头层** 位于真皮浅层，通过基膜与表皮的基底层相邻。乳头层形成大量凸入表皮的乳头状隆起，称为真皮乳头。乳头层内含有丰富的毛细血管、游离神经末梢和触觉小体。

2. **网状层** 位于乳头层深面，由致密结缔组织构成，有较大的韧性和弹性。该层内含有较大的血管、淋巴管和神经，还有毛囊、皮脂腺、汗腺和环层小体等结构。

链接

皮内注射和皮下注射

皮内注射是指将少量药液注入表皮与真皮之间，常用于药物过敏试验。注射时使针尖斜面朝上，与皮肤呈 5° ~ 10° 刺入，药液注入后形成半球形皮丘，皮肤变白，以试验机体对药物有无过敏反应。

皮下注射是指将少量药液注入皮下组织，常用于预防接种、局部麻醉，或需迅速达到药效而不宜或不能口服给药时，如胰岛素皮下注射。皮下注射部位一般选择含血管少、神经末梢不丰富的部位，如上臂三角肌下缘。注射时针尖斜面朝上，针尖与皮肤呈 30° ~ 40° 刺入。

二、皮肤的附属器

皮肤附属器由表皮衍生形成，包括毛发、皮脂腺、汗腺和指甲等（图 8-14）。

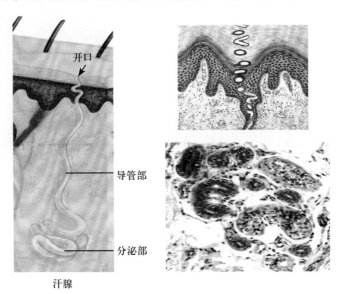

图 8-14　皮肤附属器

1. **毛发** 人体皮肤除手掌和足底外，均长有毛发。毛发的颜色、直径，随着种族、年龄、性别和身体部位的不同而有所差异。

毛发分为毛干和毛根两部分。毛干是露于体表的部分，毛根埋于皮肤内，周围有毛囊包裹。毛根和毛囊末端融为一体形成膨大的毛球，此处是毛发的生长点。毛球底部凹陷，结缔组织深入其内，称为毛乳头。毛乳头供给毛球营养。毛囊一侧有一束斜行的平滑肌，称为立毛肌。立毛肌一端连于毛囊，另一端连于真皮浅层，收缩时可使毛发竖立。

2. **皮脂腺** 位于毛囊和竖毛肌之间，排泄管开口毛囊，能分泌皮脂，具有润滑功能。性激素可促进皮脂腺的生长和分泌，因此，皮脂腺在青春期分泌旺盛。

3. **汗腺** 根据分泌方式、分泌物性质和分布部位不同，将汗腺分为小汗腺和大汗腺两种。

小汗腺遍布于全身皮肤内，但以手掌和足底、腋窝等处最多。小汗腺位于真皮深层或皮下组织内，开口于皮肤表面，为管状腺，分泌部盘曲成团。小汗腺分泌汗液，有湿润皮肤、水盐代谢、调节体温和排出代谢废物等功能。

大汗腺主要分布于腋窝、肛周、乳晕、脐周、腹股沟和会阴等处的真皮或皮下组织内，其分泌物较黏稠，呈乳状，经细菌分解后可产生特殊气味，分泌过多而致气味过浓时，俗称狐臭。

4. **甲** 位于手指、足趾，甲体是甲的外露部分，甲体深面的皮肤称为甲床；埋入皮内部分称为甲根，甲根深面的上皮称为甲母质，是甲的生长区。甲母质若被破坏，甲不能生长，拔甲时注意保护。

（尹史帝 彭海峰）

练习题

单项选择题

1. 关于角膜的说法，错误的是
   A. 无色透明
   B. 有屈光作用
   C. 富含血管
   D. 角膜占外膜的前 1/6，曲度较大
   E. 富含感觉神经末梢

2. 视网膜无感光作用的部位是
   A. 视神经盘
   B. 黄斑
   C. 中央凹
   D. 视网膜视部
   E. 视网膜脉络膜部

3. 晶状体的营养主要来源于
   A. 视网膜中央动脉
   B. 视网膜颞侧上动脉
   C. 视网膜颞侧下动脉
   D. 视网膜鼻侧上动脉
   E. 房水

4. 瞳孔偏向内侧，可能损伤的眼外肌是
   A. 外直肌　　B. 内直肌　　C. 上斜肌　　D. 下斜肌　　E. 上直肌

5. 内耳的听觉感受器是
   A. 球囊斑
   B. 螺旋器
   C. 壶腹嵴
   D. 壶腹嵴
   E. 以上都不是

6. 中耳炎的主要感染途径是
   A. 外耳道
   B. 内耳门
   C. 面神经管
   D. 咽鼓管
   E. 颈动脉管

7. 能感受头部静止或直线变速运动刺激的感受器是
   A. 椭圆囊斑
   B. 球囊斑
   C. 椭圆囊斑和球囊斑
   D. 蜗管
   E. 膜半规管

8. 下列关于真皮的叙述，错误的是
   A. 由致密结缔组织构成
   B. 分为乳头层和网状层
   C. 乳头层和网状层分界明显
   D. 含有丰富的血管与神经
   E. 网状层内含有毛囊、皮脂腺和汗腺

9. 以下不属于膜迷路结构的是

  A. 蜗管   B. 前庭阶   C. 球囊

  D. 椭圆囊   E. 膜半规管

10. 维持眼内压的内容物是

  A. 泪液   B. 晶状体   C. 房水

  D. 玻璃体   E. 以上都不是

第九章

神经系统

思维导图

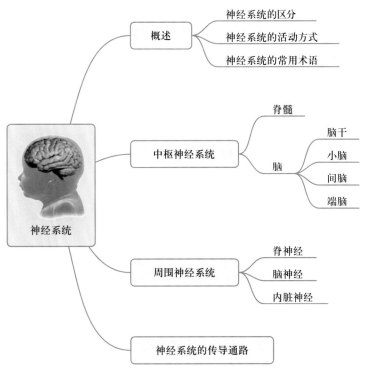

学习目标

1. 掌握神经系统的组成；脊髓的位置、外形；脑干、端脑的外形，端脑皮质主要功能区的位置；各脊神经丛的位置和主要分支及分布。

2. 熟悉神经系统的常用术语；间脑、小脑的位置、外形；脑和脊髓的被膜、血管；脑脊液的产生及其循环；脑神经的性质、分布。

3. 了解脑干、小脑、间脑的内部结构；神经系统的传导通路。

4. 运用所学知识，认识神经中枢的重要性，树立看齐意识。

思政之光

患者，男，21岁。1年前背部被刺伤，此后右下肢不能活动。检查发现：右下肢瘫痪，肌张力增强，腱反射亢进，Babinski 征阳性；右侧剑突平面以下精细触觉和深感觉消失而痛温觉和粗触觉正常。左侧剑突平面稍低处以下痛温觉消失而精细触觉及深感觉正常。根据患者的病史和检查结果，诊断为第 6 胸髓损伤。

问：神经系统包括哪些器官？脊髓位于何处？脊髓内部有哪些纤维束？大脑皮质的中枢有哪些？各有何功能？

第一节 概 述

神经系统（nervous system）是机体内起主要作用的调节机构，在人体各器官系统中占有十分重要的地位。人体对内外环境的变化和各种刺激，主要是通过神经系统保持体内各器官功能活动的协调和统一，并适应环境的变化，以维持机体平衡。

一、神经系统的区分

神经系统在形态和功能上是一个不可分割的整体，由中枢神经系统和周围神经神经系统两部分组成（图 9-1）。

中枢神经系统（central nervous system）包括脑（brain）和脊髓（spinal cord），分别位于颅腔和椎管内。

周围神经系统（peripheral nervous system）是指中枢神经系统以外的所有神经成分。周围神经系统按其与中枢的连接关系，可分为与脑相连的 12 对脑神经（cranial nerves）和与脊髓相连的 31 对脊神经（spinal nerves）；按其分布范围不同，周围神经系统又分为躯体神经（somatic nerves）和内脏神经（visceral nerves）。

躯体神经主要分布于皮肤、骨、关节和骨骼肌；内脏神经主要分布于内脏、心血管和腺体。躯体神经和内脏神经所含的纤维成分包括感觉（传入）纤维和运动（传出）纤维。内脏运动神经按其功能的不同，又分为交感神经和副交感神经两部分。

为了叙述简便，一般将周围神经系统按照脑神经、脊神经和内脏神经 3 部分进行叙述。

音频：
神经系统的区分

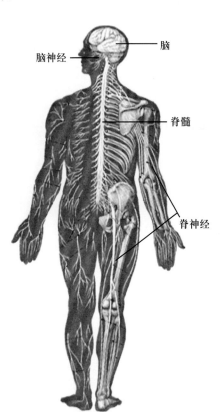

脑神经 ———— 脑

———— 脊髓

———— 脊神经

图 9-1 神经系统概况

二、神经系统的活动方式

神经系统的基本活动方式是反射。

反射（reflex）是指在神经系统调节下，机体对内、外环境的各种刺激所做出的反应。

反射活动的结构基础是反射弧（reflex arc）。反射弧包括感受器、传入（感觉）神经、中枢、传出（运动）神经和效应器 5 部分（图 9-2）。反射弧的任何部位受损，反射活动即出现障碍。

因此，临床上常用检查反射的方法来诊断神经系统疾病。

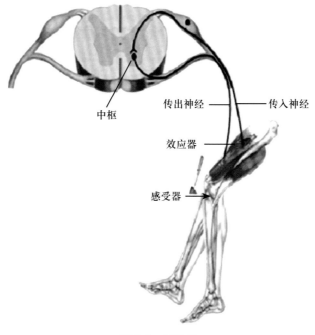

中枢

传出神经　　传入神经

效应器

感受器

图 9-2　反射弧

三、神经系统的常用术语

神经系统内神经元的胞体和突起在不同部位常有不同的聚集方式，为了叙述和学习方便，规定了不同的名词术语。

1. **灰质（gray matter）**　是在中枢神经系统内，神经元胞体和树突集中的部位，色泽灰暗。位于大脑和小脑表层的灰质，分别称为大脑皮质和小脑皮质。

2. **白质（white matter）**　是在中枢神经系统内，神经纤维集中的部位，色泽亮白。位于大脑和小脑深部的白质，分别称为大脑髓质和小脑髓质。

3. **神经核（nucleus）**　是在中枢神经系统内，由形态和功能相似的神经元胞体聚集而成的团块（皮质除外）。

4. **神经节（ganglion）**　是在周围神经系统内，由形态和功能相似的神经元胞体聚集而成的团块，形状略膨大。

5. **纤维束（fiber tract）**　是在中枢神经系统内，由起止、行程和功能相同的神经纤维集聚而成。

6. **神经（nerve）**　是在周围神经系统内，由神经纤维集合成粗细不等的神经纤维束。

7. **网状结构（reticular formation）**　是在中枢神经系统内，由神经纤维纵横交织成网，灰质团块散在其中的部位。

第二节　中枢神经系统

一、脊髓

（一）脊髓的位置和形态

脊髓位于椎管内，占据椎管上 2/3，成人全长 42 ～ 45 cm。上端平枕骨大孔处接延髓，下端在成人约平齐第 1 腰椎下缘，新生儿可达第 3 腰椎水平（图 9-3）。因椎管长于脊髓，成人第 1 腰椎以下已无脊髓，故临床上腰椎穿刺术常在第 3、4 或第 4、5 腰椎棘突之间进针。

脊髓呈前后略扁的圆柱状，全长粗细不等，有两个膨大，分别是颈膨大和腰骶膨大，两膨大处分别是发出神经到上肢和下肢的部位，脊髓下端变细为脊髓圆锥。脊髓圆锥向下延续为终丝，其内没有神经组织，由软脊膜构成，终于尾骨背面。脊髓圆锥以下腰、骶、尾部脊神经根在出相应的椎间孔前，在椎管内下行，围绕终丝周围形成马尾（图 9-3）。

脊髓表面有 6 条纵行的沟裂，前面正中较深的为前正中裂，后面正中为后正中沟，前正中裂和后正中沟的两侧分别有前外侧沟和后外侧沟。前外侧沟内有脊神经前根（运动神经纤维）穿出，后外侧沟内有脊神经后根（感觉神经纤维）进入。后根处有一膨大的脊神经节（spinal ganglia），由假单极神经元的胞体积聚而成。每一对脊神经的前、后根在椎间孔处合并成为脊神经（图 9-4）。每一对脊神经根相连的脊髓，称为一个脊髓节段，共有 31 个节段。自上而下分别有颈髓 8 节、胸髓 12 节、腰髓 5 节、骶髓 5 节和尾髓 1 节（图 9-5）。

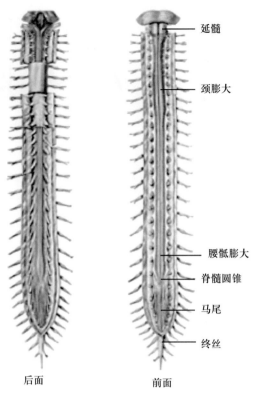

后面　　　　　前面

图 9-3　脊髓的位置和形态

音频：
脊髓的位置和外形

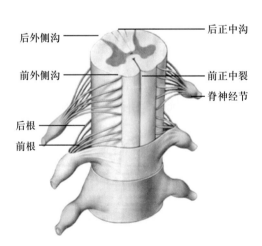

图 9-4　脊髓的结构

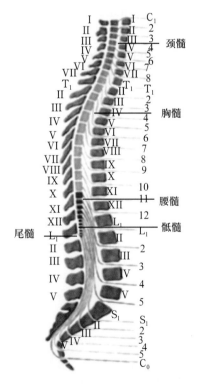

图 9-5　脊髓节段与椎骨的对应关系

（二）脊髓节段及其与椎骨的对应关系

由于在胚胎 3 个月后，人体脊柱的生长速度比脊髓快，致使成人脊髓与脊柱的长度不相等，以致脊髓的节段与脊柱的节段并不完全对应。了解椎骨与脊髓的对应位置，在临床上很有实用意义，如在创伤中，可凭借受伤的椎骨位置来推测脊髓可能受损的节段（图 9-5）。

脊髓节段与椎骨的对应关系见表 9-1。

表 9-1　脊髓节段与椎骨的对应关系

脊髓节段	对应椎骨	推算举例
上颈髓（C_1—C_4）	与同序数椎骨同高	如第 3 颈髓节对第 3 颈椎
下颈髓（C_5—C_8）	较同序数椎骨高 1 个椎骨	如第 5 颈髓节对第 4 颈椎
上胸髓（T_1—T_4）	较同序数椎骨高 1 个椎骨	如第 3 胸髓节对第 2 胸椎
中胸髓（T_5—T_8）	较同序数椎骨高 2 个椎骨	如第 6 胸髓节对第 4 胸椎
下胸髓（T_9—T_{12}）	较同序数椎骨高 3 个椎骨	如第 11 胸髓节对第 8 胸椎
腰髓（L_1—L_5）	平对第 10 ~ 12 胸椎	
骶、尾髓（S_1—S_5、Co）	平对第 12 胸椎和第 1 腰椎	

（三）脊髓的内部结构

脊髓由中央的灰质和周围的白质构成（图 9-6）。在灰质、白质交界处有网状结构。

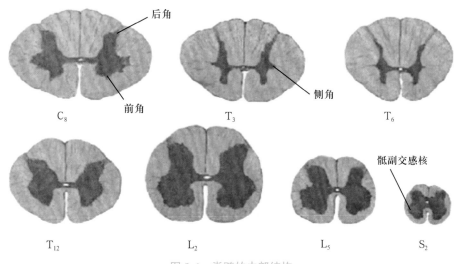

图 9-6　脊髓的内部结构

1. **灰质（gray matter）**　在脊髓横切面上呈"H"形，每侧灰质前部扩大部分，称为前角（柱）；后部狭细部分，称为后角（柱）。脊髓第 1 胸节至第 3 腰节的前、后角之间有向外侧突出的侧角（柱）。

（1）前角（anterior horn）：内含躯体运动神经元的胞体和树突，其轴突出脊髓，构成脊神经前根中的躯体运动纤维，支配躯干和四肢骨骼肌的运动。

脊髓前角运动神经元受损（如脊髓灰质炎）时，表现为其所支配的骨骼肌随意运动障碍、肌张力低下、腱反射消失、肌萎缩等，临床上称为弛缓性瘫痪（软瘫）。

链接

脊髓灰质炎

脊髓灰质炎又称小儿麻痹症,是由脊髓灰质炎病毒引起的小儿急性传染病,多发生在 5 岁以下小儿,尤其是婴幼儿。病毒侵犯脊髓灰质前角运动神经元,造成弛缓性肌肉麻痹,病情轻重不一,轻者无瘫痪出现,严重者可累及生命中枢而死亡;大部分病例可治愈,仅小部分留下瘫痪后遗症。自从口服脊髓灰质炎减毒活疫苗投入使用后,发病率明显降低。

(2)后角(posterior horn):内含联络神经元的胞体和树突,后角内的神经核主要有后角固有核。后角固有核接受脊神经后根传来的各种感觉冲动,其轴突有的进入白质形成上行纤维束,将后根传入的神经冲动传导入脑;有的轴突在脊髓内的不同节段起联络作用。

(3)侧角(lateral horn):仅见于 T_1—L_3 节段。侧角内含交感神经元的胞体和树突,其轴突出脊髓,构成脊神经前根中的交感神经纤维。

骶髓无侧角,在骶髓第 2 ~ 4 节段,相当于侧角的部位,有副交感神经元胞体和树突组成的核团,称为骶副交感核(sacral parasympathetic nucleus),其轴突出脊髓,构成脊神经前根中的副交感神经纤维。

2. **白质** 位于灰质周围,借脊髓表面的沟裂分为对称的 3 个索:前正中裂与前外侧沟之间的为前索;前、后外侧沟之间的为外侧索;后外侧沟与后正中沟之间的为后索。在中央管前方的白质纤维称为白质前连合。白质由纤维束组成,其内主要有传导感觉信息的上行纤维束和传导运动信息的下行的纤维束(图 9-7)。

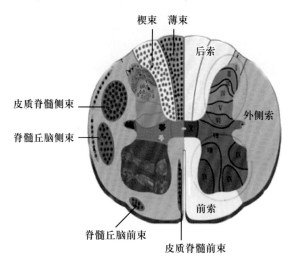

图 9-7 脊髓白质内的纤维束

(1)上行(感觉)纤维束

①薄束(fasciculus gracilis)和楔束(fasciculus cuneatus):均位于脊髓后索内。由来自于脊神经节内假单极神经元的中枢突,经脊神经后根入脊髓同侧后索上升而成。这些脊神经节细胞的周围突,随脊神经分布到躯干和四肢的肌、腱、关节和皮肤等处感受器。薄束位于后正中沟两侧,由第 5 胸节及其以下来的纤维组成;楔束位于薄束外侧,由第 4 胸节及其以上来的纤维组成。

薄束和楔束传导同侧躯干和四肢的本体感觉(来自肌、腱、关节等处的位置觉、运动觉和振动觉)和皮肤的精细触觉(如辨别两点的距离和物体的纹理粗细等)的神经冲动。

②脊髓丘脑束（spinothalamic tract）：位于脊髓外侧索前部和前索内。主要起自脊髓后角固有核细胞，这些细胞发出的轴突交叉到对侧脊髓的外侧索和前索上行，经脑干终于背侧丘脑。在外侧索上行的纤维束称为脊髓丘脑侧束（lateral spinothalamic tract），其功能是传导躯干和四肢的痛觉、温度觉冲动；在前索上行的纤维束称为脊髓丘脑前束（anterior spinothalamic tract），其功能是传导躯干、四肢的粗触觉和压觉冲动。

脊髓丘脑束传导来自对侧躯干和四肢的痛觉、温度觉、粗触觉和压觉冲动。

（2）下行（运动）纤维束

①皮质脊髓束（corticospinal tract）：位于脊髓外侧索后部和前索内。起自大脑皮质躯体运动区的运动神经元，纤维下行经内囊至延髓下部的锥体，在延髓的锥体交叉处，大部分纤维交叉到对侧后，继续下行于脊髓外侧索后部，称为皮质脊髓侧束（lateral corticospinal tract），该束纵贯脊髓全长，沿途发出纤维止于同侧脊髓灰质前角运动神经元，支配同侧上、下肢肌的随意运动；皮质脊髓束的小部分纤维，在延髓的锥体交叉处不交叉，下行于同侧脊髓前索的前正中裂两侧，称为皮质脊髓前束（anterior corticospinal tract），其纤维止于双侧脊髓前角运动神经元，支配双侧躯干肌的随意运动。皮质脊髓前束一般不超过脊髓胸节。

皮质脊髓束将来自大脑皮质的神经冲动传至脊髓前角运动神经元，管理躯干和四肢骨骼肌的随意运动。

②红核脊髓束：位于皮质脊髓侧束前方。起自中脑红核后，立即交叉至对侧，经脑干下行于脊髓外侧索内，止于脊髓灰质前角运动神经元。与皮质脊髓侧束一起对肢体远端肌的运动发挥重要作用。

（四）脊髓的功能

1. 传导功能　脊髓通过上行纤维束能将躯干和四肢的感觉冲动上传入脑，通过下行纤维束能将大脑皮质发放的冲动传至效应器。因此，脊髓是大脑皮质与脊髓低级中枢和周围神经联系的通道。

2. 反射功能　脊髓灰质内有许多反射活动的低级中枢。脊髓可完成一些反射活动，如腱反射（如膝跳反射）、排尿反射、排便反射等。

二、脑

脑（brain）位于颅腔内，成人脑的重量约为 1400 g。可分为脑干、小脑、间脑和端脑 4 部分。

（一）脑干

脑干（brain stem）位于颅后窝枕骨大孔前面的骨面。自下而上由延髓、脑桥和中脑组成。延髓在枕骨大孔平面下续于脊髓，中脑向上接间脑，延髓和脑桥的背侧与小脑相连（图 9-8、图 9-9）。

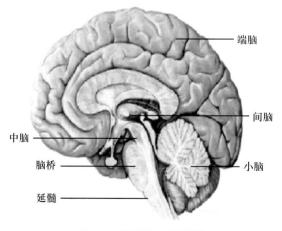

图 9-8　脑的正中矢状面

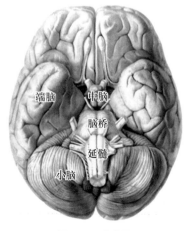

图 9-9　脑底面

1. 脑干的外形

（1）脑干的腹侧面：延髓（medulla oblongata）位于脑干最下部（图 9-10）。延髓表面有脊髓向上延续的沟、裂。在延髓上部前正中裂两侧各有一纵行隆起，称为锥体（pyramid），其内有皮质脊髓束通过。锥体下方，皮质脊髓束的大部分纤维左、右交叉，构成锥体交叉（decussation of pyramid）。在延髓后外侧沟内，自上而下连有舌咽神经根、迷走神经根和副神经根；舌下神经根则经前外侧沟穿出。

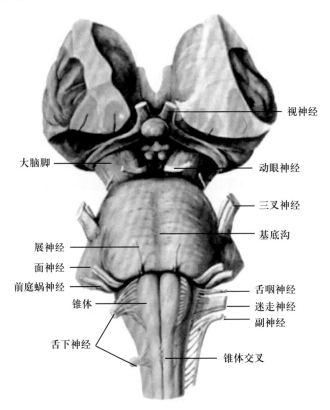

图 9-10　脑干腹侧面

脑桥（pons）位于脑干中部。脑桥下缘借延髓脑桥沟与延髓分界，脑桥上缘与中脑相连。脑桥腹侧面宽阔膨隆，称为脑桥基底部。基底部正中线上有一条纵行浅沟，称为基底沟，容纳基底动脉。基底部向两侧逐渐细窄，连有三叉神经根，后与背侧的小脑相连；在延髓脑桥沟内，由内向外依次连有展神经根、面神经根和前庭蜗神经根。

中脑（midbrain）位于脑干上部。中脑腹侧面有一对纵行柱状结构，称为大脑脚，有锥体束等纤维通过。两大脑脚之间的凹窝，称为脚间窝。连有动眼神经根。

（2）脑干的背侧面：延髓的背侧面下部后正中沟两侧，各有一对隆起，内侧的称为薄束结节（gracile tubercle），外侧的称为楔束结节（cuneate tubercle），两者深面分别有薄束核和楔束核。延髓背侧上部形成菱形窝（rhomboid fossa）（第四脑室底）的下半部（图 9-11），脑桥背侧面形成菱形窝的上半部。

中脑背侧面有两对圆形隆起，上方的一对称上丘（superior colliculus），是视觉反射中枢；下方的一对称为下丘（posterior colliculus），是听觉反射中枢。下丘下方连有滑车神经根。

2. 脑干的内部结构

包括灰质、白质和网状结构等。脊髓的中央管上升到延髓、脑桥背面与小脑之间扩展，形成第四脑室，在中脑则变窄为中脑水管。

（1）灰质：脑干灰质的配布与脊髓不同，它不形成连续的灰质柱，而是分散成大小不等的团块，称为神经核。脑干的神经核主要有两种：一种是与第 3 ~ 12 对脑神经相连的脑神经核；

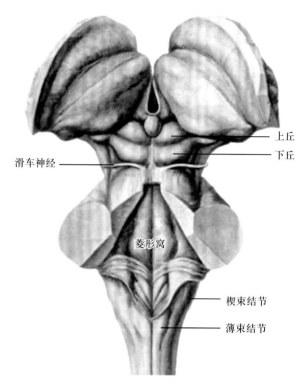

上丘
下丘
滑车神经
菱形窝
楔束结节
薄束结节

图 9-11　脑干背侧面

另一种是不与脑神经相连，但参与各种神经传导通路或反射通路的组成，称为非脑神经核。

①脑神经核：脑神经核的名称和位置多与其相连的脑神经名称一致（图9-12）。如中脑内有动眼神经核、动眼神经副核、滑车神经核和三叉神经中脑核；脑桥内有三叉神经运动核、三叉神经脑桥核、展神经核、面神经核、上泌涎核、前庭神经核和蜗神经核；延髓内有疑核、下泌涎核、孤束核、迷走神经背核、副神经核、舌下神经核和三叉神经脊束核。

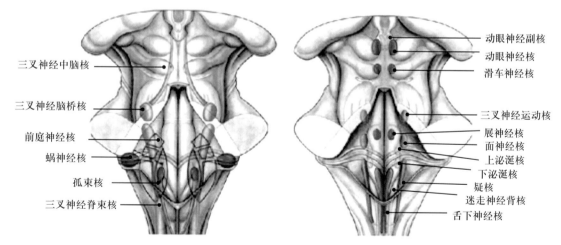

三叉神经中脑核
三叉神经脑桥核
前庭神经核
蜗神经核
孤束核
三叉神经脊束核

动眼神经副核
动眼神经核
滑车神经核
三叉神经运动核
展神经核
面神经核
上泌涎核
下泌涎核
疑核
迷走神经背核
舌下神经核

图 9-12　脑神经核在脑干背面的投影

脑神经核按其功能性质可分为脑神经运动核和脑神经感觉核，脑神经运动核是脑神经运动纤维的起始核，包括躯体运动核和内脏运动核（副交感核），脑神经感觉核是脑神经感觉纤维的终止核，包括躯体感觉核和内脏感觉核。

脑神经的躯体运动核包括动眼神经核、滑车神经核、三叉神经运动核、展神经核、面神经核、疑核、副神经核和舌下神经核；脑神经的内脏运动核包括动眼神经副核、上泌涎核、下泌涎核和迷走神经背核；脑神经的躯体感觉核包括三叉神经中脑核、三叉神经脑桥核、三叉神经脊束核、前庭神经核和蜗神经核；内脏感觉核则为延髓内的孤束核。

②非脑神经核：主要包括如下。

薄束核（gracile nucleus）和楔束核（cuneate nucleus）分别位于延髓的薄束结节和楔束结节深面，它们分别是薄束和楔束的终止核。是躯干和四肢本体感觉和精细触觉冲动传导通路的中继核团。

红核（red nucleus）和黑质（substantia nigra）位于中脑内，红核富有血管，在新鲜脑干切面上呈红色；黑质的细胞内含黑色素，故呈黑色。红核和黑质对调节骨骼肌的张力有重要作用。黑质细胞主要合成多巴胺。黑质病变，多巴胺缺乏，可导致肌张力过高，运动减少，是引起震颤麻痹（帕金森病）的主要原因。

（2）白质：主要含上行（感觉）纤维束和下行（运动）纤维束。

①上行纤维束：主要包括如下。

a. 内侧丘系（medial lemniscus）由脊髓后索中的薄束和楔束上行至延髓，分别止于薄束核和楔束核。薄束核和楔束核发出的纤维在中央管前方左、右交叉，称为内侧丘系交叉。交叉后的纤维在正中线两侧折返上行，组成内侧丘系，上行终于背侧丘脑腹后外侧核。

内侧丘系传导对侧躯干、四肢的本体感觉和皮肤精细触觉的冲动。

b. 脊髓丘系（spinal lemniscus）是脊髓丘脑束自脊髓向上行至脑干构成，脊髓丘系行于内侧丘系的背外侧，经脑干各部，上行至背侧丘脑的腹后外侧核。

脊髓丘系传导对侧躯干、四肢皮肤的痛觉、温度觉、粗触觉和压觉的冲动。

c. 三叉丘系（trigeminal lemniscus）由脑桥内的三叉神经脑桥核和三叉神经脊束核发出的纤维交叉至对侧，行于内侧丘系的背外侧，上行终于背侧丘脑的腹后内侧核。

三叉丘系传导对侧头面部皮肤和黏膜的痛觉、温度觉、粗触觉和压觉的冲动。

②下行纤维束：主要有锥体束（pyramidal tract），是大脑皮质躯体运动区发出的支配骨骼肌随意运动的纤维束。锥体束下行途径内囊、中脑大脑脚、脑桥基底部，到延髓形成锥体。

锥体束包括皮质核束和皮质脊髓束。

a. 皮质核束在脑干内下行过程中发出分支，止于大部分双侧脑神经躯体运动核和对侧面神经核下部及舌下神经核，支配大部分双侧头面部肌和对侧眼裂以下面肌以及对侧舌肌。

b. 皮质脊髓束的大部分纤维在锥体下端交叉形成锥体交叉，交叉后在脊髓外侧索内下行，称为皮质脊髓侧束；小部分纤维不交叉，在脊髓前索内下行，称为皮质脊髓前束。

皮质脊髓束主要支配对侧四肢肌和双侧躯干肌的随意运动。

（3）网状结构：脑干内脑神经核、边界明显的非脑神经核团及长的上、下行纤维束以外的区域，纤维交错，其间散在着大小不等的神经细胞团，称为网状结构（reticular formation）。

3. 脑干的功能

（1）反射功能：脑干内有多个反射活动的低级中枢。如中脑内有瞳孔对光反射中枢；脑桥内有角膜反射中枢；延髓内有调节呼吸运动和心血管活动的"生命中枢"。如果"生命中枢"受损，可致呼吸、心搏和血压等严重障碍，危及生命。

（2）传导功能：大脑皮质、间脑与小脑、脊髓相互联系的上行纤维束和下行纤维束，均经过脑干。因此，脑干是大脑、间脑与小脑、脊髓和周围神经联系的重要通道。

（3）网状结构的功能：脑干网状结构有保持大脑皮质觉醒、调节骨骼肌张力、维持生命活动等功能。

（二）小脑

1. 小脑的位置和外形　小脑（cerebellum）位于颅后窝内，在延髓和脑桥的背侧，与脑干相连。小脑与脑干之间的腔隙，称为第四脑室。

小脑中间缩细的部分称为小脑蚓，两侧膨大的部分称为小脑半球（图9-13、图9-14）。小脑上面平坦，下面靠近小脑蚓的小脑半球形成椭圆形隆起，称为小脑扁桃体（tonsil of cerebellum）。

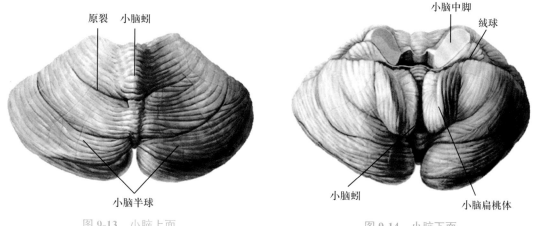

图 9-13　小脑上面　　　　　　　　　　　图 9-14　小脑下面

小脑扁桃体紧靠枕骨大孔，其腹侧邻近延髓。当颅内病变（脑炎、肿瘤、出血）引起颅内压增高时，小脑扁桃体可被挤入枕骨大孔内，从而压迫延髓，危及生命，临床上称为小脑扁桃体疝或枕骨大孔疝。

2. 小脑的内部构造　小脑表层的灰质，称为小脑皮质；皮质深面的白质，称为小脑髓质；小脑髓质内有数对灰质核团，称为小脑核（cerebellar nuclei），如顶核、球状核、栓状核和齿状核，其中最大的小脑核是齿状核（图9-15）。

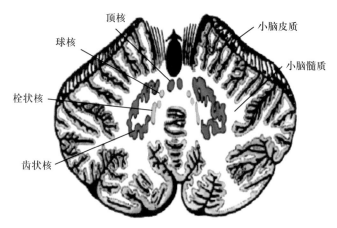

图 9-15　小脑的内部结构

3. 小脑的功能　小脑是一个重要的运动调节中枢。小脑的主要功能是维持身体平衡、调节肌张力和协调骨骼肌的随意运动。

小脑损伤时，可出现平衡失调，站立不稳，醉酒步态；影响到肌张力，表现为肌张力降低；肢体随意运动不协调，走路时抬腿过高，取物时手指过度伸开，嘱患者做指鼻试验，动作不准确等，临床上称为"共济失调"。

（三）间脑

间脑（diencephalon）位于中脑和端脑之间，大部分被大脑半球掩盖。间脑内的腔隙称为第三脑室。间脑包括背侧丘脑、下丘脑、后丘脑、上丘脑和底丘脑。

1. 背侧丘脑（dorsal thalamus）　又称丘脑，位于间脑的背侧份，是一对卵圆形的灰质块（图9-16）。

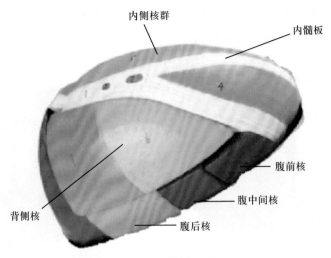

图 9-16　背侧丘脑

背侧丘脑被一"Y"形的内髓板分为前核群、内侧核群和外侧核群。外侧核群可分为背侧和腹侧两部分，腹侧部核群又分为腹前核、腹中间核和腹后核。其中腹后核又分为腹后内侧核和腹后外侧核。

背侧丘脑是感觉传导通路的中继站，是全身躯体浅感觉（痛、温、触、压觉）和深感觉（本体觉）传导通路第三级神经元胞体的所在处。背侧丘脑腹后外侧核接受内侧丘系、脊髓丘系的感觉冲动，腹后内侧核接受三叉丘系的感觉冲动。背侧丘脑腹后核发出纤维组成丘脑皮质束（丘脑中央辐射），上传到大脑皮质的躯体感觉区。

背侧丘脑也是一个复杂的分析器，为皮质下感觉中枢，一般认为痛觉在背侧丘脑即开始产生。一侧背侧丘脑损伤，常见的症状是对侧半身感觉丧失、过敏或伴有剧烈的自发性疼痛。

2. **下丘脑（hypothalamus）**　位于背侧丘脑前下方，构成第三脑室的下壁和侧壁下部。

在脑底面，可见下丘脑主要包括视交叉、灰结节、漏斗、垂体和乳头体。视交叉前连视神经，向后延为视束；视交叉后方是灰结节；灰结节向前下方延续为漏斗；漏斗下端连垂体；灰结节后方的一对圆形隆起为乳头体。

下丘脑的结构较为复杂，内有多个内分泌神经核团，其中重要的有位于视交叉上方的视上核和第三脑室侧壁内的室旁核（图 9-17）。

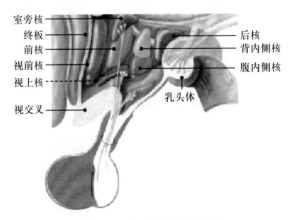

图 9-17　下丘脑的主要核团

视上核分泌抗利尿激素；室旁核分泌催产素（缩宫素）。视上核和室旁核分泌的激素，随各自神经元的轴突，经漏斗直接输送到神经垂体，由垂体释放入血液。

下丘脑是调节内脏活动和内分泌活动的皮质下中枢，对体温调节、摄食行为、情绪反应、昼夜节律、生殖、水盐代谢和内分泌活动起重要的调节作用，同时也参与睡眠和情绪反应活动等。

下丘脑损伤常会引起尿崩症、体温调节、睡眠紊乱和情绪改变等症状。

3. 后丘脑　位于背侧丘脑后端外下方的一对隆起，位于内侧的称为内侧膝状体，位于外侧的称为外侧膝状体。

内侧膝状体是听觉传导通路的中继站，接受听觉传导通路的纤维，发出纤维组成听辐射至大脑皮质听觉区；外侧膝状体是视觉传导路的中继站，接受视束的传入纤维，发出纤维组成视辐射至大脑皮质的视觉区。

4. 上丘脑　位于背侧丘脑后上方，包括松果体、缰三角和丘脑髓纹。

5. 底丘脑　位于间脑和中脑交界部位，内含底丘脑核。

（四）端脑

端脑（telencephalon）通常又称大脑（cerebrum），由左、右大脑半球构成。两侧大脑半球之间的纵行裂隙，称为大脑纵裂。两侧大脑半球后端与小脑之间的横行裂隙，称为大脑横裂。大脑纵裂底部为连接两侧半球的横行纤维，称为胼胝体。

1. 大脑半球的外形和分叶　大脑半球表面凹凸不平，有许多深浅不一的大脑沟，沟与沟之间的隆起，称为大脑回。每侧大脑半球可分为上外侧面、内侧面和下面（图 9-18、图 9-19）。

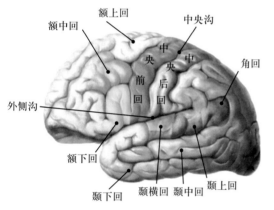

图 9-18　大脑半球的上外侧面

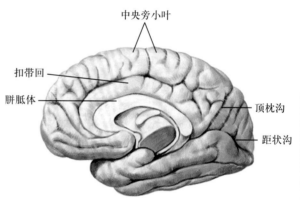

图 9-19　大脑半球的内侧面

音频：
大脑半球的分叶
和主要沟回

（1）大脑半球的分叶：每侧大脑半球有 3 条较深的叶间沟。中央沟在大脑半球上外侧面，起自半球上缘中点稍后方，斜向前下方，几乎达外侧沟；外侧沟起自大脑半球下面，自前下向后上斜行，至大脑半球上外侧面；顶枕沟位于半球内侧面后部，自胼胝体后端稍后方，由前下向后上，并略转至半球上外侧面。

每侧大脑半球借 3 条叶间沟分为 5 叶：额叶位于外侧沟上方、中央沟以前的部分；顶叶位于外侧沟上方，中央沟与顶枕沟之间的部分；枕叶位于顶枕沟以后的；颞叶位于外侧沟下方的部分；岛叶在外侧沟深处，被额叶、顶叶和颞叶所掩盖（图 9-20）。

（2）大脑半球的主要沟和回

①大脑半球的上外侧面

额叶：在中央沟前方，有与之平行的中央前沟。两沟之间的大脑回，称为中央前回。自中央前沟中部，向前发出上、下两条大致与半球上缘平行的沟，分别称额上沟和额下沟，两沟将额叶中央前沟之前的部分分为额上回、额中回和额下回。

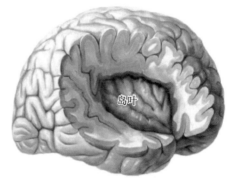

图 9-20　岛叶

顶叶：在中央沟后方，有与之平行的中央后沟。两沟之间的大脑回，称为中央后回。在顶叶下部，围绕外侧沟末端的大脑回，称为缘上回；围绕颞上沟末端的大脑回，称为角回。

颞叶：有与外侧沟平行的颞上沟和颞下沟，分别将颞叶分为颞上回、颞中回和颞下回。在颞上回后部，外侧沟的下壁上，有两条短而横行的大脑回，称为颞横回（transverse temporal gyri）。

②大脑半球的内侧面：在间脑上方有联络两侧大脑半球的胼胝体。胼胝体上方的大脑回，称为扣带回。扣带回中部上方，有由中央前回和中央后回自半球上外侧面延续到内侧面的中央旁小叶（paracentral lobule）。从胼胝体后方，有一条向后走向枕叶后端的深沟，称为距状沟（calcarine sulcus）。距状沟的前下方，有一自枕叶向前伸向颞叶的大脑沟，称为侧副沟。侧副沟内侧的大脑回，称为海马旁回。海马旁回前端向后弯曲为钩。扣带回、海马旁回和钩，几乎呈环形围于大脑半球与间脑交界处的边缘，故合称边缘叶（limbic lobe）。

③大脑半球的下面：额叶下面的前端有一椭圆形的结构，称为嗅球。嗅球接受嗅神经的纤维，向后延续为嗅束，嗅束向后扩大为嗅三角。嗅球、嗅束和嗅三角与嗅觉冲动的传导有关。

2. **大脑半球的内部结构**　大脑半球表面为大脑皮质，大脑皮质深面为大脑髓质。在大脑半球的基底部，髓质内埋有灰质团块，称为基底核。大脑半球内的腔隙，称为侧脑室。

（1）大脑皮质的功能定位：大脑皮质由大量的神经元和神经胶质细胞构成。据估计，人类大脑皮质的面积约为 2200 cm^2，约有 140 亿个神经元。

大脑皮质是神经系统的高级中枢。人体各部的感觉冲动传至大脑皮质，经大脑皮质整合，或产生特定的意识性感觉，或产生一定冲动。随着大脑皮质的发育和分化，不同的皮质区具有不同的功能，将这些具有一定功能的皮质区，称为大脑皮质的功能定位（图 9-21、图 9-22）。

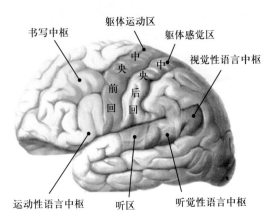

图 9-21　大脑皮质的功能区（上外侧面）

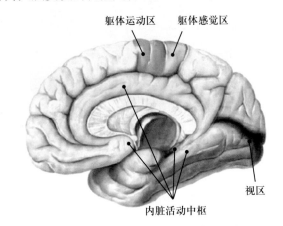

图 9-22　大脑皮质功能区（内侧面）

①躯体运动区：位于中央前回和中央旁小叶前部。其主要功能是管理对侧半身骨骼肌的随意运动。

身体各部在躯体运动区的投射特点是：a. 倒置"人"字形，但头面部是正立的。即中央旁小叶前部和中央前回上部支配下肢肌的运动；中央前回中部支配上肢肌和躯干肌的运动；中央前回下部支配头面部肌的运动。b. 左、右交叉，即一侧大脑半球的躯体运动区管理对侧半身的骨骼肌运动，但一些与联合运动有关的肌肉则受双侧运动区的支配。c. 身体各部在大脑皮质投射区的大小与各部形体大小无关，而取决于运动的灵活性和复杂程度，如拇指的投射区大于躯干或大腿的投射区（图 9-23）。

一侧躯体运动区某一局部损伤，可引起对侧半身相应部位的骨骼肌运动障碍。

②躯体感觉区：位于中央后回和中央旁小叶后部。其主要功能是接受对侧半身浅感觉和深感觉的冲动。

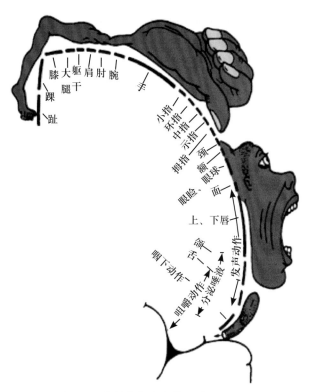

图 9-23　人体各部在躯体运动区的投影

身体各部在躯体感觉区的投射特点：a. 倒置"人"字形，但头面部是正立的。即自中央旁小叶后部开始依次是下肢、躯干、上肢、头面部的投射区。b. 左、右交叉，即一侧半身浅感觉和深感觉的冲动投射到对侧大脑半球的躯体感觉区。c. 身体各部在大脑皮质投射区的大小与各部形体大小无关，而取决于感觉的灵敏性（图 9-24）。

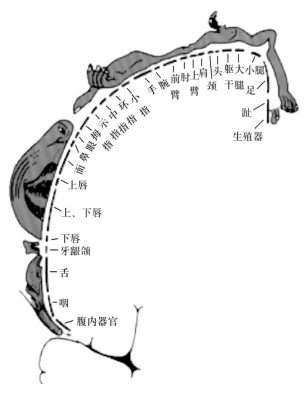

图 9-24　人体各部在躯体感觉区的投影

一侧躯体感觉区某一局部损伤，可引起对侧半身相应部位的感觉障碍。

③视区：位于枕叶内侧面距状沟两侧的皮质。一侧视区接受同侧视网膜颞侧半和对侧视网膜鼻侧半的传入冲动。一侧视区损伤，可引起双眼视野对侧同向性偏盲。

④听区：位于颞横回。每侧听区都接受来自两耳的听觉冲动。因此，一侧听区受损，不会引起全聋。

⑤语言功能区：语言功能是人类在社会活动中逐渐形成的，是人类大脑皮质所特有的。所谓语言功能是指能理解他人说的话和写、印出来的文字，并能用口语或文字表达自己的思维活动。凡不是由听觉、视觉或骨骼肌障碍而引起的语言功能障碍，均称为失语症。

语言功能区多存在于左侧大脑半球，语言区所在的半球，称为优势半球（图9-22）。主要包括如下。

运动性语言中枢（说话中枢）：位于额下回后部，此区受损，患者喉肌等虽未瘫痪，但丧失了说话能力，不能说出有意义的语言，临床上称为运动性失语症。

书写中枢：位于额中回后部，此区受损，患者手的运动正常，但丧失了书写文字符号的能力，称为失写症。

视觉性语言中枢（阅读中枢）：位于角回，此区受损，患者无视觉障碍，但不能阅读文字，也不能理解文意，称为失读症（字盲）。

听觉性语言中枢（听话中枢）：在颞上回后部，此区受损，患者听觉无障碍，能听到别人的讲话，但不能理解其意义，称为感觉性失语症（字聋）。

（2）基底核（basal nuclei）：是埋藏于大脑底部髓质内的灰质核团，包括尾状核、豆状核和杏仁体等（图9-25）。

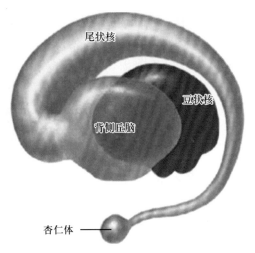

图9-25 基底核和背侧丘脑

①尾状核（caudate nucleus）：围绕在豆状核和背侧丘脑的上方，弯曲如弓状，分为头、体、尾3部分。尾端与杏仁体相连。

②豆状核（lentiform nucleus）：位于背侧丘脑外侧，岛叶的深部。豆状核在水平切面上呈三角形，被穿行于其中的纤维分为3部分，外侧部最大，称为壳；内侧两部分称为苍白球。

在种系发生上，苍白球较古老，称为旧纹状体；豆状核的壳和尾状核发生较晚，称为新纹状体。尾状核与豆状核合称为纹状体（corpus striatum）。

纹状体是锥体外系的重要组成部分，主要功能是维持骨骼肌的张力，协调骨骼肌运动。

③杏仁体（amygdaloid body）：连于尾状核尾端，属于边缘系统，与调节内脏活动、内分泌活动和行为等有关。

（3）大脑髓质（cerebral medulla）：位于大脑皮质深面，由大量的神经纤维组成。这些神经纤维可分为3种。

联络纤维是联系同侧大脑半球皮质脑叶与脑叶或脑回与脑回之间的纤维束。

连合纤维是连接左、右大脑半球皮质的纤维束，主要有胼胝体。

投射纤维是联系大脑皮质与皮质下结构之间的上、下行纤维束，这些纤维束大部分都经过内囊。

内囊（internal capsule）位于背侧丘脑、尾状核和豆状核之间，由上行的感觉纤维束和下行的运动纤维束构成（图9-26、图9-27）。

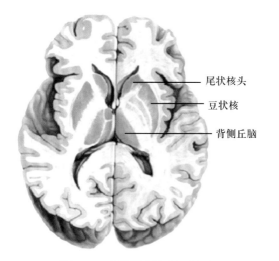

图 9-26　大脑半球的水平切面

图 9-27　内囊

音频：
内囊的位置

在大脑半球水平切面上，双侧内囊略呈"><"形。内囊可分为3部分：位于尾状核与豆状核之间的部分为内囊前肢；在豆状核与背侧丘脑之间的部分为内囊后肢；前、后肢相交处为内囊膝。

经内囊膝的投射纤维有皮质核束；经内囊后肢的投射纤维主要有皮质脊髓束、丘脑皮质束（丘脑中央辐射）、视辐射和听辐射等。

内囊是上行纤维束和下行纤维束密集而成的白质区，当内囊发生病变时，可导致严重后果。当一侧内囊损伤时，可引起对侧半身骨骼肌随意运动障碍（皮质脊髓束、皮质核束受损）、对侧半身浅感觉和深感觉障碍（丘脑皮质束受损）、双眼对侧半视野同向性偏盲（视辐射受损），即临床所谓的"三偏"综合征。

链接

三偏综合征

内囊的血液供应来自于大脑中动脉发出的豆纹动脉。大脑中动脉血流量大，而豆纹动脉呈直角分出，管腔纤细，管内压力较高，极易破裂出血，所以内囊是脑出血的一个好发部位。一旦这个部位损伤（如出血或栓塞）时，患者可能出现对侧偏身感觉丧失（丘脑中央辐射受损）；对侧偏瘫（皮质脊髓束、皮质核束受损）和双眼视野对侧同向偏盲（视辐射受损）的"三偏"症状。

边缘系统（limbic system）由边缘叶及与之密切联系的皮质下结构（如杏仁体、下丘脑、背侧丘脑前核群等）共同组成。边缘系统的功能与内脏活动、情绪和记忆等有关，故又称"内脏脑"。

第三节 脑和脊髓的被膜、血管和脑脊液及其循环

一、脑和脊髓的被膜

脑和脊髓的外面包有 3 层被膜，由外向内依次为硬膜、蛛网膜和软膜。它们有保护、支持脑和脊髓的作用。

（一）硬膜

硬膜是一层坚韧的致密结缔组织膜，其包被脊髓的部分称为硬脊膜；包被于脑的部分称为硬脑膜。

1. **硬脊膜（spinal dura mater）** 上端附于枕骨大孔周缘，并与硬脑膜相续，下端自第二骶椎平面以下包裹终丝，末端附于尾骨背面。

硬脊膜与椎管内面骨膜之间的间隙，称硬膜外隙（epidural space）。硬膜外隙内为负压，含疏松结缔组织、脂肪组织、淋巴管、静脉丛和脊神经根等（图 9-28、图 9-29）。硬膜外隙不与颅内相通。临床上把麻醉药物注入硬膜外隙内，以阻滞脊神经根的神经传导，称为硬膜外麻醉。

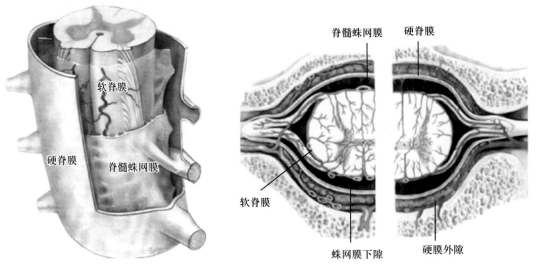

图 9-28 脊髓的被膜　　　　　　　　　　　　图 9-29 脊髓的被膜（横切面）

2. **硬脑膜（cerebral dura mater）** 由内、外两层构成，外层为颅骨内面的骨膜，兼有骨膜的作用；内层厚而坚韧。硬脑膜与颅底骨连接紧密，当颅底骨折时，易将硬脑膜和脑蛛网膜同时撕裂，导致脑脊液外漏；硬脑膜与颅盖骨之间连接疏松，故颅顶骨折时，可因硬脑膜血管破裂，形成硬膜外血肿。

硬脑膜内层在某些部位折叠形成板状结构，伸入大脑的某些裂隙内，对脑有固定和承托作用，其中重要的如下。

大脑镰（cerebral falx）形似镰刀状，呈矢状位，伸入大脑纵裂内。

小脑幕（tentorium of cerebellum）形似幕帐，呈水平位，伸入大脑横裂内。小脑幕前缘游离，呈一弧形切迹，称为小脑幕切迹。

小脑幕切迹前方邻中脑；小脑幕切迹上方的两侧邻海马旁回和钩。当小脑幕上方发生颅内病变引起颅内压增高时，海马旁回和钩可被挤入小脑幕切迹内，压迫中脑的大脑脚和动眼神经，临床上称为小脑幕切迹疝（图 9-30）。

硬脑膜在某些部位内、外两层分离，内面衬以内皮细胞，形成特殊的颅内静脉管道，称为硬脑膜窦（sinuses of dura mater），窦壁无平滑肌。主要结构见图 9-31。

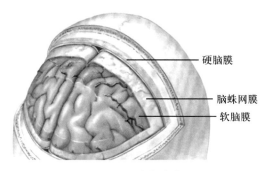

图 9-30 脑的被膜

音频：
脑和脊髓的被膜

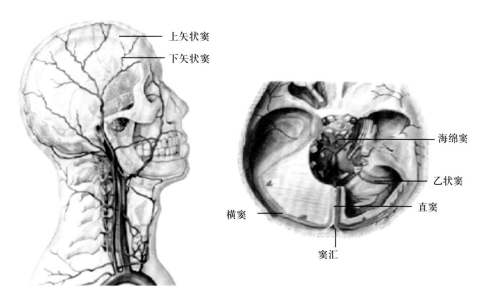

图 9-31 硬脑膜窦

上矢状窦和下矢状窦分别位于大脑镰上、下缘内。

横窦和乙状窦：横窦位于小脑幕后缘内（位于横窦沟内），其外侧端向前续乙状窦（位于乙状窦沟内），乙状窦向前下经颈静脉孔续颈内静脉。

直窦位于大脑镰与小脑幕结合处。

窦汇位于上矢状窦、直窦和横窦汇合处。

海绵窦位于蝶骨体两侧。海绵窦内有颈内动脉、动眼神经、滑车神经、展神经、三叉神经的眼神经和上颌神经通过。海绵窦向前借眼静脉与面静脉相交通，因此，面部感染可经上述途径蔓延到颅内海绵窦，引起颅内感染。

（二）蛛网膜

蛛网膜位于硬膜深面，跨越脊髓和脑的沟裂，包括脊髓蛛网膜和脑蛛网膜两部分。蛛网膜由纤细的结缔组织构成，薄而透明，无血管和神经。

蛛网膜与软膜之间的间隙，称为蛛网膜下隙（subarachnoid space）。蛛网膜下隙内充满脑脊液。脊髓的蛛网膜下隙和脑的蛛网膜下隙相连通（图 9-32）。

蛛网膜下隙在某些部位扩大，称为蛛网膜下池。较大的蛛网膜下池有小脑延髓池和终池。蛛网膜下隙在小脑与延髓之间扩大，称为小脑延髓池；蛛网膜下隙在脊髓末端与第 2 骶椎水平之间扩大，称为终池。临床上可经枕骨大孔处进针做小脑延髓池穿刺，抽取脑脊液。终池内无脊髓而只有马尾、终丝和脑脊液。

脑蛛网膜在上矢状窦附近，形成许多细小的突起，突入上矢状窦内，称为蛛网膜粒（图 9-32）。蛛网膜下隙内的脑脊液经过蛛网膜粒渗入上矢状窦，进入血液。

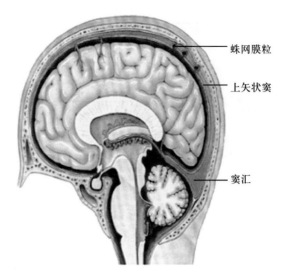

图 9-32　蛛网膜粒

（三）软膜

软膜紧贴在脊髓和脑的表面，并伸入脊髓和脑的沟裂，包括软脊膜和软脑膜。软膜为薄层结缔组织膜，含有丰富的血管。

在脑室附近，软脑膜的毛细血管形成毛细血管丛，与软脑膜和脑室壁的室管膜上皮一起突入脑室，形成脉络丛（choroid plexus）。脉络丛是产生脑脊液的主要结构。

二、脑和脊髓的血管

（一）脑的血管

1. **脑的动脉**　来源于颈内动脉和椎动脉（图 9-33 ～ 图 9-35）。颈内动脉和椎动脉的分支为皮质支和中央支，皮质支供应大脑皮质和大脑髓质浅层；中央支供应大脑髓质深层、间脑、基底核和内囊等。

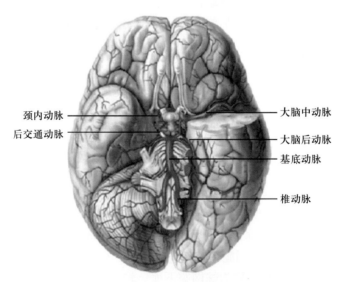

图 9-33　脑底的动脉

（1）颈内动脉：起自颈总动脉，经颈动脉管入颅腔。颈内动脉主要分支包括眼动脉、大脑前动脉、大脑中动脉和后交通动脉。

①眼动脉（ophthalmic artery）：由颈内动脉出海绵窦后发出，经视神经管入眶，分布于眼球和眼副器等。

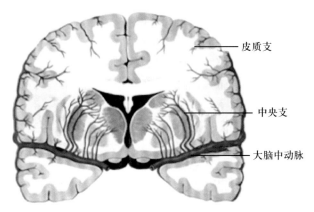

图 9-34 内囊部的动脉

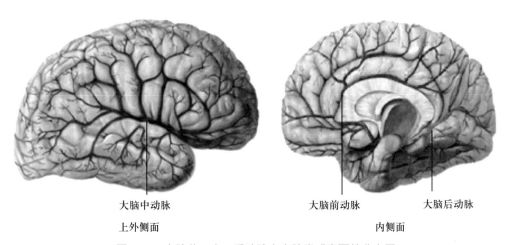

大脑中动脉　　　　　　　大脑前动脉　　大脑后动脉

上外侧面　　　　　　　　　　　　内侧面

图 9-35 大脑前、中、后动脉在大脑半球表面的分布区

②大脑前动脉（anterior cerebral artery）：自颈内动脉发出后进入大脑纵裂内，在胼胝体背侧向后走行。皮质支分布于大脑半球顶枕沟以前的内侧面和上外侧面的上部；中央支进入脑实质，分布于尾状核、豆状核和内囊等。左、右大脑前动脉在发出不远处有前交通动脉相连。

③大脑中动脉（middle cerebral artery）：是颈内动脉的直接延续，沿大脑外侧沟向后上行，皮质支分布于大脑半球上外侧面的大部分；中央支垂直向上进入脑实质，分布于尾状核、豆状核和内囊等处（图 9-34）。临床上高血压动脉硬化的患者，分布于内囊的中央动脉容易破裂出血，因此有"易出血动脉"之称。

④后交通动脉（posterior conmmunicating artery）：自颈内动脉发出后，向后与大脑后动脉吻合。

（2）椎动脉：起自锁骨下动脉，穿过第 6～1 颈椎横突孔，经枕骨大孔入颅内，在脑桥下缘，左、右椎动脉合成一条基底动脉。基底动脉沿脑桥基底沟上行至脑桥上缘，分为左、右大脑后动脉。

椎动脉和基底动脉沿途发出分支分布于脊髓、脑干和内耳等处。

大脑后动脉（posterior cerebral artery）是基底动脉的终支，绕大脑脚向背侧，行向颞叶下面和枕叶内侧面。皮质支分布于大脑半球颞叶的内侧面、下面和枕叶；中央支分布于下丘脑等处（图 9-36）。

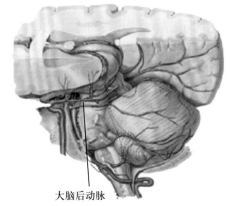

大脑后动脉

图 9-36 大脑后动脉

（3）大脑动脉环（cerebral arterial circle）：位于大脑底面，在视交叉、灰结节和乳头体周围，由前交通动脉、两侧大脑前动脉、两侧颈内动脉、两侧后交通动脉和两侧大脑后动脉相吻合形成的环形结构，又称 Willis 环（图 9-37）。

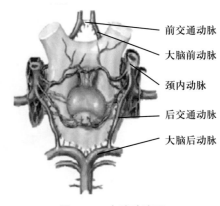

前交通动脉
大脑前动脉
颈内动脉
后交通动脉
大脑后动脉

图 9-37 大脑动脉环

大脑动脉环将颈内动脉系和椎 – 基底动脉系联系起来，也将左、右大脑半球的动脉联系起来，对保证大脑的血液供应起重要作用。当某一动脉血流减少或阻塞时，通过大脑动脉环的调节，血液重新分配，补偿缺血部分，维持脑的正常血液供应。

2. 脑的静脉 不与动脉伴行，可分为浅、深两组。浅静脉位于脑的表面，收集皮质和皮质下髓质浅部的静脉血；深静脉收集大脑髓质深部的静脉血。两组静脉均注入附近的硬脑膜窦，最终汇入颈内静脉。

（二）脊髓的血管

1. 脊髓的动脉 有两个来源：一个是椎动脉发出的脊髓前动脉和脊髓后动脉；另一个是肋间后动脉和腰动脉发出的脊髓支（图 9-38）。

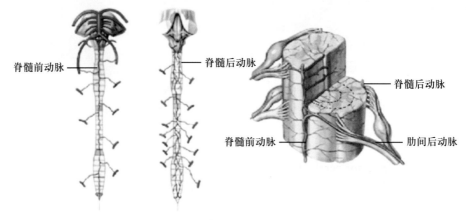

脊髓前动脉
脊髓后动脉
脊髓后动脉
脊髓前动脉
肋间后动脉

图 9-38 脊髓的动脉及其分支

椎动脉入颅腔后发出脊髓前动脉和脊髓后动脉。脊髓前动脉由起始处的两条合为一条，沿脊髓前正中裂下行至脊髓末端；两条脊髓后动脉沿脊髓后外侧沟下行，在颈段脊髓中部合成一条，再下行至脊髓末端。

肋间后动脉和腰动脉发出的脊髓支进入椎管，与脊髓前、后动脉吻合，在脊髓的表面形成血管网，由血管网发出分支营养脊髓。

2. 脊髓的静脉 与动脉伴行，大部分注入硬膜外隙内的椎静脉丛（图 9-39）。

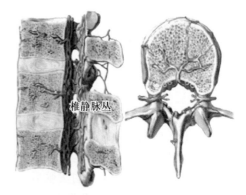

椎静脉丛

图 9-39 脊髓的静脉

三、脑室和脑脊液及其循环

（一）脑室

脑室是脑内的腔隙，包括侧脑室、第三脑室和第四脑室（图 9-40）。各脑室内都有脉络丛，并充满脑脊液。

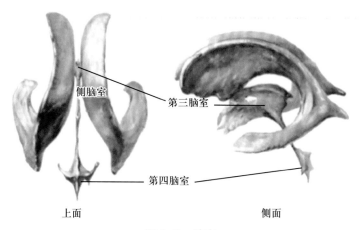

侧脑室

第三脑室

第四脑室

上面 　　　　　　　　　侧面

图 9-40　脑室

1. **侧脑室**（lateral ventricle）　位于大脑半球内，左、右各一，分为 4 部分：中央部位于顶叶内，向前伸入额叶形成侧脑室前角，向后伸入枕叶形成侧脑室后角，向前下伸入颞叶形成侧脑室下角。两个侧脑室各自经左、右室间孔通第三脑室。

2. **第三脑室**（third ventricle）　是位于两侧背侧丘脑和下丘脑之间的矢状裂隙。第三脑室前方经左、右心室间孔与两侧大脑半球内的侧脑室相通，向后下方经中脑水管与第四脑室相通。

3. **第四脑室**（fourth ventricle）　是位于延髓、脑桥和小脑之间的腔隙。第四脑室底即菱形窝，顶朝向小脑。第四脑室向上与中脑水管相通，向下续于脊髓中央管，向背侧和两侧分别借一个第四脑室正中孔和两个第四脑室外侧孔与蛛网膜下隙相交通。

（二）脑脊液及其循环

脑脊液（cerebral spinal fluid）是无色透明的液体，充满于脑室和蛛网膜下隙内，总量约为 150 ml。脑脊液内含葡萄糖、无机盐、少量蛋白质、维生素、酶、神经递质和少量淋巴细胞等。正常脑脊液的成分较恒定，中枢神经系统的某些疾病可引起脑脊液成分的改变。因此，临床上检验脑脊液，有助于某些疾病的诊断。

脑脊液由脉络丛产生，处于不断产生、循环和回流的相对平衡状态。其循环途径是：侧脑室脉络丛产生的脑脊液，经室间孔流入第三脑室，汇同第三脑室脉络丛产生的脑脊液，经中脑水管流入第四脑室，汇同第四脑室脉络丛产生的脑脊液，经第四脑室正中孔和两个外侧孔流入蛛网膜下隙，经蛛网膜粒渗入上矢状窦，最后经窦汇、横窦和乙状窦流入颈内静脉（图 9-41）。

脑脊液可缓冲震荡，对脑和脊髓具有保护作用；脑脊液运送营养物质，并带走脑和脊髓的代谢产物；脑脊液有维持正常颅内压的作用。

如脑脊液循环受阻，可引起脑积水和颅内压升高，使脑组织受压移位，甚至形成脑疝而危及生命。

（三）血－脑屏障

在中枢神经系统，毛细血管内的血液与脑组织之间，具有一层有选择性通透作用的结构，

蛛网膜粒　上矢状窦　侧脑室　室间孔　中脑水管　第四脑室　第四脑室正中孔　第三脑室　小脑延髓池　蛛网膜下隙　终池

图 9-41　脑脊液的循环途径

音频：
脑脊液的产生及循环

此结构称为血-脑屏障。血-脑屏障的结构基础是：脑和脊髓毛细血管内皮及其基膜、神经胶质细胞突起形成的胶质膜。

血-脑屏障具有选择性通透作用，能阻止有害物质进入脑组织，有维持脑细胞内环境相对稳定的作用。

在血-脑屏障损伤（如缺血、缺氧、炎症、外伤、血管疾病）时，血-脑屏障的通透性发生改变，可使脑和脊髓的神经细胞受到各种致病因素的影响。临床上治疗脑部疾病选用药物时，必须考虑其通过血-脑屏障的能力，以达到预期的疗效。

第四节　周围神经系统

周围神经系统（peripheral nervous system）通常按照脊神经、脑神经和内脏神经3部分来叙述。脊神经与脊髓相连，主要分布于躯干和四肢；脑神经与脑相连，主要分布于头颈部；内脏神经作为脊神经和脑神经的纤维成分，分别与脊髓和脑相连，主要分布于内脏、心血管和腺体。

一、脊神经

脊神经共有31对，包括颈神经8对，胸神经12对，腰神经5对，骶神经5对和尾神经1对。

脊神经由前根和后根在椎间孔处合并而成。前根含有躯体运动纤维和内脏运动纤维，后根含有躯体感觉纤维和内脏感觉纤维。因此，脊神经是混合性神经（图9-42）。

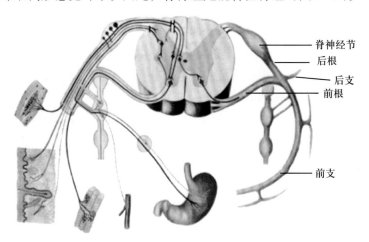

图 9-42　脊神经的组成和分支

脊神经出椎间孔后，立即分为前支和后支。后支较细而短，经相邻椎骨的横突或骶后孔向后走行，主要分布于项、背、腰、骶部的深层肌和皮肤。前支较粗大，主要分布于颈、胸、腹、四肢的肌和皮肤。除第2～11胸神经前支外，其余脊神经的前支分别交织成脊神经丛，由丛发出分支分布至相应的区域。脊神经丛左、右对称，即有颈丛、臂丛、腰丛和骶丛。

（一）颈丛

颈丛（cervical plexus）由第1～4颈神经前支组成。位于颈侧部胸锁乳突肌上部的深面（图9-43）。

颈丛主要发出分布于颈部皮肤的皮支、支配颈部深层肌的肌支和膈神经。

1. 皮支　主要有枕小神经、耳大神经、颈横神经和锁骨上神经。颈丛皮支自胸锁乳突肌后缘中点附近穿出浅筋膜，呈放射状分布于枕部、耳部、颈前区和肩部皮肤（图9-44）。

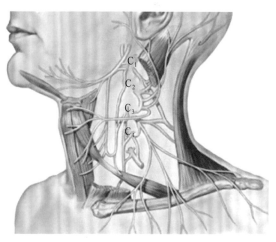

图 9-43　颈丛的组成

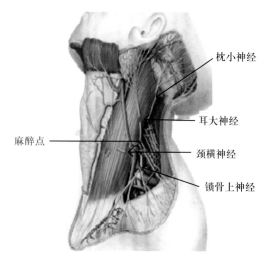

图 9-44　颈丛的皮支

颈丛皮支在胸锁乳突肌后缘中点浅出处比较集中，临床上做颈部表浅手术时，常在此做局部阻滞麻醉。

2. 肌支　主要支配颈部深层肌、肩胛提肌。

3. 膈神经（phrenic nerve）　是混合性神经。自颈丛发出后下行，在锁骨下动、静脉之间入胸腔，经肺根前方、沿心包外侧下降入膈。膈神经的运动纤维支配膈，感觉纤维分布到胸膜、心包和膈下面中央部的腹膜。一般认为，右侧膈神经的感觉纤维还分布到肝和胆囊表面的腹膜（图 9-45）。

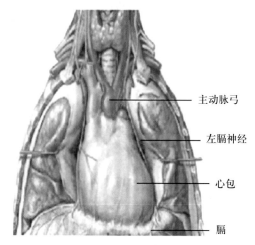

图 9-45　膈神经

膈神经受刺激时，可导致膈肌痉挛性收缩，产生呃逆。一侧膈神经损伤可致同侧半膈肌瘫痪，引起呼吸困难。

（二）臂丛

臂丛（brachial plexus）由第 5 ~ 8 颈神经前支和第 1 胸神经前支的大部分组成（图 9-46）。自斜角肌间隙穿出，向外行于锁骨下动脉的后上方，经锁骨后方进入腋窝，围绕腋动脉排列。

臂丛各分支在锁骨中点后方比较集中，位置表浅，临床上常在此处做臂丛阻滞麻醉。

臂丛的主要分支包括如下。

1. 肌皮神经（musculocutaneous nerve）　自臂丛发出后，向外下斜穿喙肱肌，在肱二头肌与肱肌之间下行，在肘关节稍上方外侧穿深筋膜，移行为前臂外侧皮神经（lateral antebrachial cutaneous nerve）。

肌皮神经沿途发出肌支支配臂前群肌；前臂外侧皮神经分布于前臂外侧的皮肤（图9-47）。

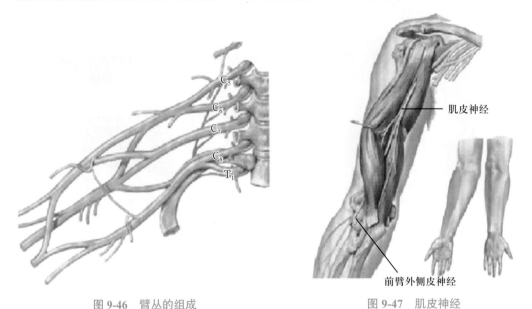

图9-46　臂丛的组成　　　　　　　　　　　图9-47　肌皮神经

2. 尺神经（ulnar nerve）　沿肱二头肌内侧沟伴肱动脉下行，至臂中部离开肱动脉向后下，经肱骨内上髁后方的尺神经沟至前臂，在尺侧腕屈肌深面伴尺动脉内侧下行，经腕前部豌豆骨外侧入手掌（图9-48）。

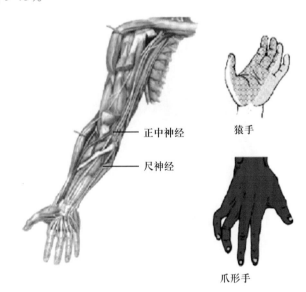

图9-48　尺神经和正中神经及其损伤后的表现

尺神经在前臂发出肌支，支配尺侧腕屈肌和指深屈肌尺侧半，在手掌，尺神经的肌支支配手肌内侧群、拇收肌、全部骨间肌和第3、4蚓状肌；皮支分布于手掌尺侧1/3、尺侧一个半指掌面的皮肤和手背尺侧半、尺侧两个半指背面的皮肤（图9-49）。

尺神经在肱骨内上髁后方的尺神经沟处紧贴骨面，位置表浅，易受损伤。尺神经损伤后，主要表现为屈腕力减弱，小鱼际肌萎缩平坦，拇指不能内收，其他各指不能内收和外展，各掌指关节过伸，第4、5指的指间关节屈曲，表现为"爪形手"；感觉障碍以手内侧缘和小指最为明显。

3. 正中神经（median nerve）　沿肱二头肌内侧沟伴肱动脉下行至肘窝。从肘窝向下穿旋前圆肌，继而在前臂中线于指浅、深屈肌之间下行，经腕管入手掌。

正中神经在前臂发出肌支支配除肱桡肌、尺侧腕屈肌和指深屈肌尺侧半以外的所有前臂前群肌，在手掌支配除拇收肌以外的鱼际肌和第 1、2 蚓状肌；皮支分布于手掌桡侧 2/3、桡侧 3 个半指掌面皮肤及桡侧 3 个半指中、远节背面的皮肤（图 9-48、图 9-49）。

正中神经损伤多发生在前臂和腕部，正中神经损伤后，表现为前臂不能旋前，屈腕力减弱，拇指不能对掌，因鱼际肌萎缩，而手掌平坦，类似"猿手"；感觉障碍以拇指、示指及中指远节皮肤最为明显（图 9-48）。

4. 桡神经（radial nerve） 为臂丛最粗大的神经。经肱三头肌深面紧贴肱骨体中部后面，沿桡神经沟旋向外下，至肱骨外上髁前方分为浅、深两支（图 9-50）。桡神经浅支为皮支，伴桡动脉下行，在前臂中、下 1/3 交界处转向背侧，并下行至手背。桡神经深支为肌支，穿至前臂后群肌浅、深两层之间下行达腕关节背面。

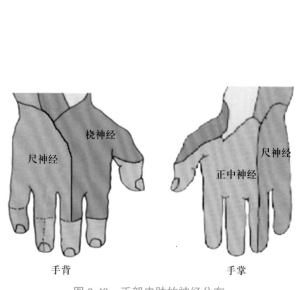
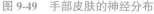
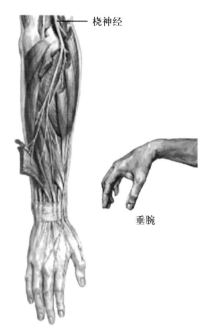

图 9-49 手部皮肤的神经分布　　　图 9-50 桡神经及其损伤后的表现

桡神经的肌支支配肱三头肌、肱桡肌和前臂后群肌；皮支分布于臂和前臂背面、手背桡侧半、桡侧两个半指近节背面的皮肤（图 9-49）。

桡神经在桡神经沟内紧贴肱骨的骨面，故肱骨中段骨折易损伤桡神经。桡神经损伤后，表现为前臂伸肌瘫痪，不能伸腕，呈"垂腕"状，不能伸指，拇指不能外展，前臂旋后功能减弱；感觉障碍以手背第 1、2 掌骨间隙"虎口区"背面的皮肤最为明显（图 9-50）。

5. 腋神经（axillary nerve） 绕肱骨外科颈行向后外，至三角肌深面（图 9-51）。腋神经的肌支支配三角肌；皮支分布于肩关节和肩部、臂外上部的皮肤。

肱骨外科颈骨折时易伤及腋神经，主要表现为三角肌瘫痪，上肢不能外展，肩部失去圆隆状而形成"方肩"；三角肌区皮肤感觉障碍。

（三）胸神经前支

胸神经前支共有 12 对，除第 1 对和第 12 对胸神经前支的部分纤维分别参加臂丛和腰丛外，其余均不形成丛（图 9-52）。第 1 ~ 11 对胸神经前支各自位于相应的肋间隙内，称为肋间神经（intercostal nerves）。第 12 对胸神经前支位于第 12 肋下方，称为肋下神经（subcostal nerve）。

肋间神经在肋间内、外肌之间，与肋间血管伴行。上 6 对肋间神经到达胸骨外侧缘穿至皮下，下 5 对肋间神经和肋下神经至肋弓处走向前下，行于腹内斜肌与腹横肌之间，进入腹直肌鞘，在白线附近穿至皮下。

音频：
胸神经前支的皮支在胸腹壁节段性分布规律

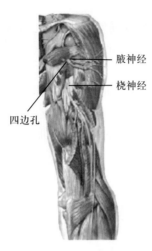

图 9-51 腋神经

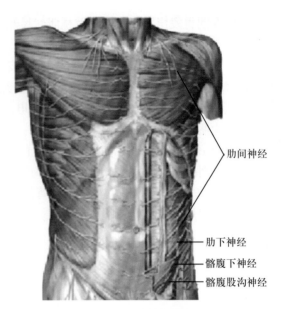

图 9-52 胸神经前支

肋间神经和肋下神经的肌支支配肋间肌、腹肌前外侧群；皮支分布于胸、腹壁皮肤及壁胸膜和壁腹膜。胸神经前支在胸、腹壁皮肤的分布有明显的节段性，由上向下按顺序依次呈环带状分布：如第 2 胸神经前支分布于胸骨角平面；第 4 胸神经前支分布于乳头平面；第 6 胸神经前支分布于剑突平面；第 8 胸神经前支分布于肋弓平面；第 10 胸神经前支分布于脐平面；第 12 胸神经前支分布于脐与耻骨联合连线的中点平面。

临床上常可根据胸神经前支的分布区来确定麻醉平面。当脊髓损伤时，可根据躯干皮肤感觉障碍的平面，推断脊髓损伤的节段。

（四）腰丛

腰丛（lumbar plexus）由第 12 胸神经前支一部分、第 1 ~ 3 腰神经前支和第 4 腰神经前支的一部分共同组成（图 9-53）。腰丛位于腰大肌深面、腰椎横突的前方，其主要分支见图 9-54。

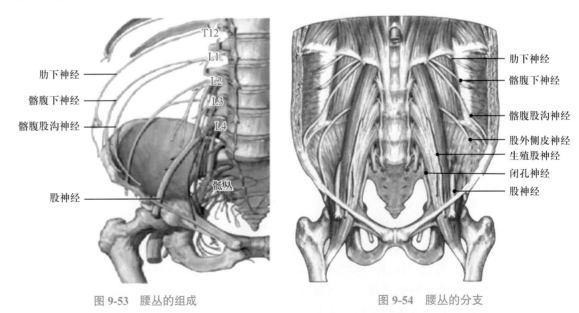

图 9-53 腰丛的组成

图 9-54 腰丛的分支

1. 髂腹下神经和髂腹股沟神经 髂腹下神经（iliohypogastric nerve）在髂嵴上方进入腹内

斜肌与腹横肌之间至腹前壁，在腹股沟管浅环上方穿腹外斜肌腱膜至皮下。其肌支支配腹壁肌；皮支分布于臀外侧区、腹股沟区和下腹部的皮肤；髂腹股沟神经（ilioinguinal nerve）在髂腹下神经的下方，与其平行走行。进入腹股沟管伴有精索或子宫圆韧带出腹股沟管浅环。其肌支支配下腹部肌；皮支分布于腹股沟部、阴囊或大阴唇的皮肤。髂腹下神经和髂腹股沟神经是腹股沟部的主要神经，在腹股沟疝修补术中，应注意避免损伤。

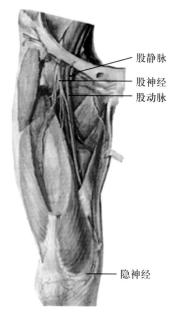

2. **生殖股神经**（genitofemoralisnerve） 穿过腰大肌，沿腰大肌前面下行，分为生殖支和股支。生殖支进入腹股沟管，分布于提睾肌和阴囊（或大阴唇）。股支分布于股三角上部的皮肤。

3. **股神经**（femoral nerve） 为腰丛最大的分支。自腰大肌外侧缘穿出后，在腰大肌与髂肌之间下行，经腹股沟韧带深面、股动脉外侧入股三角内，分为数支（图 9-55）。

股神经的肌支支配大腿前群肌；皮支分布于大腿前面的皮肤，其终末支为隐神经（saphenous nerve），在膝关节内侧浅出

图 9-55 股神经

至皮下，伴有大隐静脉沿小腿内侧下行至足内侧缘，分布于小腿内侧面和足内侧缘的皮肤。

股神经损伤，大腿前群肌瘫痪，由于股四头肌瘫痪，不能伸小腿，膝跳反射消失；大腿前面、小腿内侧面和足内侧缘的皮肤感觉障碍。

4. **闭孔神经**（obturator nerve） 自腰大肌内侧缘穿出，沿小骨盆侧壁行向前下，穿过闭孔至大腿内侧部。

闭孔神经的肌支分布于大腿肌内侧群；皮支分布于大腿内侧面的皮肤。

骨盆骨折时易损伤闭孔神经，闭孔神经损伤时，主要表现为大腿肌内侧群瘫痪；大腿内侧面的皮肤感觉障碍。

（五）骶丛

骶丛（sacral plexus）由第4腰神经前支的一部分和第5腰神经前支及全部骶、尾神经前支组成（图 9-56、图 9-57）。位于盆腔内，在骶骨和梨状肌前面。其主要分支包括如下。

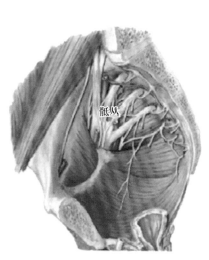

图 9-56 骶丛的组成

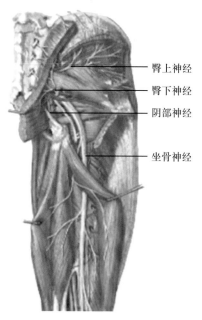

臀上神经
臀下神经
阴部神经
坐骨神经

图 9-57 臀部的神经

227

1. 臀上神经和臀下神经 臀上神经（superior gluteal nerve）伴臀上动、静脉经梨状肌上孔出盆腔，支配臀中、小肌；臀下神经（inferior gluteal nerve）伴臀下动、静脉经梨状肌下孔出盆腔，支配臀大肌。

2. 阴部神经（pudendal nerve） 伴阴部内动、静脉一起经梨状肌下孔出骨盆，绕经坐骨棘向前穿过坐骨小孔入坐骨直肠窝，分支分布于肛门、会阴部和外生殖器的肌和皮肤（图 9-58）。

3. 坐骨神经（sciatic nerve） 是全身最长、最粗大的神经。一般在梨状肌下孔出盆腔，在臀大肌深面，经股骨大转子与坐骨结节连线之间的中点下行至大腿后面，经股二头肌深面至腘窝上方分为胫神经和腓总神经（图 9-59）。坐骨神经干在股后部发出肌支支配大腿肌后群。

音频：
颈丛、臂丛、腰丛、骶丛的组成、位置和主要分支

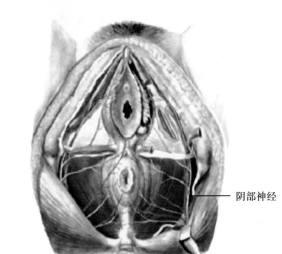

图 9-58　阴部神经

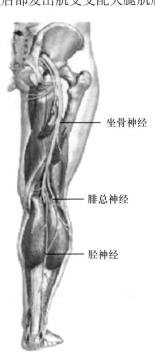

图 9-59　下肢后面的神经

自坐骨结节与股骨大转子之间的中点稍内侧到股骨内、外侧髁之间的中点做一连线的上 2/3 段，即坐骨神经干的体表投影。

（1）胫神经（tibial nerve）：沿腘窝中线下降，在小腿三头肌深面与胫后动脉伴行，至内踝后方分为足底内侧神经和足底外侧神经入足底。胫神经的肌支支配小腿后群肌和足底肌；皮支分布于小腿后面和足底的皮肤。

胫神经损伤主要表现为足不能跖屈，趾不能屈，内翻力弱。由于小腿肌前群和外侧群的牵拉，致使足呈背屈和外翻位，出现"钩状足"畸形；感觉障碍以足底皮肤最为明显（图 9-60）。

（2）腓总神经（common peroneal nerve）：沿腘窝外侧缘向外下方斜行，绕腓骨头下外方至小腿前面，分为腓浅神经和腓深神经（图 9-61）。

腓浅神经在小腿肌外侧群之间下行至足背。肌支支配小腿肌外侧群；皮支分布于小腿前外侧面、足背和趾背的皮肤（第 1、2 趾相对缘除外）。

腓深神经在小腿肌前群之间与胫前动脉伴行。肌支支配小腿肌前群；皮支分布于第 1、2 趾背面相邻缘的皮肤。

腓总神经在腓骨头下外方位置表浅，易受损伤。腓总神经损伤后，主要表现为足不能背屈，趾不能伸，足下垂并内翻，形成"马蹄内翻足"畸形，行走时呈"跨阈步态"。小腿前外侧面和足背皮肤感觉障碍。

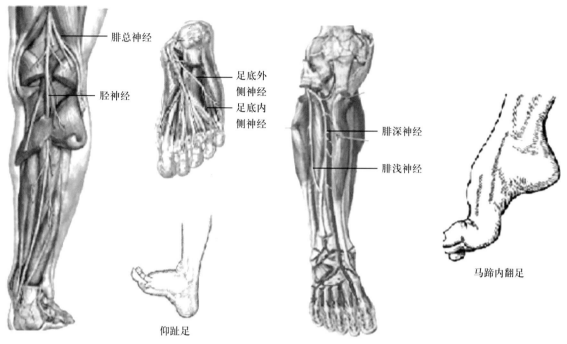

图 9-60 小腿后面和足底的神经   图 9-61 小腿前外侧和足背的神经

二、脑神经

脑神经（cranial nerves）是与脑相连的周围神经，共有 12 对，其顺序和名称为：Ⅰ 嗅神经、Ⅱ 视神经、Ⅲ 动眼神经、Ⅳ 滑车神经、Ⅴ 三叉神经、Ⅵ 展神经、Ⅶ 面神经、Ⅷ 前庭蜗神经、Ⅸ 舌咽神经、Ⅹ 迷走神经、Ⅺ 副神经、Ⅻ 舌下神经（图 9-62）。

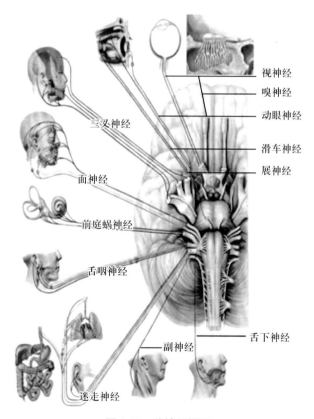

图 9-62 脑神经概况

按各对脑神经所含的纤维成分，脑神经可分为3类：①感觉性，第Ⅰ、Ⅱ、Ⅷ对脑神经；②运动性，第Ⅲ、Ⅳ、Ⅵ、Ⅺ、Ⅻ对脑神经；③混合性，第Ⅴ、Ⅶ、Ⅸ、Ⅹ对脑神经。

含有感觉纤维的脑神经与脊神经后根相似，一般都有神经节，称为脑神经节，这些神经节一般位于所属脑神经穿越颅底裂、孔的附近。

（一）嗅神经

嗅神经（olfactory nerve）为感觉性。由鼻黏膜嗅区的嗅细胞中枢突组成。嗅细胞是双极神经元，其周围突分布于嗅黏膜上皮，中枢突集成15～20条嗅丝，组成嗅神经，穿筛孔入颅，止于嗅球，传导嗅觉（图9-63）。

颅前窝骨折累及筛孔，可伤及嗅神经，导致嗅觉障碍。

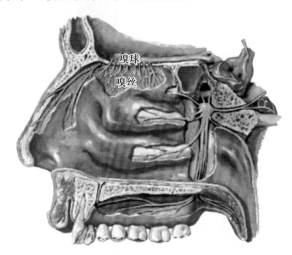

图9-63　嗅神经

（二）视神经

视神经（optic nerve）为感觉性。由视网膜节细胞的轴突组成。

视网膜节细胞的轴突在视网膜后部视神经盘处集中形成，然后穿出巩膜构成视神经。视神经自眼球向后内行，经视神经管入颅腔，连于视交叉。向后延续为视束，主要终于外侧膝状体，传导视觉（图9-64）。

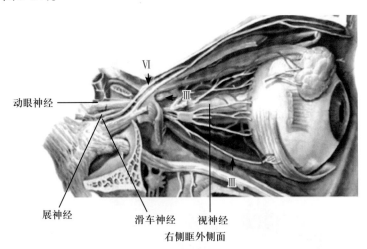

图9-64　眶内神经分布

（三）动眼神经

动眼神经（oculomotor nerve）为运动性。由动眼神经核发出的躯体运动纤维和动眼神经副核发出的内脏运动纤维（副交感纤维）组成。自脚间窝出脑，向前穿过海绵窦，经眶上裂入眶（图 9-64）。

动眼神经的躯体运动纤维支配上睑提肌、上直肌、内直肌、下直肌和下斜肌；副交感纤维支配瞳孔括约肌和睫状肌。

一侧动眼神经损伤，可导致提上睑肌、上直肌、内直肌、下直肌、下斜肌和瞳孔括约肌瘫痪。主要表现为患侧上睑下垂，眼球不能向内侧、上方和下方运动，眼外斜视；瞳孔对光反射消失等症状。

（四）滑车神经

滑车神经（trochlear nerve）为运动性。由滑车神经核发出的躯体运动纤维组成。自中脑背侧下丘的下方出脑，绕过大脑脚外侧向前，穿过海绵窦外侧壁，向前经眶上裂入眶，支配上斜肌（图 9-64）。

滑车神经损伤，患眼不能向外下方斜视。

（五）三叉神经

三叉神经（trigeminal nerve）为混合性。含有起自三叉神经运动核的躯体运动纤维和终止于三叉神经感觉核群的躯体感觉纤维。

三叉神经离脑桥不远处有一三叉神经节，节内假单极神经元的中枢突终于脑干内的三叉神经感觉核群，周围突组成眼神经、上颌神经和下颌神经的大部分。来自脑桥内三叉神经运动核发出的躯体运动纤维，参与组成下颌神经（图 9-65）。

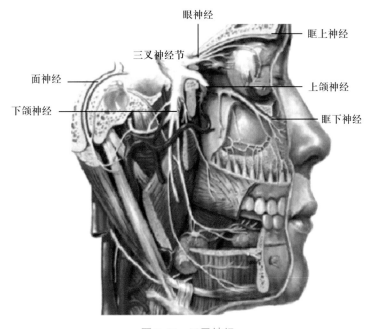

图 9-65　三叉神经

1. **眼神经（ophthalmic nerve）**　为感觉性，穿过海绵窦，经眶上裂入眶。其中一个分支经眶上切迹出眶，称为眶上神经。眼神经分布于泪腺、结膜、部分鼻腔黏膜，以及额部、上睑和鼻背的皮肤。

2. **上颌神经（maxillary nerve）**　为感觉性，穿过海绵窦经圆孔出颅，再穿过眶下裂入眶，延续为眶下神经，出眶下孔至面部。上颌神经分布于口腔和鼻腔黏膜、上颌牙、牙龈及睑裂与口裂之间的皮肤。

3. **下颌神经（mandibular nerve）**　为混合性，含躯体感觉和躯体运动两种纤维成分，经卵圆孔出颅后分为舌神经、下牙槽神经等分支。躯体感觉纤维主要分布于下颌牙、牙龈、颊部和舌前 2/3 的黏膜，以及耳颞部和口裂以下的面部皮肤；躯体运动纤维支配咀嚼肌的运动。

　　三叉神经在头面部皮肤的分布范围见图9-66：①眼神经分布于额部、上睑和鼻背的皮肤；②上颌神经分布于睑裂与口裂之间的皮肤；③下颌神经分布于耳颞部和口裂以下的面部皮肤。

　　一侧三叉神经损伤，主要表现为患侧头面部皮肤和鼻腔、口腔黏膜的一般感觉丧失；角膜反射消失；患侧咀嚼肌瘫痪，张口时下颌偏向患侧。

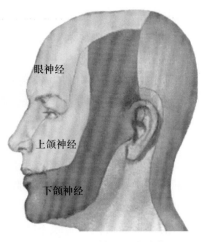

图9-66　三叉神经皮支分布区

（六）展神经

　　展神经（abducent nerve）为运动性。由展神经核发出的躯体运动纤维组成。自延髓脑桥沟中线两侧出脑，前行穿过海绵窦，经眶上裂入眶。支配外直肌（图9-64）。

　　展神经损伤，患眼外直肌瘫痪，表现为患侧眼球不能转向外侧，呈现内斜视。

（七）面神经

　　面神经（facial nerve）为混合性。含有面神经核发出的躯体运动纤维、上泌涎核发出的内脏运动（副交感）纤维和终止于孤束核的内脏感觉纤维。面神经在延髓脑桥沟内展神经外侧出脑，经内耳门入内耳道，穿过内耳道底进入面神经管，然后从茎乳孔出颅后，再向前穿入腮腺实质，在腮腺内分为数支到达面部。

　　面神经的内脏运动纤维和内脏感觉纤维都在面神经管内自面神经分出（图9-65）。内脏运动纤维支配泪腺、下颌下腺、舌下腺等腺体的分泌活动；内脏感觉纤维分布于舌前2/3的味蕾，感受味觉。面神经的躯体运动纤维组成面神经的主干，进入腮腺后分为数支并交织成丛，在腮腺前缘发出颞支、颧支、颊支、下颌缘支和颈支，呈放射状走向颞部、颧部、颊部、下颌骨下缘和颈部，支配面肌和颈阔肌（图9-67）。

　　面神经损伤是常见病。面神经损伤如果在颅外，只伤及躯体运动纤维，表现为患侧面肌瘫痪，出现患侧额纹消失、不能闭眼、鼻唇沟变浅、不能鼓腮、唾液常从口角流出、口角偏向健侧、角膜反射消失等；如果面神经损伤发生在颅内，除上述表现外，还可出现舌前2/3味觉障碍，舌下腺、下颌下腺及泪腺分泌障碍等症状。

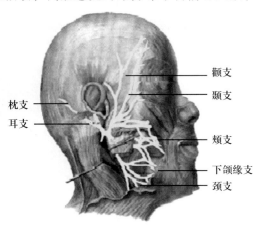

图9-67　面神经

（八）前庭蜗神经

　　前庭蜗神经（vestibulocochlear nerve）为感觉性，由前庭神经和蜗神经组成。前庭蜗神经经内耳道，穿过内耳门入颅，连于延髓脑桥沟外侧部，终于前庭神经核和蜗神经核（图9-68）。前庭神经分布于内耳的壶腹嵴、椭圆囊斑和球囊斑。传导平衡觉冲动。蜗神经分布于内耳的螺旋器。传导听觉冲动。

　　前庭蜗神经损伤主要表现为伤侧耳聋和平衡觉功能障碍。如果前庭受到刺激，可出现眩晕、眼球震颤、恶心和呕吐等症状。

（九）舌咽神经

　　舌咽神经（glossopharyngeal nerve）为混合性。含有由疑核发出的躯体运动纤维、下泌涎核发出的内脏运动（副交感）纤维、止于三叉神经感觉核群的躯体感觉纤维及止于孤束核的内脏感觉纤维。

舌咽神经于延髓后外侧沟上部离脑后，经颈静脉孔出颅，下行至颈内动脉与颈内静脉之间，继而弓形向前入舌（图 9-69）。

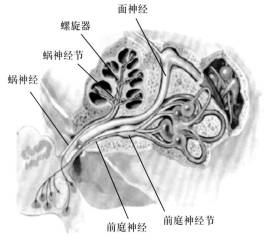

图 9-68 前庭蜗神经

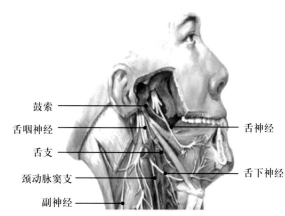

图 9-69 颈部的神经

舌咽神经的躯体运动纤维支配咽肌；内脏运动纤维支配腮腺的分泌活动；躯体感觉纤维分布于耳后皮肤；内脏感觉纤维分布于咽和中耳等处的黏膜、舌后 1/3 的黏膜和味蕾，司一般感觉和味觉。

此外，内脏感觉纤维还形成 1～2 条颈动脉窦支，分布于颈动脉窦和颈动脉小球，将动脉血压的变化和二氧化碳浓度变化的刺激传入脑，反射性地调节血压和呼吸。

一侧舌咽神经损伤，表现为患侧咽肌无力，吞咽困难；舌后 1/3 黏膜的味觉和一般感觉丧失，舌根和咽峡区黏膜的感觉障碍；腮腺分泌障碍。

（十）迷走神经

迷走神经（vagus nerve）为混合性。含有自疑核发出的躯体运动纤维；迷走神经背核发出的内脏运动（副交感）纤维；止于三叉神经感觉核群的躯体感觉纤维和止于孤束核的内脏感觉纤维。

迷走神经是脑神经中行程最长、分布范围最广的神经。从延髓后外侧沟、舌咽神经下方离脑后，经颈静脉孔出颅入颈部。在颈部，迷走神经在颈内动脉、颈总动脉与颈内静脉之间的后方下行，经胸廓上口入胸腔。左迷走神经经左肺根后方下行至食管前面，形成食管前丛，并在食管下端延续为迷走神经前干，经食管裂孔入腹腔，分布于胃前壁、肝、胆囊和肝外胆道；右迷走神经经右肺根后方下行至食管后面，形成食管后丛，并向下延续为迷走神经后干，经食管裂孔入腹腔，分布于胃后壁、肝、胰、脾、肾、肾上腺及结肠左曲以上的消化管（图 9-70）。

迷走神经的躯体运动纤维支配咽喉肌；内脏运动纤维主要分布于颈部、胸部和腹部器官（只到结肠左曲以上的消化管），支配平滑肌、心肌和腺体的活动；躯体感觉纤维分布于硬脑膜、耳郭和外耳道的皮肤；内脏感觉纤维分布到颈部、胸部和腹部器官，管理一般内脏感觉。

迷走神经主干损伤后，内脏活动障碍表现为心动过速、恶心、呕吐、呼吸深而慢，甚至窒息等症

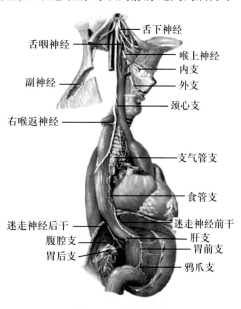

图 9-70 迷走神经

状；由于咽喉感觉障碍和喉肌瘫痪，可出现吞咽困难、软腭瘫痪、发音困难、声音嘶哑等症状。

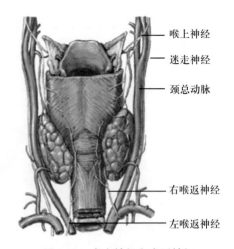

迷走神经沿途发出许多分支，其中重要的分支（图9-71）如下。

1. 喉上神经（superior laryngeal nerve） 在颈静脉孔的下方由迷走神经发出，沿颈内动脉内侧下行，分内、外两支。分布于声门裂以上的喉黏膜和环甲肌。

2. 喉返神经 左、右喉返神经（recurrent laryngeal nerve）的起点和行程不同：左喉返神经起点稍低，在左迷走神经干跨越主动脉弓前方时发出，向后勾绕主动脉弓，返回颈部；右喉返神经在右迷走神经干行经右锁骨下动脉前方时发出，向后勾绕右锁骨下动脉，返回颈部。分布于除环甲肌以外的所有喉肌及声门裂以下的喉黏膜。

图 9-71　喉上神经和喉返神经

喉返神经在颈部与甲状腺下动脉交叉，甲状腺手术时应注意避免损伤。一侧喉返神经损伤，可导致声音嘶哑；若两侧同时损伤，可引起失音、呼吸困难，甚至窒息。

3. 胃前支和胃后支 分别分布于胃前壁和胃后壁。

4. 肝支 分布于肝、胆囊等处。

5. 腹腔支 分支分布于肝、胆、胰、脾、肾及结肠左曲以上的腹部消化管。

（十一）副神经

副神经（accessory nerve）为运动性。由疑核和副神经核发出的躯体运动纤维组成。在延髓后外侧沟、迷走神经的下方离脑后，经颈静脉孔出颅，在颈内动、静脉之间行向后下，支配胸锁乳突肌和斜方肌（图 9-69）。

副神经损伤时，由于胸锁乳突肌瘫痪，使头不能向同侧倾斜，面部不能转向对侧；由于斜方肌瘫痪，出现患侧肩下垂，耸肩无力。

（十二）舌下神经

舌下神经（hypoglossal nerve）为运动性。由舌下神经核发出的躯体运动纤维组成（图 9-69）。自延髓的前外侧沟离脑，经舌下神经管出颅，在颈内动脉和颈外动脉之间下行，至下颌角处行向前，进入舌内。支配同侧舌内肌和舌外肌。

一侧舌下神经损伤，患侧舌肌瘫痪，伸舌时舌尖偏向患侧。

脑神经概况见表 9-2。

表 9-2　12 对脑神经概况

序号及名称	性质	连脑部位	出入颅部位	分布范围	损伤后症状
Ⅰ嗅神经	感觉性	端脑，嗅球	筛孔	鼻腔嗅黏膜	嗅觉障碍
Ⅱ视神经	感觉性	间脑，视交叉	视神经管	视网膜	视觉障碍
Ⅲ动眼神经	运动性	中脑，脚间窝	眶上裂	上睑提肌、上直肌、下直肌、内直肌、下斜肌、睫状肌和瞳孔括约肌	眼外斜视、上睑下垂，瞳孔对光及调节反射消失
Ⅳ滑车神经	运动性	中脑，下丘下方	眶上裂	上斜肌	眼不能向外下斜视
Ⅴ三叉神经	混合性	脑桥腹侧面外侧	眶上裂（眼神经）、圆孔（上颌神经）、卵圆孔（下颌神经）	头面部皮肤、口腔鼻腔黏膜、牙及牙龈、眼球、硬脑膜、咀嚼肌	头面部皮肤、口腔鼻腔黏膜感觉障碍，咀嚼肌瘫痪

序号及名称	性质	连脑部位	出入颅部位	分布范围	损伤后症状
Ⅵ展神经	运动性	延髓脑桥沟中部	眶上裂	外直肌	眼内斜视
Ⅶ面神经	混合性	延髓脑桥沟，展神经根外侧	内耳门、内耳道、面神经管、茎乳孔	舌前2/3味蕾，面肌、颈阔肌、茎突舌骨肌、镫骨肌、下颌下腺、舌下腺、泪腺及鼻、腭部黏液腺	舌前2/3味觉障碍，额纹消失、闭眼困难、口角偏向健侧、鼻唇沟变浅，泪腺、下颌下腺和舌下腺分泌障碍
Ⅷ前庭蜗神经	感觉性	延髓脑桥沟，面神经根外侧	内耳门、内耳道	球囊斑、椭圆囊斑和壶腹嵴螺旋器	眩晕、眼球震颤听觉障碍
Ⅸ舌咽神经	混合性	延髓后外侧沟上部	颈静脉孔	腮腺，茎突咽肌、咽、咽鼓管黏膜、舌后1/3黏膜、颈动脉窦和颈动脉小球、舌后1/3味蕾、耳后皮肤	腮腺分泌障碍，咽、舌后1/3感觉障碍，咽反射消失，舌后1/3味觉消失
Ⅹ迷走神经	混合性	延髓后外侧沟中部	颈静脉孔	胸腹腔脏器平滑肌、心肌、腺体，咽喉肌，胸腹腔脏器及咽喉部黏膜，硬脑膜、耳郭及外耳道皮肤	心动过速、内脏活动障碍，发音困难、声音嘶哑，呛咳、吞咽困难
Ⅺ副神经	运动性	延髓后外侧沟下部	颈静脉孔	咽喉肌、斜方肌、胸锁乳突肌	斜方肌瘫痪，肩下垂；胸锁乳突肌瘫痪，面不能转向对侧
Ⅻ舌下神经	运动性	延髓前外侧沟	舌下神经管	舌内肌和大部分舌外肌	舌肌瘫痪，伸舌时舌尖偏向患侧

第五节　内脏神经

内脏神经主要分布于内脏、心血管和腺体（图9-72）。

内脏神经分为内脏运动神经和内脏感觉神经。内脏运动神经支配平滑肌、心肌和腺体的分泌活动，其功能一般不受意识支配，故又称自主神经；又因为它主要调控动物和植物共有的物质代谢活动，而不支配动物所特有的骨骼肌运动，所以也称自主神经。内脏感觉神经将内脏、心血管等处内感受器的感觉传入各级中枢，到达大脑皮质。内脏感觉神经传来的信息经中枢整合后，通过内脏运动神经调节内脏、心血管和腺体等活动。

一、内脏运动神经

内脏运动神经和躯体运动神经相比较有以下特点。

①支配器官不同：躯体运动神经支配骨骼肌，受意识控制；内脏运动神经支配平滑肌、心肌和腺体，在一定程度上不受意识控制。

②神经元数目不同：躯体运动神经自低级中枢到其支配的骨骼肌只有一个神经元；内脏运

动神经自低级中枢到其支配的器官，必须在周围部的内脏神经节更换神经元，即需要两个神经元才能到其支配器官。第一级神经元称为节前神经元，胞体位于脑干或脊髓内，其轴突称为节前纤维；第二级神经元称为节后神经元，胞体位于内脏神经节内，其轴突称为节后纤维。

③纤维成分不同：躯体运动神经只有一种纤维成分，内脏运动神经有交感和副交感两种纤维成分，形成多数器官同时接受交感神经和副交感神经的双重支配现象。

④分布形式不同：躯体运动神经以神经干的形式分布；内脏运动神经的节后纤维多沿血管或攀附于内脏器官形成神经丛，再由丛分支到所支配的器官。

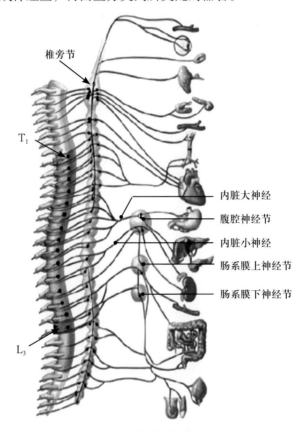

椎旁节

T₁

L₃

内脏大神经
腹腔神经节
内脏小神经
肠系膜上神经节
肠系膜下神经节

图 9-72　内脏运动神经概况

内脏运动神经根据其形态结构和生理功能特点分为交感神经和副交感神经。

1. 交感神经（sympathetic nerve）　分为中枢部和周围部两部分（图 9-73）。

（1）中枢部：交感神经低级中枢位于脊髓的 T_1 至 L_3 节段的灰质侧角内。侧角内的神经元即节前神经元，其轴突即交感神经的节前纤维。

（2）周围部：包括交感神经节、交感干和交感神经纤维。

①交感神经节：依其所在位置分为椎旁节和椎前节。神经节内的神经元即节后神经元，其轴突即交感神经的节后纤维。

椎旁节又称交感干神经节，位于脊柱两侧，每侧有 19 ~ 24 对。颈节有 2 ~ 3 对；胸节有 10 ~ 12 对；腰节有 4 ~ 5 对；骶节有 2 ~ 3 对；尾节有 1 个，又称奇神经节。

椎前节位于脊柱前方，主要有腹腔神经节、主动脉肾神经节、肠系膜上神经节和肠系膜下神经节，分别位于同名动脉根部附近。

②交感干（sympathetic trunk）：由每侧的交感干神经节借节间支相互连结而成。交感干呈串珠状，左右各一，位于脊柱两旁，上自颅底，下至尾骨前方两干合并。

③交感神经纤维：脊髓侧角细胞发出的节前纤维，随脊神经前根走行，出椎间孔后离开脊神经，进入交感干后有 3 种去向：a. 终止于相应的椎旁节；b. 在交感干内上升或下降，终于上

方或下方的椎旁节；c.穿过椎旁节，终于椎前节。

交感神经节发出的节后纤维也有3种去向：a.返回脊神经，随脊神经的分支分布于血管、汗腺和立毛肌等；b.攀附于动脉表面形成神经丛，随动脉分支分布于所支配的器官；c.由交感神经节直接到达所支配的器官。

④交感神经的分布概况：脊髓胸1～5节段侧角发出的节前纤维，在椎旁节更换神经元，节后纤维分布于头、颈、胸腔器官和上肢的血管、汗腺、立毛肌等。

脊髓胸5～12节段侧角发出的节前纤维，在椎旁节或椎前节更换神经元，节后纤维分布于肝、胆、胰、脾、肾等腹腔实质性器官和结肠左曲以上的消化管。

脊髓腰1～3节段侧角发出的节前纤维，在椎旁节或椎前节更换神经元，节后纤维分布于结肠左曲以下的消化管、盆腔器官和下肢的血管、汗腺、立毛肌等（图9-73）。

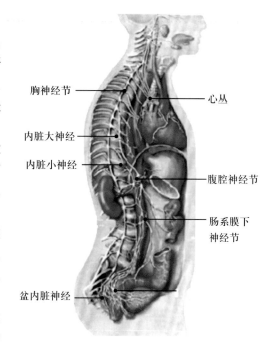

图 9-73　交感神经概况

2. 副交感神经（parasympathetic nerve） 也分为中枢部和周围部（图9-74）。

（1）中枢部：副交感神经的低级中枢位于脑干的副交感神经核和脊髓骶2～4节段的骶副交感核，这些核内的神经元即节前神经元，其轴突即副交感神经的节前纤维。

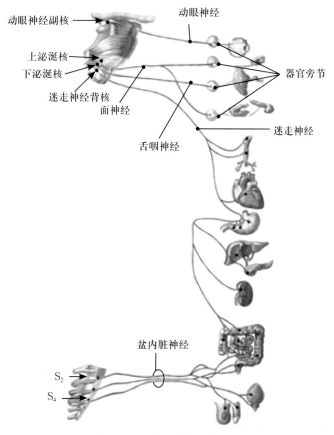

图 9-74　副交感神经概况

（2）周围部：副交感神经的周围部包括副交感神经节和副交感神经纤维。

①副交感神经节：多位于所支配的器官附近或器官壁内，因而有器官旁节和器官内节之称。神经节内的神经元即节后神经元，其轴突即副交感神经的节后纤维。

位于颅部的器官旁节较大，肉眼可见，有睫状神经节、翼腭神经节、下颌下神经节和耳神经节等。其他部位的副交感神经节和器官内节较小，在显微镜下才能看清。

②副交感神经纤维

颅部副交感神经：脑干内的副交感神经核发出的副交感神经节前纤维，分别随第Ⅲ、Ⅶ、Ⅸ、Ⅹ对脑神经走行，至相应脑神经所支配器官附近或壁内的副交感神经节更换神经元，其节后纤维分别分布于所支配器官。

中脑动眼神经副核发出的节前神经纤维，随动眼神经走行，至睫状神经节更换神经元，节后纤维支配瞳孔括约肌和睫状肌。

脑桥上泌涎核发出的节前纤维，随面神经走行，一部分在翼腭神经节更换神经元，节后纤维支配泪腺、鼻腔和腭黏膜的腺体；另一部分在下颌下神经节更换神经元，节后纤维支配下颌下腺和舌下腺的分泌。

延髓下泌涎核发出的节前纤维，随舌咽神经走行，至耳神经节更换神经元，节后纤维支配腮腺的分泌。

延髓迷走神经背核发出的节前纤维，随迷走神经走行，至相应的器官内节更换神经元，节后纤维分布于颈部、胸部和腹部的器官（结肠左曲以上的消化管），支配平滑肌、心肌和腺体的分泌活动。

骶部副交感神经：脊髓骶2～4节段骶副交感核发出的节前纤维，随第2～4对骶神经前支出骶前孔后，离开骶神经，组成盆内脏神经，至所支配器官的器官旁节或器官内节更换神经元，其节后纤维支配结肠左曲以下的消化管、盆腔器官和外生殖器等。

3. **交感神经和与副交感神经的区别** 交感神经和副交感神经都是内脏运动神经，常支配同一个内脏器官，形成对内脏器官的双重神经支配。但两者在来源、形态结构、分布范围和对所支配器官的主要生理作用上又有区别（表9-3）。

表 9-3　交感神经和副交感神经的区别

	交感神经	副交感神经
低级中枢	脊髓 T_1-L_3 节段灰质侧角	脑干副交感神经核，骶髓 S_{2-4} 节段的骶副交感核
周围神经节	椎旁节和椎前节	器官旁节和器官内节
节前、节后纤维	节前纤维短，节后纤维长	节前纤维长，节后纤维短
分布范围	广泛，除头、颈、胸、腹、盆腔器官外，尚遍及全身血管、腺体、竖毛肌等	局限（大部分血管、汗腺、竖毛肌、肾上腺髓质无副交感神经分布）

二、内脏感觉神经

内脏器官除有内脏运动神经外，还有丰富的内脏感觉神经分布。内脏感觉神经元的胞体位于脊神经节和脑神经节内，这些神经元的周围突随交感神经或副交感神经分布到内脏器官和血管等处。中枢突进入脊髓和脑干。

内脏感觉神经（visceral sensory nerve）接受内脏器官的各种刺激，转变为神经冲动传至中枢，产生内脏感觉。

内脏感觉神经与躯体感觉神经形态基本相似，但有以下特点：①内脏器官的一般活动不引起感觉，较强烈的活动才引起感觉；②内脏器官对切割、冷热或烧灼等刺激不敏感，而对牵拉、膨胀、平滑肌痉挛、化学刺激、缺血和炎症等刺激敏感；③内脏感觉的传入途径比较分散，即一个脏器的感觉冲动可经几条脊神经后根传入脊髓的几个节段；因而一条脊神经可含有来自几个脏器的感觉纤维，故内脏痛往往是弥散的，且定位模糊。

三、牵涉痛

当某些内脏器官发生病变时，常在体表的一定区域产生感觉过敏或疼痛，这种现象称为牵涉痛。牵涉痛可发生在患病内脏器官附近的皮肤，也可发生在离患病内脏器官相距较远的皮肤。如心绞痛时，常在左胸前区或左臂内侧皮肤感到疼痛；肝、胆病变时，常在右肩部皮肤感到疼痛（图 9-75）。

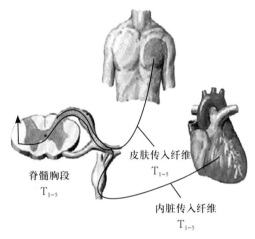

脊髓胸段
T$_{1\sim5}$

皮肤传入纤维
T$_{1\sim5}$

内脏传入纤维
T$_{1\sim5}$

图 9-75 心绞痛时产生牵涉痛

音频：
牵涉性痛的概念

关于牵涉痛发生的原因，一般认为传导患病内脏的感觉纤维和被牵涉区皮肤的躯体感觉纤维都进入同一个脊髓节段。因此，从患病内脏传来的冲动可以扩散到邻近的躯体感觉神经元，从而产生牵涉痛。熟悉器官病变时牵涉痛的发生部位，对诊断内脏器官的疾病有一定临床意义。

第六节 神经系统的传导道路

神经传导通路是指大脑皮质与感受器、效应器之间神经冲动的传导通路，包括感觉传导通路和运动传导通路。机体感受器接受内、外环境刺激所产生的神经冲动，由传入神经传递到大脑皮质的神经传导通路称为感觉（上行）传导通路；从大脑皮质发出神经冲动到效应器的神经传导通路称为运动（下行）传导通路。

一、感觉传导通路

（一）躯干、四肢本体感觉和皮肤精细触觉传导通路

本体感觉又称深感觉，是指肌、腱、关节的位置觉、运动觉和震动觉。该传导通路还传导皮肤的精细触觉（即辨别两点间距离和感受物体的纹理粗细等），由三级神经元组成（图 9-76）。

第一级神经元胞体位于脊神经节内，其周围突随脊神经分布于躯干和四肢的肌、腱和关节等处的本体感受器和皮肤的精细触觉感受器，中枢突经脊神经后根进入脊髓后索上行，组成薄束和楔束，分别止于延髓的薄束核和楔束核。

第二级神经元胞体位于薄束核和楔束核，此两核发出纤维向前绕过中央灰质腹侧后左、右交叉，称为内侧丘系交叉。交叉后的纤维在延髓中线两侧上行，称为内侧丘系，经脑桥和中脑

止于背侧丘脑腹后外侧核。

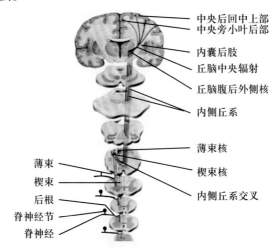

图 9-76　躯干、四肢本体感觉和皮肤精细触觉传导通路

第三级神经元胞体位于背侧丘脑腹后外侧核，其发出的投射纤维为丘脑中央辐射，经内囊后肢投射到大脑皮质中央后回上 2/3 和中央旁小叶后部的皮质。

若此通路损伤，患者在闭眼时不能确定相应关节的位置和运动方向，容易摔倒。

（二）躯干、四肢皮肤痛觉、温度觉、粗触觉和压觉传导通路

躯干、四肢皮肤的痛觉、温度觉、粗触觉和压觉传导通路又称浅感觉传导通路，由三级神经元组成（图 9-77）。

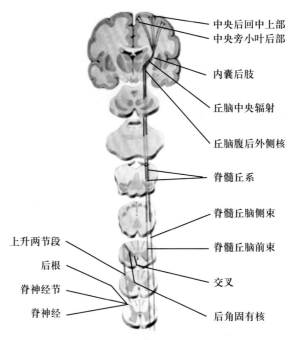

图 9-77　躯干、四肢皮肤的痛觉、温度觉、粗触觉和压觉传导通路

第一级神经元胞体位于脊神经节内，其周围突随脊神经分布于躯干、四肢皮肤内的痛觉、温度觉、粗触觉和压觉感受器，中枢突经脊神经后根进入脊髓，止于脊髓灰质后角固有核。

第二级神经元胞体位于脊髓灰质后角固有核内，其发出纤维上升 1 ～ 2 个脊髓节段后，经中央管前方交叉到对侧形成脊髓丘脑束，沿脊髓外侧索和前索上行，经延髓、脑桥和中脑止于背侧丘脑腹后外侧核。

第三级神经元胞体位于背侧丘脑腹后外侧核，其发出的投射纤维为丘脑中央辐射，经内囊

后肢投射到大脑皮质中央后回上 2/3 和中央旁小叶后部的皮质。

（三）头面部皮肤痛觉、温度觉、粗触觉和压觉传导通路

主要由三叉神经传入，传导头面部皮肤和黏膜的感觉冲动，该感觉传导通路由三级神经元组成（图 9-78）。

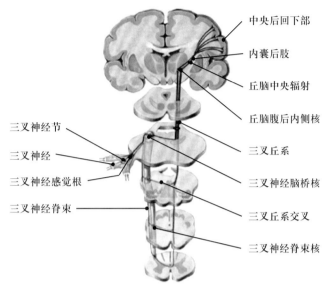

图 9-78 头面部皮肤的痛、温、粗触觉和压觉传导通路

第一级神经元位于三叉神经节内，其周围突构成三叉神经感觉支，分布于头面部皮肤和黏膜的感受器，中枢突经三叉神经根进入脑桥，止于三叉神经脑桥核和脊束核。

第二级神经元为三叉神经脑桥核和脊束核，其轴突组成纤维交叉至对侧形成三叉丘系，上行至背侧丘脑腹后内侧核。

第三级神经元位于背侧丘脑腹后内侧核内，由此核发出的投射纤维为丘脑中央辐射，经内囊后肢投射至中央后回下 1/3 的皮质。

（四）视觉传导通路和瞳孔对光反射通路

1. 视觉传导通路 由三级神经元组成（图 9-79）。

第一级神经元为视网膜的双极细胞，分别与视细胞和节细胞形成突触。

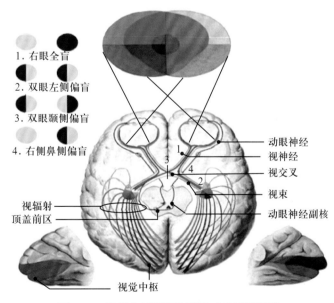

图 9-79 视觉传导通路和瞳孔对光反射通路

第二级神经元为视网膜的节细胞,其轴突在视神经盘处集聚成视神经,穿视神经管入颅腔,经视交叉后组成视束,绕过大脑脚终止于外侧膝状体。来自两眼视网膜鼻侧半的纤维相互交叉,而来自两眼视网膜颞侧半的纤维不交叉。因此,每侧视束内含有同侧眼视网膜颞侧半和对侧眼视网膜鼻侧半的纤维。

第三级神经元胞体位于外侧膝状体内,其发出的投射纤维组成视辐射,经内囊后肢投射到大脑内侧面距状沟附近的皮质。

当眼球固定不动向前平视时,所能看到的空间范围,称为视野。

视觉传导通路不同部位损伤,临床症状也不同:①一侧视神经损伤,引起该眼全盲;②视交叉中部(交叉纤维)损伤(如垂体瘤压迫),将造成双眼视野颞侧偏盲;③一侧视交叉外部(未交叉纤维)损伤,可引起患侧眼视野鼻侧偏盲;④一侧视束、外侧膝状体、视辐射或视区损伤,则引起双眼对侧半视野同向性偏盲(患眼视野鼻侧偏盲和健眼视野颞侧偏盲)。

2. 瞳孔对光反射通路 光照一侧瞳孔,引起两眼瞳孔缩小的反应称为瞳孔对光反射。光照一侧的反应称为直接对光反射,未照射侧的反应称为间接对光反射。

瞳孔对光反射的通路:视网膜→视神经→视交叉→两侧视束→上丘臂→顶盖前区→两侧动眼神经副核→动眼神经→睫状神经节→节后纤维→瞳孔括约肌收缩→两侧瞳孔缩小(图 9-79)。

瞳孔对光反射通路损伤后的表现:①一侧动眼神经损伤。患侧眼的直接、间接对光反射消失。②一侧视神经损伤。光照患侧眼时,双侧瞳孔不能缩小;光照健侧眼时,双侧瞳孔均能缩小。

二、运动传导通路

大脑皮质对躯体运动的调节是通过锥体系和锥体外系两部分传导通路来实现的。

(一)锥体系

锥体系(pyramidal system)主要管理骨骼肌的随意运动,由上、下两级神经元组成。上运动神经元是指位于大脑皮质的锥体细胞及其轴突组成的锥体束,胞体位于中央前回和中央旁小叶前部;下运动神经元是指脑神经躯体运动核和脊髓灰质前角运动神经元。锥体系分为皮质脊髓束和皮质核束。

1. 皮质脊髓束 由大脑皮质中央前回上 2/3 和中央旁小叶前部皮质的锥体细胞轴突集聚而成,下行经内囊后肢、中脑大脑脚、脑桥至延髓腹侧形成锥体,在锥体下部,大部分(75%~90%)纤维左、右交叉形成锥体交叉,交叉后的纤维形成皮质脊髓侧束,沿对侧脊髓外侧索下行,沿途陆续终止于同侧脊髓灰质前角运动神经元,支配四肢肌;小部分未交叉的纤维形成皮质脊髓前束,终止于双侧脊髓灰质前角运动神经元,支配双侧躯干肌。所以躯干肌是受双侧大脑皮质支配的(图 9-80)。

2. 皮质核束 由中央前回下 1/3 大脑皮质的锥体细胞轴突聚合而成,下行经内囊膝至脑干,大部分纤维终止于双侧脑神经躯体运

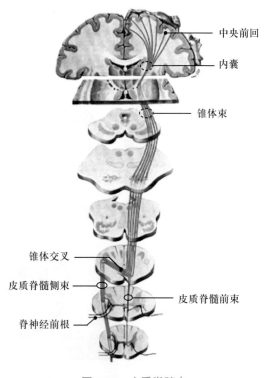

图 9-80 皮质脊髓束

动核，再由这些脑神经躯体运动核发出纤维支配眼球外肌、眼裂以上面肌、咀嚼肌、咽喉肌、胸锁乳突肌和斜方肌等。小部分纤维终止于对侧脑神经躯体运动核（面神经核下部和舌下神经核），支配对侧眼裂以下面肌和舌肌（图9-81）。

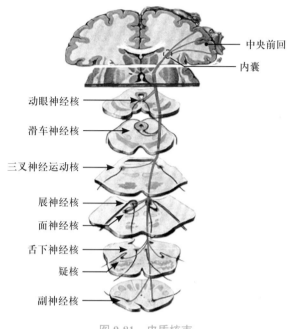

图 9-81　皮质核束

　　一侧皮质核束损伤出现对侧眼裂以下面肌和舌肌瘫痪，表现为对侧鼻唇沟变浅或消失，口角歪向患侧，伸舌时舌尖偏向健侧。一侧面神经损伤则出现该侧面肌全部瘫痪，除表现上述症状外，还有额纹消失，不能皱眉，不能闭眼。一侧舌下神经损伤则出现患侧舌肌全部瘫痪，伸舌时舌尖偏向患侧（图9-82、图9-83）。

链接

核上瘫和核下瘫（图9-82、图9-83）

　　核上瘫：是指一侧上运动神经元受损，可产生对侧眼裂以下的面肌和对侧舌肌瘫痪，表现为病灶对侧鼻唇沟消失，口角低垂并向病灶侧偏斜，流涎，不能做鼓腮、露齿等动作，伸舌时舌尖偏向病灶对侧。

　　核下瘫：一侧面神经核的神经元受损，可致病灶侧所有的面肌瘫痪，表现为额横纹消失，眼不能闭，口角下垂，鼻唇沟消失等；一侧舌下神经核的神经元受损，可致病灶侧全部舌肌瘫痪，表现为伸舌时舌尖偏向病灶侧。两者均为下运动神经元损伤，故统称核下瘫。

软瘫和硬瘫

　　软瘫：是下运动神经元受到损害，所支配的肌肉力量减弱，肌肉松弛，并逐渐萎缩，同时腱反射减弱或消失，故此类瘫痪又称"弛缓性瘫痪"。

　　硬瘫：是上运动神经元，即大脑的神经细胞和其发出的纤维受到损害，由于高级中枢失去对低级中枢的控制，肌肉无法随意动作，感觉减退或消失，但肌肉张力增大，摸上去发硬，对刺激极为敏感，很容易发生不自主收缩。此类瘫痪称为痉挛性瘫痪，脑瘫或高位截瘫便属这类。

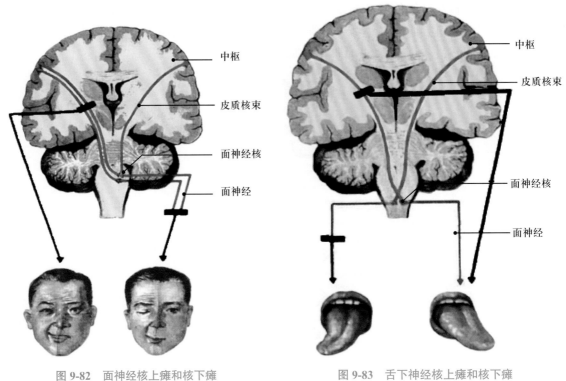

图 9-82　面神经核上瘫和核下瘫　　　　　　　　图 9-83　舌下神经核上瘫和核下瘫

上、下运动神经元损害后的临床表现比较见表 9-4。

表 9-4　上、下运动神经元损害后的临床表现比较

症状与体征	上运动神经元损害	下运动神经元损害
瘫痪范围	常较广泛	常较局限
瘫痪特点	痉挛性瘫（硬瘫、中枢性瘫）	弛缓性瘫（软瘫、周围性瘫）
肌张力	增高	减低
深反射	亢进	消失
浅反射	减弱或消失	消失
腱反射	亢进	减弱或消失
病理反射	有（＋）	无（—）
肌萎缩	早期无，晚期为失用性萎缩	早期即有萎缩

（二）锥体外系

锥体外系是指锥体系以外影响和控制躯体运动的传导通路。锥体外系的结构十分复杂，在种系发生上较古老。随着大脑皮质和锥体系的发生发展，锥体外系逐渐处于从属和协调锥体系完成运动功能的地位。锥体外系的主要功能是调节肌张力和肌群运动、维持和调整体态姿势和习惯性动作等。

（孟繁伟　接琳琳　杨　青）

练习题

单项选择题

1. 中枢神经系统内，形态和功能相似的神经元胞体聚集形成的团块状结构称为
   A. 灰质　　　　　　　　　　B. 白质　　　　　　　　　　C. 神经核
   D. 神经节　　　　　　　　　E. 网状结构

2. 成人脊髓下端平对
   A. 第 12 胸椎下缘　　　　　B. 第 1 腰椎下缘　　　　　C. 第 2 腰椎下缘
   D. 第 3 腰椎下缘　　　　　　E. 第 4 腰椎下缘

3. 脊髓白质内的下行纤维束是
   A. 薄束　　　　　　　　　　B. 楔束　　　　　　　　　　C. 脊髓丘脑前束
   D. 脊髓丘脑侧束　　　　　　E. 皮质脊髓侧束

4. 临床上腰椎穿刺术常选择的部位是
   A. 第 1、2 腰椎棘突间　　　　　　　　　B. 第 2、3 腰椎棘突间
   C. 第 5 腰椎与骶椎棘突间　　　　　　　D. 第 12 胸椎与第 1 腰椎棘突间
   E. 第 3、4 或第 4、5 腰椎棘突间

5. 脑干的组成从上向下分别是
   A. 中脑、脑桥、延髓　　　　　　　　　B. 延髓、中脑、脑桥
   C. 中脑、延髓、脑桥　　　　　　　　　D. 脑桥、延髓、中脑
   E. 脑桥、中脑、延髓

6. 从脑干背面出脑的神经是
   A. 动眼神经　　　　　　　　B. 滑车神经　　　　　　　　C. 三叉神经
   D. 展神经　　　　　　　　　E. 舌下神经

7. 下丘脑的组成不包括
   A. 视交叉　　　　　　　　　B. 乳头体　　　　　　　　　C. 灰结节
   D. 内侧膝状体　　　　　　　E. 漏斗

8. 以下属于小脑内部的神经核是
   A. 齿状核　　B. 视上核　　C. 室旁核　　D. 杏仁体　　E. 薄束核

9. 端脑的分叶不包括
   A. 额叶　　B. 顶叶　　C. 枕叶　　D. 颞叶　　E. 边缘叶

10. 组成纹状体的是
    A. 豆状核和尾状核　　　　　B. 豆状核和杏仁体　　　　C. 杏仁体和尾状核
    D. 豆状核和屏状核　　　　　E. 尾状核和齿状核

11. 连接左、右两侧大脑半球的纤维主要是
    A. 胼胝体　　　　　　　　　B. 联络纤维　　　　　　　　C. 投射纤维
    D. 内侧丘系　　　　　　　　E. 锥体交叉

12. 躯体运动区位于
    A. 中央前回和中央旁小叶后部　　　　　B. 中央后回和中央旁小叶前部
    C. 中央前回和中央旁小叶前部　　　　　D. 中央前回
    E. 中央后回

13. 视区位于
    A. 距状沟两侧的大脑皮质　　　　　　　B. 角回

C. 中央前回和中央旁中前部   D. 颞横回

E. 额中回

14. 产生脑脊液的结构是

    A. 蛛网膜   B. 脉络丛   C. 神经元   D. 神经胶质   E. 侧脑室

15. 脑和脊髓周围3层被膜由内向外分别是

    A. 软膜、蛛网膜和硬膜   B. 硬膜、蛛网膜和软膜

    C. 蛛网膜、硬膜和软膜   D. 硬膜、软膜和蛛网膜

    E. 软膜、硬膜和蛛网膜

16. 供应大脑半球上外侧面的主要动脉是

    A. 大脑前动脉   B. 大脑中动脉   C. 大脑后动脉

    D. 基底动脉   E. 前交通动脉

17. 肱骨内上髁骨折易损伤的神经是

    A. 正中神经   B. 尺神经   C. 桡神经

    D. 腋神经   E. 肌皮神经

18. 支配面肌的神经是

    A. 三叉神经   B. 面神经   C. 舌咽神经

    D. 迷走神经   E. 副神经

19. 某患者，男，25岁。因车祸致左上肢肱骨中段骨折，同时出现左手"垂腕"症状，可能损伤的神经是

    A. 腋神经   B. 正中神经   C. 尺神经

    D. 桡神经   E. 肌皮神经

20. 支配膈的神经发自于

    A. 颈丛   B. 臂丛   C. 胸神经前支

    D. 腰丛   E. 骶丛

21. 出现"勾状足"可能损伤的神经是

    A. 胫神经   B. 股神经   C. 腓总神经

    D. 坐骨神经   E. 腓深神经

22. 接受舌前2/3味觉的神经是

    A. 舌神经   B. 舌下神经   C. 舌咽神经

    D. 面神经   E. 下颌神经

23. 支配股四头肌的神经是

    A. 股神经   B. 闭孔神经   C. 胫神经

    D. 阴部神经   E. 坐骨神经

24. 交感神经节不包括

    A. 椎旁节   B. 肠系膜上神经节   C. 肠系膜下神经节

    D. 腹腔神经节   E. 器官旁节

25. 关于内脏运动神经的说法，正确的是

    A. 内脏运动神经的低级中枢位于脊髓内

    B. 支配骨骼肌、心肌和平滑肌

    C. 在脑神经和脊神经内都有内脏运动神经纤维

    D. 交感神经支配心肌和平滑肌、副交感神经支配腺体

    E. 体内大多数器官受交感神经和副交感神经的双重支配

第十章

内分泌系统

思维导图

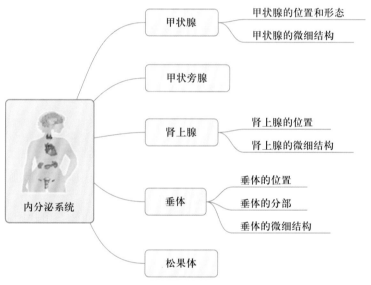

学习目标

1. 掌握甲状腺、肾上腺的形态、位置；垂体的形态、位置和分叶。
2. 熟悉甲状腺、甲状旁腺、肾上腺和垂体的微细结构及其所分泌激素的主要功能。
3. 了解内分泌系统的组成；松果体的形态、位置。
4. 运用所学知识，充分认识从全民补碘转向科学补碘体现的生命至上理念。

思政之光

病例
10-1
　　患者，女，28 岁。因乏力、毛发脱落、记忆力减退、便秘 1 个月就诊。患者近 1 个月来出现胸闷、憋气、精神弱、食欲减退、乏力、体重增加。妊娠 6 周。
　　体格检查：体温 35.6 ℃，脉搏 70/min，呼吸 14/min，血压 90/60 mmHg。面色苍白，表情淡漠，面颊及眼睑水肿，声音嘶哑，皮肤干燥，舌体肥大，甲状腺质地中等，结节样改变。测定血清中 T_3、T_4 偏低，TSH 水平偏高。诊断为甲状腺功能减退。
　　问：内分泌系统由哪些器官组成？甲状腺分泌的激素有哪些？有何功能？

内分泌系统（endocrine system）包括内分泌器官和散在于其他器官组织内的内分泌细胞团2部分（图10-1）。

内分泌器官是指形态结构上独立存在、肉眼可见的内分泌腺，如甲状腺、甲状旁腺、肾上腺、垂体、胸腺和松果体等。

内分泌细胞的分泌物称为激素（hormone）。激素直接进入血液或淋巴，随血液循环运送至全身各部，调节人体的新陈代谢、生长发育和生殖等功能。一种激素一般只作用于某种特定的细胞或器官，对某种激素产生特定效应的细胞和器官，称为该激素的靶细胞和靶器官。

内分泌系统是机体重要的调节系统，任何器官或组织的功能亢进或减退，均可引起机体的功能紊乱，甚至形成疾病。

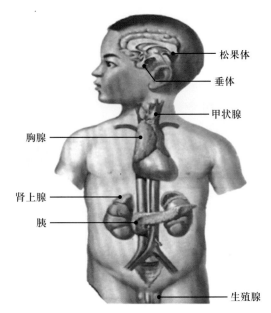

图 10-1　内分泌系统概况

第一节　甲状腺

一、甲状腺的形态和位置

甲状腺（thyroid gland）略呈"H"形，分为左、右侧叶和中间的甲状腺峡。有半数人的甲状腺从甲状腺峡向上伸出一锥状叶（图 10-2）。

甲状腺位于颈前部，左、右侧叶贴于喉下部和气管上部的两侧，甲状腺峡多位于第2～4气管软骨环前方。临床上行气管切开术时，应避开甲状腺峡。甲状腺借结缔组织固定于喉软骨，故吞咽时甲状腺可随喉上、下移动。

甲状腺左、右侧叶的后外方与颈部血管相邻，内侧面与喉、气管、咽、食管和喉返神经等相邻，故当甲状腺肿大时，可压迫以上结构，导致呼吸、吞咽困难和声音嘶哑等症状。

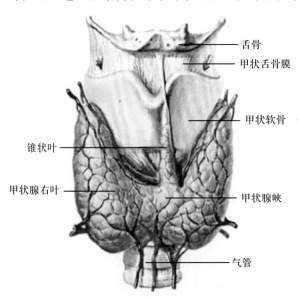

图 10-2　甲状腺的位置和形态

二、甲状腺的微细结构

甲状腺表面有一层结缔组织被膜，被膜伸入腺实质将其分成许多小叶，每个小叶内有 20 ～ 40 个甲状腺滤泡和滤泡旁细胞（图 10-3）。

音频：
甲状腺的形态、
位置和功能

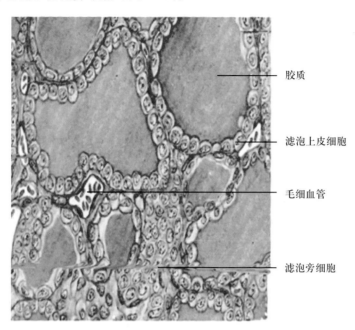

胶质

滤泡上皮细胞

毛细血管

滤泡旁细胞

图 10-3　甲状腺的微细结构

1. 甲状腺滤泡　由单层立方上皮细胞围成，称为滤泡上皮细胞，能合成和分泌甲状腺激素。滤泡腔内充满均质的嗜酸性胶质，这是滤泡上皮细胞的分泌物，即碘化的甲状腺球蛋白。滤泡上皮细胞在垂体分泌的促甲状腺激素作用下，胞吞滤泡腔内碘化的甲状腺球蛋白，与溶酶体融合并被分解，形成大量四碘甲状腺原氨酸（T_4，即甲状腺素）和少量的三碘甲状腺原氨酸（T_3）释放入血液。

甲状腺激素的主要功能是促进机体的新陈代谢，提高神经系统的兴奋性，促进机体的生长发育。尤其对婴幼儿的骨骼和中枢神经系统的发育十分重要。在儿童时期，如甲状腺功能减退，表现为身体矮小、智力低下，称为呆小症；成人甲状腺功能低下，可导致新陈代谢率降低、毛发稀少、精神呆滞、发生黏液性水肿等。甲状腺功能亢进时，新陈代谢率增高，可导致突眼性甲状腺肿，患者常有心跳加速、神经过敏、体重减轻和眼球突出等症状。甲状腺激素的合成需要碘，如果缺碘，可导致甲状腺激素合成的原料不足，长期缺碘，可导致甲状腺组织过度增生、肥大，形成单纯性甲状腺肿。

2. 滤泡旁细胞　位于滤泡之间或滤泡上皮细胞之间，分泌降钙素。可抑制破骨细胞的活动，减少溶骨过程，并抑制胃肠道和肾小管吸收钙离子，使血钙浓度降低。

第二节　甲状旁腺

甲状旁腺（parathyroid gland）为棕黄色的扁椭圆形小体，大小似黄豆（图 10-4）。甲状旁腺通常有上、下两对，分别位于甲状腺左、右侧叶的后缘，有时埋入甲状腺实质内。上一对多位于甲状腺侧叶后面的上、中 1/3 交界处，下一对常位于甲状腺下动脉附近。

甲状旁腺以主细胞为主，主细胞分泌甲状旁腺激素（图 10-5）。甲状旁腺激素主要作用于骨细胞和破骨细胞，增强破骨细胞的活动，促使骨质溶解，并能促进肠和肾小管对钙的吸收，从而使血钙升高。

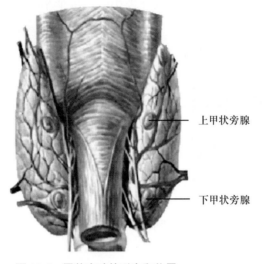

图 10-4　甲状旁腺的形态和位置

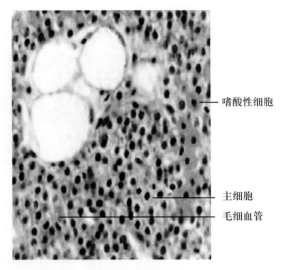

图 10-5　甲状旁腺的微细结构

第三节　肾上腺

一、肾上腺的形态和位置

肾上腺（suprarenal gland）左右各一，呈黄色，左肾上腺近似半月形，右肾上腺呈三角形。

肾上腺位于腹膜后，两肾的内上方，与肾共同包裹于肾筋膜和肾脂肪囊内（图 10-6）。

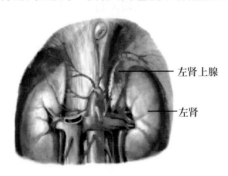

图 10-6　肾上腺的位置和形态

二、肾上腺的微细结构

肾上腺外包被膜，其实质分为外周的皮质和中央的髓质两部分（图 10-7）。

（一）皮质

肾上腺皮质占肾上腺体积的 80% ~ 90%，由浅入深分为球状带、束状带和网状带 3 部分。

1. 球状带　位于被膜深方，较薄，细胞聚集成球状。球状带细胞分泌盐皮质激素，主要是醛固酮。

醛固酮能促进肾远曲小管和集合管重吸收水、Na^+ 和排出 K^+，即保钠、保水和排钾作用，对维持体内钠、钾含量和循环血量的相对稳定有很重要作用。

2. **束状带** 最厚，细胞排列成单行或双行索状。束状带细胞分泌糖皮质激素，主要为皮质醇。

皮质醇可促使蛋白质和脂肪分解并转变成糖，还有抑制免疫应答和抗炎等作用。肾上腺皮质功能亢进或长期大量使用糖皮质激素，可引发库欣综合征，呈现脂肪的向心性分布，临床描绘为"满月脸""水牛背"。

3. **网状带** 细胞索相互吻合成网。网状带细胞主要分泌雄激素和少量雌激素。

（二）髓质

肾上腺髓质主要由排列成团索状的髓质细胞组成，可被铬盐染色，故又称嗜铬细胞。髓质细胞可分泌肾上腺素和去甲肾上腺素。

肾上腺素和去甲肾上腺素均为儿茶酚胺类物质，肾上腺素使心率加快，心排血量增加，心和骨骼肌的血管扩张；去甲肾上腺素使全身各器官的血管广泛收缩，血压增高，心、脑和骨骼肌内的血流加速。

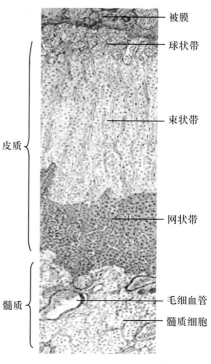

图 10-7 肾上腺的微细结构

第四节 垂 体

一、垂体的形态和位置

垂体（hypophysis）位于垂体窝内，为一椭圆形小体，借垂体柄与下丘脑相连。垂体产生的激素不但与骨骼和软组织的生长有关，且可影响其他内分泌腺（如甲状腺、肾上腺、性腺）的活动。它在神经系统与内分泌腺的相互作用中处于重要地位。

二、垂体的分部

垂体分为前部的腺垂体和后部的神经垂体两部分（图 10-8）。腺垂体包括远侧部、结节部和中间部。神经垂体包括神经部和漏斗。通常将远侧部和结节部称为垂体前叶，中间部和神经部称为垂体后叶。

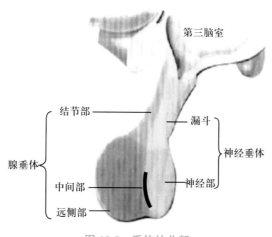

图 10-8 垂体的分部

三、垂体的微细结构

（一）腺垂体

腺垂体（adenohypophysis）是垂体的主要部分，由嗜酸性细胞、嗜碱性细胞和嫌色细胞组成（图 10-9），不同的腺细胞分泌不同的激素。

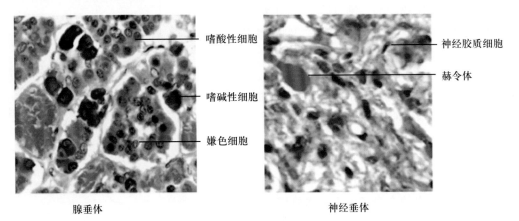

图 10-9　垂体的微细结构

1. **嗜酸性细胞**　数量较多，分泌生长激素和催乳素。

（1）生长激素（GH）：主要功能是促进骨的增长。在幼年时期，生长激素分泌不足可致侏儒症，分泌过多则引起巨人症；成年后生长激素分泌过多会引发肢端肥大症。

（2）催乳素（PRL）：能促进乳腺发育，在妊娠晚期和哺乳期能促进乳汁分泌。

2. **嗜碱性细胞**　数量较少，分泌促甲状腺激素、促肾上腺皮质激素和促性腺激素。

（1）促甲状腺激素（TSH）：能促进甲状腺滤泡增生和甲状腺激素的合成和释放。

（2）促肾上腺皮质激素（ACTH）：能促进肾上腺皮质束状带细胞分泌糖皮质激素。

（3）促性腺激素：包括两种①卵泡刺激素。在女性可促进卵泡发育，在男性可促进精子生成。②黄体生成素。在女性可促进黄体形成，在男性称为间质细胞刺激素，能促进睾丸间质细胞分泌雄激素。

3. **嫌色细胞**　数量最多，体积小，目前认为其可能是嗜酸性细胞和嗜碱性细胞的前体或脱颗粒状态。

（二）神经垂体

神经垂体（neurohypophysis）主要由无髓神经纤维和神经胶质细胞组成，含丰富的血窦（图 10-9）。无髓神经纤维是下丘脑视上核和室旁核的神经内分泌细胞发出的轴突，经漏斗进入神经垂体的神经部，组成下丘脑神经垂体束。

下丘脑的视上核和室旁核神经内分泌细胞合成抗利尿激素（ADH）和催产素（OXT），在垂体神经部贮存并释放入毛细血管，神经垂体是储存和释放激素的场所。

1. **抗利尿激素**　能促进肾远曲小管和集合管对水的重吸收，使尿量减小。抗利尿激素若超过生理剂量时，能使小动脉平滑肌收缩，血压升高，故也称加压素。如果下丘脑或垂体后叶有病变，抗利尿激素分泌不足，可出现"尿崩症"，每日尿量可达几升或十几升之多。

2. **催产素（缩宫素）**　可引起妊娠子宫平滑肌收缩，加速分娩过程，还可促进乳汁分泌。

第五节　松果体

松果体为一椭圆形小体，形似松果，呈灰红色。位于背侧丘脑后上方，以细柄连于第三脑室顶后部（图 10-1）。松果体在儿童时期较发达，一般在 7 岁以后开始退化，成年后部分钙化形成钙斑，可在 X 线片上见到。临床上可作为颅脑 X 线片定位的标志。

松果体主要由松果体细胞、神经胶质细胞和无髓神经纤维等构成。松果体细胞能合成和分泌褪黑激素，褪黑激素的合成和分泌与外界光照的昼夜节律性变化有关。一般认为褪黑激素可以抑制幼年时期腺垂体促性腺激素的分泌，从而间接影响生殖腺的功能活动，故在 7 岁以前的儿童性别差异并不明显。若松果体早期受损（如松果体瘤），则可出现性早熟或生殖器发育过度。此外，褪黑激素还具有抗紧张、抗高血压、抗衰老、抗肿瘤、降低血糖、增强免疫力和促进睡眠等效应。

（徐杨超）

练习题

单项选择题

1. 关于甲状腺的描述，错误的是
   A. 左、右侧叶位于喉和气管上部侧面
   B. 甲状腺峡位于第 6 气管软骨环前方
   C. 甲状腺峡有时向上伸出一锥状叶
   D. 甲状腺可随吞咽而上下移动
   E. 小儿甲状腺激素分泌不足易引起呆小症

2. 下列内分泌腺分泌的激素不足，易引起血钙下降的是
   A. 肾上腺　　　　B. 垂体　　　　C. 松果体　　　　D. 甲状腺　　　　E. 甲状旁腺

3. 垂体细胞属于
   A. 神经元　　　　　　　　B. 神经胶质细胞　　　　　　　　C. 嫌色细胞
   D. 神经内分泌细胞　　　　E. 嗜酸性细胞

4. 呆小症是由于
   A. 儿童时期甲状旁腺素分泌不足　　　　B. 成人期甲状腺激素分泌不足
   C. 儿童时期生长激素分泌不足　　　　　D. 儿童时期甲状腺激素分泌不足
   E. 成人期生长激素分泌不足

5. 碘缺乏可引起肿大的是
   A. 甲状旁腺　　　　　　B. 松果体　　　　　　C. 甲状腺
   D. 肾上腺　　　　　　　E. 垂体

6. 骺软骨消失后，生长激素分泌过多会引起
   A. 巨人症　　　　　　　B. 侏儒症　　　　　　C. 阿狄森病
   D. 黏液性水肿　　　　　E. 肢端肥大症

7. 松果体分泌的褪黑激素不足时，易产生
   A. 性早熟　　　　　　　B. 呆小症　　　　　　C. 钙代谢失常
   D. 糖尿病　　　　　　　E. 侏儒症

8. 以下属于内分泌腺的是
   A. 甲状腺　　　B. 肝　　　　　C. 前列腺　　　D. 心　　　　　E. 肠腺

9. 能分泌甲状腺激素的是
   A. 甲状旁腺的主细胞　　　　　　　B. 甲状腺滤泡上皮细胞
   C. 滤泡旁细胞　　　　　　　　　　D. 甲状腺滤泡腔的胶质
   E. 以上都不对

10. 关于肾上腺皮质网状带的叙述，正确的是
    A. 位于皮质的中层　　　　　　　　B. 细胞呈团状排列
    C. 细胞呈高柱状　　　　　　　　　D. 细胞分泌雄激素和少量雌激素
    E. 以上都不对

第十一章

人体胚胎早期发育

思维导图

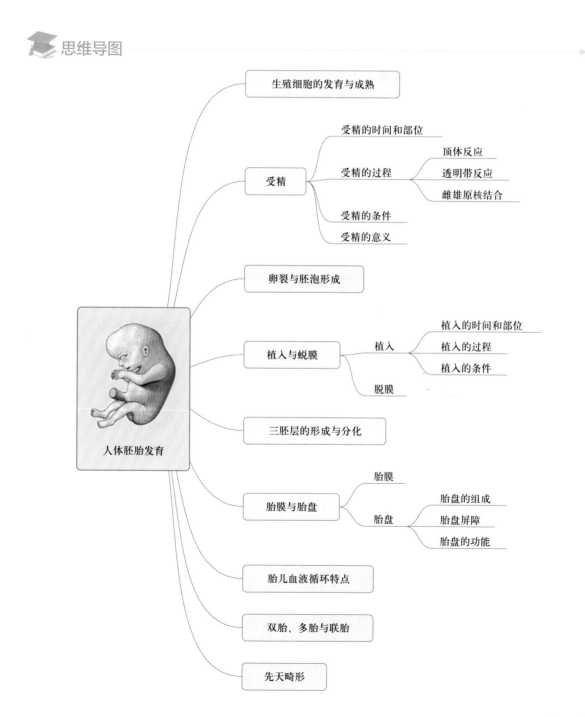

人体胚胎发育

- 生殖细胞的发育与成熟
- 受精
  - 受精的时间和部位
  - 受精的过程
    - 顶体反应
    - 透明带反应
    - 雌雄原核结合
  - 受精的条件
  - 受精的意义
- 卵裂与胚泡形成
- 植入与蜕膜
  - 植入
    - 植入的时间和部位
    - 植入的过程
    - 植入的条件
  - 脱膜
- 三胚层的形成与分化
- 胎膜与胎盘
  - 胎膜
  - 胎盘
    - 胎盘的组成
    - 胎盘屏障
    - 胎盘的功能
- 胎儿血液循环特点
- 双胎、多胎与联胎
- 先天畸形

思政之光

学习目标

1. 掌握受精的概念、过程和意义；胚泡的结构，胚泡植入的部位、时间、过程和条件，蜕膜的结构和分部；胎膜的形成、演变和功能；胎盘的组成、结构和功能。

2. 熟悉卵裂的规律；三胚层的形成及分化；胎儿血液循环的途径及出生后的变化。

3. 了解精子获能及其意义；卵子的发生和成熟；胚胎外形的建立和发育中的变化；引起先天畸形的主要因素及致畸敏感期。

4. 运用所学知识，树立"赤条条来无一丝遮挂，干净净回留千秋清名"的廉洁意识。

> **病例 11-1**　患者，女，30岁。结婚6年，4年前宫外孕一次，行保留两侧输卵管的非手术治疗。宫外孕后不孕，平素月经规律，基础体温呈双相型。其配偶精液检查正常。辅助检查：子宫输卵管造影检查提示子宫造影显示良好，双侧输卵管伞端粘连不通，并积水扩张。诊断：双侧输卵管堵塞，不孕。
>
> **问：** 受精的部位在何处？受精的条件有哪些？植入的部位和条件有哪些？

人体胚胎学（human embryology）是研究人体出生前发生发育过程及其规律的一门科学。包括生殖细胞的发育和成熟、受精、胚胎发育、胚胎与母体的关系、先天畸形等。

人的个体发生始于受精，经历38周（约266天）发育为成熟胎儿。可分为3个时期。

1. **胚前期（preembryonic period）**　从受精至第2周末，为胚胎发生阶段，从受精卵形成到二胚层形成。

2. **胚期（embryonic period）**　从第3周至第8周末，此期受精卵经过增殖、分裂和分化，至第8周末，胚胎已发育为初具人雏形的"袖珍人"。

3. **胎儿期（fetal period）**　从第9周至出生，此期胎儿逐渐长大，各系统器官进一步分化发育，多数器官已具有一定的功能活动。此外，常将第28周胎儿至出生后第4周的新生儿发育阶段，称为围生期（perinatal stage）。

第一节　生殖细胞的发育和成熟

生殖细胞又称配子（gamete），包括男性生殖细胞（精子）和女性生殖细胞（卵子）。它们均为单倍体细胞，即仅有23条染色体，其中1条是性染色体。

一、精子的发育和成熟

精子是在睾丸精曲小管内产生的，经历精原细胞、初级精母细胞、次级精母细胞、精子细胞和精子5个阶段。初级精母细胞进行两次连续的减数分裂，形成精子细胞，染色体数和DNA含量比正常体细胞减少一半；精子细胞再经过复杂的形态变化，形成蝌蚪状的精子，染色体型为23，X或23，Y（图11-1）。

精子在附睾中进一步成熟，并获得运动能力，但仍无受精能力。这是由于精液内的糖蛋白包裹精子头部，抑制精子释放顶体酶。当精子经过子宫和输卵管时，其内的酶可降解该糖蛋白，解除这种抑制作用，使精子获得受精的能力，此过程称为能（capacitation）。精子获得的受精能力大约可维持24小时。

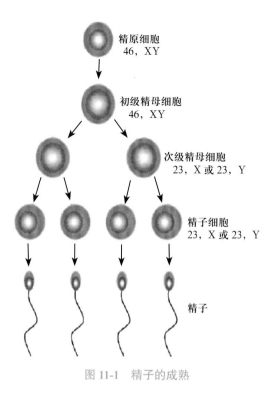

图 11-1　精子的成熟

二、卵子的发育和成熟

卵细胞在卵巢中发生发育，初级卵母细胞于排卵前完成第一次减数分裂，排卵时排出的为次级卵母细胞，处于第二次减数分裂的中期，在输卵管壶腹部受精时完成第二次减数分裂，形成成熟的卵细胞，染色体型为 23，X，若未受精，则在排卵后 12 ~ 24 小时退化（图 11-2）。

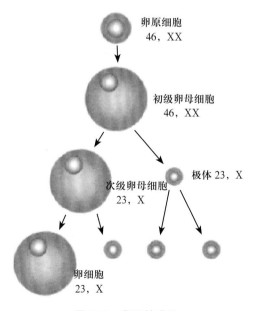

图 11-2　卵子的成熟

第二节 受 精

受精（fertilization）是成熟获能的精子与卵子相互融合形成受精卵的过程。受精部位多位于输卵管壶腹部。受精一般发生在排卵后12～24小时内。

一、受精的过程

当获能后的精子与卵细胞周围的放射冠接触时，释放顶体酶，溶解放射冠细胞之间的基质，并穿越放射冠，这一过程称为顶体反应（acrosome reaction）。当精子与透明带接触时，在顶体酶的作用下，精子穿越透明带与卵细胞膜接触并融合，引发卵细胞内的溶解产物进入透明带，使透明带结构发生变化，从而阻止其他精子进入，这一变化过程称为透明带反应（zona reaction）。透明带反应就可以保证单精子受精。精子的进入，激发卵细胞完成第二次减数分裂，形成一个成熟的卵，该卵细胞的核称为雌性原核；精子进入卵细胞后，头部的细胞核膨大称为雄性原核。两原核移至卵细胞中央，相互靠近，核膜消失，染色体相互混合，形成二倍体的受精卵（图11-3）。

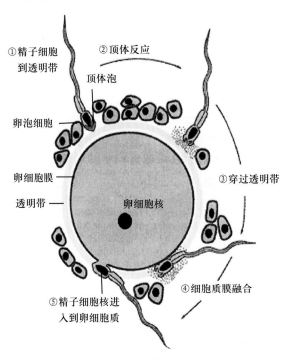

图 11-3　精子顶体反应与受精

二、受精的条件

1. 发育正常的精子和卵子在限定时间内相遇是受精的基本条件。受精一般发生在排卵后12～24小时内。其余时间，即使两者相遇也失去了受精能力。

2. 精子的数目和活动能力是保证受精的重要条件。正常成年男子每次射精量为2～5 ml，含精子3亿～5亿个。如果每毫升精液中精子数少于500万个，或其中发育异常的精子超过20%，或者精子活动能力明显减弱，则受精的可能性就小。

3. 男、女生殖器官发育正常、生殖管道畅通也是受精的必备条件；同时卵细胞发育正常，处于第二次减数分裂中期；孕激素和雌激素水平正常也是受精的条件。

受精是一个复杂的过程，受精成功与否受到诸多因素影响，研究这些影响因素可为临床实施计划生育和优生优育提供理论依据。例如，用药物干扰精子或卵子的发育、成熟；采用避孕工具（子宫帽、避孕套）或手术结扎等，阻止精子与卵相遇；在子宫内放置节育器使局部发生非细菌性炎症反应，从而吞噬精子或毒害胚胎而终止妊娠。

> **胎龄计算**
>
> 　　计算胎龄的方法通常有两种：①月经龄。从孕妇末次月经的第1天起，至胎儿娩出止共约40周，临床常用此种方法推算预产期。推算方法是按末次月经时间的第一日算起，月份减3或加9，日数加7。但实际分娩日与推算的预产期可能会相差1～2周。②受精龄。从受精日至胎儿娩出，共计约38周，为实际胎龄期，这是胚胎学者常用的推算胚胎发育情况的方法。

三、受精的意义

1. **受精标志着新生命的开始**　受精卵经过生长发育，逐渐形成一个新个体。

2. **受精使遗传物质重新组合**　由于生殖细胞在减数分裂中发生染色体联会与交换，使新个体具有不同于亲代的遗传特性。

3. **受精保持物种的延续性**　精子与卵子结合成受精卵，成为二倍体细胞，保持了物种染色体数目的恒定。

4. **受精决定胎儿的性别**　带有Y染色体的精子与卵子结合，发育为男性；而带有X染色体的精子与卵子结合，则发育为女性。

第三节　卵裂和胚泡形成

一、卵裂

受精卵早期进行的有丝分裂，称为卵裂（cleavage）。卵裂产生的子细胞称为卵裂球。卵裂时，卵裂球数目虽不断增多，但细胞体积却越来越小。受精卵一边进行卵裂，一边沿输卵管向子宫方向运行。至第3天时，卵裂球达到16个左右，细胞排列紧密，实心，形似桑葚，称为桑葚胚（morula）。桑葚胚已进入子宫腔（图11-4）。

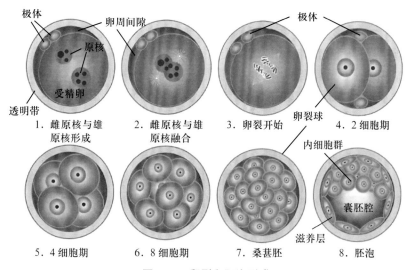

图 11-4　卵裂和胚泡形成

二、胚泡形成

桑葚胚进入子宫并继续分裂和分化，当卵裂球数达到100个左右时，细胞间开始出现一些小腔，后逐渐融合成一大腔，称为胚泡腔。其内充满液体，使整个胚呈泡状，故称胚泡（blastocyst）。构成胚泡壁的一层扁平细胞称为滋养层（trophoblast），由单层细胞构成，将来发育成胎儿的附属结构。在胚泡腔一端的细胞团，称为内细胞群（inner cell mass），将来发育为胚体。覆盖在内细胞群外面的滋养层称为极端滋养层。胚泡形成后其周围的透明带逐渐消失，胚泡逐渐与子宫内膜相互接触，开始植入（图11-5）。

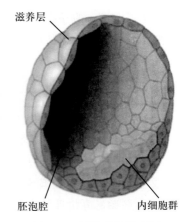

图 11-5　胚泡结构模式图

第四节　植入和蜕膜

一、植入

胚泡逐渐埋入子宫内膜的过程称为植入（implantation），临床上又称着床。植入开始于受精后第 6 ~ 7 天，到第 11 ~ 12 天完成（图11-6、图11-7）。

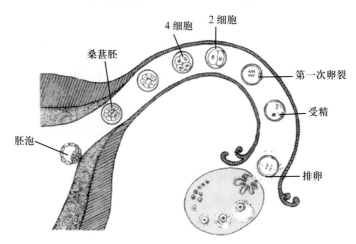

图 11-6　排卵、受精、卵裂和植入

1. **植入的过程**　胚泡植入时，极端滋养层首先贴附于子宫内膜表面，并分泌溶解酶溶解消化子宫内膜，随之胚泡逐渐陷入子宫内膜功能层。当胚泡全部进入子宫内膜后，子宫内膜缺口由子宫内膜上皮修复，植入结束。植入时的子宫内膜正处于分泌晚期，营养和血液供应均很丰富。

2. **植入的部位**　胚泡植入的部位是将来形成胎盘的部位。常见的植入部位是子宫底或子宫体上部。

如果胚泡植入在子宫颈近子宫口处并在此形成胎盘，称为前置胎盘，分娩时会引起大出血或分娩困难。胚泡在子宫以外的部位植入，称为宫外孕（异位妊娠）。最常见于输卵管壶腹部，也可见于子宫阔韧带、卵巢表面和肠系膜等处。宫外孕的胚胎大都早期死亡并被吸收，少数胚胎发育到较大后破裂，引起大出血，危及母体生命。

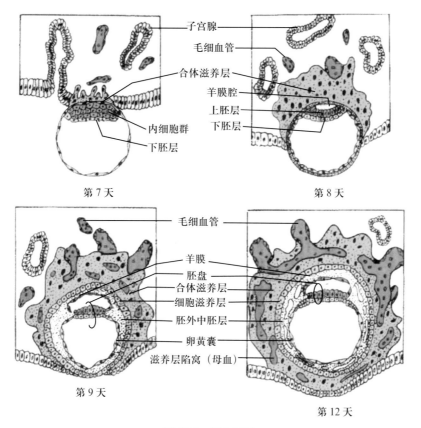

第 7 天　　　　　　　　　　　第 8 天

第 9 天

第 12 天

图 11-7　植入过程

3. 植入的条件

（1）母体激素分泌正常。使子宫内膜处于分泌期，以便为胚泡植入创造适宜的内环境。

（2）胚泡与子宫内膜发育同步。胚泡准时进入子宫腔，透明带及时溶解消失。

（3）子宫腔内环境正常。如口服避孕药或宫腔放置避孕环等，就是破坏了子宫内环境，干扰植入，达到避孕目的。

二、蜕膜

在植入刺激下，分泌期子宫内膜进一步增厚，血供更加丰富，腺体分泌更加旺盛，基质细胞变肥大并含丰富的糖原和脂滴，这些变化称为蜕膜反应。胚泡植入后的子宫内膜功能层，称为蜕膜（decidua）。

按蜕膜与胚泡的关系，将蜕膜分为 3 部分（图 11-8）。基蜕膜：位于胚泡深面的部分。包蜕膜：覆盖于胚泡宫腔侧的部分。壁蜕膜：子宫其余部分。

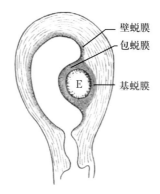

图 11-8　胚胎与子宫蜕膜关系

随着胚胎生长发育，胚胎逐渐向子宫腔突起，包蜕膜也逐渐向壁蜕膜靠近，最终二者相贴并融合，子宫腔消失。

第五节　三胚层的形成和分化

一、三胚层的形成

1. **内胚层和外胚层的形成（第 2 周）**　在胚泡植入的同时，胚泡的内细胞群增殖分化成两层细胞。靠近胚泡腔的一层，称为内胚层（endoderm）。内胚层与极端滋养层之间的一层称为外胚层（ectoderm）。内胚层与外胚层紧密相贴，形成一个圆盘状结构，称为二胚层胚盘（图 11-9）。胚盘是形成胎儿的原基。

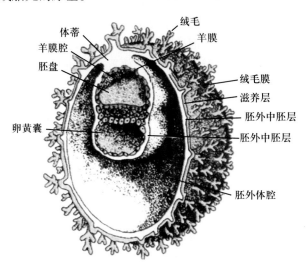

图 11-9　第 3 周初胚的剖面

在内、外胚层形成同时，外胚层细胞增生，在细胞间出现腔隙并逐渐扩大，于是外胚层被分隔成两层细胞，靠近滋养层内面的一层细胞形成羊膜（amnion）；与内胚层相贴的仍为外胚层。两层细胞的边缘相延续，环绕形成羊膜腔（amniotic cavity），腔中充满了羊水。内胚层周边的细胞向腹侧生长、延伸，形成一个单层扁平细胞围成的囊，称为卵黄囊（yolk sac）。

2. **中胚层的形成（第 3 周）**　胚胎第 3 周初，外胚层细胞增殖并向胚盘中轴线一端迁移，聚集形成一细胞索，称为原条（primitive streak）。胚盘形成原条的一端为胚盘尾端；另一端为胚盘头端。原条头端增厚，形成原结（图 11-10）。原结细胞增生并沿原条向头侧迁入内、外胚层之间形成一细胞索，称为脊索（notochord）。在原条形成的同时，原条细胞向深部迁移进入内、外胚层之间，并在内、外胚层间形成一个新的细胞层，即中胚层（mesoderm）。此时的胚盘已有内、中、外 3 个胚层。由于脊索和中胚层向头端生长速度较快，因而胚盘逐渐由圆形变成梨形，其头侧部较宽大，尾侧部较狭小（图 11-11）。

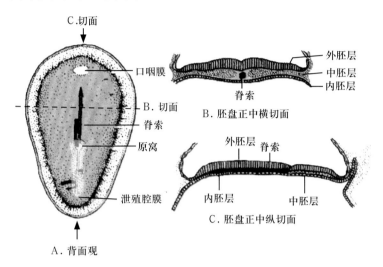

图 11-10 第 16 天胚盘模式图

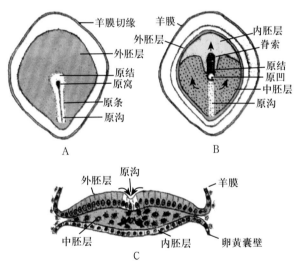

图 11-11 第 18 天胚盘模式图

原条和脊索为胚胎早期的中轴结构。原条随着中胚层的形成而消失；脊索以后退变为椎间盘中央的髓核。

二、三胚层的分化

在胚胎发育过程中，结构和功能相同或相近的细胞，通过分裂增殖，形成结构和功能不同的细胞，称为分化。三胚层的细胞经过增殖和分化，形成了人体的各种细胞和组织。

1. 外胚层的分化 在脊索诱导下，与脊索相对的外胚层细胞分裂增生呈板状，称为神经板（图 11-12、图 11-13）。神经板沿中线凹陷形成神经沟。神经板两侧缘呈纵行隆起称为神经褶。神经沟逐渐加深，而两侧神经褶则逐渐向正中线靠拢并首先在神经沟中段愈合成为神经管（neural tube）。将来神经管头侧部分逐渐膨大发育成脑；尾侧部分保持管状，演变成脊髓。外胚层的其余部分，演变成皮肤的表皮及其附属结构等。

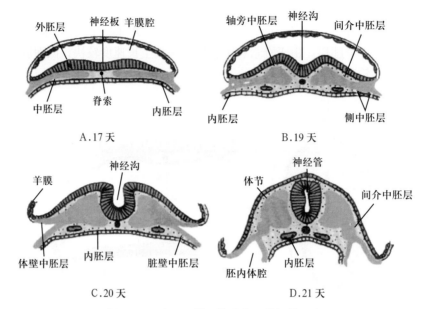

图 11-12　中胚层的早期分化及神经管形成

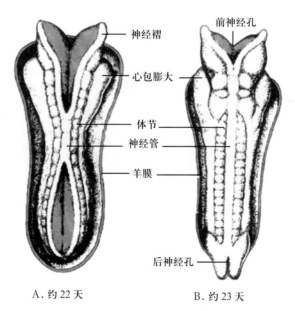

图 11-13　神经管形成立体模式图

2. **中胚层的分化**　靠近神经管两侧的中胚层增长变厚形成节段状的体节，将来分化成椎骨、骨骼肌和皮肤的真皮。体节外侧的中胚层称为间介中胚层（intermediate mesoderm），分化形成泌尿生殖系统的器官。间介中胚层外侧的中胚层称为侧中胚层。在侧中胚层内形成的腔隙称为胚内体腔（intraembryonic coelomic cavity），将来形成心包腔、胸膜腔和腹膜腔（图 11-13）。

3. **内胚层的分化**　胚体形成的同时，内胚层逐渐卷折成长圆筒状，称为原始消化管（primitive gut），也称原肠。与内胚层相连的卵黄囊被卷至胚体外，通过卵黄蒂与原肠相通。卵黄蒂也称卵黄管，随着胚胎发育逐渐变细。原肠头段为前肠，有口咽膜封闭；尾段为后肠，有泄殖腔膜封闭；与卵黄囊相通的中段为中肠。原始消化管将主要分化为消化和呼吸系统器官的上皮组织。

第六节　胎膜和胎盘

一、胎膜

胎膜（fetal membrane）包括绒毛膜、羊膜、卵黄囊、尿囊和脐带（图 11-14）。是受精卵分裂分化所形成的胚体以外附属结构的统称，对胚胎起保护和营养等作用。

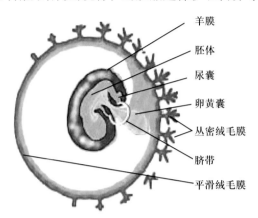

羊膜
胚体
尿囊
卵黄囊
丛密绒毛膜
脐带
平滑绒毛膜

图 11-14　胎膜形成与变化

1. 绒毛膜（chorion） 由滋养层和胚外中胚层发育而成（图 11-14、图 11-15）。胚胎第 2 周，滋养层细胞向周围生长，形成许多细小突起，称为绒毛。随着胚胎发育，绒毛出现分支并逐渐增多，胚外中胚层进入绒毛中轴部，并分化出血管，血管内含有胎儿血液。

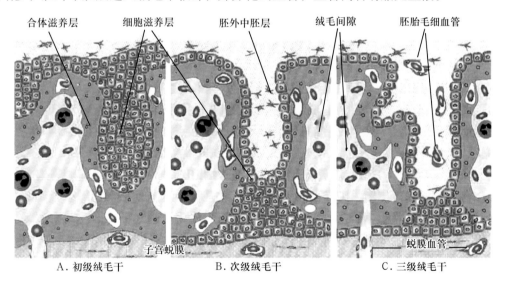

合体滋养层　　细胞滋养层　　胚外中胚层　　绒毛间隙　　胚胎毛细血管

子宫蜕膜　　　　　　　　　　　　　　　　　　　　蜕膜血管

A. 初级绒毛干　　　　　B. 次级绒毛干　　　　　C. 三级绒毛干

图 11-15　绒毛干的分化发育模式图

胚胎发育早期，绒毛膜表面的绒毛发育和分布均匀一致。随着胚胎发育，与包蜕膜相邻的绒毛营养缺乏而逐渐退化消失，这部分绒毛膜称为平滑绒毛膜（chorion leave）；而与基蜕膜相邻的绒毛因血供丰富发育旺盛，呈树枝状，这部分绒毛膜称为丛密绒毛膜（chorion frondosum），以后发育成胎盘的胎儿面。

绒毛膜的主要功能是从母体子宫吸收营养物质，供给胚胎生长发育，并排出胚胎的代谢产物。

在绒毛膜发育过程中，若血管未连通，胚胎可因缺乏营养而发育迟缓或死亡；如果绒毛膜表面的滋养层细胞过度增生、绒毛中轴间质变性水肿，形成许多大小不等的水泡状结构，称为葡萄胎。若滋养层细胞发生恶性变时，则称为绒毛膜上皮癌。

2. **羊膜** 为半透明薄膜。羊膜与外胚层一起围成羊膜腔，内含羊水（图 11-14）。最初，羊膜腔位于胚盘背侧，随着胚盘向腹侧卷折，羊膜腔也随着胚盘向胚体腹侧扩展并包围在胚体周围，使胎儿完全游离于羊膜腔内。

羊水为淡黄色液体，由羊膜分泌而来，其中含有一些胎儿的排泄物。羊水不断产生又不断被羊膜吸收和被胎儿吞饮，所以羊水是不断更新的。足月胎儿羊水含量为 1000 ~ 1500 ml，羊水能保护胎儿，缓冲外力对胎儿的振荡和挤压；防止胎儿与羊膜发生粘连；分娩时，羊水还有扩张宫颈、冲洗和润滑产道的作用。

羊水少于 500 ml 为羊水过少，常见于胎儿肾发育不全或尿道闭锁等；羊水多于 2000 ml 为羊水过多，常见于消化管闭锁、无脑儿等。抽取羊水进行细胞学检查或检测羊水中某些物质的含量，可以早期诊断某些遗传性疾病或先天畸形。

3. **卵黄囊** 位于原始消化管的腹侧，当卵黄囊被包入脐带后，与原始消化管相连的部分逐渐变细，最终闭锁而逐渐退化。

4. **尿囊** 是从卵黄囊尾侧的内胚层向体蒂伸出的盲管，被脐带包裹，继而闭锁。

5. **脐带（umbilical cord）** 是连于胎儿脐部和胎盘之间的一条圆索状结构（图 11-16）。其直径为 1.5 ~ 2 cm，长约 55 cm，其内有 1 对脐动脉、1 条脐静脉，脐带是连接胎儿与胎盘的血管通道。

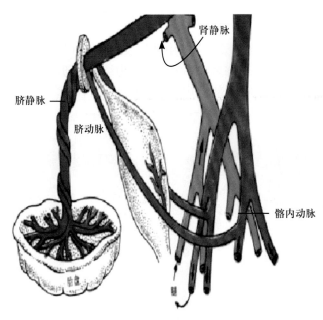

图 11-16　脐带和胎盘模式图

脐带过短可影响胎儿娩出或分娩时引起胎盘早期剥落而出血过多。脐带过长可缠绕胎儿颈部或其他部位，影响胎儿发育，甚至导致胎儿窒息死亡。

二、胎盘

胎盘（placenta）是由母体的基蜕膜和胎儿的丛密绒毛膜共同构成的圆盘状结构，是胎儿和母体进行物质交换的重要结构，同时具有内分泌和屏障功能。足月娩出的胎盘重达 500 g，中央厚，边缘薄，直径为 15 ~ 20 cm，厚约 2.5 cm。

1. **胎盘的构造** 胎盘由胎儿面和母体面两部分构成。胎儿面光滑，表面覆盖有羊膜，脐带一般附着于近中央处，透过羊膜可见脐血管呈放射状分布在绒毛膜上；母体面粗糙，有不规则的浅沟将其分为 15 ~ 25 个微凸的小区，即胎盘小叶（cotyledon）。胎盘小叶之间有基蜕膜高起构成的胎盘隔（placental septum）。胎盘隔并不完全分隔绒毛间隙，故绒毛间隙互相通连（图11-17）。

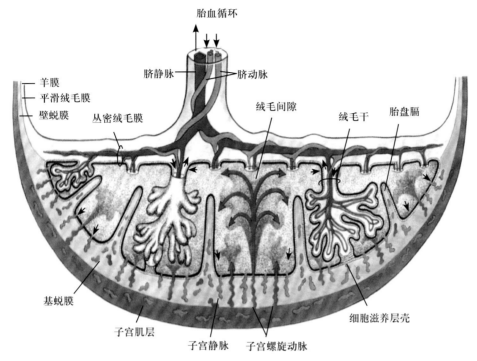

图11-17 胎盘的结构与血循环模式图

2. 胎盘的血液循环 胎盘内有母体和胎儿两套独立的血液循环体系。母体血由子宫膜螺旋动脉流入绒毛间隙，与绒毛内胎儿血进行物质交换后，再经基蜕膜中的小静脉流回子宫静脉。胎儿的血液经脐动脉进入胎盘，反复分支并形成绒毛内的毛细血管，汇成脐静脉回到胎儿体内。两套体系内的血液并不直接相通，之间隔以胎盘膜，但可以进行物质交换。

3. 胎盘膜 在胎盘内母体和胎儿物质交换所通过的结构称为胎盘膜或胎盘屏障（placental barrier）。早期胎盘膜由合体滋养层、细胞滋养层和基膜、绒毛内结缔组织、绒毛内毛细血管基膜和内皮组成。第3个月以后，由于细胞滋养层逐渐退化，合体滋养层变薄，导致胎盘膜变薄，就只有合体滋养层、毛细血管内皮和两者之间的共同基膜3层。胎盘膜具有屏障作用，可阻挡母体血液中的大分子物质和细菌等进入胎儿血循环，以维持胎儿的正常发育。但某些病毒，如风疹、麻疹、脑炎、流感、艾滋病等病毒很容易透过，大部分药物，如反应停、吗啡、砷剂等也可通过胎盘膜，有些药物可导致胎儿畸形。

4. 胎盘的功能

（1）物质交换：进行选择性物质交换是胎盘的主要功能。胎儿通过胎盘从母体血中获得氧和营养物质，排出代谢产物和二氧化碳。因此胎盘有相当于出生后肺、肾和小肠的功能。某些药物、病毒和激素可以透过胎盘屏障进入胎儿体内，影响胎儿发育，故孕妇用药需谨慎。

（2）内分泌功能：胎盘能分泌多种激素，对维持妊娠和胎儿的正常生长发育有非常重要作用。主要有：①人绒毛膜促性腺激素（human chorionic gonadotropin，HCG），受精后第2周即可在孕妇尿中测出，第9~11周达到高峰，然后逐渐下降。该激素可促进黄体的生长发育，维持妊娠，抑制母体对胎儿和胎盘的免疫排异功能，常作为诊断早孕的指标之一。②孕激素（progestogen）和雌激素（estrogen），于妊娠第4个月开始产生，以后逐渐增多替代黄体功能，继续维持妊娠。③人胎盘催乳素（human placental lactogen，HPL），有促进母体乳腺和胎儿生长发育的作用。

第七节 胎儿血液循环

一、胎儿心血管系统的结构特点

胎儿与外界的物质交换必须通过胎盘来进行，所以胎儿心血管系统的结构特点与成人不同（图 11-18）。

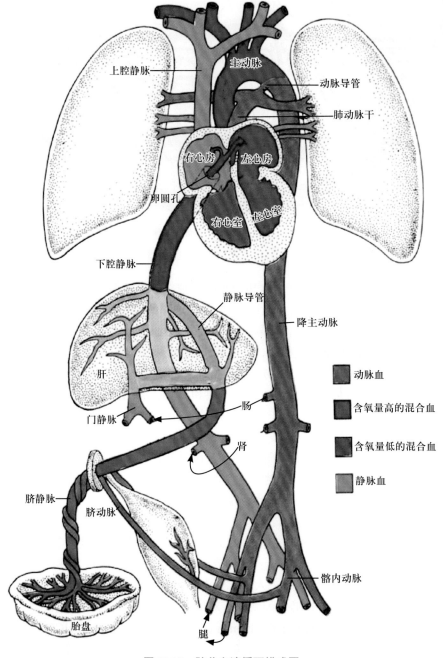

图 11-18 胎儿血液循环模式图

1. 在房间隔右面尾侧部，左、右心房经卵圆孔相通。
2. 有 1 条连通肺动脉干和主动脉弓的动脉导管。
3. 脐动脉 1 对，自髂总动脉发出，经胎儿脐部进入脐带。

4. 脐静脉 1 条，经胎儿脐部进入其体内，入肝后，续为静脉导管，并有分支通肝血窦，静脉导管最终注入下腔静脉。

二、胎儿出生后心血管系统的变化

胎儿出生后，胎盘循环停止，肺开始呼吸，肺循环血流增大，于是心血管系统发生下述变化。

1. 胎儿出生后，卵圆孔闭锁，并在房间隔右面形成卵圆窝。

2. 出生后动脉导管逐渐闭锁，形成动脉韧带。如果出生后半年仍不闭锁，称为动脉导管未闭。

3. 脐动脉近侧段形成膀胱上动脉，远侧段闭锁。

4. 脐静脉和静脉导管分别闭锁形成肝圆韧带和静脉韧带。

新生儿心血管系统的结构经上述变化后，血液循环途径即与成人相同。

 链接

先天性心脏病

① 房间隔缺损：若胎儿出生 1 年后卵圆孔尚未完全闭合，称为房间隔缺损。此症导致右心房血液混入左心房，造成明显后果。② 室间隔缺损：通常在室间隔膜部出现缺损，导致左、右心室血液混合，后果严重。③ 动脉导管未闭：若胎儿出生后一定时间内动脉导管尚未闭锁，称为动脉导管未闭。④ 法洛四联症：是联合的先天性心血管畸形，包括肺动脉狭窄、室间隔缺损、主动脉骑跨、右心室肥大。是一种严重影响生长发育的复杂的先天性心脏病。

第八节　双胎、多胎和联体胎儿

一、双胎

一次分娩出两个胎儿的现象，称为双胎或孪生（图 11-19）。

1. **单卵双胎**　由 1 个受精卵发育成两个胎儿，称为单卵双胎，又称真孪生。有以下 3 种形式：①由 1 个受精卵分裂形成两个胚泡，两个胚泡各发育成 1 个胎儿；②在 1 个胚泡内形成两个内细胞群，两个内细胞群各发育成 1 个胎儿；③形成两个原条，各自诱导发育成两个完整的胚胎。

单卵双胎的两个婴儿，他们的遗传基因完全相同，性别相同，外貌相似，相互之间的器官移植不产生排斥反应。

2. **双卵双胎**　一次排两个卵子，两个卵子均受精，分别发育成一个胎儿，称为双卵双胎，又称假孪生。

双卵双胎的两个胎儿，性别相同或不同，相貌似一般的兄弟姐妹。

二、多胎

多胎是一次生出 3 个及以上的胎儿。多胎的原因可能是单卵性、多卵性或混合性的。

三、联体胎儿

联体胎儿多来自两个未完全分离的单卵双胎，可发生不同部位的联体，如头部联胎、胸腹部联胎和臀部联胎等（图 11-20）。

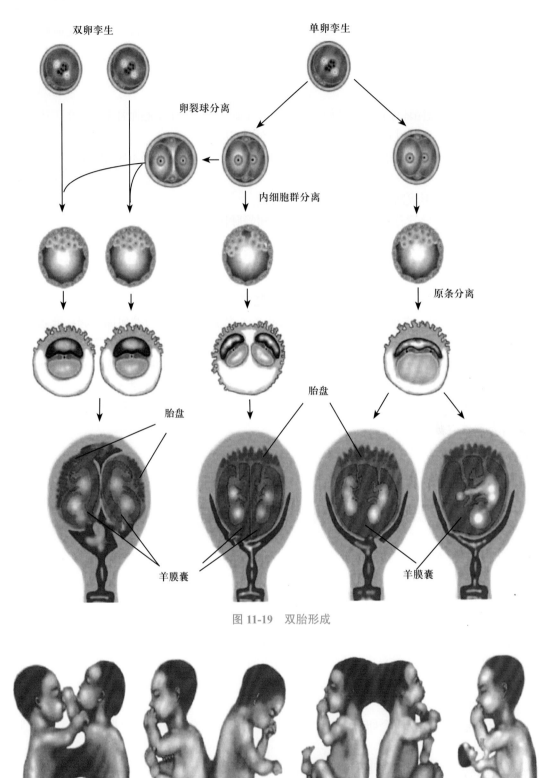

双卵孪生　　　　　　　　　　　　　单卵孪生

卵裂球分离

内细胞群分离

原条分离

胎盘

胎盘

羊膜囊

羊膜囊

图 11-19　双胎形成

胸腹联胎　　　　　　臀联胎　　　　　　头联胎　　　　　　寄生胎

图 11-20　联体双胎模式图

第九节 先天畸形

一、先天畸形的发生原因

先天畸形（congenital malformation）是因胚胎发育紊乱，导致胎儿在出生时即可见的形态结构异常。但有些内部结构或代谢异常要在出生后逐渐显现，故用"出生缺陷"更为准确。在整个胚胎发育过程中，胚胎在遗传因素或环境因素刺激下都有可能导致发育异常，但多数情况下都是遗传因素和环境因素共同作用的结果。

1. 遗传因素 包括染色体畸变和基因突变，以染色体畸变引起者多见。如先天愚型就是由 21 号染色体为三体所致（47，XY+21）。

2. 环境因素 能引起出生缺陷的环境因素，统称致畸因子（teratogen）。主要有 5 类：①物理性致畸因子，如各种射线、噪音、高温、机械性压迫和损伤等；②化学性致畸因子，如杀虫剂、除草剂、工业"三废"、食品添加剂等；③致畸性药物，如抗癌药、镇静药、抗癫痫药、某些抗生素类、激素等；④生物性致畸因子，如风疹病毒、流感病毒、疱疹病毒、肝炎病毒和腮腺炎病毒等；⑤其他致畸因子，如孕妇营养不良、微量元素缺如、精神创伤等。

二、致畸敏感期

胚胎在发育的第 3 ~ 8 周，最易受到致畸因子的作用发生畸形，这个阶段称为致畸敏感期（sensitive period）。孕妇在此期应尽量避免与致畸因子接触。胚胎在发育过程中受到致畸因子作用后，是否发生畸形不仅决定于致畸因子的性质和胚胎的遗传特性，而且与胚胎受到致畸因子作用时所处的发育阶段有关。在受精后前 2 周，胚胎受到致畸因子作用较少发生畸形。因为此时期细胞分化程度较低，如果致畸作用强，胚胎即死亡；如果致畸作用弱，少数细胞死亡，多数细胞则代偿调整。受精后第 3 ~ 8 周，胚胎细胞增生分化活跃，人体外形及其内部许多器官系统原基正在发生，最易受到致畸因子干扰而发生畸形。第 9 周后，进入胎儿期，此期致畸因子作用后多发生组织结构和功能方面的缺陷，一般不出现大器官严重畸形。

（袁 鹏）

练习题

单项选择题

1. 精子获能的部位是
    A. 生精小管
    B. 副睾管
    C. 睾丸输出小管
    D. 输精管
    E. 女性生殖管道
2. 胚胎发育初具人形的时间是
    A. 第 2 周末
    B. 第 3 周末
    C. 第 8 周末
    D. 第 9 周末
    E. 第 12 周末
3. 以下不属于胚泡结构的是
    A. 放射冠
    B. 滋养层
    C. 胚泡腔
    D. 胚泡液
    E. 内细胞群

4. 前置胎盘是由于胚泡植入在
   A. 子宫后壁   B. 子宫以外的部分   C. 子宫前壁
   D. 子宫底部   E. 宫颈近子宫口处

5. 形成胚外体腔的结构是
   A. 体节   B. 内胚层   C. 侧中胚层
   D. 间介中胚层   E. 胚外中胚层

6. 体蒂属于
   A. 外胚层   B. 内胚层   C. 胚内中胚层
   D. 滋养层   E. 胚外中胚层

7. 脐带内胎儿与母体间进行物质交换的结构是
   A. 卵黄囊   B. 尿囊   C. 黏液性结缔组织
   D. 脐动脉和脐静脉   E. 羊膜

8. 绒毛间隙内的血液是
   A. 母体和胎儿的混合血   B. 母体的动脉血   C. 母体的静脉血
   D. 胎儿的动脉血   E. 胎儿的静脉血

9. 临床诊断早期妊娠通常是测孕妇
   A. 尿中的孕激素
   B. 血中的孕激素
   C. 血中的雌激素
   D. 尿中的人绒毛膜促性腺激素
   E. 血中的绒毛膜促性腺激素

10. 母体血液中的营养物质进入胎儿血液依次通过
    A. 蜕膜、滋养层、结缔组织、绒毛内毛细血管内皮
    B. 绒毛内毛细血管内皮及基膜、结缔组织、滋养层
    C. 合体滋养层，细胞滋养层及基膜、结缔组织、毛细血管基膜及内皮
    D. 基膜，合体滋养层、细胞滋养层、结缔组织、毛细血管内皮及基膜
    E. 滋养层及基膜、结缔组织、毛细血管内皮及基膜、脐静脉

练习题参考答案

绪　　论

1. B　　2. B　　3. B　　4. A　　5. C　　6. C　　7. B　　8. C　　9. E
10. C

第一章　基本组织

1. D　　2. B　　3. D　　4. C　　5. E　　6. B　　7. C　　8. B　　9. B
10. E　　11. B　　12. E　　13. C　　14. C　　15. B　　16. B　　17. A　　18. C
19. C　　20. A

第二章　运动系统

1. D　　2. C　　3. B　　4. B　　5. A　　6. B　　7. C　　8. A　　9. A
10. C　　11. A　　12. B　　13. C　　14. B　　15. B　　16. A　　17. C　　18. E
19. B　　20. A

第三章　消化系统

1. B　　2. E　　3. A　　4. C　　5. A　　6. C　　7. A　　8. B　　9. B
10. A　　11. D　　12. D　　13. A　　14. D

第四章　呼吸系统

1. C　　2. E　　3. D　　4. E　　5. A　　6. B　　7. B　　8. D　　9. B
10. C　　11. D　　12. D　　13. A　　14. B　　15. C　　16. A　　17. B　　18. C
19. C　　20. E　　21. A　　22. E　　23. E　　24. A　　25. D　　26. C

第五章　泌尿系统

1. E　　2. C　　3. E　　4. A　　5. C　　6. B　　7. D　　8. B　　9. E
10. A　　11. B　　12. E　　13. B　　14. A　　15. D　　16. B

第六章　生殖系统

1. D　　2. C　　3. B　　4. E　　5. B　　6. C　　7. E　　8. A　　9. D
10. A　　11. E　　12. A　　13. E　　14. C　　15. D　　16. B　　17. E

第七章　循环系统

1. D　　2. D　　3. A　　4. C　　5. B　　6. A　　7. D　　8. A　　9. A
10. B　　11. B　　12. D　　13. C　　14. E　　15. B　　16. C　　17. D　　18. C
19. B　　20. B

第八章　感觉器官

1. C　　2. A　　3. E　　4. A　　5. B　　6. D　　7. C　　8. C　　9. B
10. C

第九章　神经系统

1. C　　2. B　　3. E　　4. E　　5. A　　6. B　　7. D　　8. A　　9. E
10. A　　11. A　　12. C　　13. A　　14. B　　15. A　　16. B　　17. B　　18. B
19. D　　20. A　　21. A　　22. D　　23. A　　24. E　　25. E

第十章　内分泌系统

1. B　　2. E　　3. B　　4. D　　5. C　　6. E　　7. A　　8. A　　9. B
10. D

第十一章　人体胚胎早期发育

1. E　　2. C　　3. A　　4. E　　5. E　　6. E　　7. D　　8. A　　9. D
10. C

实验指导

实验一 光学显微镜的构造和使用

▶▶ 实验目标

1. 掌握光学显微镜的基本结构和操作方法。

2. 了解组织切片的制作过程。

▶▶ 实验材料

1. 学生用光学显微镜。

2. 上皮组织切片。

▶▶ 实验内容与方法

（一）光学显微镜的构造

光学显微镜包括机械部分和光学部分（图1）。

1. 机械部分具有支持和调节光学部分的作用。主要有如下。

镜座：用以稳定和支持显微镜。

镜臂：中部稍弯，供握持显微镜用。

镜筒：有单镜筒和双镜筒两种，上端装有目镜。

载物台：供放置标本的平台，中央有一圆形的通光孔，台上有推进器和压片夹。

物镜转换器：是固定物镜并可旋转定位的圆盘，便于更换物镜，以改变显微镜的放大倍数。

粗、细调节器：可升降载物台，以调节物镜和切片之间的距离。粗调节器：旋转1周，约可使载物台升降10 mm，多用于低倍镜的观察；细调节器：旋转1周，约可使载物台升降0.1 mm，多用于高倍镜和油镜的观察。

亮度调节器：调节光源的亮度。

电源开关：不用时应关闭。

2. 光学部分 主要有如下。

目镜：即接近眼睛的光学部件，位于镜筒上端，由接目镜和汇聚透镜组成。其作用是把物镜放大的实像进一步放大。放大倍数一般为5倍、10倍等，常用的为10倍。

物镜：即面对被观察物成实像的光学部件，装在物镜转换器上，由许多片不同焦距的凹、凸透镜组成。其作用是把观察的物体作第一次放大，放大率在10倍及以下为低倍镜，20倍为中倍，40倍为高倍镜，100倍为油镜。

聚光器：由聚光镜和光圈组成，其作用是把光线集中到所要观察的标本上，使光线射入物镜。一般聚光镜的聚光点设计在它上端透镜平面上方约 1.25 mm 处，以适应载玻片的标准厚度（1.11 ± 0.04 mm）。光圈开启的大小和聚光器的高低可控制照明光线的强弱。

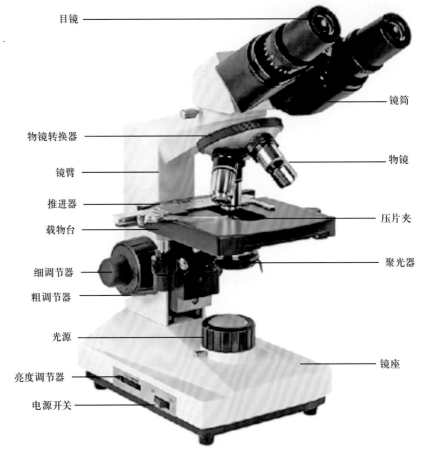

图 1　光学显微镜的构造

（二）光学显微镜的使用方法

1. **对光**　将低倍镜转于载物台正上方约 1 cm 处，并将聚光器置载物台正下方约 1 cm 处，左眼对准目镜，打开电源开关，调整亮度至适宜强度即可。

2. **置片**　置片之前，首先用肉眼观察标本的大致形状和染色情况，判断是实质性还是空腔性器官。而后识别标本的正反面（有盖玻片的一面为正面），将标本正面向上平放于载物台上，用压片夹将切片固定，调节推进器移动切片使标本移至载物台通光孔的中央。

3. **调焦观察**

（1）低倍镜观察：双手转动粗调节器，使载物台移至距物镜 0.5 cm 左右，左眼从目镜中观察，同时转动粗调节器，缓慢下降载物台至视野中物像清晰为止。观察组织切片的全貌、层次和位置关系，若是实质性器官应由表及里依次扫视全景，区分各个部位；若是空腔性器官，观察顺序为由内向外。

（2）高倍镜观察：在低倍镜视野中先将要用高倍镜观察的结构移到视野中央（因为高倍镜视野只能看到低倍视野的中央部分），将物镜转换器按顺时针方向旋转（转换为油镜时则按逆时针方向旋转），使高倍镜转至载物台正中位，略微转动细调节器至图像清晰为止，观察局部放大的重点内容，即特异性的组织结构和细胞。

（3）油镜观察：在组织学实验课中，只有血涂片需用油镜观察。使用油镜的操作步骤如下：①血涂片先用低倍镜和高倍镜观察，选一红细胞均匀分散且白细胞较多的部位作为油镜观察的部位。②降低载物台，旋转物镜转换器将油镜转入光轴；从侧面观察，在油镜镜头的正下方将 1 ~ 2 滴镜油滴于血涂片上。③降低物镜，用肉眼从侧面观察，使油镜镜头刚好浸泡于镜油中，再从目镜中观察，同时调节细调节器（注意只允许调节细调节器），直至物像清晰为止。

4. **观察完毕**　降低载物台，取下玻片标本，关闭电源开关。清洁油镜镜头，先用 1 张拭镜纸拭去镜头上的油，再用 1 张滴有二甲苯的拭镜纸拭净镜头上的油。最后用 1 张拭镜纸拭净残余的二甲苯。清洁玻片标本，方法与清洁油镜镜头的方法相同。

（董　博）

实验二　基本组织

一、上皮组织

▶ 实验目标

1. 掌握各种被覆上皮的光镜结构特点。
2. 了解上皮细胞游离面的特化结构的特点。

▶ 实验材料

1. 小肠切片（HE 染色）。
2. 气管切片（HE 染色）。
3. 食管切片（HE 染色）。
4. 肠系膜铺片（硝酸银浸染色）照片。
5. 膀胱切片（HE 染色）。

▶ 实验内容和方法

（一）光镜结构

1. 观察小肠切片（HE 染色）

（1）肉眼观察：标本一侧或腔内面起伏不平，染成紫蓝色，此处有许多细小的突起，为小肠绒毛。

（2）低倍镜观察：找到小肠绒毛，它们呈纵、横、斜切面，其表面都覆有单层柱状上皮，大部分上皮细胞为柱状细胞，其中夹有空泡状的杯状细胞。

（3）高倍镜观察

①柱状细胞：垂直切面呈高柱状，紧密排列成整齐的一层，细胞分界不清；核呈椭圆形，位于细胞近基底部，其长轴与细胞长轴一致；胞质着红色；于细胞游离面可见厚度均一、薄层红色的结构，即纹状缘；上皮与深面组织交界处为基膜位置，不易分辨。

②杯状细胞：底部狭窄，含深染的核，核呈三角形或扁球形；顶部膨大，充满黏原颗粒，染为空泡状或蓝色。

2. 观察气管切片（HE 染色）

（1）肉眼观察：标本中染成紫蓝色的一侧为腔面的黏膜。

（2）低倍镜观察：黏膜的表面覆盖有假复层纤毛柱状上皮。上皮细胞排列紧密，界限不清，细胞核染紫蓝色，多数上皮细胞的细胞质染成红色，杯状细胞的胞质呈空泡状。上皮基底面较整齐，但核的位置高矮不一，形似复层。

（3）高倍镜观察：假复层纤毛柱状上皮由四种细胞组成。柱状细胞数量最多，顶部较宽达腔面；核呈椭圆形，多位于细胞上部，排列在上皮浅面；胞质粉红色；游离面可见规则排列的纤毛。梭形细胞夹于其他细胞之间，核窄椭圆形，居细胞中央，排列在上皮中间。锥形细胞位于上皮深部，核小而圆，排列在上皮深面。杯状细胞顶端达上皮表面，核呈三角形或半月形，排列在上皮中间。在上皮下明显见均质状粉红色基膜。

3. 观察食管切片（HE 染色）

（1）肉眼观察：食管腔面不规则，被染成紫蓝色的部分为复层扁平上皮。

（2）低倍镜观察：食管的上皮为未角化复层扁平上皮，细胞密集排列为多层，上皮与结缔组织连接处凹凸不平。

（3）高倍镜观察：上皮浅层为数层扁平细胞，分界不清楚；细胞质呈嗜酸性，染色较深；细胞核呈扁圆形，位于细胞中央。中层为多层多边形细胞，分界清楚；核圆形或椭圆形，位于细胞中央。基底层是一层低柱状细胞；细胞核呈圆形；细胞质呈强嗜碱性。

（二）示教

1. 单层扁平上皮　肠系膜铺片（硝酸银浸染色）照片。

2. 变移上皮　膀胱切片（HE 染色）。

二、结缔组织

▶ **实验目标**

1. 掌握疏松结缔组织中主要细胞、骨密质的结构特点。

2. 熟悉血细胞的光镜结构。

3. 了解软骨组织的光镜结构。

▶ **实验材料**

1. 气管横切片（HE 染色）。

2. 血液涂片（Wright 染色）。

3. 长骨磨片（硝酸银染色）。

4. 活体注射染料的腹壁皮下疏松结缔组织铺片（特殊染色）。

5. 淋巴结切片（HE 染色）照片。

6. 椎间盘切片（HE 染色）。

7. 血液涂片（煌焦油蓝染色）照片。

8. 耳郭切片（Verboeff 铁苏木精染色）。

9. 骨切片（HE 染色）。

▶ **实验内容和方法**

（一）光镜结构

1. 观察活体注射染料的腹壁皮下疏松结缔组织铺片（特殊染色）。

（1）肉眼观察：皮下疏松结缔组织铺片，厚薄不均。

（2）低倍镜观察：纤维粗细不等，染成红黄色带状的是胶原纤维，紫蓝色细丝状的是弹性纤维。

（3）高倍镜观察：选择较薄的、细胞和纤维较分散的部位进行观察。

①纤维：胶原纤维，粗大，呈红黄色直行或波浪状的带状结构；弹性纤维，较细，呈紫蓝

色直行、弯曲或螺旋状的细丝。

②细胞：成纤维细胞，星形，多突；胞质较丰富，呈弱嗜碱性，染成粉红色；核较大，卵圆形，核仁明显。巨噬细胞，呈圆形、椭圆形或不规则形；胞质丰富，含吞噬的台盼蓝染料颗粒；核小而圆，着色较深。肥大细胞，常成群分布，细胞体较大，呈圆形或椭圆形，胞质中含均匀、粗大、染成紫红色的颗粒，核小，圆或卵圆形。

2. 观察血液涂片（Wright 染色）

（1）肉眼观察：血液涂片呈红色均匀的薄膜状。有血膜面反光较差，为观察面。

（2）低倍镜观察：大量无细胞核的红色小球为红细胞，其间的少数有蓝色细胞核的细胞为白细胞。

（3）高倍镜观察：红细胞呈红色，无细胞核。白细胞有细胞核。凡细胞核呈圆形、卵圆形或马蹄形，而细胞质中无特殊颗粒者，为无粒白细胞；凡细胞核分叶或呈腊肠状，而细胞质中有特殊颗粒者，为有粒白细胞。

（4）高倍镜及油镜观察

①红细胞：较小，呈双凹圆盘形，无细胞核，细胞中央染色浅，周围染色深。

②中性粒细胞：呈球形；核为紫蓝色，多为 2 ~ 5 叶分叶核或弯曲杆状核，细胞质内有大量细小、分布均匀、浅紫红色的中性颗粒。

③嗜酸性粒细胞：呈球形；核为紫蓝色，多分为两叶；胞质内充满粗大、分布均匀、橘红色的嗜酸性颗粒。

④嗜碱性粒细胞：呈球形，数量极少；核常呈"S"形或不规则形，染色浅；细胞质中含有大小不等、分布不均的紫蓝色的嗜碱性颗粒，颗粒常掩盖细胞核。

⑤淋巴细胞：呈球形或卵圆形；小淋巴细胞数量多，体积较小，与红细胞相近；核球形，较大，一侧常有凹痕，染色质呈致密块状并深染；胞质少，呈天蓝色窄带环绕细胞核，胞质内可见少量细小的紫色嗜天青颗粒。

⑥单核细胞：胞体最大呈圆或卵圆形；核呈卵圆形、肾形、马蹄形或不规则形，染色质呈丝网状，着色浅；细胞质丰富，染成灰蓝色，内含少数细小的紫色嗜天青颗粒。

⑦血小板：常成群分布，单个呈星形或多角形，浅蓝色或粉红色的细胞质中有少量细小的紫色血小板颗粒。

3. 观察气管横切片（HE 染色）

（1）肉眼观察：标本中部染成浅蓝色的带状结构为透明软骨。

（2）低倍镜观察：周边染成粉红色的薄层致密结缔为软骨膜；内部染成均质状、浅蓝色的为软骨基质，其中有单个或成群的软骨细胞。

（3）高倍镜观察：近软骨膜的软骨细胞体积较小，呈扁圆形，单个分布；越向软骨中心，体积越逐渐变大，呈圆形或椭圆形，2 ~ 8 个成群分布，为同源细胞群。软骨细胞的核小而圆，核仁明显，胞质少，弱嗜碱性，可有空泡。软骨细胞所在的腔隙为软骨陷窝。

4. 观察长骨磨片（硝酸银染色）

（1）肉眼观察：标本凸的一面为外面，相对应的凹面为骨髓腔面，染成棕褐色。

（2）低倍镜观察：在较暗的光线下从外向内观察，最外层为数层平行排列的外环骨板；骨髓腔表面的骨板为内环骨板，层数较少，不平整。介于内、外环骨板之间呈同心圆排列的结构为骨单位，由位于中轴的中央管（哈弗斯管）和周围呈同心圆排列的骨板组成。骨单位之间的不规则骨板为间骨板。

（3）高倍镜观察：骨板内或骨板间可见许多骨陷窝；由骨陷窝向各个方向伸出骨小管。

（二）示教

1. **浆细胞**　淋巴结切片（HE 染色）照片。

2. **纤维软骨** 椎间盘切片（HE 染色）。

3. **弹性软骨** 耳郭切片（Verboeff 铁苏木精染色）。

4. **骨切片（HE 染色）** 骨祖细胞、成骨细胞、骨细胞和破骨细胞。

5. **网织红细胞** 血液涂片（煌焦油蓝染色）照片。

三、肌组织

▶ 实验目标

1. 掌握骨骼肌、心肌和平滑肌的光镜结构特点。

2. 了解的骨骼肌电镜结构特点。

▶ 实验材料

1. 骨骼肌切片（HE 染色）。

2. 心脏切片（HE 染色）。

3. 膀胱切片（HE 染色）。

4. 电镜照片：骨骼肌细胞、心肌细胞。

▶ 实验内容和方法

（一）光镜观察

1. 观察骨骼肌切片（HE 染色）

（1）肉眼观察：标本中红色条状物为骨骼肌纵切，呈团块者为横切。

（2）低倍镜观察：一根纵切的骨骼肌纤维有多个卵圆形的胞核，染成紫蓝色，靠近肌膜，其长轴与肌纤维平行。肌纤维上有明、暗相间（即嗜酸性染色深浅不同）的横纹。骨骼肌纤维的横切面大小不一，呈圆形或椭圆形的红色小块。

（3）高倍镜观察：仔细观察纵切的肌纤维，在明带中间可见一细的暗线，称为 Z 线。两 Z 线之间的肌原纤维为一个肌节。在暗带中尚可见一色浅区，称为 H 带。横切的肌纤维核多个呈扁圆形，染成紫蓝色，位于细胞周边；肌浆内充满红色颗粒，为肌原纤维的横断面（由于制片原因也可没有）。

2. 观察心脏切片（HE 染色）

（1）肉眼观察：标本绝大部分呈红色，为心肌层。

（2）低倍镜观察：红色短带状结构，即纵切的心肌纤维，有分支彼此相连，核卵圆形，1 ~ 2 个，染色较浅，位于肌纤维的中央。红色圆形或不规则形的块状结构，大小不等，即心肌纤维横切。

（3）高倍镜观察：将视野变暗，可见纵切的肌纤维有明、暗相间的横纹，但远不及骨骼肌明显。在肌纤维及其分支处，还可查见与心肌细胞长轴相垂直的紫红色线状或阶梯状结构，即心肌闰盘。横切的肌纤维有的可见圆形的核居中，核周围的肌浆丰富，着浅红色。

3. 观察膀胱切片（HE 染色）

（1）肉眼观察：标本周围染成红色的一层为膀胱的肌层。

（2）低倍镜观察：呈块状的是横切的平滑肌；呈条状的是纵切的平滑肌。

（3）高倍镜观察：纵切的平滑肌细胞外形为梭形；核呈棒状或椭圆形，染色较淡，单个，居中；胞质呈嗜酸性。横切平滑肌细胞外形大小不等，呈圆形或不规则多边形，细胞中央可见紫蓝色圆形的核。

（二）电镜照片

观察骨骼肌细胞、心肌细胞的横小管、肌浆网、终池、三联体、二联体、明带、暗带、Z线、M线、H带、肌节、粗细肌丝、闰盘、线粒体等。

四、神经组织

▶ 实验目标

1. 掌握神经元的光镜结构特点。
2. 熟悉化学突触电镜结构特点、神经末梢的光镜结构特点。
3. 了解神经胶质细胞、有髓神经纤维的结构。

▶ 实验材料

1. 脊髓横切片（HE 染色）。
2. 坐骨神经纵、横切片（HE 染色）。
3. 脊髓（硝酸银染色）照片。
4. 神经元胞体表面的突触小体（硝酸银染色）照片。
5. 手指皮切片（HE 染色）照片。
6. 肋间肌切片（蚁酸 – 氯化金染色）照片。
7. 骨骼肌切片（HE 染色）照片。

▶ 实验内容和方法

（一）光镜观察

1. 观察脊髓横切片（HE 染色）

（1）肉眼观察：脊髓横切标本呈椭圆形，中央染成深红色的"H"形的区域为灰质，是神经元细胞体聚集处。

（2）低倍镜观察：在脊髓灰质前角，可见较大的、染成紫红色的、形态不规则的块状结构，为运动神经元胞体。在神经元的周围分散有较多小的染成蓝色的细胞核，系神经胶质细胞的细胞核。

（3）高倍镜观察

①神经元胞体：较大，呈不规则形；中央有一个大而圆的细胞核，核膜清楚，常染色质多，着色浅，核仁大而圆；细胞质呈浅红色，内见许多大小不等、分布均匀、深紫蓝色的斑块结构，为尼氏体。

②树突：可切到一至多个树突根部，由胞体伸出时较粗，逐渐变细，内含尼氏体。

③轴突：胞体发出轴突的部位呈圆锥形，称为轴丘，染色浅，内无尼氏体；从轴丘发出的突起为轴突。

2. 观察坐骨神经纵、横切片（HE 染色）

（1）肉眼观察：长条状者为坐骨神经纵切面，圆形者为横切面。

（2）低倍镜观察：纵切的坐骨神经纤维呈条索状，数量多，平行排列。横切的神经外面包有神经外膜；在神经内包括有多个圆形的神经束，分别包有致密结缔组织构成的神经束膜；每一个神经束又由大量的神经纤维组成，在神经纤维之间有少量的疏松结缔组织构成神经内膜。

（3）高倍镜观察

①坐骨神经的纵切面：轴突，位于有髓神经纤维的中轴，细长，染成蓝色。髓鞘，位于轴索的周围，呈节段性粉红色网状结构；两段髓鞘之间的缩窄处为郎飞结；相邻两郎飞结之间的

一段神经纤维被称为结间体。神经膜，包在髓鞘的外周，由施万细胞的细胞膜和基膜构成，呈粉红色线状。神经膜内侧的施万细胞的细胞核呈椭圆形，染成紫蓝色。

②坐骨神经的横切面：圆形，粗细不等，中央的紫蓝色小点为轴突，围绕轴索呈放射状的细网状结构为髓鞘，最外面为神经膜。在某些切面上，可见弯月形的施万细胞的细胞核位于髓鞘和神经膜之间。

（二）示教

1. **神经原纤维** 脊髓（硝酸银染色）照片。
2. **突触** 神经元胞体表面的突触小体（硝酸银染色）照片。
3. **触觉小体、环层小体** 手指皮切片（HE 染色）照片。
4. **运动终板** 肋间肌切片（蚁酸－氯化金染色）照片。
5. **肌梭** 骨骼肌切片（HE 染色）照片。

（姚　云）

实验三　运动系统

▶ 实验目标

1. 掌握骨的形态和骨的构造，关节的基本结构和辅助结构。胸骨的形态。胸廓的组成和形态。肩胛骨、锁骨、肱骨、桡骨和尺骨的形态结构。肩关节、肘关节、桡腕关节的组成和结构特点。髋骨、股骨、胫骨和腓骨的形态。髋关节、膝关节、距小腿关节的组成和结构特点，胸大肌、肋间外肌、肋间内肌的位置、起止点和作用。膈的位置、形态和作用。胸锁乳突肌的位置、起止点和作用。三角肌、肱二头肌、肱三头肌的位置、起止点和作用。臀大肌、股四头肌、小腿三头肌的位置、起止点和作用。

2. 熟悉骨的化学成分和物理性质。椎骨和骶骨的一般形态，熟悉各部椎骨的形态特征。肋骨的形态。脊柱的组成、椎骨间的连结和脊柱的整体观。斜方肌、背阔肌、竖脊肌的位置、起止点和作用。腿肌后群、大腿肌内侧群、小腿肌前群、小腿肌外侧群、小腿肌后群的名称和作用。股三角的位置和境界。

3. 了解脑颅骨和面颅骨的名称和位置，颅脑各面的形态结构。骨盆的组成、分部和性别差异。

▶ 实验材料

1. 全身骨架标本。
2. 示骨膜、骨质、骨髓湿标本。
3. 脱钙骨和煅烧骨标本。
4. 股骨、跟骨和顶骨的剖面标本。
5. 全身各骨标本。
6. 手骨、足骨串联标本。
7. 躯干骨标本。
8. 整颅标本；分离颅骨标本；颅的水平切面标本；颅的正中矢状切面标本；鼻旁窦标本；新生儿颅标本。
9. 脊柱标本和椎骨连结的标本。

10. 肩关节、肘关节、桡腕关节标本（未切开和切开关节囊两种）。

11. 男、女骨盆标本。

12. 髋关节、膝关节、距小腿关节标本（未切开和切开关节囊两种）。

13. 手骨间连结标本。

14. 足骨间连结标本。

15. 颞下颌关节标本。

16. 全尸解剖标本。

17. 躯干肌标本。

18. 膈的标本。

19. 腹壁横切面标本和模型。

20. 会阴的解剖标本和模型。

21. 上肢肌和下肢肌标本。

22. 大腿的横切面标本。

23. 面肌、咀嚼肌标本和模型。

▶ 实验内容和方法

一、骨

1. **骨的形态** 在人体骨架标本上辨认长骨、短骨、扁骨和不规则骨，观察它们的形态特点和分布。

2. **骨的构造** 取散骨标本、股骨和跟骨及顶骨的纵切标本，观察下列内容：骨膜、骨密质和骨松质、骨髓、骨干、骺、关节面。

3. **骨的化学成分和物理性质** 取脱钙骨和煅烧骨标本，理解骨的化学成分和物理性质。

4. **椎骨** 在胸椎上观察椎体、椎弓、椎弓板、椎弓根、椎孔、横突、棘突和上、下关节突，然后观察椎管和椎间孔的位置。

5. 选取寰椎、枢椎、一般颈椎和腰椎，结合胸椎，进一步观察和比较它们各自的形态特征。

6. **骶骨** 取骶骨标本，确认骶骨的前、后面，然后观察下列结构：骶前孔、骶后孔、骶管、骶管裂孔、骶角。

7. 在活体上触摸第 7 颈椎棘突、骶角。

8. **胸骨** 在胸骨标本上辨认胸骨柄、胸骨体和剑突，颈静脉切迹和胸骨角等标志。

9. **肋骨** 在肋骨标本上辨认肋头和肋沟。

10. 在活体上触摸以下结构：颈静脉切迹、胸骨角、第 2 ~ 12 肋、肋弓、剑突。

11. 在人体骨架标本上，观察上肢骨各骨的位置及连结关系。

12. **锁骨** 取锁骨标本，观察锁骨的形态、胸骨端、肩峰端。

13. **肩胛骨** 取肩胛骨标本，观察肩胛下窝、肩胛冈、冈上窝、冈下窝、肩峰、关节盂、肩胛骨下角、肩胛骨上角。

14. **肱骨** 取肱骨标本，观察肱骨头，肱骨大、小结节，外科颈，三角肌粗隆，桡神经沟，肱骨滑车，肱骨小头，肱骨内、外上髁，尺神经沟，鹰嘴窝。

15. **尺骨** 取尺骨标本，观察鹰嘴、滑车切迹、桡切迹、尺骨头、尺骨茎突。

16. **桡骨** 取桡骨标本，观察桡骨头、环状关节面、桡骨粗隆、尺切迹、桡骨茎突、腕关节面。

17. **手骨** 取手骨串联标本，观察腕骨的名称、位置；掌骨、指骨的形态和排列。

18. 在活体上摸辨下列体表标志：锁骨全长，肩胛冈，肩峰，肱骨内、外上髁，鹰嘴，尺神经沟，尺骨茎突，桡骨茎突。

19. 在人体骨架标本上，观察下肢各骨的位置及连结关系。

20. **髋骨** 取髋骨标本，观察髋臼和闭孔的位置，确认髋骨的侧别和方位，区分髂骨、耻骨和坐骨在髋骨中的位置，然后观察：髂嵴、髂结节、髂前上棘、髂后上棘、髂窝、弓状线、耻骨梳、耻骨联合面、耻骨结节、坐骨结节、坐骨棘、坐骨大切迹、坐骨小切迹。

21. **股骨** 取股骨标本，观察股骨头、股骨颈、股骨大转子、股骨小转子、臀肌粗隆、股骨内侧髁和外侧髁、股骨内上髁和外上髁。

22. **胫骨** 取胫骨标本，观察胫骨内侧髁和外侧髁、胫骨粗隆、胫骨前缘、内踝。

23. **腓骨** 取腓骨标本，观察腓骨头、外踝。

24. **足骨** 取足骨串联标本，观察跗骨、跖骨和趾骨的位置及其排列关系。

25. 在活体上摸辨以下结构：髂嵴、髂结节、髂前上棘、髂后上棘、耻骨结节、坐骨结节、股骨大转子、股骨内上髁和外上髁、髌骨、胫骨粗隆、腓骨头、内踝、外踝。

26. **颅的组成** 取整颅标本和分离颅骨标本，观察组成脑颅和面颅各骨的位置。

27. **下颌骨** 取下颌骨标本，观察下颌体、下颌支、冠突、髁突、下颌头、下颌角、下颌孔、颏孔。

28. **颞骨** 取颞骨标本，观察外耳门、乳突、岩部、内耳门。

29. **颅的上面观** 取整颅标本，从上面观察冠状缝、矢状缝和人字缝。

30. 取颅底骨标本，做颅底内面观和颅底外面观。

颅底内面观：可见颅前窝、颅中窝、颅后窝。颅前窝观察筛板、筛孔；颅中窝观察垂体窝、视神经管、眶上裂、圆孔、卵圆孔、棘孔；颅后窝观察枕骨大孔、舌下神经管、枕内隆凸、横窦沟、乙状窦沟、颈静脉孔。

颅底外面观：高低不平，可分前、后两部。前部观察上颌骨的牙槽、骨腭、鼻后孔；后部观察枕骨大孔、枕髁、颈静脉孔、颈动脉管外口、茎突、茎乳孔、下颌窝、关节结节、枕外隆凸。

31. **颅的侧面观** 取整颅标本侧面观察，可见外耳门、颧弓、乳突、颞窝、翼点。

32. **颅的前面观** 取整颅标本前面观察，主要为两眶和一骨性鼻腔。

眶：呈四面锥体形，有一尖、一底、四壁。观察视神经管、眶上缘、眶下缘、眶上孔、眶下孔、泪囊窝、眶上裂、眶下裂。

骨性鼻腔：位于面颅中央，有骨鼻中隔分为左、右两腔。观察骨鼻中隔、梨状孔、鼻后孔。取颅骨正中矢状切面标本观察上、中、下鼻甲和上、中、下鼻道。

33. **鼻旁窦** 取鼻旁窦标本，观察额窦、蝶窦、上颌窦和筛窦的位置和形态。

34. **新生儿颅骨的特征** 取新生儿颅标本，观察前囟、后囟。

35. 在活体上摸辨下列结构：枕外隆凸、乳突、眶缘、眶下孔、颏孔、颧弓、下颌角、舌骨。

二、骨连结

1. **关节的基本结构和辅助结构** 取关节囊已切开的肩关节和膝关节标本，观察关节的基本结构和韧带、关节盘、半月板等辅助结构。

2. **椎骨的连结** 取脊柱腰段切除 1~2 个椎弓和切除 1~2 个椎体的标本及脊柱腰段正中矢状切面标本观察以下结构：观察椎间盘的位置、外形和构造；观察前纵韧带、后纵韧带、棘上韧带、棘间韧带和黄韧带的位置及其韧带之间的邻接关系；观察关节突关节的位置和组成。

3. **脊柱的整体观** 从前方观察椎体大小的变化；从后方观察椎骨棘突的排列方向；从侧

面观察脊柱的 4 个生理性弯曲的部位和方向，以及椎间孔的位置。

4. **胸廓** 取人体骨架标本，观察胸廓的组成及各肋前、后端的连结关系。

5. **肩关节** 取肩关节标本，观察肩关节的组成、结构特点。

6. **肘关节** 取横行切开关节囊的肘关节标本和肘关节矢状切面标本，观察肘关节的组成和结构特点。结合活体，验证肘关节在做屈、伸运动时，肱骨内上髁、外上髁和尺骨鹰嘴 3 点的位置关系。

7. **桡腕关节** 取桡腕关节的冠状切开标本，观察其组成。

8. **手关节** 取手骨间连结标本，观察手关节的名称及其组成。

9. 结合活体，验证上肢各关节的运动形式。

10. **髋骨的连结** 取男、女骨盆标本或模型，观察骶髂关节的组成、骶结节韧带和骶棘韧带、坐骨大孔和坐骨小孔的围成、耻骨联合的位置；观察骨盆的组成，大、小骨盆的分界，骨盆腔的形状，男、女骨盆的形态差异。

11. **髋关节** 取关节囊已环形切开的髋关节标本，观察髋关节的组成和结构特点。

12. **膝关节** 取关节囊已切开的膝关节标本，观察膝关节的组成，髌韧带的形成和位置，前、后交叉韧带的位置，内、外侧半月板的形态和位置。

13. **距小腿关节** 取足关节标本，观察距小腿关节的组成，观察足弓的形态。

14. 结合活体，验证下肢各关节的运动形式。

15. **颞下颌关节** 取切开关节囊的颞下颌关节标本，观察颞下颌关节的组成、结构特点和关节盘的形态。

三、骨骼肌

1. **肌的形态和构造** 在各肌标本上观察长肌、短肌、扁肌、轮匝肌的形态；区分肌腹、肌腱和腱膜。

2. **肌的辅助装置** 在大腿的横切面标本上观察浅筋膜和深筋膜的结构及分布部位。在示教标本上观察滑膜囊和腱鞘。

3. 取全尸标本和躯干肌标本，按实验目的的要求观察以下各肌的位置、起止点，结合活体验证和理解各肌的作用。

（1）背肌：斜方肌、背阔肌和竖脊肌。

（2）颈肌：颈阔肌、胸锁乳突肌、舌骨上肌群、舌骨下肌群和前、中、后斜角肌、斜角肌间隙。

（3）胸肌：胸大肌、胸小肌、前锯肌、肋间外肌、肋间内肌。

（4）膈。

（5）腹肌：腹直肌、腹外斜肌、腹内斜肌、腹横肌；腹直肌鞘、白线、腹股沟管等。

（6）盆底肌：肛提肌、会阴深横肌。

4. 取上肢肌标本，结合全尸解剖标本和全身肌肉模型，按实验目的要求观察以下各肌的位置、起止点，结合活体验证和理解各肌的作用。

（1）肩肌：三角肌、肩胛下肌、冈上肌、冈下肌等。

（2）上臂肌：肱二头肌、肱肌、肱三头肌。

（3）前臂肌

①前群：肱桡肌、旋前圆肌、桡侧腕屈肌、掌长肌、指浅屈肌、尺侧腕屈肌、拇长屈肌、指深屈肌、旋前方肌。

②后群：桡侧腕长伸肌、桡侧腕短伸肌、指伸肌、小指伸肌、尺侧腕伸肌、旋后肌、拇长展肌、拇短伸肌、拇长伸肌、示指伸肌。

（4）手肌：手肌外侧群、内侧群、中间群。

5. 取下肢肌标本，结合全尸解剖标本，按实验目的要求观察以下各肌的位置、起止点，结合活体验证和理解各肌的作用。

（1）髋肌：髂腰肌、臀大肌、臀中肌、臀小肌、梨状肌。

（2）大腿肌

①前群：股四头肌、缝匠肌。

②内侧群：耻骨肌、长收肌、股薄肌、短收肌、大收肌。

③后群：股二头肌、半腱肌、半膜肌。

（3）小腿肌

①前群：胫骨前肌、趾长伸肌、和踇长伸肌。

②外侧群：腓骨长肌、腓骨短肌。

③后群：小腿三头肌、趾长屈肌、胫骨后肌、踇长屈肌。

6. 取面肌、咀嚼肌标本和模型，按实验目的要求观察口轮匝肌、眼轮匝肌、枕额肌、颊肌、咬肌、颞肌。

7. 在全尸标本上结合活体确定腋窝、肘窝、股三角、腘窝的位置和境界。

8. 在活体上确定胸锁乳突肌、胸大肌、腹直肌、三角肌、肱二头肌、肱三头肌、肱二头肌肌腱、肱三头肌肌腱、前臂前群肌长肌腱、前臂后群肌长肌腱、手肌内侧群、臀大肌、股四头肌、髌韧带、小腿三头肌、跟腱、枕额肌、咬肌等的位置。

（王友良）

实验四　消化系统的大体结构

▶ 实验目标

1. 掌握消化系统的组成，上消化道、下消化道的划分；口腔的构造和分部，舌的形态、构造，牙的形态、构造，咽的形态、位置、分部和交通关系，食管 3 个狭窄的位置。胃的形态、分部、位置，大肠的形态特征、分部和各部的位置，阑尾的位置及其根部的体表投影，直肠的弯曲，肛管的形态结构；肝的形态、位置和体表投影，胆囊的位置、形态和胆囊底的体表投影，输胆管道的组成。

2. 熟悉咽峡的组成，腮腺、下颌下腺的位置和腮腺管的开口位置，胰的位置和形态，壁腹膜、脏腹膜和腹膜腔的概念。

3. 了解腹膜与腹、盆腔器官的关系，肠系膜、大网膜、小网膜的位置，网膜囊的位置，腹膜陷凹的位置。

▶ 实验材料

1. 消化系统概观标本。

2. 人体半身模型。

3. 头颈部正中矢状切面标本和模型。

4. 舌、牙标本和模型。

5. 唾液腺标本。

6. 咽腔（咽后壁切开）标本。

7. 消化管各段离体、切开标本和模型。

8. 胸、腹前壁切开的胸腔、腹腔和盆腔标本。

9. 男、女性盆腔矢状切面标本（显示直肠、肛管的形态结构）和模型。

10. 胰、十二指肠标本和模型。

11. 回盲部切开标本。

12. 离体肝、胰标本和模型。

13. 胆囊及输胆管道标本和模型。

14. 腹膜标本和模型。

▶ 实验内容和方法

1. 消化系统的组成 取消化系统概观标本，观察消化系统的组成及上、下消化道的范围，注意消化管各段的连续关系。

2. 在活体上和人体半身模型上，指出胸部的标志线和腹部分区。

3. 口腔 取头颈部正中矢状切面标本和模型，唾液腺标本，结合活体观察如下。

口腔的构造和分部：口唇和颊，观察口裂、口角、人中、鼻唇沟。腭，观察硬腭、软腭、腭垂、腭舌弓、腭咽弓、咽峡。

观察口腔分为口腔前庭和固有口腔两部分及两者的交通关系。

口腔内结构：舌，观察舌尖、舌体、舌根、舌系带、舌下阜、舌下襞、丝状乳头、菌状乳头、轮廓乳头；牙，观察牙冠、牙根、牙颈、牙髓、恒牙的牙冠及牙式。

观察腮腺、腮腺导管、下颌下腺、舌下腺的位置，结合活体观察其导管的开口部位。

4. 咽 取头颈部正中矢状切面标本和模型、咽腔（咽后壁切开）标本，观察：咽的形态、位置、分部和咽的交通关系；咽各部的结构，如咽鼓管咽口、咽隐窝、腭扁桃体、梨状隐窝等。

5. 食管 取离体食管标本和胸、腹壁切开的胸腔、腹腔标本，观察：食管的位置、分部、形态和 3 处狭窄。

6. 胃 取腹壁切开的腹腔标本和离体胃标本，观察：胃的位置和毗邻；胃的形态和分部，胃前壁、胃后壁、贲门、幽门、胃小弯、胃大弯、角切迹、贲门部、胃底、胃体、幽门部（幽门管和幽门窦）。

7. 小肠 取腹壁切开的腹腔标本、胰十二指肠标本，观察：小肠的位置和分部；十二指肠的形态、位置和分部，确认十二指肠大乳头、十二指肠空肠曲、十二指肠悬肌的位置和形态；空肠和回肠的位置。

8. 大肠 取腹壁切开的腹腔标本、回盲部切开标本、盆腔矢状切面标本，观察如下。

大肠的分部。

盲肠和结肠的形态特征：结肠带、结肠袋、肠脂垂。

盲肠的位置，回盲瓣的形态。

阑尾的位置、形态，结合活体确认阑尾根部的体表投影。

结肠分为升结肠、横结肠、降结肠和乙状结肠 4 部分及各部的位置。

直肠的位置和弯曲。

肛柱、肛瓣、肛窦、齿状线的形态和肛门内、外括约肌的位置。

9. 肝 取腹前壁切开的腹腔标本、离体肝标本、人体半身模型和肝模型，观察如下。

肝的形态：观察肝前缘、肝后缘、膈面、脏面、肝门及其结构、右纵沟、左纵沟、肝右叶、肝左叶、方叶、尾状叶。

肝的位置和体表投影：观察肝的位置，结合活体确定肝的体表投影。

10. 胆囊和输胆管道 取肝的离体标本和模型、胆囊及输胆管道标本和模型，观察如下。

胆囊的位置；胆囊的形态：胆囊底、胆囊体、胆囊颈、胆囊管；结合活体确定胆囊底的体表投影。

输胆管道的组成：肝左管、肝右管、肝总管、胆总管、肝胰壶腹、十二指肠大乳头。

11. 胰 取胰的离体标本和模型、胰、十二指肠标本和模型，观察如下。

胰的位置。

胰的形态：胰头、胰体、胰尾；胰管及其开口部位。

12. 取腹膜标本或模型、腹前壁切开的腹腔标本，观察脏腹膜、壁腹膜的配布和腹膜腔的形成；观察腹膜与器官的关系；观察网膜囊的位置。

13. 取腹前壁切开的腹腔标本，观察辨认肠系膜、大网膜、小网膜的位置和形态；观察横结肠系膜、乙状结肠系膜、阑尾系膜的位置。

14. 取男、女性骨盆腔正中矢状切面标本和模型，观察确认直肠膀胱陷凹、膀胱子宫陷凹和直肠子宫陷凹的位置。

（白　云）

实验五　消化系统的微细结构

▶ 实验目标

1. 掌握胃壁的微细结构，小肠壁的微细结构特点，肝的微细结构。
2. 熟悉消化管的一般结构，胰的微细结构。
3. 了解食管壁的微细结构特点。

▶ 实验材料

1. 食管横切片（HE 染色）。
2. 胃底切片（HE 染色）。
3. 空肠、回肠横切片（HE 染色）。
4. 结肠切片（HE 染色）。
5. 肝切片（HE 染色）。
6. 胰切片（HE 染色）。

▶ 实验内容和方法

1. 学生自己观察食管横切片、胃底切片、空肠切片、肝切片

（1）食管横切片（HE 染色）

①肉眼观察：管腔不规则，管壁分为 4 层：近腔面染成紫蓝色的部分为黏膜，向外浅红色的部分为黏膜下层，染红色的为肌层，外膜不易看出。

②低倍镜观察：从腔面逐渐向外，边看边移动切片，分清管壁 4 层结构。

黏膜层：在管壁的最内层。表面为未角化的复层扁平上皮，固有层由疏松结缔组织构成，黏膜肌层较厚，为纵行平滑肌束，在切片上呈横断面。

黏膜下层：染色稍浅，为疏松结缔组织，内含较大的血管和食管腺。

肌层：分为内环行、外纵行两层。注意区分为哪种肌组织组成，据此判断出该断面属于食

管的哪一段。

外膜：为纤维膜，由疏松结缔组织构成。

（2）胃底切片（HE染色）

①肉眼观察：表面不光滑并染成紫蓝色的部分为黏膜，深部染成红色的部分依次是黏膜下层和肌层，外膜不明显。

②低倍镜观察：分辨胃壁的4层结构，重点观察胃黏膜。

黏膜：黏膜上皮为单层柱状上皮。固有层内含有大量胃底腺，腺体主要有染成蓝色的主细胞和染成红色的壁细胞构成。黏膜肌层由薄层平滑肌纤维组成。

黏膜下层：染色较浅，为疏松结缔组织，内有血管和神经。

肌层：较厚，由平滑肌构成，部分标本可见内斜、中环、外纵3层平滑肌纤维的排列。

外膜：为浆膜，是由一层很薄的结缔组织和间皮构成。

选一外形完整的纵切胃底腺，移至视野中央，换高倍镜观察。

③高倍镜观察：主要观察胃底腺结构，辨认主细胞和壁细胞。

主细胞：数量较多，细胞呈柱状，细胞核圆形，位于细胞的基底部，细胞质嗜碱性，染成淡蓝色。

壁细胞：细胞较大，呈圆形或锥体形，细胞核圆形位于中央，胞质嗜酸性，染成红色。

（3）空肠横切片（HE染色）

①肉眼观察：凹凸不平染成淡紫红色的部分是黏膜，由此向外依次是黏膜下层、肌层和外膜。

②低倍镜观察：首先辨认黏膜、黏膜下层、肌层和外膜4层结构，选一肠绒毛比较完整的部位观察。

黏膜：小肠表面有许多指状突起为肠绒毛，由上皮和固有层构成。上皮为单层柱状上皮，夹有杯状细胞。固有层形成绒毛的中轴，由结缔组织构成，内有中央乳糜管、毛细血管、散在的平滑肌、淋巴组织。在绒毛的基部有肠腺，肠腺主要由柱状上皮、杯形细胞等组成。黏膜肌层为平滑肌、染色稍红。

黏膜下层：为疏松结缔组织，内含小血管、神经和淋巴管等。

肌层：为排列较整齐的内环、外纵平滑肌构成。

外膜：为浆膜。

③高倍镜观察：选择一个典型的肠绒毛进一步观察，辨认上皮、固有层、杯状细胞、中央乳糜管，毛细血管和平滑肌。

（4）肝切片（HE染色）

①低倍镜观察：可见切片一侧为被膜，其余为肝实质。肝实质被结缔组织分隔成许多的肝小叶。观察时，先找到中央静脉，在中央静脉周围呈放射状排列的是肝细胞索（肝板）。肝细胞索之间的不规则腔隙为肝血窦。相邻的几个肝小叶之间的区域为门管区，结缔组织内含有小叶间动脉、小叶间静脉和小叶间胆管等。

②高倍镜观察：选择典型的肝小叶和门管区观察。

肝小叶：中央静脉是肝小叶中央的腔隙，管壁不完整，与肝血窦相通，有的腔内可见红细胞。肝索由肝细胞构成，呈索条状。肝细胞呈多边形，胞体较大。细胞质嗜酸性。细胞核圆形，位于细胞中央，核仁明显。肝血窦为肝索之间的不规则腔隙。窦壁为单层扁平细胞（内皮），与肝细胞紧贴；窦内有时可见肝巨噬细胞（枯否细胞），细胞不规则，染色呈粉红色。

门管区：首先用低倍镜找到此区，再用高倍镜观察，可见有3种管腔。

小叶间动脉：管腔小而较圆，管壁厚，有数层平滑肌构成，染成红色。

小叶间静脉：管腔大而不规则，管壁薄，染色较浅。

小叶间胆管：管腔小，管壁由单层立方上皮构成，细胞核圆形，排列整齐，染成紫蓝色。

2. 示教

（1）回肠黏膜、集合淋巴滤泡（回肠横切片，HE 染色）。

（2）结肠黏膜（结肠切片，HE 染色）。

（3）胰腺腺泡、胰岛（胰切片，HE 染色）。

（4）中央乳糜管（空肠切片，HE 染色）。

（5）胆小管（肝切片，银染）。

3. 绘图

（1）绘制空肠横切片（HE 染色）图：注明黏膜、黏膜下层、肌层、外膜。

（2）绘制肠绒毛高倍镜下图：注明上皮、固有层、杯形细胞、中央乳糜管、毛细血管。

（3）绘制肝小叶和门管区低倍镜下图：注明中央静脉、肝索、肝血窦、小叶间动脉、小叶间静脉和小叶间胆管。

（白　云）

实验六　呼吸系统大体结构

▶ 实验目标

1. 掌握呼吸系统的组成，鼻旁窦的位置、开口，气管的位置和形态，左、右主支气管的形态特点；肺的形态、位置及体表投影；壁胸膜的分部和肋膈隐窝。

2. 了解鼻腔的分部及各部的形态结构，喉的位置及组成，喉腔的形态分部；肺分叶，肺段支气管及支气管肺段；胸膜、胸膜腔和纵隔的境界和分部。

▶ 实验材料

1. 呼吸系统概观标本。

2. 头颈部正中矢状切面标本。

3. 鼻旁窦标本。

4. 喉软骨及连结标本。

5. 喉腔正中矢状切面标本。

6. 喉连气管和支气管树标本。

7. 离体左、右肺标本、模型。

8. 胸腔解剖标本。

9. 纵隔标本。

▶ 实验内容和方法

一、呼吸道

1. 在呼吸系统概观标本上观察鼻、咽、喉、气管、支气管和肺的位置、形态及其相互关系。

2. 结合标本，在活体上互相观察外鼻的形态。在头颈部矢状切标本上观察鼻腔分部、鼻中隔、鼻腔外侧壁的结构；在鼻旁窦标本上观察额窦、蝶窦、上颌窦和筛窦的位置及其开口。

3. 在头颈部正中矢状切面标本上观察喉的位置及其与咽、气管连通情况；在喉软骨标本上观察喉软骨及其连结，在活体上触摸甲状软骨、喉结和环状软骨。在喉腔正中矢状切面标本上观察喉的黏膜形成结构和喉腔的分部。

4. 在喉连气管和支气管树标本上观察气管与主支气管的形态和构造及其相互关系；比较左、右主支气管的差别。

二、肺

1. 在胸腔解剖标本上观察肺的形态和位置；在游离肺标本和模型上辨认肺的形态结构。
2. 结合标本，在活体上画出肺前缘和下缘的体表投影。

三、胸膜和纵隔

1. 在胸腔解剖标本上观察胸膜的分部、胸膜腔及肋膈隐窝；用手探察壁胸膜各部及肋膈隐窝。
2. 在纵隔标本上观察纵隔的境界、分部及内部主要结构。

（马江伟）

实验七　呼吸系统的微细结构

▶ **实验目标**

1. 掌握气管、主支气管的层次和结构特点，肺呼吸部的组成及其微细结构。
2. 了解导气部的组成及微细结构的变化规律。

▶ **实验材料**

1. 气管切片（HE 染色）。
2. 肺切片（HE 染色）。

▶ **实验内容和方法**

1. 气管横断切片（HE 染色）

（1）肉眼观察：切片中呈淡蓝色的为气管软骨。

（2）低倍镜观察：气管壁由内向外分清 3 层结构：内表面淡紫红的一层为黏膜的假复层纤毛柱状上皮，其下为固有层；在固有层与透明软骨之间的部分，为由疏松结缔组织组成的黏膜下层；透明软骨和疏松结缔组织组成外膜。

（3）高倍镜观察：观察清楚 3 层结构。

①黏膜：假复层纤毛柱状上皮的游离面纤毛清晰可见，柱状细胞间夹有杯状细胞，基膜较明显；由细密纤维的结缔组织构成的固有层中，有弥散的淋巴组织，可见腺导管的断面。

②膜下层：在疏松结缔组织中含有混合性腺体、血管及神经等。

③外膜：中软骨环缺口处可见平滑肌纤维束。

2. 肺切片（HE 染色）

（1）肉眼观察：切片呈海绵状。

（2）低倍镜下观察：辨认小支气管、细支气管、终末细支气管、呼吸性细支气管、肺泡管、肺泡囊和肺泡。

（3）高倍镜下观察：观察清楚肺的结构。

①小支气管：管腔大，假复层纤毛柱状上皮中尚夹有少量的杯状细胞。黏膜下层中含有少量腺体。外膜中有散在的透明软骨片和不完整的平滑肌束。

②细支气管：管腔较小，为假复层或单层纤毛柱状上皮，杯状细胞和腺体很少或消失，软骨片基本消失，平滑肌相对增多，形成完整的环行肌层。

③终末性细支气管：管腔更小，为单层柱状上皮，杯状细胞、腺体及软骨片完全消失；形成环行的平滑肌层。

在肺内结缔组织中可见肺动脉的分支（小动脉），注意与终末性细支气管的区别。

④呼吸性细支气管：管壁不完整，有少量肺泡开口。为单层柱状或单层立方上皮，上皮外仅有少量平滑肌和结缔组织。

⑤肺泡管：管腔由多个肺泡开口和少量支气管壁围成，在管壁的相邻肺泡开口之间，呈结节状膨大。

⑥肺泡囊：囊腔仅由多个肺泡共同开口围成，在囊壁的相邻肺泡开口之间，无结节状膨大。

⑦肺泡：呈半环形或环形的薄壁囊泡，肺泡上皮不易分辨两种类型的细胞，相邻肺泡的上皮之间为薄的肺泡隔内，可见体积较大，不规则的巨噬细胞；还有许多毛细血管的断面。

（马江伟）

实验八　泌尿系统的大体结构

▶ **实验目标**

1. 掌握泌尿系统的组成；肾的形态、位置；熟悉肾的被膜和内部结构；输尿管的行程和 3 个狭窄的部位；膀胱的形态、位置、膀胱三角的构成。

2. 熟悉女尿道的特点、开口位置。

3. 了解膀胱的毗邻。

▶ **实验材料**

1. 男、女性泌尿生殖系统概观标本和模型。

2. 离体肾及肾的剖面标本和模型。

3. 腹膜后间隙的器官标本。

4. 离体膀胱标本。

5. 男、女性骨盆正中矢状切标本和模型。

6. 人体半身模型。

▶ **实验内容和方法**

1. **泌尿系统的组成**　取男、女性泌尿生殖系统概观标本和模型，观察泌尿系统的组成及各器官的连续关系。

2. **肾**　取腹膜后间隙的器官标本、离体肾及肾的剖面标本和模型、人体半身模型，观察如下。

肾的位置。

肾的形态，注意观察肾门的位置，辨认出入肾门的肾动脉、肾静脉和肾盂等结构。

肾的被膜，注意观察纤维囊、脂肪囊、肾筋膜。

肾的内部结构，观察肾皮质、肾髓质的位置，肾锥体、肾乳头、肾柱的形态。注意观察肾窦内肾小盏、肾大盏、肾盂三者的关系。

3. **输尿管** 取腹膜后间隙的器官标本，观察输尿管的行程和 3 个狭窄的部位。

4. **膀胱** 取男、女性骨盆正中矢状切标本、离体膀胱标本，观察膀胱的形态、位置、毗邻，注意观察膀胱三角的位置。

5. **女性尿道** 取女性骨盆正中矢状切标本，观察女性尿道的位置、形态特点、开口部位，注意尿道外口和阴道口的位置关系。

（王　强）

实验九　泌尿系统的组织结构

▶ **实验目标**

1. 掌握肾的微细结构。
2. 了解膀胱壁的构造。

▶ **实验材料**

1. 肾切片（HE 染色）。
2. 膀胱切片（HE 染色）。

▶ **实验内容和方法**

1. **学生自己观察肾切片** 肾切片（HE 染色）如下。

（1）肉眼观察：浅层染色较深的部分是肾皮质，深层染色较浅的部分是肾髓质。

（2）低倍镜观察：区分肾皮质和肾髓质。

肾皮质内散在的红色圆球形结构是肾小体的切面，在肾小体周围的管腔是近端小管曲部和远端小管曲部的切面。

肾皮质深面是肾髓质，其内充满近端小管直部、细段、远端小管直部和集合小管的切面。

（3）高倍镜观察：重点观察肾小体、近端小管曲部、细段、远端小管曲部。

①肾小体：由血管球和肾小囊两部分构成。血管球是一团盘曲成球状的毛细血管，染成红色。肾小囊的内层与血管球紧贴而不易分清；肾小囊的外层是单层扁平上皮；两层囊壁之间的透亮腔隙是肾小囊腔。

②近端小管曲部：管腔很小，管壁的上皮细胞呈锥体形，细胞界限常不清细胞质呈红色。

③细段：管壁薄，由单层扁平上皮构成，细胞质染成淡红色。

④远端小管曲部：管腔相对较大，管壁的上皮为单层立方上皮，细胞质染成浅红色。

2. **示教**

（1）膀胱切片（HE 染色）。

（2）致密斑（肾切片，HE 染色）。

（3）球旁细胞（肾切片，HE 染色）。

3. **绘图** 绘制高倍镜下肾皮质主要结构图，注明血管球、肾小囊外层、肾小囊腔、近端小管曲部、远端小管曲部。

（王　强）

实验十　生殖系统的大体结构

▶ 实验目标

1. 掌握男、女性内外生殖器的组成。卵巢、输卵管的位置、形态，输卵管的分部。子宫的形态、位置和分部。阴道的位置及毗邻，阴道穹的形成及毗邻，阴道口及尿道外口的位置。

2. 熟悉阴茎的位置、形态、分部及构造。

3. 了解乳房的形态和结构。会阴的构成。

▶ 实验材料

1. 男、女性盆腔正中矢状切面标本。

2. 阴茎的解剖标本及横切面标本。

3. 女性内生殖器解剖标本。

4. 女阴标本。

5. 女性乳房解剖标本。

6. 男、女性会阴肌标本。

▶ 实验内容和方法

一、男性生殖系统

取男性生殖系统全貌标本和男性盆腔正中矢状切面标本。

1. 观察睾丸和附睾的位置和形态。

2. 观察睾丸鞘膜脏、壁两层及鞘膜腔的形态结构。

3. 观察输精管的起始、行程，并结合活体，触摸输精管的硬度。辨识精索的位置和构成。

4. 精囊、前列腺、尿道球腺的位置及形态。

5. 观察阴茎外形及构造；3 条海绵体的形态和位置关系；尿道外口的位置和形态；查看阴茎包皮及包皮系带的位置和构成；观察阴囊的构造和内容。

6. 观察尿道的走行和分部；2 个弯曲和 3 个狭窄的形态和位置。

二、女性生殖系统

取女性盆腔标本、内生殖器解剖标本和盆腔矢状切面标本。

1. 观察卵巢的位置形态及它与子宫阔韧带的关系。

2. 在子宫阔韧带的上缘内寻认输卵管，观察它的分部及各部的形态特征。

3. 观察子宫的位置及子宫与膀胱、阴道和直肠的位置关系；子宫的形态和分部；子宫腔和宫颈管的形态；子宫各韧带的位置、附着和构成。

4. 观察阴道的位置和毗邻；查看阴道穹的构成，以及阴道穹后部与直肠子宫陷凹的位置关系。

5. 观察阴阜、大阴唇、小阴唇、阴道前庭、阴蒂的位置和形态，注意阴道口和尿道外口的位置关系。

6. 观察乳头、乳晕、输乳管的排列方向和乳房悬韧带的形态特点。

7. 观察会阴的范围；区分尿生殖区和肛区及通过该二区的结构；观察狭义会阴的位置。

（严会文）

实验十一　生殖系统的组织结构

▶ **实验目标**

1. 掌握睾丸和卵巢的微细结构。

2. 熟悉子宫的微细结构。

▶ **实验材料**

1. 睾丸切片（HE 染色），精液涂片（HE 染色）。

2. 卵巢切片（HE 染色）。

3. 子宫切片（内膜为增生期）（HE 染色），子宫切片（内膜为分泌期）（HE 染色）。

▶ **实验内容和方法**

一、睾丸

1. **肉眼观察**　表面的红色带为白膜，深部为睾丸实质。

2. **低倍镜观察**　睾丸实质内的精曲小管被切成许多断面，各断面之间的结缔组织为睾丸间质。

3. **高倍镜观察**

（1）精曲小管：壁厚腔小。管壁由多层细胞构成，其周围的红色细线为基膜。精原细胞位于基膜上，细胞呈圆形，细胞核呈圆形，着色较深。精原细胞的管腔侧，依次分布有初级精母细胞和次级精母细胞。前者体积最大，细胞核也最大，核内常可见到粗大的染色体；后者外形略小，由于其存在的时间较短，故在切片中不易见到。最内层是精子细胞，成群分布，体积最小，细胞核呈圆形，着色较深。精子位于精曲小管的管腔内，头呈点状，染色极深；尾多被切断。支持细胞散在于生精细胞之间，从基膜伸达管腔面，其细胞轮廓不清，核呈卵圆形，核仁明显。

（2）间质细胞：多成群分布于睾丸间质内。细胞较大，呈圆形或多边形，胞质淡红色，核大而圆，着色较浅。

二、卵巢

1. **低倍镜观察**　卵巢皮质内有许多不同发育阶段的卵泡。卵巢髓质可见疏松结缔组织及血管等。

2. **高倍镜观察**　主要观察卵巢皮质。

（1）原始卵泡：位于卵巢皮质的浅层。其中央有一个大而圆的卵母细胞，染色较浅；包绕在它周围的一层扁平细胞，即卵泡细胞。

（2）生长卵泡：处于不同发育阶段的生长卵泡，其大小和形态结构并不完全相同，但都具有以下一个、数个或全部特点：①卵泡和卵母细胞的体积均较大；②卵母细胞周围有嗜酸性的透明带；③卵泡细胞呈立方形，可排成单层或多层；④卵泡细胞之间有大小不一的卵泡腔；⑤透明带周围出现放射冠；⑥卵泡周围的结缔组织形成卵泡膜。

（3）成熟卵泡：其结构与晚期的生长卵泡相似，但体积更大，并向卵巢表面凸出。这种卵泡因取材不易，很难见到。

三、子宫（子宫内膜为增生期）

1. **肉眼观察**　染成紫蓝色的部分为子宫内膜，粉红色的部分为子宫肌层。
2. **低倍镜观察**　由子宫内膜向子宫外膜逐层观察。
（1）子宫内膜：浅层为单层柱状上皮，染成淡紫色。上皮深面为固有层，由结构较致密的结缔组织构成，其内可见由单层柱状上皮构成的子宫腺和许多小血管。
（2）子宫肌层：最厚，为内环外纵两层平滑肌构成。
（3）子宫外膜：浅层为间皮，深层为结缔组织。
3. **示教**　精液涂（苏丹黑染色）和子宫切片（分泌期）。

（严会文）

实验十二　循环系统的大体结构

一、心

▶ **实验目标**

1. 掌握心的位置、外形、心腔的结构，左、右冠状动脉的起始、行程、主要分支和分布，心的体表投影。
2. 熟悉心血管系统的组成，心的传导系统和心包的结构。
3. 了解心壁的结构。

▶ **实验材料**

1. 人体骨架标本。
2. 切开心包的胸部标本。
3. 心离体标本。
4. 心腔切开标本。
5. 心的血管标本。
6. 心的放大模型。

▶ **实验内容和方法**

1. 在切开心包的胸部标本上确定心的位置及其与周围器官的毗邻关系。
2. 在离体心标本和放大心模型上观察心的外形，辨认心尖、心底，心的三缘和3条沟。
3. 在心腔切开标本和放大心模型上辨认右心房的结构，如右心耳、上腔静脉口、下腔静脉口、冠状窦口、右心房室口和卵圆窝。辨认右心室的结构，如三尖瓣、腱索、乳头肌、肺动脉口和肺动脉瓣。辨认左心房的结构，如左心耳、肺静脉口和左心房室口。辨认左心室的结构，如二尖瓣、腱索、乳头肌、主动脉口和主动脉瓣。辨认房间隔和室间隔及室间隔的膜部和肌部。

4. 在心腔切开标本上观察心内膜、心肌膜和心外膜，并比较心房壁和心室壁、左心室壁和右心室壁的厚度。

5. 利用人体骨架标本和离体心标本演示和确定心的体表投影。

6. 在心的血管标本和放大心模型上观察左、右冠状动脉的起始、分支、走行和分布，观察心的静脉和冠状窦。

7. 在切开心包的胸部标本上示教纤维性心包、浆膜性心包和心包腔。

二、动脉

▶ 实验目标

1. 掌握主动脉的起止、行程和分部，左、右颈总动脉的起始，颈动脉窦、颈动脉小球的位置，颈外动脉的主要分支，颈内动脉、椎动脉、锁骨下动脉、腋动脉、肱动脉、桡动脉、尺动脉、髂外动脉、股动脉、腘动脉、胫前动脉和胫后动脉的行程。

2. 熟悉肺动脉、肺静脉的起止和动脉韧带的位置。

3. 了解腹腔干的分支、主要分布，肠系膜上、下动脉的分布。

▶ 实验材料

1. 人体骨架标本。

2. 心离体标本。

3. 头颈和躯干动脉标本。

4. 头颈和上肢动脉标本。

5. 盆部和下肢动脉标本。

6. 头颈部动脉模型。

7. 盆部血管模型。

8. 全身血管模型

▶ 实验内容和方法

1. 在切开心包的胸部标本上观察、辨认肺动脉干及分支、肺静脉和动脉韧带。

2. 在头颈和躯干动脉标本上观察主动脉的起止、行程和分段，辨认主动脉弓的三大分支。

3. 在头颈和上肢的动脉标本及头颈动脉模型上观察辨认颈总动脉、颈内动脉、颈外动脉、甲状腺上动脉、面动脉、上颌动脉、颞浅动脉、锁骨下动脉、椎动脉、腋动脉、肱动脉、桡动脉和尺动脉、颈动脉窦、掌浅弓和掌深弓。

4. 在头颈和躯干动脉标本上观察腹腔干、胃左动脉、肝总动脉、肝固有动脉、脾动脉、肠系膜上、下动脉、肾动脉、腰动脉、睾丸（卵巢）动脉和肋间后动脉。

5. 在盆部和下肢的动脉、神经标本及盆部血管模型上观察、辨认髂总动脉、髂内动脉、髂外动脉、子宫动脉、股动脉、腘动脉、胫前动脉、胫后动脉和足背动脉。

6. 结合标本，在活体上触摸面动脉、颞浅动脉、锁骨下动脉、肱动脉、桡动脉、股动脉和足背动脉的搏动，找出压迫止血点，确认测听血压部位及切脉部位。

三、静脉

▶ **实验目标**

1. 掌握头静脉、贵要静脉、肘正中静脉、大隐静脉和小隐静脉的起止、行程。

2. 熟悉上腔静脉、头臂静脉、颈内静脉、颈外静脉、锁骨下静脉、下腔静脉、髂总静脉、髂内静脉和髂外静脉的收集范围。

3. 了肝门静脉的组成和主要属支，肝门静脉与上、下腔静脉的吻合部位。

▶ **实验材料**

1. 全身静脉标本。

2. 离体肝标本。

▶ **实验内容和方法**

1. 在全身静脉标本上观察、辨认上腔静脉、头臂静脉、锁骨下静脉、颈内静脉、颈外静脉、静脉角和奇静脉。观察、辨认下腔静脉、肾静脉、睾丸（卵巢）静脉、髂总静脉、髂外静脉、髂内静脉、肝门静脉及主要属支和肝静脉。

2. 结合活体观察、辨认上肢的头静脉、贵要静脉、肘正中静脉、手背静脉网、大隐静脉、小隐静脉和足背静脉弓。

四、淋巴系统

▶ **实验目标**

1. 掌握淋巴导管的起止、行程、收纳范围和注入部位，脾的形态和位置。

2. 熟悉全身主要淋巴结群位置。

3. 了解胸腺的形态和位置。

▶ **实验材料**

1. 头颈躯干淋巴标本。

2. 离体脾标本和模型。

3. 小儿胸腺标本。

▶ **实验内容和方法**

1. 在头颈躯干淋巴标本上观察胸导管起止、走行及乳糜池；辨认右淋巴导管和全身主要淋巴结群。

2. 利用头颈躯干淋巴标本、离体脾标本、人体骨架标本观察脾的形态和位置。

3. 利用小儿胸腺标本观察胸腺形态和位置。

（董　博）

实验十三　循环系统的微细结构

▶ **实验目标**

1. 掌握中动脉壁和淋巴结的微细结构。
2. 了解心壁和脾的微细结构。

▶ **实验材料**

1. 心组织切片（HE 染色）。
2. 中动脉和中静脉组织切片（HE 染色）。
3. 淋巴结组织切片（HE 染色）。
4. 脾的组织切片（HE 染色）。
5. 光学显微镜

▶ **实验内容和方法**

1. 观察心切片（HE 染色）

（1）肉眼观察：标本为长条形，上、下两缘分别是心内膜及心外膜（或反之），两层之间为特厚的心肌膜。

（2）低倍镜下观察：心壁分为心内膜、心肌膜及心外膜 3 层。切片一端边缘平整，染色浅淡的为心内膜，另一端边缘凹凸不平，上皮下有许多脂肪组织与血管的为心外膜。心内膜与心外膜之间为很厚的心肌膜，可见心肌纵、横、斜的不同断面。

（3）高倍镜下观察

①心内膜：内皮，细胞呈扁平状，细胞呈扁圆形，染色较淡，胞质不明显。内皮下层，为薄层结缔组织。心内膜下层为疏松结缔组织，含小血管和神经。有的部位的结缔组织中含有心脏传导系统的细胞。

②心肌膜：由心肌纤维构成。可见纵、横和斜各种断面，在纵断面上可见闰盘。

③心外膜：由外表面的间皮和薄层结缔组织构成，含有血管、神经纤维，常有结缔组织。

2. 观察中动脉和中静脉组织切片（HE 染色）

（1）肉眼观察：切片中有两个血管横断面。管壁厚、腔小而圆的是动脉，而管壁薄、腔大而不规则的是静脉。

（2）低倍镜下观察：中动脉和中静脉管壁由内向外分 3 层，即内膜、中膜和外膜。

①中动脉：内膜，很薄，最外层有呈亮红色波纹状的内弹性膜，它是内膜与中膜的分界标志。中膜，较厚，红色，主要由数十层环形平滑肌组成。外膜，由结缔组织构成。

②中静脉：管壁薄，3 层分界不明显，内弹性膜不明显，环形平滑肌层数少。

（3）高倍镜下观察：观察中动脉。

①内膜：很薄，最内层为内皮，内皮细胞染色深，并突向管腔；内皮下层为极薄的结缔组织，很薄，不易分辨；内皮下层的最外侧一层粉红色呈波浪状的折光性强的亮带为内弹性膜。

②中膜：由数十层环行平滑肌纤维组成。肌纤维之间有胶原纤维和弹性纤维。

③外膜：为疏松结缔组织，含胶原纤维和营养小血管的断面。与中膜相连处为外弹性膜，呈波浪状，着浅红色。

3. 观察淋巴结组织切片（HE 染色）

（1）肉眼观察：淋巴结的纵切面为椭圆形，周围染色深的是皮质，中央染色浅的是髓质。

（2）低倍镜观察：淋巴结表面是薄层的结缔组织，染成淡红色。淋巴结一侧凹陷是淋巴结门，可能看到输出淋巴管；另一侧隆凸，可能看到输入淋巴管。实质分周围染色深的皮质和中央染色浅的髓质。实质内看到的淡红色条索状或块状结构是小梁。

①皮质：位于被膜深面，由浅层皮质、副皮质区和皮质淋巴窦组成。浅层皮质是含淋巴小结及小结之间的弥散淋巴组织。淋巴小结是淋巴组织构成的球形结构，淋巴细胞密集，淋巴小结中央染色较浅的区域为生发中心。副皮质区位于浅层皮质深面，为较大片的弥散淋巴组织，主要含 T 细胞。皮质淋巴窦位于被膜下和小梁周围，染色浅淡明亮。

②髓质：位于皮质深面，由髓索和髓窦组成。髓索呈紫红色条索状或块状，相互连接成网。髓窦位于髓索之间和髓索与小梁之间，染色浅淡明亮。

（3）高倍镜观察

①淋巴小结的生发中心，色较浅，由大、中型淋巴细胞构成；淋巴小结的边缘，色较深，由小淋巴细胞构成。

②髓窦的窦壁由扁平内皮细胞构成，不易区分。窦腔内充满星状的内皮细胞，内皮细胞的突起互相连接成网，网眼内有少量淋巴细胞和巨噬细胞。

4. 观察脾的组织切片（HE 染色）

（1）肉眼观察：标本呈不规则椭圆形，边缘染红色部分为被膜，在实质中可见散在的深蓝色圆形或椭圆形小体，即脾的白髓；染淡红色部分是红髓。

（2）低倍镜下辨认：被膜、小梁、白髓和红髓。

①被膜和小梁：被膜较厚，呈粉红色。小梁呈索状或块状，粉红色。

②白髓：是散在的染成深蓝色的条索状和球状结构。

③红髓：是染色较浅的红色部分。

（3）高倍镜下观察

①被膜和小梁：被膜的结缔组织中含有弹性纤维和结缔组织纤维。被膜的表面覆盖间皮。实质中有小梁的各种断面，有的断面可见血管。

②白髓：在淋巴小结的一侧，中央动脉周围包绕一厚层弥散淋巴组织，呈长筒状或圆圈状，称为动脉周围淋巴鞘。脾小结常位于动脉周围淋巴鞘的一侧，染色浅区为生发中心。

③红髓：脾索由淋巴组织构成，呈不规则条索状，其内含有许多血细胞；脾窦为位于脾索与脾索之间的不规则腔隙。

（董　博）

实验十四　感觉器

一、眼

▶ 实验目标

1. 掌握眼球壁的层次，各层次的分部和形态结构；眼球内容物的组成、形态及位置；眼的屈光系统的组成；眼球外肌的名称和作用。

2. 熟悉结膜的分部及其位置。

3. 了解泪器的组成、各部的位置。

▶ 实验材料

1. 眼球标本和模型。
2. 新鲜猪或牛眼球标本若干。
3. 泪器的解剖标本和模型。
4. 眼球外肌的解剖标本和模型。

▶ 实验内容与方法

1. 在活体上确认角膜、巩膜、虹膜、瞳孔和眼球前房等结构。
2. **眼睑** 在标本和活体上，观察上、下睑缘、内眦、外眦和睫毛。
3. **结膜** 在标本和活体上，观察睑结膜、球结膜、结膜上穹和结膜下穹。
4. **泪器** 取泪器解剖标本和模型，观察泪腺的位置。在上、下睑缘近内眦处观察泪点；在泪囊窝内观察泪囊的形态及其上、下泪小管和鼻泪管的关系。
5. 取眼球标本，观察其外形及视神经的附着部位。
6. **眼球壁** 取眼球冠状切面标本和模型，观察眼球壁由外向内分为3层：眼球纤维膜、眼球血管膜和视网膜。
7. **眼球内容物** 取眼球做冠状切面，观察：充满于眼球内的透明胶状物为玻璃体；移去玻璃体，可见晶状体；用镊子轻提晶状体，可见其与睫状体的睫状突之间有纤细的睫状小带；角膜与晶状体之间的间隙为眼房，被虹膜分为眼球前房和眼球后房。
8. 将眼球做矢状切面，观察眼球前房、眼球后房、晶状体和玻璃体；辨认眼球壁的3层结构。
9. **眼球外肌** 取眼球外肌解剖标本和模型，观察各眼球外肌的位置和肌束的方向。

二、耳

▶ 实验目标

1. 掌握耳的组成。
2. 熟悉乳突窦、乳突小房和咽鼓管的位置及通连关系。鼓膜的位置和形态。听觉感受器和位置觉感受器的位置。鼓室的6个壁及其主要结构、毗邻，听小骨的名称和连结。
3. 了解外耳的组成及外耳道的形态。骨迷路和膜迷路各部的形态。

▶ 实验材料

1. 耳的解剖标本。
2. 颞骨的锯开标本。
3. 听小骨标本。
4. 耳模型。
5. 颞骨与鼓室模型。
6. 听小骨模型。
7. 内耳模型。

▶ 实验内容与方法

1. **外耳** 取耳的模型和解剖标本，结合活体观察：耳郭的形态，外耳道的分部和弯曲，鼓膜的位置、形态和分部及其与外耳道之间的位置关系。

2. **中耳** 取颞骨锯开标本结合颅骨标本、耳的模型和解剖标本观察如下。

鼓室的位置、形态；中耳各部的位置；鼓室的位置、鼓室的6个壁；听小骨的组成和连结关系；乳突小房和咽鼓管的位置及连通关系等。

3. **内耳** 取耳的解剖标本和内耳模型，观察：颞骨中内耳的位置；骨迷路和膜迷路的位置关系；骨迷路的骨半规管、前庭和耳蜗；膜迷路的膜半规管、椭圆囊和球囊、蜗管；椭圆囊和球囊壁上的椭圆囊斑和球囊斑；耳蜗内的蜗管等。

三、皮肤

▶ **实验目标**

1. 熟悉皮肤各层次结构的组成和特点，以及皮肤的微细结构。
2. 了解皮肤的附属结构。

▶ **实验材料**

1. 人的皮肤模型。
2. 人的头皮切片（HE染色）。
3. 手指皮肤切片（HE染色）。

▶ **实验内容与方法**

1. 取皮肤模型观察，区分表皮、真皮和皮下组织；表皮5层细胞的排列；毛囊和毛乳头的形态；立毛肌的位置；皮脂腺的位置和开口部位；汗腺的位置和开口等。
2. 手指皮肤切片（HE染色）
（1）肉眼观：染色较深的区域为表皮，表皮下方为真皮和皮下组织。
（2）低倍镜观察：①表皮，为角化的复层扁平上皮，角质层较厚；②真皮，为致密结缔组织，可分为乳头层和网状层；③皮下组织，位于真皮深面，主要由疏松结缔组织和脂肪组织构成。
（3）高倍镜观察
①表皮分为5层
基底层：为一层立方形或矮柱状细胞组成，细胞核呈圆形或椭圆形。
棘层：位于基底层浅面，由4～10层多边形的细胞组成。胞体较大，向四周伸出许多细短的棘状突起。
颗粒层：位于棘层浅面，由3～5层梭形细胞组成。细胞核已趋退化，胞质内可见许多嗜碱性的透明角质颗粒。
透明层：位于颗粒层浅面，由2～3层扁平细胞组成。细胞核和细胞器均已退化消失，细胞界限不清，呈嗜酸性透明均质状。
角质层：是表皮的最外层，由多层扁平的角质细胞组成。角质细胞界限不清，无细胞核和细胞器，是干硬的死细胞，胞质充满均质状嗜酸性的角蛋白。浅层角质细胞连接松散，脱落后形成皮屑。
②真皮：为致密结缔组织，分为乳头层和网状层。
乳头层：结缔组织凸入表皮基底部呈乳头状隆起，称真皮乳头。乳头层内含丰富的毛细血管，可见椭圆形触觉小体。
网状层：位于乳头层深面，由致密结缔组织构成。粗大的胶原纤维束交织成网，并含有许多弹性纤维。可见较大的血管、淋巴管，还可见汗腺断面和环层小体等结构。

3. 人的头皮切片（HE 染色）

（1）肉眼观：表皮薄，呈紫蓝色，其深部的真皮染成红色，可见管状毛囊。

（2）低倍观察：①表皮，为角化的复层扁平上皮，较薄；②真皮，乳头层不明显。可见皮脂腺、汗腺和毛根、毛囊、毛乳头。

（3）高倍镜观察

①表皮基底层、棘层和角质层明显，颗粒层较薄，无透明层。

②真皮内可见许多纵切、斜切、横切的毛囊断面，中间有毛根，其末端有毛球和毛乳头。毛根外层由复层扁平上皮包绕，与表皮相连。

③皮脂腺位于毛囊一侧，呈空泡状。皮脂腺下方的斜行平滑肌束为竖毛肌。

④真皮深面或皮下组织内有成团状的汗腺。

（彭海峰）

实验十五　神经系统

一、中枢神经系统

▶ 实验目标

1. 掌握脊髓的位置、外形；熟悉其内部结构。脑的位置、分部、各部外形结构、大脑皮质功能区；熟悉背侧丘脑、大脑基底核、内囊。脑和脊髓 3 层被膜的位置关系、硬膜外隙、蛛网膜下隙；了解硬脑膜形成结构。

2. 熟悉分布于脑和脊髓的动脉及主要分支、大脑动脉环的组成；了解脑和脊髓的静脉。

3. 了解神经传导通路。

▶ 实验材料

1. 脊髓的标本、模型。

2. 脑外形、脑血管标本、模型。

3. 脑水平面、矢状面标本、模型。

4. 脑干和间脑标本与模型。

5. 透明脑干电动模型。

6. 脑和脊髓的被膜标本与模型。

7. 小脑标本与模型、小脑水平切面标本。

8. 神经传导通路模型。

▶ 实验内容与方法

1. 脊髓

（1）在打开椎管的标本上，观察脊髓的位置、颈膨大、腰骶膨大、脊髓圆锥。

（2）利用离体脊髓标本，观察前正中裂、后正中沟、前外侧沟、后外侧沟及脊神经前根与后根。

（3）在脊髓横切面标本上，识别脊髓中央管、白质，灰质的前角、后角及侧角。

2. 脑

（1）在整脑和脑正中矢状切面标本或脑模型上，区分端脑、间脑、中脑、脑桥、延髓、小脑。

（2）在脑干的标本或模型上观察

腹侧面：识别延髓前正中裂、锥体、橄榄、与延髓相连的四对脑神经根（舌咽神经根、迷走神经根、副神经根及舌下神经根）；脑桥基底沟、延髓脑桥沟、与脑桥相连的 4 对脑神经根（三叉神经根、展神经根、面神经根及前庭蜗神经根）；中脑大脑脚、动眼神经根。

脑干背侧：识别薄束结节、楔束结节、菱形窝、上丘、下丘、滑车神经根。

（3）透明脑干电动模型上观察脑干内部结构：脑神经核、主要传导中继核和脑干内的主要纤维束。

（4）间脑标本或模型上区分背侧丘脑、下丘脑、后丘脑及第三脑室的位置。识别下丘脑的组成：视交叉、灰结节、乳头体、漏斗、垂体。识别后丘脑组成：内侧膝状体、外侧膝状体。

（5）小脑标本上观察小脑蚓、小脑半球及小脑扁桃体；小脑水平切面上辨认小脑皮质、髓质及齿状核。

（6）端脑在整脑标本或模型上，辨认大脑纵裂、大脑横裂，胼胝体。

①大脑半球标本上识别端脑的 3 个面：上外侧面、内侧面和底面；主要叶间沟，如外侧沟、中央沟和顶枕沟；大脑半球分叶，如额叶、顶叶、颞叶、枕叶和岛叶。

②大脑半球主要沟、回

上外侧面：额叶，中央前沟、中央前回、额上沟、额下沟、额上回、额中回、额下回；顶叶，中央后沟、中央后回、缘上回、角回；颞叶，颞上沟、颞下沟、颞上回、颞中回、颞下回、颞横回。

内侧面：胼胝体、扣带回、中央旁小叶、海马旁回及钩、距状沟。

底面：嗅球、嗅束。

③大脑半球内部结构：利用大脑半球标本或模型确定各皮质功能区的位置。利用脑水平面标本观察各基底核、内囊及侧脑室。

3. 脑和脊髓的被膜

（1）利用脑和脊髓被膜标本及相关模型，观察辨认硬膜、蛛网膜与软膜。确认硬膜外隙、蛛网膜下隙的位置。

（2）观察硬脑膜的形成结构：大脑镰、小脑幕、上矢状窦（其内有蛛网膜粒）、下矢状窦、直窦、窦汇、横窦、乙状窦。

4. 脑和脊髓的血管

（1）在脑的血管标本或模型上，观察辨认：大脑中动脉、大脑前动脉、大脑后动脉、前后交通动脉、大脑动脉环，以及大脑中动脉中央支的分布。

（2）在脊髓的血管标本上观察脊髓前、后动脉。

5. 神经传导通路　利用神经传导通路模型，熟悉主要神经传导通路路径。

二、周围神经系统

▶ **实验目标**

1. 掌握各脊神经丛的组成、位置及主要分支分布。

2. 熟悉 12 对脑神经的连脑部位、走行及分布。

3. 了解内脏神经。

▶ **实验材料**

1. 脊神经丛及主要脊神经标本。

2. 脑神经标本。

3. 内脏神经标本模型。

▶ **实验内容与方法**

1. 利用脊神经丛标本，辨认：颈丛、臂丛、腰丛与骶丛。

2. 利用脊神经标本，辨认：膈神经、正中神经、尺神经、桡神经、腋神经、肌皮神经、肋间神经、肋下神经、髂腹下神经、髂腹股沟神经、股神经、闭孔神经、臀上神经、臀下神经、阴部内神经、坐骨神经、胫神经、腓总神经。

3. 利用脑神经标本，辨认：嗅神经、视神经、动眼神经、滑车神经、三叉神经、展神经、面神经、前庭蜗神经、舌咽神经、迷走神经、副神经、舌下神经。

4. 利用内脏神经标本与模型，辨认：交感干、腹腔神经节、肠系膜上神经节、肠系膜下神经、灰交通支、白交通支。

（孟繁伟　接琳琳）

实验十六　内分泌系统

一、内分泌腺的大体结构

▶ **实验目标**

1. 掌握甲状腺、肾上腺和垂体的形态和位置。

2. 熟悉甲状旁腺的形态和位置。

3. 了解松果体的位置和形态。

▶ **实验材料**

1. 颈部的解剖标本。

2. 离体的喉、气管和甲状腺的标本。

3. 腹膜后间隙的器官标本。

4. 头部的正中矢状切面标本。

5. 颅底标本。

6. 小儿胸腺标本（童尸）。

7. 显示甲状腺、肾上腺、垂体模型。

8. 间脑、脑干标本和模型。

▶ **实验内容与方法**

1. **甲状腺**　取颈部的解剖标本、离体的喉、气管和甲状腺的标本，观察甲状腺的形态（左叶、右叶、甲状腺峡、锥状叶）和位置。

2. **甲状旁腺**　取离体的喉、气管和甲状腺的标本，在甲状腺左、右叶的后缘寻认甲状旁腺，注意甲状旁腺的形态、数量及与甲状腺的关系。

3. **肾上腺** 取腹膜后间隙的器官标本，观察肾上腺的位置和形态。

4. **垂体** 取头部正中矢状切面标本，结合颅底标本，观察垂体的位置、形态及与视交叉的毗邻关系。

5. **胸腺** 取小儿胸腺标本（童尸），观察胸腺的位置和形态。

6. **松果体** 取头部的正中矢状切面标本，间脑、脑干标本和模型，观察松果体的位置和形态。

二、内分泌腺的微细结构

▶ 实验目标

1. 掌握甲状腺、肾上腺的微细结构。
2. 熟悉腺垂体的微细结构。

▶ 实验材料

1. 甲状腺切片（HE 染色）。
2. 肾上腺切片（HE 染色）。
3. 垂体切片（HE 染色）。

▶ 实验内容与方法

1. 学生自己观察甲状腺切片（HE 染色）、肾上腺切片（HE 染色）

（1）甲状腺切片（HE 染色）

①低倍镜观察：可见许多大小不等的甲状腺滤泡的切面，滤泡腔内充满染成红色的胶状物质。滤泡之间为结缔组织。

②高倍镜观察：滤泡壁由单层立方形上皮细胞构成，核圆形，位于细胞中央。在滤泡上皮细胞之间和滤泡之间的结缔组织内，观察滤泡旁细胞，其数量较少，体积较大，呈卵圆形，细胞染色浅，细胞核圆形。

（2）肾上腺切片（HE 染色）

①低倍镜观察：表面为结缔组织构成的被膜，染成红色。被膜的深面为实质，分为浅表的皮质和深部的髓质。观察皮质，由浅入深依次分为球状带、束状带和网状带。

②高倍镜观察

a. 肾上腺皮质：球状带位于皮质浅层，较薄，细胞呈矮柱状，排列成球状团块；束状带位于球状带的深面，最厚，细胞呈立方形或多边形，排列成索状；网状带位于皮质的内层，较薄，细胞呈多边形，排列成索，相互连接成网。

b. 肾上腺髓质：位于肾上腺的中央部，染成紫蓝色。主要由髓质细胞构成。髓质细胞体积较大，呈多边形。

2. 示教 垂体切片（HE 染色）。

3. 绘图 绘制低倍镜下肾上腺切片（HE 染色）图，注明肾上腺皮质的球状带、束状带、网状带和肾上腺髓质。

（徐杨超）

实验十七　人体胚胎发育

▶ 实验目标

1. 掌握受精和卵裂的过程，胚泡的结构特点，胎盘的形态结构。
2. 熟悉蜕膜的分部及各部的位置。
3. 了解 3 胚层的形成及早期分化。

▶ 实验材料

1. 卵裂及桑葚胚模型。
2. 胚泡模型。
3. 妊娠子宫剖面模型。
4. 蜕膜模型。
5. 胚盘模型。
6. 神经管形成模型。
7. 体节形成模型。
8. 三胚层形成系列模型。
9. 第 2 ~ 7 周的胚胎标本和模型。
10. 胎盘标本。

▶ 实验内容与方法

1. **卵裂**　取卵裂和桑葚胚模型，观察卵裂球形态；观察桑葚胚的形态。
2. **胚泡**　取胚泡模型，观察胚泡滋养层、胚泡腔、内细胞群的位置。
3. **蜕膜**　取妊娠子宫剖面模型、蜕膜模型，观察子宫内膜与胚胎的关系。胚泡深部的蜕膜为底蜕膜；包在胚泡表面的蜕膜为包蜕膜；胚泡植入处以外的蜕膜为壁蜕膜。
4. **三胚层的形成与分化**　取三胚层和第 2 ~ 7 周胚胎标本、模型，观察如下。
（1）内胚层和外胚层：大约受精后第 2 周，内细胞群分化成两层细胞，面向胚泡腔的一层细胞是内胚层；内胚层与极端滋养层之间的一层细胞是外胚层。内胚层与外胚层紧密相贴，构成胚盘。
（2）羊膜腔和卵黄囊：外胚层和滋养层之间的空隙是羊膜腔。内胚层腹侧的小囊是卵黄囊。
（3）胚外中胚层和胚外体腔：在内、外胚层形成的同时，滋养层细胞不断分裂增生，由一层变成两层，外层细胞界限不清，称为合体滋养层；内层细胞界限清晰，称为细胞滋养层。细胞滋养层不断增生，并向胚泡腔内增生出许多星状细胞，填充在胚泡腔内，称为胚外中胚层。胚外中胚层中形成的腔隙，称为胚外体腔。
（4）中胚层：胚胎第 3 周初，在胚盘尾端的中轴线上，外胚层细胞增生，形成一条纵行的细胞索，称为原条。原条细胞不断增生，并向腹侧内陷在内、外胚层之间，向左右及头尾方向伸展，形成新的细胞层，称为胚内中胚层（简称中胚层）。于是胚盘由两层演变成具有 3 个胚层的胚盘。
5. **胎膜和胎盘**
（1）绒毛膜：由滋养层和胚外中胚层构成，其外表面的突起为绒毛。
（2）羊膜：由滋养层和胚外中胚层构成，包裹脐带和胎盘。羊膜所围成的腔，是羊膜腔。
（3）脐带：是连接胚胎和胎盘的圆索状结构。脐带内有 1 对脐动脉和 1 条脐静脉。

（4）胎盘：由胎儿的丛密绒毛膜和母体子宫的底蜕膜共同构成。观察胎盘的形态：胎盘呈圆盘状，一面光滑，覆有羊膜为胎盘的胎儿面，中央连有脐带；另一面粗糙不平为胎盘的母体面。

（袁　鹏）

护理应用解剖学简介

护理应用解剖学是在系统解剖学、局部解剖学和断层解剖学的基础上发展起来的一门新兴学科。以研究护理专业所涉及的器官位置、形态、结构和毗邻关系为目的，其特点是将解剖学的相关知识与护理专业的相关内容有机地结合起来，研究器官的位置、形态、结构、毗邻，并阐述护理操作的定位、局部层次结构与操作关系及操作的注意事项。将解剖学知识与临床具体应用结合起来，提高了学生的学习兴趣和教学效果，使学生的基础理论知识和临床应用技能都得到了提高，为提高操作的准确性和成功率奠定了基础。本章仅就常用的护理应用解剖知识做一些介绍。

一、注射技术的应用解剖

（一）皮内注射术

1. **目的**　皮内注射术是将药物注入表皮与真皮之间的注射技术。可用于药物过敏试验、抗毒血清测敏试验及接种卡介苗等。

2. **应用解剖学基础**　皮肤由表皮和真皮构成，覆盖于人体的表面，具有重要的保护作用。皮肤内含有丰富的感觉神经末梢，能感受多种理化刺激，并参与体温调节和排泄代谢产物。表皮位于皮肤的浅层，厚 0.07 ~ 0.12 mm，各处厚薄不一。表皮内一般无血管，但有丰富的感觉神经末梢，以疼痛刺激最为敏感。表皮由浅入深依次分为角质层、透明层、颗粒层、棘层和基底层。真皮由致密结缔组织构成，位于表皮深层，厚 1 ~ 2 mm。按其结构特点分为乳头层和网状层两层。乳头层较薄，因向表皮底部凸出，形成许多嵴状或乳头状隆起而得名。乳头层内有丰富的血管、游离神经末梢和触觉小体；网状层较厚，位于乳头层深面，两者之间无明显分界。网状层含有较多的血管、淋巴管和神经。真皮中含有粗大的胶原纤维和弹性纤维，两者交织成网，使真皮具有弹性和韧性。

3. **操作的解剖学要点**

（1）部位选择：用于药物过敏试验或抗毒血清测敏试验时，常选择在前臂前面下端正中；接种卡介苗时多选择在三角肌外下缘处。

（2）体位参考：患者取坐位或仰卧位，操作者站在患者对面。

（3）穿经结构：由浅入深注射针头斜行穿过表皮各层至表皮与真皮乳头层之间。

（4）进针要点与失误防范：左手绷紧皮肤，右手持注射器，针尖斜面朝上，与皮肤呈10° ~ 15° 刺入皮内，待针尖斜面全部进入皮内后放平注射器，针头在皮内时可从皮肤表面透视到针尖斜面，如不能看见则提示穿刺过深。进针时注意掌握好刺入的角度和深度，刺入过浅易形成皮肤划痕且不能注入药物。皮肤内含有丰富的感觉神经末梢，故皮内注射时疼痛明显，应熟练操作，减少失误和缩短注射时间。

（二）皮下注射术

1. 目的　皮下注射是将药液注入皮下组织内。可用于胰岛素和肾上腺素等注射。

2. 应用解剖学基础　皮下组织即浅筋膜，由位于皮肤和深筋膜之间的疏松结缔组织和脂肪组织构成。皮下组织内含有丰富的血管、神经、淋巴管及纤维成分。皮下组织的厚度随年龄、性别和部位不同而有差别，如腹部皮下组织可达 3 cm，而眼睑等处因不含脂肪，皮下组织较薄。

3. 操作的解剖学要点

（1）部位选择：注射点选择在臂外侧三角肌下缘中区处，亦可在前臂外侧、腹壁、背部及股外侧部等处。因为这些部位皮下组织疏松，便于注射。

（2）体位参考：患者取坐位或仰卧位。

（3）穿经结构：注射针头依次穿过表皮、真皮达皮下组织。

（4）进针要点与失误防范：术者用左手绷紧注射部位的皮肤，右手持注射器，针头斜面朝上，使针与皮肤呈 30°～40°，斜行刺入皮下组织，进针深度一般为针梗的 2/3。皮下注射应注意以下几点：①由于皮肤内含有丰富的感觉神经末梢，为减少疼痛，进针和拔针时动作应迅速；②浅筋膜内含有较大的静脉，为防止药液直接入血，进针后应回抽，无回血后方可注入药物；③注射不宜过浅，以免将药液注入皮内。

（三）肌内注射术

肌内注射术是临床上常用的注射技术。凡不宜口服的药物或患者不能口服时，可采用肌内注射法给药。

1. 臀大肌注射术

（1）应用解剖学基础

①臀大肌：为臀肌中最厚且表浅的肌，近似四方形，几乎占据整个臀部皮下。起于髂前上棘至尾骨尖之间的深层结构，肌纤维向外下止于髂胫束和股骨的臀肌粗隆。小儿此肌不发达。

②臀大肌筋膜：该筋膜为臀区的固有筋膜，向深面发出许多纤维隔，使臀大肌与筋膜牢固结合。

③臀部的血管、神经：臀下动、静脉和臀下神经，通过梨状肌下孔出盆腔，三者相互伴行，分布于臀大肌等处，各主干穿出梨状肌下孔处的体表投影为髂后上棘至坐骨结节连线的中点处；臀上动、静脉和臀上神经，通过梨状肌上孔出盆腔，主要分布于臀中、小肌等处，它们出梨状肌上孔的体表投影为髂后上棘至股骨大转子尖连线的上、中 1/3 段交界处；阴部内动、静脉和阴部神经，通过梨状肌下孔出盆腔，再经坐骨小孔至会阴部，阴部内静脉位于阴部内动脉的内侧；坐骨神经，为全身最粗大的神经，起始部宽约 2 cm，经梨状肌下孔穿出至臀大肌中部深面，约在坐骨结节与股骨大转子连线的中点处下降至股后部。

④臀区皮肤和浅筋膜：臀区皮肤较厚，浅筋膜内含有大量的脂肪组织，故该区浅筋膜较厚，中年女性此处厚度可达 2～4 cm。

（2）操作的解剖学要点

①部位选择：臀大肌注射区的定位方法有两种。十字法，从臀裂顶点向外划一水平线，再经髂嵴最高点向下做一垂线，其外上 1/4 为注射区。连线法，将髂前上棘至骶尾结合处做一连线，将此连线分为 3 等份，其外上 1/3 为注射区。

②体位参考：患者多取侧卧位，下方的腿微弯曲，上方的腿自然伸直；或取俯卧位，足尖相对，足跟分开；亦可取坐位。

③穿经层次：注射针头依次穿过皮肤、浅筋膜、臀肌筋膜至臀大肌。

④进针要点与失误防范：选准注射部位，术者左手绷紧注射区皮肤，右手持注射器，使针头与皮肤垂直，快速刺入 2.5～3.0 cm 即达臀大肌。注射时注意以下几点：用十字法或连线

法选准注射区，注射点处应无炎症、硬结及压痛。用十字法选区时，因臀外上 1/4 区内下角靠近臀下血管、神经和坐骨神经，故注射时应避开此区的内下角。为避免损伤坐骨神经，进针时针尖勿向内下倾斜。因臀大肌发达，在肌肉紧张时易发生折针，预防的方法是在肌肉松弛情况下快速进针，针梗应垂直刺入，不可在肌内改变方向和撬动。针梗的 1/3 应保留在体外，以防针梗从根部焊接处折断。如果折断，应保持局部和肢体不动，迅速用止血钳夹住断端取出。注射的深度因人而异，因臀区皮下组织较厚，成人臀大肌注射时针梗不应短于 4.5 cm，注射过浅针尖达不到肌肉时，易引起皮下硬结和疼痛。婴幼儿臀区较小，肌肉不发达，不宜做臀肌注射。进针后应回抽活塞，无回血方可注射。

2. 臀中肌、臀小肌注射术

（1）应用解剖学基础

①臀中肌：呈扇形，前上部位于皮下，后下部被臀大肌覆盖，前缘为阔筋膜张肌，下缘为梨状肌。肌纤维起于髂嵴背面，止于股骨大转子。

②臀小肌：位于臀中肌深面，其形态、起止、功能和血管神经分布都与臀中肌相同，故可将此肌视为臀中肌的一部分。

③臀上血管：臀上动脉为臀中、小肌的供血动脉，起自髂内动脉后干，至臀部后即分为深、浅两支。浅支至臀大肌深面，营养该肌，深支位于臀中肌的深部，分为上、下两支，上支沿臀小肌上缘行进，与旋髂深动脉和旋股外侧动脉的升支吻合，下支在臀中肌与臀小肌之间向外行进，分支营养该两肌。在髂结节下方，臀上动脉的深上支与深下支相距约 5.9 cm。臀上静脉与臀上动脉伴行注入髂内静脉。

（2）操作的解剖学要点

①部位选择：臀中肌、臀小肌注射部位的选择方法有两种。髂前上棘后三角区，术者将示指指尖置于髂前上棘（由后向前，右侧用左手，左侧用右手），中指尽量与示指分开，中指尖紧按髂嵴下缘，此时，示指、中指及髂嵴围成的三角区为注射区。髂前上棘后下三横指处。

②体位参考：患者取侧卧位或俯卧位。

③穿经结构：注射针依次穿过皮肤、浅筋膜、臀肌筋膜至臀中肌或臀小肌。

④进针要点与失误防范：进针技术及失误防范基本同臀大肌注射法。注射深度略小于臀大肌注射，此注射区皮下脂肪较薄，成人约 0.8 cm，臀中肌和臀小肌平均厚度约 2.5 cm，进针时不宜过深，以免针尖触及骨面。

3. 三角肌注射术

（1）应用解剖学基础

①三角肌：呈三角形，底朝上，起自锁骨外 1/3、肩峰、肩胛冈及肩胛筋膜，整块肌从前、外、后三方包绕肩关节，止于三角肌粗隆。

②三角肌的血管、神经：前外侧部由胸肩峰动脉的三角肌支分布，后部由旋肩胛动脉的分支分布，旋肱后动脉经四边孔至三角肌，为三角肌的主要分支。腋神经从臂丛后束分出，与旋肱后动脉伴行至三角肌。

③三角肌的分区：以两条水平线和两条垂线将三角肌分为 9 个区域。

④三角肌区皮肤：较厚，皮下组织较薄。

（2）操作的解剖学要点

①部位选择：三角肌九区法中的中间区为注射区。

②体位参考：患者取坐位。

③进针层次：注射针依次经过皮肤、浅筋膜、深筋膜至三角肌。

④进针要点与失误防范：进针技术同臀大肌注射法。做三角肌注射时应注意以下几点：三角肌不发达者不宜在此作肌内注射，以免刺至骨面，造成折针，必要时可提捏起三角肌斜刺进

针；三角肌区注射时，针尖勿向前内斜刺，以免伤及近腋窝处的血管、神经；三角肌后区注射时，针头切勿向后下偏斜，以免损伤桡神经。

二、穿刺技术的应用解剖

（一）浅静脉穿刺术

1. **目的** 主要用于采血、输血、补液和注射药物等。

2. **应用解剖学基础** 浅静脉位于皮下组织内，又称为皮下静脉。浅静脉的位置表浅，透过皮肤易于看见。浅静脉无动脉伴行，数量较多，多吻合成静脉网。浅静脉有静脉瓣，以四肢居多，下肢多于上肢。静脉管壁薄，平滑肌和弹性纤维较少，收缩性和弹性较差，故当血容量明显减少时，静脉管壁可发生塌陷。其内血流缓慢，尤以近心端受到压迫或压力增高时更甚，且常出现静脉充盈。

（1）头颈部的静脉

①头皮静脉：位于颅外皮下组织内，数量多，在额部和颞区相互交通呈网状，表浅易见。静脉管壁被头皮内纤维隔固定，不易滑动，且头皮静脉没有瓣膜，正逆方向都能穿刺，只要操作方便即可，故特别适合于婴幼儿穿刺，也可用于成人。头皮静脉中的主要静脉有：颞浅静脉，起于颅顶及颞区软组织，在颞筋膜的浅面，颧弓根部稍上方汇合成前、后两支。前支与眶上静脉交通，后支与枕静脉、耳后静脉吻合，且有交通支与颅顶导静脉相通。前、后支于颧弓根部处汇合成为颞浅静脉，下行至腮腺深面注入面后静脉。滑车上静脉，起自冠状缝处的小静脉，沿额部浅层下行，与眶上静脉末端汇合，构成内眦静脉。眶上静脉，自额结节处起始，斜向内下走行，于内眦处构成内眦静脉。

②颈外静脉：为颈部最粗大的浅静脉，收集颅外大部分静脉血和部分面部深层结构的静脉血。颈外静脉由前、后根组成，前根为面后静脉的后支，后根由枕静脉与耳后静脉汇合而成，两根于下颌角处汇合，沿胸锁乳突肌浅面斜向后下，至该肌后缘、锁骨中点上方约 2.5 cm 处穿过颈部固有筋膜注入锁骨下静脉或静脉角。此静脉在锁骨中点上方 2.5 ~ 5.0 cm 处内有一对瓣膜，瓣膜下方常扩大形成静脉窦。颈外静脉的体表投影相当于同侧下颌角与锁骨中点的连线。由于颈外静脉仅被皮肤、浅筋膜和颈阔肌覆盖，位置表浅，管径较大，常被选作小儿穿刺抽血的静脉，尤其小儿啼哭或压迫该静脉近心端时，静脉怒张更加明显，更易于穿刺。颈部皮肤移动性大，不易固定，通常颈外静脉不作为穿刺输液的血管。

（2）上肢的浅静脉：上肢常用作穿刺的浅静脉主要有手背浅静脉和前臂浅静脉。手背浅静脉较为发达，数量多，相互吻合成静脉网，手背静脉网的桡侧向上延续为头静脉，尺侧汇合成贵要静脉。头静脉起始后向上绕过前臂桡侧缘至前臂前面，于肘窝稍下方发出肘正中静脉后，沿肱二头肌外侧沟上行，至三角肌胸大肌间沟穿过深筋膜，注入锁骨下静脉或腋静脉。贵要静脉沿前臂尺侧上行，于肘窝下方转向前面，接收肘正中静脉后，沿肱二头肌内侧沟上行至臂中部，穿深筋膜注入肱静脉或腋静脉。肘正中静脉在肘部连接头静脉与贵要静脉。前臂正中静脉起于手掌静脉丛，沿前臂前面上行，沿途接受一些属支，并通过交通支与头静脉和贵要静脉相连，末端注入肘正中静脉，如无肘正中静脉，则末端分为两支，分别注入贵要静脉和头静脉。

（3）下肢的浅静脉：下肢常用作穿刺的浅静脉主要有足背静脉和大隐静脉的起始段。足背浅静脉多构成静脉弓或网。弓的外侧端延续为小隐静脉，经外踝后方转至跟腱的后面上行，注入腘静脉。弓的内侧端延续为大隐静脉，该静脉经内踝前方约 1 cm 处沿小腿内侧上行，于腹股沟韧带中点下方 3 ~ 4 cm 处穿隐静脉裂孔注入股静脉。

3. **操作的解剖学要点**

（1）部位选择：根据年龄及病情可选择不同部位的静脉进行穿刺。婴幼儿多选用头皮静脉和颈外静脉，其次选用手背静脉网和足背静脉弓。成人常选用手背静脉网和足背静脉弓。

（2）穿经层次：虽选用的静脉部位不同，但穿过的层次基本相同，即皮肤、皮下组织和静脉壁。因年龄不同，静脉壁的厚薄、弹性及硬度有所不同。

（3）进针要点与失误防范：如选择四肢穿刺，通常在欲穿刺部位的近心端扎紧束带，使静脉充盈，便于穿刺。穿刺时固定好皮肤和静脉，针尖斜面朝上，与皮肤呈 15° ~ 30° 角，在静脉表面或侧方刺入皮下，再沿静脉近心方向潜行后刺入静脉，见回血后再顺静脉进针少许，将针头放平并固定，进行抽血或注入药物时要固定好静脉，尤其是老年患者，血管弹性较差，易于滑动。不可用力过猛，以免穿透静脉。如需长期静脉给药者，穿刺部位应先从小静脉开始，逐渐向近心端选择穿刺部位，以增加血管的使用次数。如果为一次性抽血检查，则可选择易穿刺的肘正中静脉。穿刺部位应尽可能避开关节，以利于针头的固定。四肢浅静脉瓣膜较多，穿刺部位应避开瓣膜。颈外静脉穿刺时应让患儿取仰卧位，两臂贴附身旁，枕头垫于肩下，头偏向穿刺部位对侧，并尽量后仰，充分显露穿刺部位，以便穿刺时使穿刺针与静脉平行，通常在该静脉的上、中 1/3 段交界处刺入。由于头皮静脉被固定在皮下组织的纤维隔内，管壁回缩力差，故穿刺完毕后要压迫局部，以免出血形成皮下血肿。

（二）深静脉穿刺术（股静脉穿刺术）

1. **目的** 外周浅静脉穿刺困难，但需采集血液标本或需静脉输液、用药者；心导管检查；婴幼儿静脉采血。

2. **应用解剖学基础** 股静脉为下肢的静脉主干，其上段位于股三角内，股三角的上界为腹股沟韧带，外侧界为缝匠肌的内侧缘，内侧界为长收肌的内侧缘，前壁为阔筋膜，后壁凹陷，由髂腰肌、耻骨肌及其筋膜所组成。股三角内自外向内依次是股神经、股动脉、股静脉。

3. **操作的解剖学要点**

（1）部位选择：穿刺点选在髂前上棘与耻骨结节连线的中、内 1/3 交界处下方 2 ~ 3 cm，股动脉搏动的内侧 0.5 ~ 1.0 cm 处。

（2）体位参考：患者仰卧位，膝关节微屈，臀部稍垫高，髋关节伸直并稍外展外旋。

（3）穿经层次：穿刺针皮肤、浅筋膜、阔筋膜、股鞘、股静脉。

（4）进针要点与失误防范：在腹股沟韧带中点稍下方摸到搏动的股动脉，其内侧即为股静脉，左手固定股静脉，穿刺针垂直进入或与皮肤呈 30° ~ 40° 刺入。要注意刺入的方向和深度，以免穿入股动脉或穿透股静脉。边穿刺边回抽，如无回血，慢慢回退针头，稍改变进针方向及深度。穿刺点不可过低，以免穿透大隐静脉根部。

三、插管技术应用解剖

（一）插胃管术

1. **目的** 插胃管术多用于洗胃、鼻饲和放置三腔二囊管抽取胃液等。洗胃是将胃管由口腔或鼻腔，经咽、食管插入胃内，利用重力和虹吸作用的原理，使用适量的液体进行胃腔冲洗，常用于外科胃部手术前减少手术区的污染、口服毒物中毒的抢救和胃肠减压、肝硬化食管静脉丛破裂出血放置三腔二囊管压迫止血等。根据患者的病情和病因不同，洗胃术可分为洗胃器灌注洗胃法和胃管冲吸洗胃法。前者将胃管经口腔插入胃中，后者则经鼻腔插管入胃内。鼻饲法则是将胃管由鼻腔入路插入胃内以供给食物或药物，是维持患者营养和治疗的一种重要方法。经鼻腔入路患者不出现张口疲劳，也不刺激反射敏感的腭垂（悬雍垂），减少恶心感，临床上较常用。放置三腔二囊管则是肝硬化食管静脉丛破裂出血时，由鼻腔入路插入胃内以压迫止血、给饮食或药物、抽取胃液等。

2. **应用解剖学基础**

（1）口腔：以上、下颌牙及牙槽弓为界将口腔分为口腔前庭和固有口腔。当上、下颌牙咬合时，口腔前庭可借第二或第三磨牙后方的间隙与固有口腔相通，当患者牙关紧闭时可经此间隙插入胃管。固有口腔上壁为硬腭和软腭，下壁为口底和舌，前界和两侧界为上、下牙槽弓，后界为咽峡。

（2）鼻腔：插胃管时胃管通过总鼻道。总鼻道的形态受下鼻甲及鼻中隔形态的影响而改变，如鼻中隔偏曲可使一侧鼻腔狭窄。

（3）咽：为一前、后略扁的漏斗状肌性管道，是呼吸道和消化道的共同通道。咽的上端附于颅底，下端于第 6 颈椎下缘处与食管相接，全长约 12 cm。咽后壁和两侧壁主要有 3 对咽缩肌围成，咽前壁不完整，分别与鼻腔、口腔和喉腔相通，因而咽腔相应地分为鼻咽、口咽和喉咽 3 部分。

（4）食管：为前后略扁的肌性管道，上端在第 6 颈椎体下缘起于咽，下端约在第 11 胸椎体左侧连于胃，全长约 25 cm。食管沿脊柱前面下行，依其所在部位分为颈、胸、腹部 3 段。颈部长约 5 cm，居颈椎和气管之间；胸部长 18 ~ 20 cm，前面有气管、左主支气管和心包。主动脉胸部上段居食管的左侧，至胸腔的下部渐向右移位，食管于胸主动脉左前方穿过膈的食管裂孔，移行为食管腹部；腹部最短，长约 1 cm，于膈下方连于胃的贲门。食管全长有 3 个狭窄：第 1 狭窄位于食管起始处，内径约 1.3 cm，距中切牙约 15 cm，第 2 狭窄位于食管与左主支气管相交处，距中切牙约 25 cm，第 3 狭窄在食管穿过膈处，距中切牙约 40 cm，深吸气时膈收缩，使之更为狭窄。这 3 处狭窄常是食管损伤、炎症、肿瘤的好发部位，异物也易于在此滞留。在插管时应记住 3 个狭窄距中切牙的距离。

（5）胃：是消化管的膨大部位，具有容纳食物、分泌胃液和进行初步消化食物的功能。成人的胃容量为 1000 ~ 3000 ml，儿童的胃容积在 1 周岁时约为 300 ml，3 岁时可达 600 ml。胃分为前、后两壁和上、下两缘。上缘较短且凹陷，称为胃小弯，该弯最低处成角状，称为角切迹。下缘凸而长称为胃大弯。胃的入口为贲门，胃的出口为幽门，与十二指肠相连。胃可分为 4 部分：贲门附近的部分为贲门部；自贲门向左上方膨出的部分，称为胃底；胃的中间广大部分，称为胃体；近于幽门的部分称为幽门部；幽门部中紧接幽门而呈管状的部分，称为幽门管；幽门管左侧稍膨大的部分，称为幽门窦。

3. 操作的解剖学要点

（1）体位参考：患者取侧卧位、半卧位、或仰卧位。

（2）插管长度：成人一般插入 45 ~ 55 cm，婴幼儿 14 ~ 18 cm。相当于患者鼻尖经耳垂到剑突的长度。

（3）操作要点与失误防范：①对意识不清或不合作的患者经口腔插管时，首先用开口器将口张开，然后用舌钳将舌牵出，将胃管插入胃内后，放置牙钳固定于口旁。②经鼻腔插管时，其方向应先稍向上，而后平行向后下，使胃管经鼻前庭沿总鼻道下壁靠内侧滑行。注意鼻中隔前下部的易出血区，避免损伤其黏膜。同时注意插管侧鼻孔有无狭窄、息肉等。当胃管进入鼻道 6 ~ 7 cm 时，立即向后下推进，避免刺激咽后壁的感受器引起恶心。③当胃管进入咽部时，嘱患者做吞咽动作以免胃管进入喉内，吞咽时喉前移，使食管上口张开，有利于导管插入食管。若患者发生呛咳，提示导管误入喉内，应立即退出。④食管起始部至贲门处细而直，导管不易弯曲，可以快速通过，至 50 cm 标记处即达胃内。⑤鉴别导管是否在胃内可将导管放入水中看有无气泡冒出，如无则导管已进入胃内。⑥拔管时要将导管开口处折叠，捏紧快速拔出，以防管内存留的液体在导管拔至喉咽部时流入喉内。

（二）灌肠术

1. **目的**　灌肠术是将一定容量的液体经肛门逆行灌入大肠，促使排便，解除便秘，减轻腹胀，清洁肠道；采用结肠透析或借助肠道黏膜的吸收作用也可治疗某些疾病。根据不同的诊疗目的，导管插入的深度不同，一般插入直肠或乙状结肠。

2. **应用解剖学基础**　大肠为消化管的下段，起自右髂窝内的回肠，下端终于肛门，全长约 1.5 m，可分为盲肠、结肠、直肠和肛管 4 部分。大肠的主要生理功能是吸收水分，也能吸收无机盐和葡萄糖，另一功能是形成、贮存和排出粪便。

（1）盲肠：为大肠的起始段，长 6 ~ 8 cm，多位于右髂窝内，内侧接回肠，向上续于升结肠。回、盲肠交界处，回肠末端的环形肌突入盲肠内，表面覆盖黏膜，形成上、下两个唇样的皱襞，称为回盲瓣。临床上通常将回肠末端、盲肠和阑尾合称为回盲部。由于此部恰是回肠与结肠的连接处，两者的连接角接近 90°，肠套叠常发生于此处。

（2）结肠：呈方框形围绕于空、回肠周围，分为升结肠、横结肠、降结肠和乙状结肠 4 部分。升结肠位于腹腔右腰区，为盲肠的延续，上至肝右叶下方，向左弯曲形成结肠右曲，移行为横结肠。升结肠长 12 ~ 20 cm，为腹膜间位器官，其后面借疏松结缔组织与腹后壁相贴，位置较为固定。横结肠起自结肠右曲，横于腹腔中部，自右向左行至脾前下面弯成锐角，形成结肠左曲，向下接降结肠。横结肠长约 50 cm，为腹膜内位器官，其后方借横结肠系膜附于腹后壁，是结肠较活动的部分。当胃充盈时，横结肠除左、右曲较为固定外，中间部分下垂，甚至可降至盆腔。降结肠自结肠左曲开始，向下至左髂嵴水平续为乙状结肠，长约 25 cm。乙状结肠沿左髂窝经髂腰肌前面降入盆腔，至第 3 骶椎上缘续为直肠，全长 40 ~ 45 cm。乙状结肠呈"乙"字形弯曲，有较长的系膜，活动性较大。

（3）直肠：于第 3 骶椎水平上续乙状结肠，向下穿过盆膈延续为肛管，全长约 12 cm。直肠在矢状面上有两个弯曲，上部的弯曲沿骶骨前面的曲度凸向后，称为直肠骶曲，下部的弯曲绕尾骨尖前方凸向前，称为会阴曲。直肠在冠状位上也有向左、右侧凸的弯曲，但不甚恒定。直肠盆部的下份管腔显著增大，称为直肠壶腹。直肠腔内面黏膜形成 2 ~ 3 个横向皱襞，呈半月形，其中上直肠横襞位于乙状结肠移行部的左侧壁上，距肛门约 13 cm。中直肠横襞最大，位置较恒定，位于直肠右前侧壁，距肛门 7 ~ 11 cm，相当于直肠前面腹膜返折线的高度。下直肠横襞位置最不恒定，多位于直肠的左后侧壁，距肛门约 8 cm。

（4）肛管：成人长 3 ~ 4 cm，上接直肠盆部，向前下方绕尾骨尖的前方开口于肛门。肛管内面有 6 ~ 10 条纵向的黏膜皱襞，称为肛柱，连接相邻的肛柱下端之间的半月形皱襞称为肛瓣。肛瓣和相邻两个肛柱下端围成的小隐窝称为肛窦。相邻的肛柱基部和肛瓣的边缘连线称为齿状线，又称肛皮线，是皮肤和黏膜的移行处。肛管黏膜和皮下静脉可因血流不畅、淤滞而曲张形成痔。发生于齿状线以上者称为内痔，以下者称为外痔，跨越齿状线者称为混合痔。直肠的环形平滑肌在肛管上 3/4 处增厚，形成肛门内括约肌，此肌只能协助排便而无明显括约肛门的作用。肛门内括约肌的外周有肛门外括约肌，属于骨骼肌，环绕肛管的周围，分为深部、浅部和皮下部 3 部分，有随意括约肛门的作用。肛门内、外括约肌，直肠下部的纵行肌，连同肛提肌的部分肌束，在直肠下端围绕肛管和直肠共同形成肛直肠环，此环在括约肛管、控制排便方面有重要作用。

3. 操作的解剖学要点

（1）患者体位：清洁灌肠的目的是清除下段结肠中滞留的粪便，以解除便秘或减轻腹胀，应采取左侧卧位，用重力作用将液体灌入肠内。结肠灌洗应取右侧卧位，使乙状结肠、降结肠在上方，有利于全程结肠内容物的清除。

（2）插管深度：清洁灌肠时插入肛门 10 ~ 12 cm，保留灌肠时应插入 15 ~ 20 cm，至直肠以上部位。做治疗灌肠时，根据病变部位不同，深度可达 30 cm 以上。

（3）失误防范：插管前应让患者排尿。插管应沿直肠弯曲缓慢插入直肠。插管时勿用强力，以免损伤直肠黏膜，特别是直肠横襞。如遇阻力可稍停片刻，待肛门括约肌松弛或将插管稍后退改变方向再继续插入。

（三）导尿术

1. 目的 导尿术是在无菌操作的原则下，将导尿管经尿道插入膀胱，导出尿液进行泌尿系统疾病的辅助诊断或治疗，也可用于排尿困难者。

2. 应用解剖学基础

（1）男性尿道的解剖学特点：成人男性尿道长 16～22 cm，管径平均为 5～7 mm。尿道全长可分为前列腺部、膜部和海绵体部。穿过前列腺的部分为前列腺部，此部长约 2.5 cm，该部管腔中段膨大，是男性尿道管径较粗的部分。一些老年患者，因前列腺内结缔组织过度增生形成前列腺肥大而压迫尿道，造成该段狭窄而致排尿困难。尿道穿过尿生殖膈的部分为膜部，长约 1.2 cm，该部被尿道外括约肌环绕，管径最为狭窄。纵贯尿道海绵体的部分为海绵体部，长约 15 cm，是尿道最长的一段，此部后端膨大称为尿道球部，前端至阴茎头处扩大为舟状窝。临床上将尿道前列腺部和膜部合称后尿道，海绵体部称为前尿道。膜部与海绵体部相接处管壁最薄，尤其是前壁，只有结缔组织包绕，此处极易损伤。男性尿道的管径粗细不均匀，有 3 处狭窄，即尿道内口、尿道膜部和尿道外口。尿道结石常易嵌顿在这些狭窄部位。尿道有两个弯曲：耻骨前弯和耻骨下弯。其中将阴茎向前上提拉时，耻骨前弯消失变直，整个尿道形成一个凹向上的大弯曲，此即临床上通过尿道内插入导尿管时所采取的措施。

（2）女性尿道的解剖学特点：女性尿道长 2.5～4 cm，直径 6～8 mm，易于扩张。自尿道内口向前下方穿过尿生殖膈，开口于阴道前庭阴道口的前上方，在阴蒂后下方约 2.5 cm 处。女性尿道较男性尿道短、宽，且无弯曲，易引起逆行感染。

3. 操作的解剖学要点

（1）体位选择：患者取仰卧位，两腿分开。

（2）操作技术

①男性患者导尿：将阴茎向上提起，使其与腹壁间成 60°，尿道耻骨前弯消失变直，将导尿管自尿道外口插入约 20 cm，见有尿液流出，再继续插入 2 cm，切勿插入过深，以免导尿管盘曲。

②女性患者导尿：分开大、小阴唇，仔细观察尿道外口，将导尿管自尿道外口插入尿道 4 cm，见有尿液流出，再插入少许。

（3）失误防范：插入导尿管时手法要轻柔，以免损伤尿道黏膜。尤其对男性患者导尿，需轻柔缓慢插管，使导尿管顺尿道的耻骨下弯方向滑行。导尿管自尿道外口插入 7～8 cm 时，相当于尿道海绵体部的中段，由于这一部位的黏膜上有尿道球腺的开口，开口处形成许多大小不等的尿道陷窝，如果导尿管前端顶住陷窝则出现阻力，这时可轻轻转动导尿管便可顺利通过。当导尿管进入到尿道膜部或尿道内口狭窄处，因刺激而使括约肌痉挛导致进管困难，此时切勿强行插入，可稍待片刻，让患者深呼吸，使会阴部肌肉放松，再缓慢插入。女性尿道外口较小，经产妇和老年女性因会阴部肌肉松弛尿道回缩，使尿道外口变异，初次操作者常可因尿道外口辨认不清而误将导尿管插入阴道。女性尿道较短，导尿管容易脱出，有些患者需将导尿管较长时间保留在膀胱内不拔除，也应妥善固定。

四、急救技术的应用解剖

（一）人工呼吸术

1. 目的 人工呼吸术是用人工方法维持和恢复肺通气的复苏技术，以抢救失去自主呼吸功能的患者。

2. 应用解剖学基础 肺通气是指肺与外界环境之间的气体交换过程。实现肺通气的器官包括呼吸道、肺泡和胸廓等。

（1）呼吸道和肺泡：通常将呼吸道分为上呼吸道和下呼吸道。鼻、咽、喉为上呼吸道；气管、主支气管及分支为下呼吸道。从气管到肺泡囊共有 23 级分支，气管为 0 级，主支气管为第 1 级，最后一级为肺泡囊。随着呼吸道的不断分支，气道的数量越来越多，管径越来越小，管壁越来越薄，总面积愈来愈大。从 0 ~ 16 级的呼吸道因管壁较厚，不具备气体交换功能，称为导气部；17 ~ 19 级呼吸道已开始具有气体交换作用，20 ~ 22 级呼吸道为肺泡管，最后是肺泡囊，这些呼吸道的壁有肺泡开口，为气体交换的场所，称为呼吸部。人体两肺共有约 3 亿个肺泡，总面积约为 70 m²。

（2）胸廓：由胸椎、肋骨、肋软骨和胸骨连接而成，呈扁圆锥形，上窄下宽，其横径比前后径大。有上、下两口，上口呈肾形，由第 1 胸椎、第 1 肋和胸骨柄上缘共同围成，为颈部与胸腔的通道。下口大而不规整，由第 12 胸椎，第 11、12 对肋，两侧肋弓和剑突围成，有膈封闭。胸廓是呼吸运动的主要装置。吸气时，在肌肉作用下，肋上举，胸骨前移，增大胸廓的前、后径和左、右径，胸腔容积增大，肺也随之增大；呼气时，肋与胸骨恢复原位，胸腔容积变小，肺也随之缩小。

（3）呼吸肌：为呼吸运动有关的肌肉，主要有肋间肌和膈。肋间肌位于肋间隙内，分为肋间外肌和肋间内肌。肋间外肌起自上位肋下缘，肌纤维由后上斜向前下，止于下位肋上缘，收缩时，肋被上提并外翻，使胸廓扩大，助吸气；肋间内肌位于肋间外肌深面，起自下位肋上缘，肌纤维斜向前上方，止于上位肋下缘，收缩时，肋下降，使胸廓复原，助呼气。膈位于胸、腹腔之间，凸面向上，呈穹隆状，膈为主要的呼吸肌，收缩时，膈穹隆下降，胸腔容积增大，助吸气；松弛时，膈穹隆上升，胸腔容积变小，助呼气。除了肋间肌和膈参与呼吸运动外，当用力深吸气时，还有前斜角肌、胸锁乳突肌、前锯肌和胸大肌等参加活动；深呼气时腹肌也参加活动。

3. 操作的解剖学要点

（1）人工呼吸的方法和患者的体位：①口对口人工呼吸法。患者仰卧，头后仰，托起下颌，将空气吹入患者口中到肺内，再利用肺的自动回缩，将气体排出。②举臂压胸法。患者仰卧，头偏向一侧。举臂使胸廓被动扩大，形成吸气；屈臂压胸，胸廓缩小，形成呼气。③仰卧或俯卧压胸法。患者仰卧或俯卧，术者借助身体重力挤压胸部，把肺内气体驱出，再放松压力，使胸廓复原，空气随之吸入，完成被动呼吸运动。

（2）失误防范：①行口对口吹气时，左手应轻按甲状软骨，借以压迫食管，以防止空气进入胃内，胃胀气严重时，可放入胃减压管；②术者右手应捏住患者鼻孔，以防鼻漏气；③口对口呼吸法在吹气时，使患者上胸部轻度膨起即可，尤其对小儿吹气不可过高，以防肺泡破裂；④操作宜有节奏，压力不可过猛，以防胸骨骨折；⑤患者的头部应尽量后仰，托起下颌，以免舌后坠造成呼吸道梗阻。

（二）胸外心按压术

1. 目的
胸外心按压术主要是通过有节奏地将心挤压于胸骨与脊柱之间，使血液从左、右心室射出，放松时胸骨及两侧肋借助回缩弹性而恢复原来的位置，此时胸腔负压增大，静脉血向心回流，心充盈。如此反复按压以推动血液循环，借助此机械刺激使心自动节律恢复。胸外心按压术适用于各种创伤、电击、溺水、窒息、心疾病或药物过敏而引起的心搏骤停。此项技术是抢救心搏骤停患者的一项基本技术。

2. 应用解剖学基础

（1）胸廓：由胸骨、12 个胸椎和 12 对肋借它们之间的连接装置共同组成。这种解剖学构造使胸廓具有一定的弹性和活动性，允许在外力作用下向后有一定幅度的移位而抵至心前壁，从而挤压心，这是胸外心按压术最基本的结构基础。

（2）心的体表投影：心的位置因年龄、性别、体型、体位、膈运动及本身搏动等诸多因素的影响而发生变化。不同体型的膈平面与心的位置相关，粗短体型的膈平面较高，心呈垂直位。从婴儿至成人的发育过程中，由圆桶状高位胸逐渐变为成人胸，心的体表投影也略有改变。心边界的体表投影可依下述点及其连线确定。左上点：左侧第 2 肋软骨下缘，距胸骨左缘约 1.2 cm；右上点：右侧第 3 肋软骨上缘，距胸骨右缘约 1 cm；右下点：右侧第 6 胸肋关节处；左下点：左侧第 5 肋间隙，距前正中线 7 ~ 9 cm（或距锁骨中线内侧 1 ~ 2 cm），即心尖搏动处。左、右上点连线为心上界，左、右下点连线为心下界。左上、下点微凸向左侧的弧线为心左界，右上、下点间微凸向右的弧线为心右界。此外，由左侧第 3 胸肋关节与右侧第 6 胸肋关节的连线，标志心房和心室的分界线。

3. 操作的解剖学要点

（1）体位选择：患者仰卧于硬板床或平地上，若是软床，应在患者背后垫一木板，以免按压时患者身体随压力向下，造成无效按压。

（2）按压部位：正确的按压部位应在胸骨下 2/3 部。

（3）操作要点：术者立于患者一侧，以一手掌近侧部放于患者胸骨下 2/3 部，伸直手指与肋骨平行，另一手掌压在该手背上，前臂与患者胸骨垂直，以上半身前倾之力，将胸骨、肋向脊柱方向做有节奏的冲击式按压。每次胸骨下陷程度以胸廓大小而定，一般成人每次按压使胸骨下陷 3 ~ 4 cm，随即放松，以利于心舒张。按压次数以每分钟 60 ~ 80 次为宜（小儿约 100 次）。在按压的同时必须配合人工呼吸，两者之比约为 4∶1 或 5∶1，直至心跳恢复。在按压期间，应严密观察患者，如肤色转为红润、瞳孔缩小、自主呼吸恢复、可摸到大动脉搏动、伤口出血，则表示按压有效。若摸到心跳、脉搏或测到血压，说明心已恢复跳动，即可停止按压。

（4）失误防范

①按压部位要准确：胸外心按压的部位一定要在胸骨下 2/3 部。

②按压力量要适度：按压力量以既保证效果又防止并发症的出现为前提。力量过大或过猛会发生肋骨折，其中第 5 肋最易发生骨折，甚至造成气胸、心包出血、心挫伤或破裂等；若力量过轻则达不到目的。按压时还必须力量均匀，使心脏像正常收缩、舒张一样，血液循环达到连续性和有效性。

③按压的同时必须进行人工呼吸：心搏骤停的患者，往往都伴有呼吸骤停，因此，对心搏和呼吸都已骤停的患者必须实行心肺复苏。

④掌握适应证：不是所有的心搏骤停患者都能使用胸外心按压术。如老年人、多发性骨折、胸壁开放性损伤、胸廓畸形、肋骨折或心脏压塞等。

⑤患者必须仰卧于硬板床上：进行胸外心按压时，若在野外，则患者必须平卧地上；若在医院，患者不能卧软床，必须在背后垫一木板，才能将心挤压于胸骨与脊柱之间，而产生有效按压，达到抢救目的。

五、体位的应用解剖

体位是指患者在床上休息的体姿，可直接影响患者的健康和疾病的转归。正确的体位符合人体解剖和生理的要求，既可提高患者生活自理能力，促进疾病的痊愈和康复，避免或减少并发症，又有利于诊断、治疗及其护理措施的实施。

（一）去枕平卧位

1. 适应证　主要适用于：①查体患者；②硬膜外麻醉或腰椎穿刺术后的患者，以避免颅内压降低；③全身麻醉术后尚未清醒的患者，防止分泌物流入气管内；④休克患者，有利于脑部的血液循环。

2. 体位要点　患者去枕平卧，保持正常解剖学姿势，根据需要手放于躯干侧面或置于腹部。昏迷患者可将头偏向一侧，以利于唾液流出，避免舌后坠所致呼吸不畅。根据需要可采用屈膝平卧位，如检查腹部。

3. 解剖学意义　去枕平卧位时肌肉、关节较为松弛，患者早期颇感舒适，但这种姿势时间不宜过长。对肥胖患者来说，由于腹部大量脂肪组织堆积，连同腹腔器官拥至上腹部，推举膈，因而影响患者呼吸。对于肺及心脏病的患者，平卧位可加重呼吸困难，甚至会促成冠心病的急性发作。

4. 注意事项 长期卧床的患者，平卧位易至下列骨性突起受压：枕外隆突、第 7 颈椎棘突、肩胛冈、尺骨鹰嘴、上部和中部胸椎棘突、骶正中嵴及跟骨结节。应经常变换卧位及按摩局部，以预防压疮。平卧位易受压的神经为尺神经，该神经从肱骨内上髁后方的尺神经沟通过，当肘关节伸直时，神经被拉紧，正好进入尺神经沟内，不易受压。当肘关节屈曲成 90° 或小于 90° 时，尺神经由沟中逸出，肘部贴于床面极易受压，应予注意。

（二）侧卧位

1. 适应证 侧卧位包括左侧卧位和右侧卧位，适用于胸部、肾及输尿管手术、腰椎穿刺及硬膜外麻醉、洗胃、肛门检查及灌肠术等患者。

2. 姿势要点 患者侧卧时，头一侧贴枕，肩部贴床，同侧上肢屈肘置于枕上，另一侧上肢随意放置。下方下肢伸直，上方下肢屈曲；或两下肢屈曲，在膝部垫一软枕。也可根据需要改变侧卧位姿势，如腰椎穿刺时应尽可能使脊柱腰段前屈，以增宽腰椎棘突及椎板间的间隙，利于穿刺。

3. 解剖学意义 吞服毒物需插管洗胃的患者应取左侧卧位。因为中等充盈的胃约 3/4 位于左季肋区，左侧卧位可使胃的位置和形态相对恒定。正常情况下，胃贲门在平第 11 胸椎与食管相连，幽门平齐第 1 腰椎与十二指肠相续，由于胃出口处较入口处低，故侧卧位时应将床尾和患者臀部各垫高 10 cm，使胃底、胃体的位置低于幽门，以延缓或减少胃内毒物向十二指肠内排放。灌肠时采用不同的侧卧位以达到不同的目的：患者取左侧卧位时，乙状结肠和降结肠在下方，这样灌肠液进入直肠后由于重力作用可使液体顺利内流。右侧卧位时，乙状结肠、降结肠在上方，升结肠在下方，这种卧位有利于灌肠液与结肠全程相接触。胸腔积液患者要采用患侧侧卧位，这样可使健侧肺功能补偿患侧肺功能障碍所致的供气不足。

4. 注意事项 长期保持侧卧位可使下方的肩峰、髂嵴、股骨大转子、腓骨头、外踝及上方足的内踝受压，应垫软枕或适当变换卧位。

（三）俯卧位

1. 适应证 适用于躯干背侧查体或手术患者、溺水者或某些疾病的特殊体位（如肠系膜上血管压迫十二指肠水平部所致的肠梗阻患者）。

2. 姿势要点 患者俯卧，头转向一侧，双臂屈曲置于头侧或双手垫在肩下，小腿下垫一软枕。

3. 解剖学意义 俯卧位是人类本能的需要，胸、腹腔器官可得到有效保护，患者有安全感与舒适感。患者在饱食后不宜立即俯卧，以免体重对胃的压迫。严重呼吸困难的肺心病患者，俯卧位会加重呼吸困难。对于无严重呼吸困难的肺心病患者来讲，采取俯卧位颇感舒适，其原因可能是俯卧位减少了心室对心房（尤其是左心房）的压迫，有利于肺部血液返回左心房之故。俯卧位对肠系膜上血管压迫所致的肠梗阻具有良好的治疗作用。肠系膜上血管恰在十二指肠水平部前方经过，如其张力过大，可压迫十二指肠水平部形成急性肠梗阻，目前无特殊治疗方法，选用俯卧位是缓解症状的主要方法之一。俯卧位受压较重的骨性结构有肋弓与剑突（老年人的剑突有骨化倾向）、胸骨角、耻骨联合、髂前上棘及髌骨。

4. 注意事项 采取俯卧位后，如患者有突然不适或呼吸困难，应立即调整体位。对于肠系膜上血管压迫所致的急性肠梗阻，采用俯卧位症状缓解后不宜立即起床活动，应逐渐转为左侧卧位、平卧屈膝位，然后下床活动。

（四）半卧位

1. 适应证 主要适用于：①腹部手术后患者，以减轻切口缝合处的张力，利于炎性渗出物向盆腔引流；②腹膜腔感染患者，有利于脓液引流，防止并发症的发生；③轻度呼吸困难病人,利用重力作用使膈下降,扩大胸腔容量,以缓解症状;④肺叶切除术后的患者,有利于呼吸,引流通畅;⑤急性心力衰竭患者半卧位并两腿下垂,使下半身回流至右心房的血量减少,从而减轻右心的负担。

2. **体位要点** 半卧位既是一种自由卧位,又是一种治疗体位。它以髋关节为轴心,患者在半卧位的基础上,抬高床头 30°(低坡卧位)至 45°(高坡卧位),躯干背面紧靠支架,膝关节屈曲 15°~30°(膝下垫枕或摇起膝部支架),两肘自由屈曲,肘下各垫一软枕。由于半卧位支撑点较多,患者体重被分散,重心较低,所以这种卧位比较稳定,肌肉、关节放松,患者感到省力、舒适。

3. **解剖学意义** 半卧位的适用范围较大,不同病情下采用这一卧位所涉及的器官不同。胃、空、回肠、横结肠及乙状结肠都有较长的系膜,肝、脾也有韧带悬吊,当半卧位时,由于重力作用及器官本身质地较软等因素,上述器官均有不同程度的下垂。这些器官和膈的下降,扩大了胸腔的容量,减轻了对心、肺的压迫,对于缓解呼吸困难患者的症状非常有利。半卧位有利于腹膜腔内液体的引流。

（五）坐位

1. **适应证** ①疾病康复期患者;②极度呼吸困难患者;③胸膜腔穿刺、腹膜腔穿刺患者。

2. **体位要点** 病人坐于凳上,或摇起靠背支架,患者靠于背架上,亦可以棉被靠于患者背部。

3. **解剖学意义** 坐位只适用于疾病恢复而体力又能支持的患者,这种姿势自然而舒适。身体重力落于臀部和坐骨结节处,腰部加垫软枕会使患者更加舒适。坐于凳上,双下肢着地而不要悬垂。坐于床上时,双下肢屈膝盘坐,患者才感舒适,若伸直下肢会增加腰部负荷。但盘坐时间过长易压迫坐骨神经而使下肢麻木不适。

4. **注意事项** 长期卧床患者,坐起时宜缓慢,不宜时间过长,猛然坐起会使患者头昏眼花,或致晕厥。若有下肢血液循环不良者,可加垫脚踏板稍微垫高。随时观察患者的面色、呼吸、脉搏等情况。

（六）膝胸卧位

1. **适应证** 适用于肛门直肠及乙状结肠镜检查、前列腺检查、胎位矫正及子宫后倾后屈位的矫正等。

2. **体位要点** 患者的膝部与胸部贴于床面,并尽量接近,俯跪状,膝关节屈成 90°,臀部高抬,面部偏向一侧,两臂置于头侧。

3. **解剖学意义** 膝胸卧位是极不舒适的体位,腹腔器官的下坠重力拥抵膈,限制了腹式呼吸,而胸部又贴于床面,患者处于呼吸困难的状态之中。膈上举时,心也受到压迫而移位。

4. **注意事项** 有严重心肺疾病的人不宜采取这种体位,即使平时无明显心肺异常症状的患者,选用该体位后,一旦有不适感,应立即停止,改为半卧位,呼吸与脉搏恢复正常后,再让患者活动。当胸部抵贴床面时,双臂要支撑躯干,切勿使重力落到颈部和头部,免致颈椎损伤。这种体位不宜维持太久。

（七）头低足高位

1. **适应证** 适用于调整麻醉平面、体位引流或某些手术的特殊需要体位(如咽后壁脓肿切开引流)。股骨干骨折患者接受持续牵引治疗时采用此体位,以利于上半身体重所产生的反牵引力做对抗牵引,达到治疗的目的。

2. **姿势要点** 患者头置于枕上,平卧,垫高床尾即成此体位。其足高度依需要而定。

3. **解剖学意义** 颅脑损伤的患者禁用头低足高位。较重的心肺疾病患者慎用为宜,因为腹部器官直抵膈而影响心肺的活动。

4. **注意事项** 头顶于床拦处用软枕垫住,以免头部直抵床拦而受压损伤。在手术台上采用此姿势，要防止滑动落地。

（八）截石位

1. **适应证** 适用于肛门直肠检查与手术、产妇分娩、妇产科手术、膀胱及前列腺手术等。

2. **体位要点** 患者仰卧于床上，髋关节与膝关节均屈曲呈 90°，两侧小腿悬于腿托架上，双大腿分开（即髋关节外展 45° 左右），臀部靠近床沿。

3. **解剖学意义** 肛门及外阴部可以充分暴露。若为加强截石位，两大腿向腹部屈曲，则对腹部部分器官产生压迫，令患者不适。

4. **注意事项** 腿托架要加厚棉垫，以免压迫腓总神经而致麻痹。勿使髋关节过度外展，以免发生脱位或骨折等意外。

六、神经反射的应用解剖

护理诊断程序的正确实施需要护理工作者更多地掌握多学科的基础知识和基本技能，其中掌握神经反射的基本知识对疾病的护理诊断无疑具有重要的意义。神经反射是指机体在神经系统参与下对内、外界环境刺激所产生的反应，其生理意义在于维持机体内环境的相对稳定和使机体适应外环境的各种变化。

反射的分类方法有多种，以反射建立的时间早晚可将其分为条件反射和非条件反射；以感受器的位置可分为浅反射和深反射；按效应器的位置可分为躯体反射和内脏反射；按反射的性质可分为生理性反射和病理性反射；按中枢所在部位可分为脊髓反射、脑干反射等。

反射的解剖学基础是反射弧。简单的反射弧只有感觉和运动两级神经元构成，但一般都有三级或三级以上神经元构成。由 5 个环节组成，即感受器、传入神经、中枢、传出神经和效应器。反射过程按以下程序进行：①某一刺激被特异的感受器所接受，感受器将刺激转化为神经冲动；②冲动经传入神经传向中枢；③通过中枢的活动产生兴奋；④中枢的兴奋通过传出神经到达效应器，使效应器发生相应的活动。在自然条件下，任何反射都要经过完整的反射弧才能实现，如果其中任何一个环节中断，反射就不能完成。

神经系统病变所致的反射异常主要有 3 种：①反射减弱或丧失；②反射活跃或亢进；③病理反射。人体的状况（正常或异常）每时每刻都不同程度地通过神经反射反映出来，因此，熟悉各种反射的意义及反射弧的组成，可在一定程度上对疾病的发展及预后做出判断。反射是否异常，两侧反射是否对称，检查方法和患者姿势是否正确等都要注意，还要考虑患者局部和全身因素，外界环境的影响，以便做出正确的判断。

（一）瞳孔对光反射

用强光突然照射眼睛时，出现两侧瞳孔缩小（缩瞳），光线突然减弱或移开，瞳孔立即散大（散瞳），瞳孔随光照强度变化而出现缩瞳和散瞳的现象称为瞳孔对光反射。瞳孔对光反射的意义在于使眼睛尽快地适应光线的变化。被照侧瞳孔缩小称直接对光反射，另一侧瞳孔缩小称为间接对光反射或互感对光反射。

1. **应用解剖学基础** 瞳孔位于虹膜的中央，其前方为角膜，后方为晶状体。虹膜内有两种平滑肌，其中围绕瞳孔呈环形排列的为瞳孔括约肌，呈放射状排列的为瞳孔开大肌，分别受副交感神经和交感神经支配，使瞳孔缩小与开大，以调节进入眼内的光线量。正常成人瞳孔直径约为 4 mm，其变化范围在 1.5 ~ 7 mm，最大直径与最小直径使进入眼内的光线量相差 30 倍左右。

瞳孔对光反射的感受器为视网膜。视网膜的感光细胞有视锥细胞和视杆细胞。感光细胞与双极细胞构成突触，双极细胞又与节细胞构成突触。节细胞的轴突构成视神经，经视交叉、视束和上丘臂到达中脑背部的顶盖前区。顶盖前区为瞳孔对光反射中枢。由顶盖前区发出的纤维，一部分终止于同侧的动眼神经副核，另一部分则越过中线至对侧的动眼神经副核。动眼神经副核发出的节前纤维随动眼神经入眶，与睫状神经节内的节后神经元构成突触。睫状神经节发出的节后纤维经睫状短神经分布于瞳孔括约肌。当光线照射视网膜的感光细胞时，感光细胞将光刺激转化为神经冲动，经双极细胞、节细胞、视神经、视交叉、视束、上丘臂、顶盖前区、两侧动眼神经副核、动眼神经、睫状神经节、睫状神经、瞳孔括约肌，该肌收缩瞳孔缩小。由于视神经在视交叉处有部分纤维交叉和顶盖前区发出的纤维终止于两侧的动眼神经副核，所以光照一侧瞳孔时能引起两侧瞳孔缩小。

2. 反射异常在护理诊断中的意义　　正确的瞳孔对光反射检查方法是，用聚光较强的手电筒对准视轴照射，同时观察两侧瞳孔的变化，比较是否有异常。人在觉醒状态下瞳孔的直径随周围光线的强弱、注视物体的远近、情绪紧张与否及恐惧、疼痛等而改变。正常足月儿即有瞳孔对光反射，但其瞳孔较小，对光反应较弱。婴幼儿的瞳孔对光反射呈动摇性，即强光照射时瞳孔缩小，但不论照射持续与否瞳孔却又随即散大，在检查时要认真鉴别，同时还要注意瞳孔本身有无畸形。临床上，若瞳孔直径小于 2 mm 则定为瞳孔缩小，大于 5 mm 即定为瞳孔散大。以上谈到的瞳孔大小改变并非瞳孔对光反射的反射弧病变所致。下面着重分析反射弧病变造成的瞳孔对光反射改变。

（1）视网膜、视神经病变：当光照病侧瞳孔时，其直接对光反射和健侧的间接对光反射均消失。这是由于光刺激不能使视网膜产生神经冲动或产生的冲动不能传至反射中枢的结果。光照健侧眼时，直接对光反射和患侧间接对光反射均存在。

（2）顶盖前区病变：此区如有肿瘤、外伤及脑疝等病变时，两侧瞳孔对光反射均消失。由于瞳孔调节反射的反射弧不经过顶盖前区，故调节反射仍存在。瞳孔变化的这种特点叫对光反射与调节反射分离，这种分离现象是诊断顶盖前区病变的依据之一。

（3）动眼神经损伤：动眼神经损伤破坏了瞳孔对光反射的传出通路。由于传入通路仍然完好，所以光照患侧眼时，直接对光反射消失，而健侧眼的间接对光反射存在。光照健侧眼时，直接对光反射存在，患侧眼的间接对光反射消失。总之，无论光照哪侧眼，患侧眼的瞳孔均无反应。

（4）其他：如脑室出血、催眠药物中毒等可使瞳孔缩小，昏迷、阿托品类药物中毒可使瞳孔散大。

（二）呕吐反射

当舌根、咽部、胃及小肠等处受到机械性或化学性刺激时，先出现恶心、流涎、呼吸急迫、心跳加快，继而胃内容物及一部分小肠内容物通过食管、咽部逆流出口腔，这种现象称为呕吐反射。是一种常见的保护性反射，通过反射活动排出胃内刺激性物质及毒物。

1. 应用解剖学基础　　呕吐反射的感受器位于舌根、咽部、胃及小肠等处。传入神经为舌咽神经、迷走神经的感觉纤维。呕吐中枢位于延髓外侧网状结构内，与迷走神经背核、疑核、脊髓前角运动核及交感神经核之间有广泛联系。传出神经为迷走神经的副交感纤维、交感神经、膈神经及支配腹肌的神经。效应器位于胃、十二指肠、膈及腹肌等处。当上述感受器受到刺激时，兴奋沿舌咽神经或迷走神经的传入纤维传至呕吐中枢。呕吐中枢同呼吸中枢、心血管中枢及自主神经之间均有密切联系，以协调这些邻近结构的活动，从而产生复杂的反应。呕吐中枢首先兴奋交感神经和副交感神经，出现恶心、流涎、呼吸急迫和心跳快而不规律现象，继而深吸气，声门紧闭。随后，胃和食管下端舒张，膈和腹肌剧烈收缩，挤压胃内容物通过食管、咽部经口腔吐出。呕吐时十二指肠和空肠上段的运动也相当剧烈，蠕动加速并可转为痉挛。由于胃舒张而十二指肠收缩，平时的压力差倒转，使十二指肠内容物倒流入胃，所以呕吐物中常混有胆汁及小肠液。强烈的震动、旋转头部，或因脑膜炎等引起的颅内压增高，均可直接刺激呕吐中枢而引起呕吐，且呕吐反射更为强烈，出现喷射样呕吐。呕吐反射也可因视觉和内耳前庭的病变而引起。在呕吐中枢附近，有一个特殊的化学感受区，某些中枢性催吐药可直接刺激该感觉区，通过它与呕吐中枢间的联系达到催吐的目的。

2. 反射异常在护理诊断中的意义 呕吐反射对人体具有双重意义。一方面它可把胃内有害物质排出体外，因此，可把该反射看作是一种具有保护意义的防御反射。但呕吐对人体也有不利的一面，如频繁剧烈的呕吐，可影响进食，并使大量的消化液丢失，造成体内水、电解质平衡紊乱。在临床上为了达到治疗的目的，可利用机械或药物作用促进或中止呕吐。

（董 博）

中英文专业词汇索引

胚期（embryonic period）256

胚前期（preembryonic period）256

胚胎学（embryology）2

皮肤（skin）195

皮质脊髓侧束（lateral corticospinal tract）205

皮质脊髓前束（anterior corticospinal tract）205

皮质脊髓束（corticospinal tract）205

脾（spleen）181

脾动脉（splenic artery）165

脾切迹（splenic notch）182

脾小体（splenic corpuscle）182

贫血（anemia）23

平滑肌（smooth muscle）28

平滑绒毛膜（chorion leave）265

破骨细胞（osteoclast）21

Q

奇静脉（azygos vein）172

脐带（umbilical cord）266

气管（trachea）110

器官（organ）2

髂腹股沟神经（ilioinguinal nerve）227

髂腹下神经（iliohypogastric nerve）226

髂骨（ilium）59

髂内动脉（internal iliac artery）166

髂内静脉（internal iliac vein）173

髂外动脉（external iliac artery）168

髂外静脉（external iliac vein）173

髂腰肌（iliopsoas）74

髂总动脉（common iliac artery）166

髂总静脉（common iliac vein）173

前臂外侧皮神经（lateral antebrachial cutaneous nerve）223

前角（anterior horn）203

前锯肌（serratus anterior）67

前列腺（prostate）134

前室间沟（anterior interventricular groove）150

前室间支（anterior interventricular branch）155

前庭（vestibule）193

前庭大腺（greater vestibular gland）142

前庭球（vestibular bulb）142

前庭蜗神经（vestibulocochlear nerve）232

浅筋膜（superficial fascia）44

桥粒（desmosome）14

球囊（saccule）193

球囊斑（macula sacculi）193

球旁复合体（juxtaglomerular complex）127

球旁细胞（juxtaglomerular cell）127

球外系膜细胞（extraglomerular mesangial cell）127

躯体神经（somatic nerves）200

R

桡动脉（radial artery）163

桡骨（radius）56

桡神经（radial nerve）225

人绒毛膜促性腺激素（human chorionic gonadotropin，HCG）267

人胎盘催乳素（human placental lactogen，HPL）267

人体胚胎学（human embryology）256

绒毛膜（chorion）265

溶血（hemolysis）23

乳房（mamma）142

乳糜池（cisterna chili）178

乳突窦（mastoid antrum）193

乳突小房（mastoid cells）193

软骨（cartilage）18

软骨膜（perichondrium）19

软骨组织（cartilage tissue）19

闰盘（intercalated disk）28

S

腮腺（parotid gland）86

三叉丘系（trigeminal lemniscus）208

三叉神经（trigeminal nerve）231

三尖瓣复合体（tricuspid complex）151

三角肌（deltoid）72

三联体（triad）27

桑葚胚（morula）259

上颌动脉（maxillary artery）162

上颌神经（maxillary nerve）231

上皮组织（epithelia tissue）9

上腔静脉（superior vena cava）170

上腔静脉口（orifice of superior vena cava）151

上丘（superior colliculus）206

杓状软骨（arytenoid cartilage）109

少突胶质细胞（oligodendrocyte）33

主要参考文献

1. 柳洁.组织胚胎学.3版.北京：北京大学医学出版社，2015.
2. 于恩华，唐军民.人体解剖学与组织胚胎学.2版.北京：北京大学医学出版社，2015.
3. 郭兴，王喜梅，胡祥上.人体解剖学与组织胚胎学.2版.北京：北京大学医学出版社，2016.
4. 唐军民，高俊玲.组织胚胎学.4版.北京：北京大学医学出版社，2016.
5. 高洪泉.正常人体结构.3版.北京：人民卫生出版社，2016.
6. 高晓勤，刘扬.正常人体结构.北京：北京大学医学出版社，2015.
7. 饶利兵，马尚林，肖楚丽.人体解剖学.2版.北京：北京大学医学出版社，2016.
8. 邹锦慧，洪乐鹏，岳应权.人体解剖学.5版.北京：科学出版社，2015.
9. 李继承，曾园山.组织学与胚胎学.9版.北京：人民卫生出版社，2018.